液压气动经典图书元件系列

液压阀剖析

[德]张海平（Haiping Zhang） 编著

机械工业出版社

本书用精准的词汇，浅显易懂的语言直击液压阀的本质，梳理相关概念，辨识谬误，全面、系统地介绍液压阀（单向阀、液控单向阀、梭阀、换向阀、溢流阀、减压阀、顺序阀、节流阀、二通流量阀、三通流量阀、分流集流阀）的结构、工作原理、测试方法、连接方式、特性曲线分析、认识和选用液压阀的方式及途径，为进一步学习、设计、制造、测试、改进、研发和修理液压阀打下坚实的基础。

本书可供液压技术初学者阅读，也可供大中专师生阅读。

北京市版权局著作权合同登记　图字：01-2023-3247 号。

图书在版编目（CIP）数据

液压阀剖析 /（德）张海平编著．—北京：机械工业出版社，2024.5

（液压气动经典图书元件系列）

ISBN 978-7-111-75868-6

Ⅰ．①液…　Ⅱ．①张…　Ⅲ．①液压控制阀　Ⅳ．① TH137.52

中国国家版本馆 CIP 数据核字（2024）第 104307 号

机械工业出版社（北京市百万庄大街 22 号　邮政编码 100037）

策划编辑：王春雨　　责任编辑：王春雨　王　良

责任校对：张勤思　张雨霏　景　飞　　封面设计：马精明

责任印制：常天培

北京宝隆世纪印刷有限公司印刷

2024 年 9 月第 1 版第 1 次印刷

169mm × 239mm ・19.25 印张・408 千字

标准书号：ISBN 978-7-111-75868-6

定价：139.00 元

电话服务　　网络服务

客服电话：010-88361066　机　工　官　网：www.cmpbook.com

010-88379833　机　工　官　博：weibo.com/cmp1952

010-68326294　金　　书　　网：www.golden-book.com

　机工教育服务网：www.cmpedu.com

前言

PREFACE

液压技术，说到底，就是加油与放油的技术。所有液压阀，都是围绕这个任务工作的。液压阀是液压设备中不可或缺的关键元件，自从200多年前有了液压机械，就有了液压阀。要理解液压阀，就必须了解其历史。知道了它从何而来，为何服务，才能摆正我们学习研发液压阀的位置，知道该向何处发力。

液压阀随着液压技术的发展而发展，至今其品种已有成千上万，五花八门，数不胜数！逐一学习吗？一个人，十辈子都不够！但如果能抓住本质，理解其规律，就能使复杂变简单，问题就能提到点子上，学习就容易，就能提纲挈领，举一反三，一通百通。

液压阀是被动元件，不能无中生有，把少变多，因此，只有限制功能。

溢流阀——限制其进口的压力：压力超了就开门，放油。

减压阀——限制其出口的压力：压力超了就关门，不准再进油。

流量调节阀——通过其所带的定压差元件来限制节流口的压差，从而限制通过的流量，少受负载压力变化的影响。

所有液压阀，没有例外，都是通过阀芯在阀体内的移动（含转动）来改变流道的形状和开口面积，实现其功能的。因此，认识阀芯与阀体是如何构成流道的，流道开口又是如何变化的，是理解液压阀的基础。

阀芯是机械部件，是个只认力的家伙，在也只在力的作用下移动。作用于阀芯的力，有来自于阀外部的，即操控力：手动、机动、气动、液动、电控，有来自于阀内部的静压力、液动力、摩擦力和弹簧力。

阀芯被哪些力所左右，怎么移动，导致开口怎么变化，这些决定了液压阀实现其功能时的性能优劣，所以，这是本书剖析的重点。

液压，不是什么用来玩弄公式和时髦辞藻的把戏，而是门技术，技术是为了满足人类的需求而发展起来的，所以，无论国产进口，能满足需求的才是好阀！

测试是液压的灵魂，指的就是，液压从创新、设计、仿真开始，到试制样品、改进，到批量生产，所有环节的优劣，是否满足需求，都必须通过测试结果来验证评判。魔鬼躲在细节里，很多看上去绝妙的主意，常会在实施过程中遇到最初没想到，乃至难以逾越的障碍。

所有关于液压阀的理论公式，都是理想化了的，虽然有指导作用，但也因为忽略了很多实际因素，因此与实际总是有差距的。测试是唯一可以抓出液压阀真实状况的手段。好阀不是算出来的，是试出来的！

电和液压的关系，不是简单的取代关系，应区分为电控、电动和电驱！

电控，是我们昨天就应该开始的；移动设备的液驱电动，是我们今天要面对的；而电驱，则关系到我们搞液压的人，明天靠什么来生存？！

世间很多事物的特性及其变化，受多个因素的影响。其中有些显而易见，但也常有一些躲在幕后深层，虽不明显，但却起着主要的，甚至决定性的作用，即所谓深层逻辑。液压阀也是如此。有些企业很努力，收获却不大，原因之一，就是因为没有认清那些深层逻辑。

深刻理解液压阀，是成为中级液压技术人员的基本要求。迅速了解掌握新阀，是您的同事和领导，在激烈竞争的环境中，最需要最看重赏识的能力。

本书的任务就是与您一起，从技术角度分门别类梳理那些深层因素，剖析现象后面的因果关系，将液压阀里里外外搞个明白，以便您在接触到相关课题时能迅速深入。

如果您是从事液压阀设计制造的，就可以根据应用的需求、市场和本企业的条件，设计出相应的图样，确定材料和制造工艺，结合实测，制造出满足需求的液压阀，并根据顾客的反馈进行改进。

本书不教您做阀，而是帮您懂阀。因为，懂，是做好、用好、改进、创新的基础。而要做出好阀，还要懂材料、加工设备和工艺、热处理设备和工艺等，这些都超出了本书的范畴。

液压阀已经有200余年的历史，技术已非常成熟，再要发明什么新结构阀，能成为好商品，能被市场接受，获得利润，是很不容易的。

如果您懂了阀，对阀的本质了如指掌，就能够根据主机的工作环境和应用的实际需求，选用恰当的回路，恰当的阀，恰当的性能，从而组建出满足需求的液压系统，在某一行业内实现突破，还是相对比较容易的。我在德国企业工作期间，根据差动回路的原理，采用了电比例阀，利用估算表格，预估了新回路的性能，几乎是一次成功：

成本增加不多，但显著提高了主机的工作效率，满足了欧洲富裕国家的需求，获得了欧洲发明专利，20多年来被越来越多地采用，已服务于几亿居民，也给企业带来了相当的利润。

通过多年来观察思考国内外液压产业的发展，我深深体会到：液压内行和外行，高手和菜鸟的差别，不在于多念几年书，多拿几张文凭，多知道一些公式，甚至能写几本书，而在于是否认识到那些幕后因素，认识到基础、细节的重要性，愿意在基础、细节上下大功夫。

高大上者，凡人皆好之，只是，吹高大上容易，打基础难。打基础要付出很多辛劳，且不容易看到成果。常听人赞美摩天大楼顶端的高耸入云，霓虹灯的缤纷多彩，鲜有人赞赏地基的坚实。然而没有打好基础，以后要付出的代价却是百倍千倍：基础不牢，地动山摇！

从基础、本质下手，才能一通百通。

那么，对于液压阀而言，什么是基础呢？

阀的结构是决定阀的功能的基础。

阀体、阀芯的形状位置配合是决定调控性能的基础！

材料、处理、加工、表面硬度、表面粗糙度和油液污染度是决定使用寿命的基础！

人们常说，液压阀是通用件，即可用在不同行业不同应用不同设备上。其实，这指的是它的功能，而非性能！液压阀可以单独存在和买卖，却不能单独使用，必须结合到液压系统中，才能为主机的需求服务，从而为社会需求服务。不同行业不同应用对性能的需求常常是很不同的。液压阀供应商如果不注意去满足实际应用的特殊需求，产品很难有大市场！要了解得比顾客多，比顾客深，知道什么性能是顾客应用最需要的，才能使顾客信服。

赛跑中最悲催的是，方向错了！对液压阀研发而言，理念决定方向，所以，本书也介绍一些理念，帮助您把握研发方向。

本书假定您对液压技术的基础概念已有初步的了解，比如说，已读过我编的《白话液压》。希望本书能帮助您对液压阀的工作原理和本质有更深刻的了解，从初级水平进入中级水平。至于高级水平，那不是靠读书读出来的，而是通过大量实践、挫折乃至失败，磨炼出来的。

我自1972年第一次接触液压阀至今，已有50多年了。期间也曾有过多次面对问题，一时束手无策，也曾选错阀遭遇失败，但也从中学到了很多有益的经验。上海老人常说“勿跌勿大”，意思是，孩子是通过跌跤长大的。我们所能争取的只是，汲取教训，不在同一个地方跌第二跤。

几点说明：

我自2007年从德国企业退休后，有较多的自由支配时间往来中德，当时发现，国外的螺纹插装阀随着主机大量进入中国，中国对螺纹插装阀缺乏全面深入介绍的书籍。而我恰恰已使用螺纹插装阀多年，有不少资料，因此，就搜集整理资料，在2012年交出了我的第一本著作《液压螺纹插装阀》。此书颇受欢迎，多次重印仍售罄。出版社和很多读者都催促我再出一增订版。螺纹插装阀固然是进入21世纪以来增长最快、应用最广泛的阀种，但是螺纹插装，只是一种安装连接形式而已。由于液压技术的应用极其广泛，各种应用都有其特殊需求和习惯，其他连接形式也不会被完全取代，所以，只写螺纹插装阀，毕竟太局限了。

自那时以来，我有较好的条件观摩国际上各种展会，到国内外大学及企业讲课学习交流，全面关注国内外液压技术的发展，可以从基础上思考液压技术，不断有一些新的感悟，因此就陆续编著了《液压速度控制技术》《实用液压测试技术》《液压平衡阀应用技术》及《白话液压》等书。写书的过程，也是我搜集资料、分析、梳理、思考、推敲、领悟逐步深入的过程。本书中有些内容也曾在那些书中出现过，但这次全都重新审视过，纠正了错误，改善了逻辑性，叙述更流畅些，配图也更易懂些。本书也可算是《液压螺纹插装阀》的升级版，是对厚爱我的读者的一个交代。

编写本书的目的在于帮助读者尽可能轻松地掌握当前液压阀的本质。而世间诸事往往都有例外，液压阀亦然。若要面面俱到，则必定烦琐不已。为了简明通俗，凸显本质，本书简化了某些叙述，略去了一些细节及不常见的工况，因此，必定是不全面，不十分精准的，但可以肯定地说，是八九不离十的。

本书7.1至7.12节分门别类叙述各类阀，相互关联较少，而第1至6章内容，逐步深入，相互关联，因此不建议跳读。但初读时可以大致快速浏览，看看哪些符合您的需要。一时不理解的难点可以跳过，留待二读三读时再仔细思索。“真正重要的东西，肉眼是无法看见的，只有用心才能看清事物的本质。”

关于压力单位问题。根据法定计量单位的标准GB 3102，应该使用MPa。但我查阅过的所有欧美世界知名液压公司的产品样本，全都使用bar，没有一家的产品样本中出现MPa。在国际液压标准中也很少出现MPa，甚至GB/T 17491—2011（附录），GB/T 20421.3—2006（附录B）都推荐使用bar。因此，希望您还是能非常熟悉bar：1bar=0.1MPa，这样，在阅读国外产品样本时才不会有困难。本书中有些图表是引自欧美文献，有些曲线是我使用德制的“液压万用表”实测的，为了表示其真实性，保留了其原始显示格式，包括压力单位

bar，不再一一说明。

根据 GB 3102.3—1993《力学的量和单位》，质量流量的代号为 q_m，体积流量的代号为 q_v。鉴于在液压技术中，几乎只使用体积流量，欧美普遍使用 Q，中国液压行业内也普遍接受代号 q。为简洁起见，本书中用 q 表示体积流量。

为压缩篇幅，本书使用了下列简称：

IFAS——Institut für fluidtechnische Antriebe und System，RWTH Aachen 德国亚琛工业大学流体传动与系统研究所。

丹佛斯——丹麦 Danfoss 公司，包括它在 2021 年 8 月以 33 亿 US$ 收购的美国 Eaton 公司的液压部门。

派克——美国 Parker Hannifin 公司。

布赫——德国 Bucher Hydraulik 公司。

贺德克——德国 HYDAC INTERNATIONAL 公司。

哈威——德国 HAWE Hydraulik SE 公司。

升旭——美国 Sun Hydraulics 公司。

博世力士乐——德国 Bosch Rexroth 公司。

托马斯——德国 Thomas Magnete GmbH 公司。

海德福斯——美国 Hydraforce 公司，已在 2023 年 2 月 3 日获得了反垄断部门的批准，正式并入了博世力士乐。但鉴于其在螺纹插装阀领域曾独树一帜，产品甚多，所以本书中仍单独称呼。

泰丰智能——山东泰丰智能控制股份有限公司。

本书附赠的估算软件“液压阀估算 2023”放在百度网盘中。读者只要扫描本书后的二维码，即可从网上下载。

本书中很多内容系我自己的思考心得，不是抄来的，尽管反复检查，但难免还有错误之处。我衷心希望读者提出意见和建议，电邮地址：hpzhang856@sina.cn。

感谢本书所引用的参考文献的所有作者。由于本书写作时间较长，有些引用文献可能遗漏标注，恳请有关作者谅解。

本书写作期间得到了以下公司的支持，谨此致以衷心感谢：泰丰智能、宁波克泰液压有限公司、无锡新力电器有限公司。

贺德克公司赵彬章博士耐心细致地审阅了初稿，提出了很多宝贵的改进意见，谨此致以衷心感谢！

也在此感谢我的夫人，承担了几乎所有家务，使我得以专心编著本书。

张海平

录

CONTENTS

前言

第 1 章

液压技术已经 200 多岁了

1.1 液压的本质

传动，是传递动力的简称，指的是把机械动力，即运动和力，从动力提供者传递给动力需求者。如果动力提供者能提供的动力，不能直接满足动力需求者的需求，比如说，速度太快、力不够，等等，就需要利用传动机构来转换（见图 1-1）。常见的杠杆、齿轮减速器就是典型的传动机构。

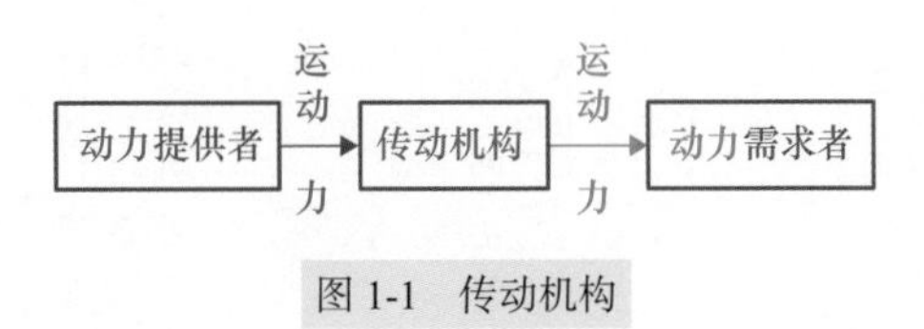

图 1-1 传动机构

传递运动和力，意味着：

——或是，克服负载力，使物体进行需要的运动。

——或是，运动物体，使作用力达到需要的大小。

例如，液压升降机，要求的是准确到达需要的高度，而不管负载力大小，只要是在许可范围内。对于废纸打包机，要求的则是施加预定的力，至于压缩后多厚，是第二位的。

运动和力，两者不可能同时满足任意要求！例如，瓷砖压机，要把瓷粉压制成瓷砖，既要达到相当的密度，又要有精准的厚度，所以就要采用至少两次压制。第一次，对准备好的瓷粉施加预定的力，以达到预定的密度，但厚度留有余地。在添加瓷粉后，再压一次，到预定的厚度即停。

液压技术，是“液压传动技术”的简称，是利用液体的压力传递运动和力的技术。所谓静压，就是液压，因为没有什么“动液压”！利用液体的动能来传递运动和力的，国内外一致称为液力传动。

其他的传动技术还有：机械传动、液力传动、气压传动，等等。但因为液压机构驱使物体运动，有力而灵活，执行器质量体积较小。所以，在需要驱使物体（设备、机械、工件）运动时，机械设计师常会首先想到选用液压技术。

本书下文中，需要液压来驱动的物体统称为负载。驱使负载运动需要克服的力，统称负载力。从根本上来说，客户是因为有负载力需要克服，才来找液压的。所以，负载力是液压技术的衣食父母。

这里的负载力，含重力、摩擦力、变形阻力和惯性力。

如果负载力与需要的运动方向相反，常称为正负载。克服“正负载”是液压最拿手的了，无论是几百斤，还是几万吨，都不在话下，基本无上限。

但也常会出现负载力与需要的运动方向相同的情况，即所谓负负载。在“负负载”时，液压不出手，负载也会运动：“没有液压，苹果也会掉下来”。但液压可以帮助调控其运动速度。

液压通过“加油”和“放油”来处理克服负载力，实现需要的运动。

一般情况下，液压系统由液压泵、液压阀、液压执行器和辅件组成（见图 1-2）。

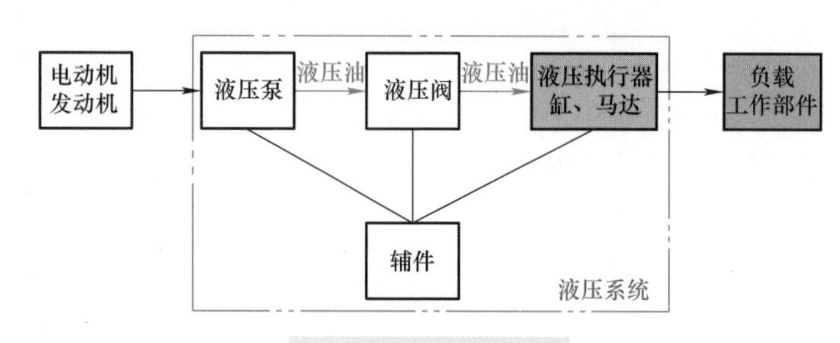

图 1-2　液压系统的组成

液压阀是液压系统中不可或缺的元件。液压系统可以没有泵，但是不会没有液压阀。

液压执行器一般分为液压缸和液压马达。

液压缸，可以实现平动，做直线运动，行程有限，一般可以做到无内泄漏。

液压马达，可以实现转动，做旋转运动，行程可以无限，一般多少都有些内泄漏。

当然，通过一些辅助机构，例如齿条齿轮，液压缸也可以推动负载转动；液压马达也可以使负载做直线运动，如卷扬机。

“马达”一词，在日常生活口语中，有时也被用于指称电动机和汽车发动机，但都属于不规范汉语，应该避免使用。按中国标准 GB/T 17446—2012《流体传动系统及元件 术语》建议，马达含“液压马达”和“气马达”。因为本书不涉及气动，所以，本书以下的“马达”专指“液压马达”。

用于液压缸的阀和回路大多也适用于马达，所以，为简化叙述，以下，若无特别说明，液压缸泛指所有液压执行器，含马达。

全面地来说，输送液体的泵有两大类：容积式和动力式。因为动力式泵在液压技术中几乎不使用，所以本书中简称容积式泵为液压泵或泵，省略“容积式”。

液压，只是能把一种形式的机械能转化另一种形式的机械能，并不能像电动机、发动机那样，把电能或化学能转化成机械能。所以，从能量转换的角度来看，液压不能与电动相提并论！

1.2　近代液压——水压，现代液压——油压

早在公元前 200 年，人类就通过水轮的方式开始利用水力。直到 1776 年瓦特使蒸汽机进入实用前，人类所使用的动力除了人力、畜力、风力外，就是水力。但那是利用水的势能，不算经典意义的液压。

1. 近代液压

约在 1600 年，那位提出了开普勒三定律，为牛顿万有引力定律奠定了基础的天文学家开普勒先生（Johannes Kepler）发明了齿轮泵，但当时并未获得实际应用。

1653 年，法国人帕斯卡提出了著名的帕斯卡定律，奠定了液压机的理论基础。

1795 年英国人博拉玛（J.Bramah）造出了第一台工业用的（手动）水压机（见图 1-3），开始了经典意义上真正的液压技术。

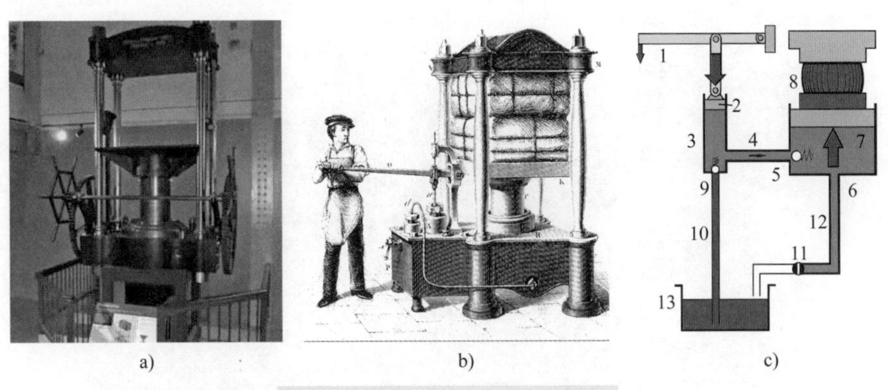

图 1-3　世界第一台工业用的水压机

a）英国谢菲尔德凯勒姆岛博物馆展示的模型　b）专利申请说明书中的附图　c）液压系统示意

1—手柄　2—柱塞　3—液压泵　4—管道　5—排油单向阀　6—液压缸　7—活塞　8—工件　9—吸油单向阀　10—管道　11—卸荷开关阀　12—回油管　13—油箱

19 世纪初，蒸汽机进入实用后，英国和法国都开始建设为驱动液压机械提供能量的 5.5MPa 高压水网。

19 世纪下半叶，英国人阿姆斯强研发出了很多液压元件，主要用于船舶液压绞锚机和液压提升机。

所有液压系统都需要液压阀，所以，液压技术发展的历史，也是液压阀的发展史。现在正在使用的很多液压阀的原理那时就已经提出并实际应用了。

1880 年，奥地利在开凿阿尔卑斯山隧道时使用了液压钻机（见图 1-4），这可谓移动液压的鼻祖。

图 1-4 用水的液压钻机

1893 年在美国伯利恒钢铁公司建成了世界上第一台自由锻造水压机（见图 1-5）。

图 1-5 世界上第一台自由锻造水压机

1903 年美国人 Harvey Wiliams 和 Reynold Janney（Waterbury 工具公司）研发出最早的斜盘式柱塞泵和马达。

2. 现代液压

1905 年人们发现，矿物油由于黏度高，泄漏少，有更好的润滑性能，比水更适宜用于液压。因此，很快矿物油就被普遍采用了。那时还特别发明了 Oilhydraulics（油压）一词，以强调与“水压”的不同，并沿用至今。到 1940 年，工作压力可达 35MPa 的液压泵就已批量生产。所以，完全可以说，矿物油的采用开创了现代液压技术。

液压技术在两次世界大战期间被更迅速地推进了。

目前位于液压产业规模世界前列的德国博世力士乐公司，前身是铸铁厂，在1952年开始制造液压泵。

出于多方面的考量，水压并没有立即完全被取代，在一些领域被继续使用。德国在1944年建成了30000t模锻水压机。伦敦的高压水网，到1939年达到了300km，每年为8000台液压设备提供750万m^3的压力水。此网直到20世纪70年代还在为伦敦地铁的升降梯提供液压能。

在此期间，随着电动机、内燃机日渐实用，驱动液压泵的蒸汽机被逐渐取代。供液也从集中变为分散，输液管道从长管变为短管。工作压力逐步提高，工作流量则相对下降。

1968年，德国亚琛工业大学巴克（W.Backé）教授率先把液压气动从机械学科中分离出来，作为一个独立的专业，创立了世界上首个液压气动研究所IHP（IFAS的前身），培养了大批理论联系实际的液压专业人才，对推进液压技术起了极大作用。

20世纪70年代发明的电比例控制阀（见4.6节）大大地扩展了液压电控的应用，同期发明的盖板式二通插装阀（见6.4节）则显著地降低了大流量液压系统的制造成本。这些创新都决定性地推动了液压产业。

20世纪90年代，由于发明了实用的陶瓷加工工艺，制造出来的陶瓷零件对润滑要求较低，因此，清水液压又重获青睐。但直到现在，清水液压的工作压力一般只能在16MPa以下，因此，只是被用于一些有特殊要求的行业和场所，如食品、饮料、化妆品、粮食加工、制药、医疗、造纸、文化娱乐、体育、办公室、家用机器人等，各吃各的饭，清水液压与油压并不形成竞争。

回顾液压的发展史，可以看到，液压，从1795年起，和水相好了一百多年，娃也有了成千上万。但在1905年遇到了油，一个黏糊糊的家伙，马上就好上了，哪怕价格高几万倍也不在乎。搞了七八十年，又开始嫌弃油了，这个不好，那个缺陷的，又思念老情人了。所以，液压技术这个家伙，不说是“朝三暮四”，但肯定可算是个“见异思迁”的东西！然而，这表面上看起来的“见异思迁”，实际上正是不断改进，寻找更优，更适合应用的过程。由此可见，液压技术，只有更好，没有最好！

中国目前常说的“水液压”包括了高水基液体，即水中含有增加黏度的成分。虽然与清水液压有共同之处，但也有很多不同，如：易得性、卫生性、可应用场合、对元件的要求等。所以，不应混淆这两个概念。

目前，在液压系统中使用的压力（工作）介质，为了安全、环保等各种因素，开始越来越多地使用其他液体，如难（阻、抗）燃液压油、油包水、水包油悬浮液、可生物快速降解的合成酯、植物油等，但主要还是以矿物油为基体，据壳牌石油公司2016年统计，约占88%，2016年全世界耗用液压油约38亿L，约值45亿美元。为简化叙述，本书以下使用油液或压力油代表所有压力介质。

1.3 中国起步晚，奋起直追，成果喜人

1952 年，上海机床厂试制出中国第一台液压元件——齿轮泵。之后，天津、沈阳、长沙等地机床厂的液压车间也陆续自产自用仿苏联的机床用液压元件（许用工作压力 2.5MPa）。

1959 年，中国建立了首家专业化液压元件制造企业——天津液压件厂。

1961 年，上海重型机械厂建成万吨水压机。

20 世纪 60 年代初，中国液压元件工业的统一规划组织及技术开发工作分别划归北京机床研究所、济南铸锻机械研究所、广州机床研究所和大连组合机床研究所等有关科研院所管理。

1965 年，中国原一机部和日本油研公司签订了“中日民间贸易”合同，引进了日本油研公司额定压力为 21MPa 的中压系列叶片泵、阀、液压缸和蓄能器的全部制造技术和工艺试验设备，在山西榆次液压件厂生产。

1967 年，济南铸锻机械研究所等单位，参考美国 Denision 公司的产品，完成了额定压力为 32MPa 的 CY14-1 型轴向柱塞泵的系列设计。

1968 年，在中压阀的基础上，有关科研院所和企业完成了中国第一套较为完整的额定压力为 31.5MPa 的高压阀系列图样设计，并陆续投入生产。

随后 10 多年中国液压技术的发展便停滞不前！ CY14 泵的设计师感叹道：“十年不发展，落后二十年”，再想要发展，还得从培养人开始。

改革开放以后，中国从国家层面认识到液压技术对国民经济的重要性，开始组织从国外进口液压技术。1981 年，由北京市工业局出面，从德国力士乐公司购买了高压系列（35MPa）的泵、马达和阀的全套图样和工艺，并有技术人员以劳务输出的形式去学习，在中国一些厂生产，以北京华德、贵州力源、上海立新等企业为代表。

1992 年，榆次液压件厂与日本油研公司成立合资公司。之后，榆次液压件厂的技术人员奔赴全国，传授技术，榆次液压件厂遂被称为“中国液压的摇篮”。

之后，大量其他企业才从仿造开始，蹒跚起步。

但技术是技术的组合。液压产业的发展，还依赖其他产业的支持，如材料、铸造、热处理、精密加工、化工、电子元器件、测量仪器等，这些方面，当时，中国也都不强。因此，买图样，引进技术不会立竿见影。在国产产品尚不能满足需求时，国外产品就先入为主，占了先机。好产品的研发费用、制造成本本来就不菲。在市场经济环境中，没有竞争时，用户只能含泪忍受高价。一些工程机械制造厂，辛辛苦苦做几十吨钢构件挣的钱，大部分要花在进口几百千克的液压件上。

进入 21 世纪以来，中国企业奋起直追。2010 年 10 月，液压件被列入中国国家《机械基础零部件产业振兴实施方案》。在第 12 个五年规划（2011—2015）期间，总投资达 300 多亿元，超过前 55 年的总和。江山如画，一时多少豪杰！在 2014 年，液压件被列入中国国家“工业强基——国家发展战略”，随后又被列入由中国国务院发布的“中国制造 2025”战略规划的重点项目。

液压产品中国市场销售额多年来持续增长（见图 1-6），2021 年达到 871 亿元。

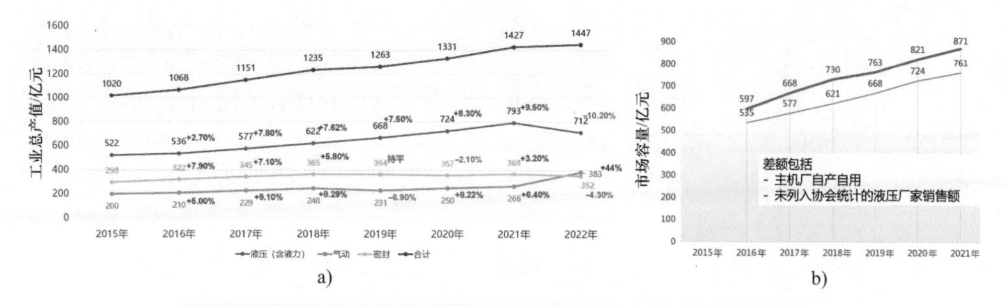

a) b)

图 1-6 中国流体动力工业增长曲线（中国液压气动密封件工业协会）

a）2015—2022 年中国液气密行业（规模以上）企业工业总产值 b）液压市场容量

在 2020 年，液压产品在中国市场的销售额居世界第一，占比为 36%（见表 1-1）。

表 1-1 2020 年各国和地区液压产品国内市场销售额（万欧元）

国家（地区）	市场销售额
合计：	2,791,013
中国 China	1,005,879
美国 USA	938,231
德国 Germany	260,700
日本 Japan	168,467
意大利 Italy	142,300
英国 UK	65,593
芬兰 Finland	39,223
土耳其 Turkey	36,300
西班牙 Spain	35,188
丹麦 Denmark	28,575
中国台湾 China Taiwan	22,039
比利时 Belgium	19,897
瑞士 Switzerland	15,693
捷克 Czech Republic	12,928

由于中国液压件产业起步较晚，有口碑和影响力的企业还较少，目前每年还有约 1/5 需要进口（见图 1-7）。

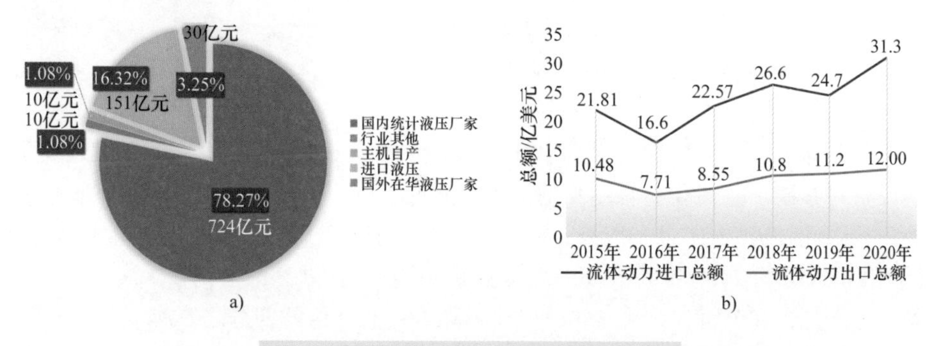

a) b)

图 1-7 中国流体动力产品生产及进出口情况

a）2020 年市场总量 925 亿元 b）进出口

1.4 液压产业属于国民经济的“秤砣”

由于液压技术大部分用在日常生活见不到的地方，因此，其重要性常被低估。其实，“春城无处不飞花”，工业产品很少可以不用到液压技术来制造的，液压产业已成为现代制造业的支柱型产业。液压产业虽然相对整个国民经济体量不大，但在国民经济各领域中都起着重要作用，影响很大。所以，液压产业被喻为国民经济的“秤砣”“幕后英雄”并不为过。

液压产品和技术被很多行业应用（见图 1-8），大致可粗分为以下几方面：

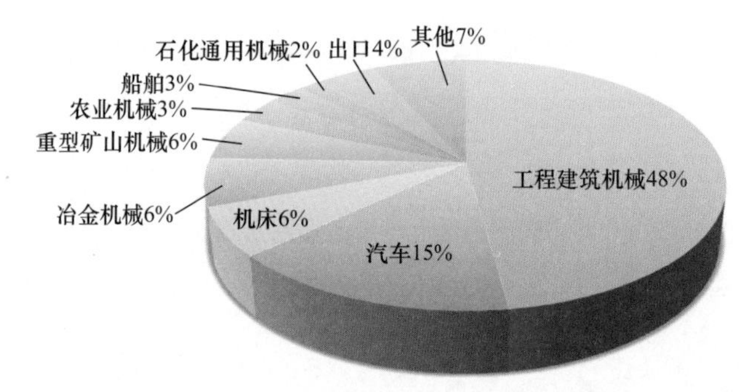

图 1-8　中国液压产品应用行业分布（据中国液压气动密封件工业协会 2016 年统计）

1）用于固定设备，如金属切削机床、动力单元、锻压机、金属成形、铸造及冶金设备、汽车工业、机械手、试验台、印刷和造纸设备、木材加工设备、橡胶和塑料机械、纺织机械、隧道和矿山设备、石油钻井、输送设备、娱乐设施、饮料食品机械、包装机械、废物处理设备、水利工程、造船设备、船舶机械等。

用于固定设备的液压系统，业内一般简称其为“固定液压”或“工业液压”，对其体积和重量的要求一般不太严格，但对控制精度和工作耐久性的期望普遍较高。

2）用于移动设备，如各类工程机械：起重机、装载机、推土机、压路机、平地机、叉车、混凝土机械、挖掘机、打桩机等；拆卸设备、轿车、货车、消防车、扫路车、废物集运车、多用途车、林业机械、农业机械、高铁建设机械、大型运梁车、高空架梁车等；各种军工车辆、武器装备，如导弹车、运兵车、装甲车、保障机械等。

用于移动设备的液压，业内一般简称为“移动液压”或“行走液压”，多要求轻巧，对控制精度的要求相对不那么高。

液压技术，尤其是螺纹插装阀和集成块技术（见 6.5 节）的发展，极大地满足了移动设备对紧凑、集成化、轻量化的需求，降低了应用液压的成本，大大地推进了移动液压。因此，进入 21 世纪以来，移动液压在整个液压产业中所占的比重越来越大，据德国 Linde 公司 2009 年的报告，移动液压的产值，在欧洲已占到整个液压产业总产值的三分之二，在全世界，更是占到整个液压产业总产值的四分之三。

以上划分不能绝对。例如，船舶虽说是移动的，但因为船舶，特别是大型船舶的空间大，因此，使用的液压系统一般允许大些重些。而风力发电机虽然是固定的，但因为其液压系统要安装在很高的塔顶，空间极为窄小，就要求小而轻巧。

3）用于航空航天。用于此领域的液压元件系统，不仅要小而轻，而且还要有极高的可靠性，但可以接受较高的价格。

4）其他应用。如水下作业和海洋开发等。

液压技术还被应用于其他非传动领域，如机械设备润滑油的供应与调节，海水淡化，从油页岩中获取石油，水切割等。

液压技术多方面的应用就对液压阀提出了多种不同的需求。

1.5 宝刀不老，液压技术还在发展

液压技术发展至今已经有200多年了，虽然比较成熟了，但还在发展。

液压人必须时刻记住：是社会需求催生了可以满足需求的机械，是这些机械为了满足社会需求——驱动负载克服负载力运动，采用了液压传动。所以，液压技术改进发展的矢志不渝的目标也始终应该是满足社会需求。

以下一些方面基本总是社会对液压永不过时、永不满足的需求。

- 节能。
- 长寿命（耐压，耐冲击）。
- 高可靠。
- 小型化，轻量化，紧凑化，集成化。
- 绿色环保与安全。
- 使用方便。

液压技术现在的发展，就是利用各种手段来满足这些需求。

1. 节能

液压系统节能很久以来就受到关注，原因如下。

1）延长油液寿命。对液压系统而言，浪费的能量最终都会变成热量，使油液发热（1MPa压力损失使油温上升0.57℃）。这一方面会降低油液黏度，增加泄漏，另一方面会导致油液分子的分子链断裂，添加剂化学成分变化，耐磨性降低，老化加速。据研究，在80℃以上，油温每增高10℃，油液寿命会缩短一半。

2）延长设备使用寿命。油液黏度降低，会降低润滑油膜的厚度，增加机械磨损。

液压系统中大量用作密封的高分子材料在高温下易老化，因此，油液过热会降低密封元件的使用寿命。

3）降温。如果使用风扇、散热器来降低油温的话，又会带来额外的能量消耗。

4）降低运营费用。据统计，机械设备的运营费用，特别是动力费用（电和燃料费），目前已接近或超过了设备购置费用。例如，美国2010年行走机械耗能费用为560亿美元，固定机械耗能费用为420亿美元，而整个液压元件市场才260亿美元。因此，从综合成本的角度出发，也要考虑节能。

进入21世纪以来，节能更是在社会需求中占了几乎最重要的地位。

5）化石能源是有限的。地球上的化石能源，随着被人类消耗，开采难度会日益增加，导致价格会不断上升，所以，即使一时不会消耗殆尽，但以煤和石油为标志的能源时代终将过去。

化石能源在地球上的分布也是不均匀的：即使现在地球上还有，也不等于各个国家和地区自己也有，尤其在政治形势不稳定时，这种情况更严重。

6）保护居民的健康。使用化石能源会排放出有害人身健康的污染物：氮氧化物（NO_x）、碳氢化合物（HC）、微颗粒（PM2.5）等。

7）规避法令限制。现在很多国家都对节能减排制定了强制性法令。与世界其他地区相比，欧美与日本的节能减排法令要严格得多。根据这些法令，从2014年起的排放限值仅为2012年前的10%。而且发动机装机功率越高，排放限制越严。因此，现有的主机设备唯有进行重大改进，才准许在这些国家销售。

这就导致主机制造厂要求液压系统必须尽可能提高能效，减少能耗，从而降低装机功率。

8）应对气候变化，保护人类的生存环境。当前，由燃烧化石能源排出的CO_2导致的温室效应带来的气候变化已成为全人类面临的严峻挑战。世界各国正在制定和实施一系列应对气候变化的战略、措施和行动，提出更积极的减少碳排放目标。2022年3月，中国发布了《“十四五”现代能源体系规划》，提出全面推进风电和太阳能发电的大规模开发和高质量发展，到2025年，非化石能源消费比重要提高到20%左右，非化石能源发电量比重要达到39%左右。

虽然自然界的水能、风能、太阳能本身是无偿的，但其供应并不稳定，要从中获得人类需要的稳定而方便利用的方式——电，也是需要大量投资并进行研发的。

所以，为了保护人类的生存环境和居民的健康，节能现在是每一个公民都应该考虑的。

例如，据估算一台功率300kW的挖掘机在其整个生命周期中大约要消耗2000t柴油，排放6000t CO_2。如果消耗能够降低5%的话，就可以节省100t柴油，少排放300t CO_2。类似设备光是在中国年产就超过十万台，在用的设备更是要以百万台计。从总体来看，能够降低的排放就极可观了。

所以，作为液压系统设计师，在改进现有系统、设计新系统时，首先慎重考虑节能是义不容辞的。

例如，博世力士乐在2022年汉诺威工博会上就用相当大的面积展出了他们研发的能耗管理软件，可展示分析从地区细化到工厂，再细化到车间，乃至各台设备的能耗状况、效率、发热等。

关于节能的途径可参见2.2节。

2. 电控

电控用在固定液压，已有近百年历史了。用于移动液压，欧美也是从20世纪90

年代就开始了（详见 2.1 节）。现在研发的重点已转向如何充分利用计算机的智能，结合液压的特点，达到较优的综合效益。

如所周知，工业革命 1.0 是机械化，大大扩展了人类的力量，超越了人力、畜力。工业革命 2.0 是流水线化，通过分解，把生产工序简单化，从而提高了生产效率，降低了生产成本（但是，产品千篇一律，没有个性）。工业革命 3.0 是自动化，则大大降低了流水线上人的参与度，提高了产品性能的一致性，为多样化生产打下了基础。工业革命 4.0 则是个性化，利用计算机、网络的智能，灵活高效低成本地多样化生产，以满足个体不同的需求。德国学术界与工业界普遍认为，德国的液压技术已经基本满足工业革命 4.0 的要求，因此，研发重点是“预测 4.0”，实现预测性维护。而这些都基于与电控相关的各类传感器和软件、算法和策略。在 2024 年 1 月，由德国机械制造业协会牵头组建了获欧盟和德国经济部资助的“流体 4.0”工作组，以推进液体元件与系统控制的数字化工作。

3. 新材料、新工艺

技术是技术的组合。液压正借助其他技术领域发明的新的设计方法、工艺与材料来取得进步。例如：

1）碳纤维缠绕，增加液压缸、蓄能器的耐压能力，减轻重量。

2）增材制造（3D 打印）技术（见图 1-9），可以使液压件的生产灵活、快捷、轻量化。

a)　　b)

图 1-9　增材制造应用在液压技术中（意大利 aidro 公司 2022 汉诺威工业博览会）

a）多路阀　b）散热器

4. 电液作动器

电液作动器（Electric Hydraulic Actuator，EHA）：电机 - 泵 - 油箱 - 液压缸一体化，综合利用了电控、容积调速回路、集成块、电机、变频调速等的最新技术，高度集成，只要接通电源，给入位置或速度指令，就可工作，所以，也被称为自治缸。这里指的是特别针对差动缸，因为差动缸占实际应用的液压执行器数量的 85% 以上。

电液作动器工作原理，几十年前就提出了，用于差动缸的容积调速回路也早就被发明。20世纪末开始，因为特别是高功率密度的伺服电机等一系列技术难点获得突破，在飞机上被实际应用。例如，油管是军机的一个软肋，在F35歼击机中，就放弃了集中供油的液压系统，采用了电液作动器分散供油（见图1-10）。

图1-10　F35上用的电液作动器

现在，由于电液作动器集成化、节能，因此也被开始用于其他领域。在汉诺威工业博览会上，早在2011年，德国沃伊特（VOITH）公司就展出了民用的模型。从2013年起，多个液压公司展出了自己的变型。从那时起，每次汉诺威工博会传动展博世力士乐都有新品展出（见图1-11）。

a)　　b)

图1-11　博世力士乐在汉诺威工博会上展出的电液作动器

a）2013年　b）2015年

2017年展出的电液作动器的推力可达2000~2500kN，而与之大小相似的电机作动器的推力则只能达到290kN（见图1-12）。

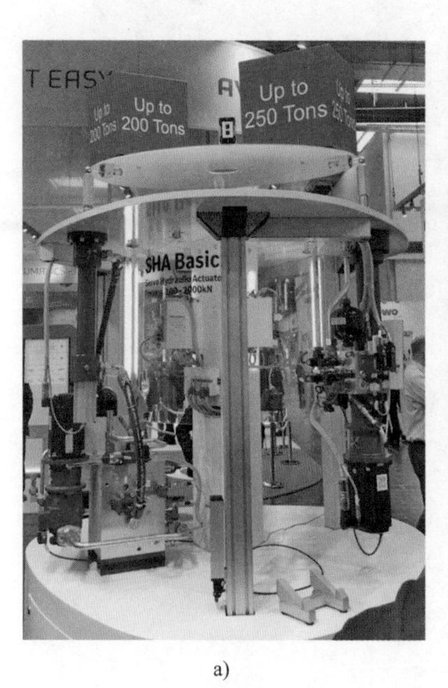

a) b)

图 1-12 电液作动器与电机作动器的比较（博世力士乐 2017 汉诺威工博会）

a）电液作动器 b）电机作动器

在2022年和2023年的汉诺威工业博览会上，博世力士乐展出了多个系列的电液作动器（见图1-13、图1-14）供订货。并宣称，此类产品现在已经进入获利期。

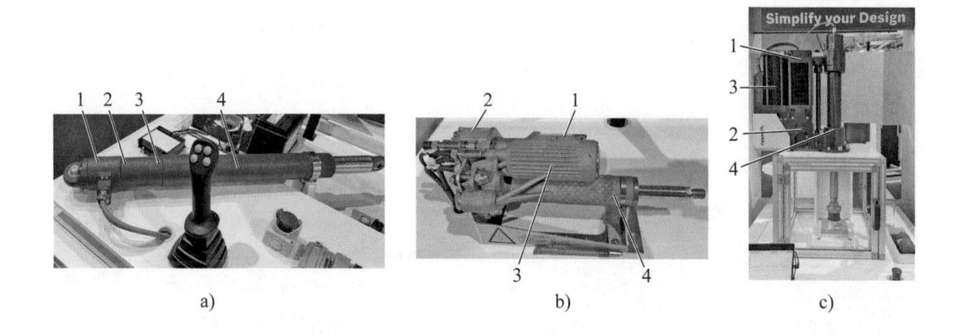

a) b) c)

图 1-13 博世力士乐电液作动器

a）概念型（2022） b）增材制造袖珍型（2023） c）CytroMotion 系列（2023）

1—电机 2—泵 3—阀、油箱 4—液压缸

图 1-14　博世力士乐多系列电液作动器（2023 汉诺威工博会）

由于高度集成，免去了现场安装连接管道的工作，电液作动器可以做到与普通电动机类似，即装即用，大大简化了用户的工作量。由于元件牢固可靠，可长期无故障运行，用户不用操心维修了，从而实现博世力士乐的宗旨“Let Hydraulics disappear”。这里的 disappear 不应该理解为“消失”，而应理解为“隐身，退居幕后”。这才是真正会减少液压产业就业人数，压缩液压就业市场的大杀器——“液压杀了液压”（技术细节见 7.13 节）！

5. 液压创新

液压技术发展至今已经有 200 多年了，已有很多很多研发人员在方方面面进行过深入的探索，很“成熟”了。大的、结构性、功能性的根本的创新已相对较少，而且较难了。因为一方面，新产品的性能需要比市场现有的，已经长期生产使用并反复改进了的产品更优，而另一方面，价格又要能够被市场接受（那些性能优点不突出显示这种应用要值那个高出来的价），就需要长时间锤炼改进，需要维持一支从构思，到设计、样品试制、试验，不受日常生产干扰的研发队伍，投入很大，实属不易。

例如，贺德克在 2018 年推出了一款带定压差元件的电比例带应急手动多路阀 LX-6（见图 1-15）。

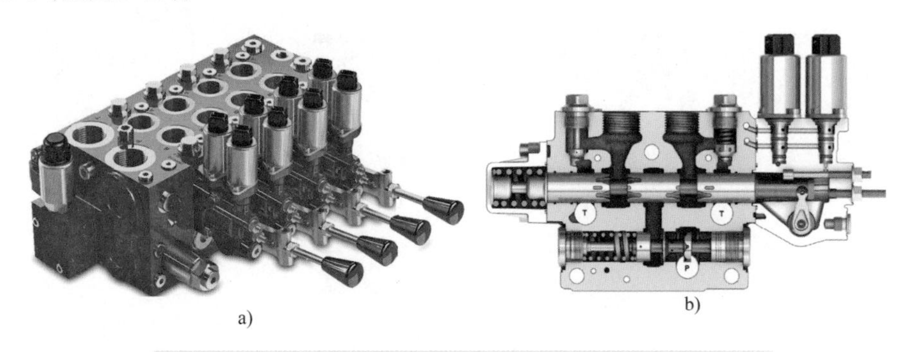

a)　　b)

图 1-15　带定压差元件的电比例带应急手动多路阀（贺德克 LX-6）

a）外形　b）剖面示意

从图 1-16 的测试曲线可以看到，其恒流量特性相当好：流量受压差变化影响很小，几乎看不出滞环。更难能可贵的是，使用最高可控流量达 170L/min 的阀芯，在流量 1L/min 时也有相当平坦的压差 - 流量特性。

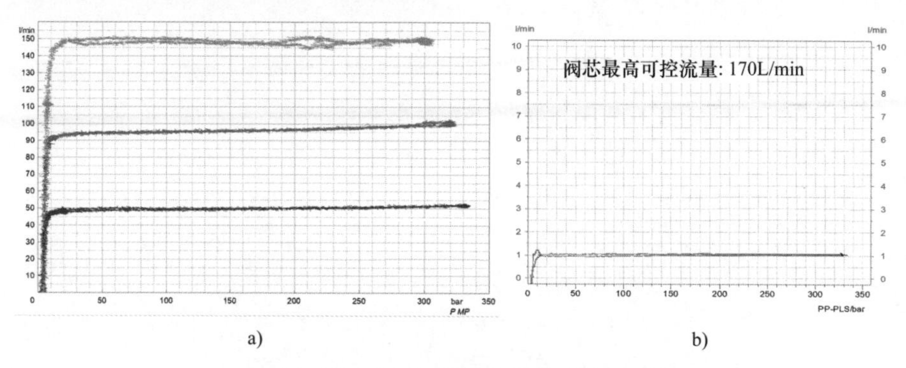

图 1-16　压差 - 流量控制性能（贺德克 LX-6）

a）大流量　b）小流量

但这个阀是 10 多个研发人员花了 6 年时间才搞出来的，光是人力费用就不菲了。

布赫在 2018 年推出了 AX 型轴向柱塞定量泵马达（见图 1-17）：由于采用了双排柱塞，基本平衡了轴向受力，因此可承受的瞬间压力达 500bar，液压机械效率最高达 99%，总效率最高达 95%，流量脉动小，最低稳定转速 1r/min。

图 1-17　布赫 AX 型轴向柱塞定量泵马达

其实，其原理荷兰工程师 Peter Achten Innas 从 2003 年起就以“浮杯泵”为名提出了，样品也已在 2009 年就展出了（见图 1-18）。但还是要经过多年试验改进，才能成为商品进入市场。

图 1-18　浮杯式斜轴柱塞单元（汉诺威工业博览会 2009）

在德国，高校和研究机构（包括大公司的预研发部），着眼于探索各种可能性！例如：目前所有在售的滑阀阀芯都是圆柱形的（见 3.2 节），而在德国某研究所，在研发可用于清水的陶瓷滑阀时，为了避开陶瓷孔高精度加工的不便，就在探索采用矩形滑阀阀芯的可能性。

而对于绝大多数德国企业而言，在市场经济的大环境下，满足市场需求就是发展方向。讲得俗一些，就是利用各种新技术、新材料、新工艺，把产品做得比竞争对手的更经济，更满足顾客个性化的需求，满足社会的需求，从而能合法合理地获取利润，这就是他们最主要的着眼点和追求目标。他们关心的是，是否会侵犯他人的专利、知识产权，是否有人侵犯了他的专利、知识产权。当然，很多企业也注意环保节能，承担一定社会责任。他们不为先进而先进，也很少关心是否是排名世界前列。

1.6 不管东阀西阀，满足应用需求的就是好阀

1. 怎样是好阀

众所周知，科学研究是为了回答“为什么”，技术研发则是为了解决“怎么做，才能满足人类的需求”。所以，液压也是为了满足人类的需求而存在的。液压驱动需要限制压力、流量和流动方向，阀就是为此服务的。

二百多年来，液压技术被广泛应用，不同的应用对阀的性能提出了不同的需求。例如，要适应不同的工作环境，如严寒、酷暑、日晒雨淋；有的要耐腐蚀，有的要防爆。用于移动液压的，常期望小、轻。用于工业和农业的不同，用于草原和沙漠的不同，用于冶金和矿山的不同，用于铁矿和煤矿的不同，用于煤矿井下和井上的也不同。用在医院、办公室内的，不仅要求无泄漏，还期望无气味，等等。

在市场经济环境下，不管东阀西阀，满足应用需求的就是好阀，无论国产进口，满足应用需求的才是好阀。

而不同的应用对需求的侧重点可能不同，关注顺序也不同。所以，要对需求进行全面深入细致地调研。

应用对液压阀的需求大体可以概括为以下几方面。

（1）调控性能　可精细调节，包含但不限于高的稳定性和重复性。

一定要清醒地认识到，功能≠性能！

功能，指的是能做什么；而性能，指的是做得怎样，好不好！

液压阀应用二百余年来，前人发明了很多奇特的结构，照着做，基本就能实现相应的功能，但并不能保证达到优良的性能。不仅稳态性能，更难的是瞬态性能。这是阀性能比拼最主要的格斗场，详见 4.9 节和 4.10 节。

阀的调控性能，牵涉到许许多多设计加工组装细节，是靠摸索改进出来的，是测出来的，是要靠数据说话的，只有更优，没有最优！

（2）耐压性　现代液压系统的工作压力波动大，常会有很高的瞬间压力冲击，液

压阀要能抗得住。所以，在研发时都要做至少为额定压力125%的耐压试验。在高压时，液压阀的性能可能不同于正常工作压力时，这还是可以接受的。重要的是，在高压消失后，调控性能依然保持正常！所以，在进行过耐压试验后，还应再进行正常工况下的性能检测（详见5.3节研发性测试）。

（3）耐久性　多数应用场合都期望液压阀能耐久工作（寿命长），先进企业正在借助新材料、新工艺提高液压阀的工作耐久性。

当然，耐久性的要求并不是绝对的。有的设备，日夜不停工作，有的设备，几天、几个月，甚至几年才动一下。海船、风力发电机等都期望液压阀能工作20年，而导弹上的液压阀只需要工作几十分钟。笼统来说，影响机械零件耐久性的，主要是磨损。因此，耐久性是衡量泵的主要指标。而因为阀芯移动的速度，相对泵的那些摩擦零件而言，慢得多，摩擦面上受的正压力（详见4.3节“摩擦力”）也小得多，所以，相对泵而言，阀的耐久性比较容易满足应用需求，不是难点。

（4）产品稳定性　不仅一个好，而且要所有的都好，也就是产品性能的一致性要有保证，常用PPM来衡量。即在一百万个可能不合格处，出现了几个不合格。这点对大批量生产的主机厂，如汽车、挖掘机、装载机等的制造厂，特别重要。

绝对没有不合格是不可能做到的。宁可先老实客观地检验统计当前的不合格数，然后寻找原因，研究怎么降低。持之以恒，不合格数就能从0.1%，降到0.01%，或更低。

怎么才能获得稳定的制造质量？光靠出厂检验是远远不够的，靠罚款扣工资更是达不到高水平的！

据参考文献[36]介绍，柳工曾在1986年派管理人员去美国卡特彼勒公司学习。一次，一名柳工的管理人员向卡特的培训师发问：“如果在生产现场发现了质量问题，你们对操作者是怎么处理的？”卡特的培训师一改平日温和的口气，非常严厉地说道：“这是一个愚蠢的问题，我们的质量管理首先是管理层的责任，而后才是操作者的责任。出现了质量问题首先要看管理者制定的工艺流程是否正确，对操作者的培训是否到位，而不是处罚操作者。如果发现了问题，首先要处罚的是管理者。”

欧美制造厂普遍认为，稳定的制造质量是要靠管理，按一定的流程才能获得的，所以才有ISO 9001。

国际汽车特别工作组（International Automotive Task Force，IATF）和ISO/TC 176的成员一起，于1999年在ISO 9001的基础上增加了对汽车配件行业的特殊要求，编写了ISO/TS 16949《质量管理体系》标准第一版，作为对供货商的要求。一些先进的液压元件制造厂早已开始执行。目前是IATF 16949：2016版。该标准要求企业执行以下五大核心工具：

1）质量先期策划和控制计划APQP。

2）生产件批准程序PPAP。

3）失效模式及后果分析FMEA。

4）测量系统分析MSA。

5）统计制程管理 SPC。

中国有些液压元件制造企业，特别是那些为国际名牌做代工的，现在已开始按德国“汽车工业对供货商评估和分级管理过程（VDA 6.3）”来检查改进产品质量管控过程。

但对那些批量很小的，甚至一次就只有一个产品，允许对产品现场调试的项目来说，对产品性能的一致性的要求就不高。有较大的灵活性，可调整，本身也是液压技术一个很突出的优点。

（5）可靠　可靠，理论上定义的是：能在规定的条件下规定的时间内完成规定的功能。

而对液压阀而言，高可靠性意味着：

1）单个阀的性能要能满足要求。因为液压阀在工作中会磨损，所以，需要其性能不仅在刚开始用时，而且在长期工作后，还要能满足要求。

2）因为机械制造总有偏差，不可能绝对没有问题。因此，现实一些的要求是，期望达不到要求的阀极少，比如说，一百万个中少于 100 个，甚至少于 10 个。

所以，对液压阀来说，实际上，可靠是设计性能优良与制造质量稳定的综合体现。

因为液压系统中一个元件出现故障失效，就可能影响整个系统整台设备的正常工作。而更换失效的元件，不仅意味着要花钱购买替换件，支付修理费，还常常意味着整台设备必须暂停工作，这一损失常会超过替换件与修理费用。这就是为什么在很多场合，用户宁可支付较高的费用，去购买较可靠的元件。

进入 21 世纪以来，国际上已开始用“平均危险失效前时间 MTTFd”（或“平均失效前时间 MTTF”）来衡量液压阀的可靠性。这是一个从已通过了出厂检验的产品中抽样，模仿实际工况进行耐久试验得到的指标。持续工作满一年，如果危险失效的概率 <3.3%，则可以说，MTTFd>30 年；只有危险失效的概率 <0.6%，才可以说，MTTFd>150 年。世界先进水平的液压阀已达到此水平。

以上这些对液压元件的要求，是衡量液压阀水平的标杆，划分了液压阀的档次。

当然，所谓优良也是相比较而言的，没有绝对的优良，能比竞争对手的产品更适合应用的需求就好。

（6）适应市场的价格　现代社会的市场经济环境下，所有的商品都是要谈价格的。只是有些市场对廉价要求强烈些，有些则更注重可靠性。

液压阀的市场可以分为前市场和后市场，两者有不同的要求。

1）前市场：按主机厂的要求为主机厂提供阀，常称“做 OEM”。

一般，阀被主机厂正式接受后，每批的订货量大些，但对性能一致性、使用寿命（保质期至少一年）的要求较强烈，付款条件也常常比较强势，特别是一些一流大厂。供需关系相对固定，因此，售后服务质量也成为一个重要的考察指标。

2）后市场：提供替换件。

后市场虽然对性能一致性、使用寿命（保质期三个月以上）、价廉的要求可能低些，但往往批量小而品种杂。

当然，不同的顾客，不同的应用对价格的承受能力也是不同的。

性价比是一个非常敏感的因素，对产业发展也起着极重要的作用，然而却是一个好说不好算的伪指标。因为，价格还可用数字表示，但性能却是含多方面因素的，很难用数字进行综合的表述。

其实，多数国产液压件的价格相对它们对主机的重要性被低估了，一个证据就是，一些进口液压件的价格高出国产的很多，主机厂也能承受。

一个原因在于液压阀制造大多不需要资质，相对容易上手：几个人投几十万，购置一些机器设备，就可以做出一些液压阀来。对一些国产液压阀生产厂商，因为是测绘仿造，不需要多少研发成本，就可以把价格压得极低来进行市场竞争——廉价，卷！结果就把国产液压件的价格压到很低的水平。售价低，也就没有足够的利润来提供好的售后和支撑研发，导致恶循环。

一些液压阀，原就是中国没有的，欧美日产品先入为主，可靠性较国产后起的也相对优秀一些，口碑好一些。由于液压技术已经很成熟，对液压元件品质的鉴别判断，需要有相当的技术水平和相当的时间，因此就有些主机厂的采购员图省事：我反正进口了最贵的液压件，再出现什么问题的话，我就没有责任了！

相对价格对产品开拓市场的快慢有很大的影响。

成本是价格的基础，阀制造厂能追求的就是：如何在保证产品性能满足需求的前提下，高成品率、高效率、低成本地制造出产品来！例如，分解工序，简化每道工序的操作，组织好流水线生产，提高生产效率，使生产线逐步自动化。

口碑，光靠自己宣传是远远不够的，还要靠市场认可，所以要非常关心并认真处理用户反馈。

要花大力气研究顾客的应用需求，不断改进。同时还要有懂技术的销售，或者称应用工程师。销售人员要了解得比顾客多、比顾客深，知道对顾客的应用，什么是恰当的阀，能使顾客信服、满足。

当然，没有绝对的满足，而是越满足越好！比他人——竞争对手，更满足用户需求，性能更好，价格更低，那竞争力就更强了。

就功能而言，液压阀是通用件，各行各业都能用于多种场合。但如果就此以为，不用去跑顾客，了解顾客需求，等着顾客上门——姜太公钓鱼，愿者上钩，产品就能卖出去，那头脑就太简单了。

2. 关于测绘仿造

如已述及，液压技术的发展已有二百多年的历史了，也就是说，他人的祖父四次方那时已经开始研发，并有传承了，而你，或者你的父辈才刚开始学习，暂时不如他人是完全可理解的。在这种情况下，测绘仿造作为开始研发的第一步，在不侵犯知识产权的前提下，也是完全可以的。

但一定要清醒地认识到，测绘获得图纸，只是研发的开始，绝不应该是研发的终点。

因为，对部件的几何尺寸的测绘，总是在常温常压下进行的，反映不了部件在受压非常温状态下的状况。再说，测绘也至多测有限的几个部件，允许偏差也是测不出来的。

有些单位当年买了力士乐整套原装图样和工艺卡，40 年过去了，其产品至今仍未达到原装产品的水准，就是一个佐证。

博世力士乐的一位技术领导人当面对我说："坦白讲，很多处理实际问题的知识技能没有也不可能在图纸中一一表述出来，力士乐的产品质量是靠从原材料检验、加工、热处理、精加工到装配，整条线上的几十个技师的丰富经验来保证的。"

既然连原装图样都不够用，那测绘得来的就更谈不上了。

真正要做出有影响、有市场，从而有一定利润、可持续发展的液压阀，有很多很多的事情要做（见图 1-19）。

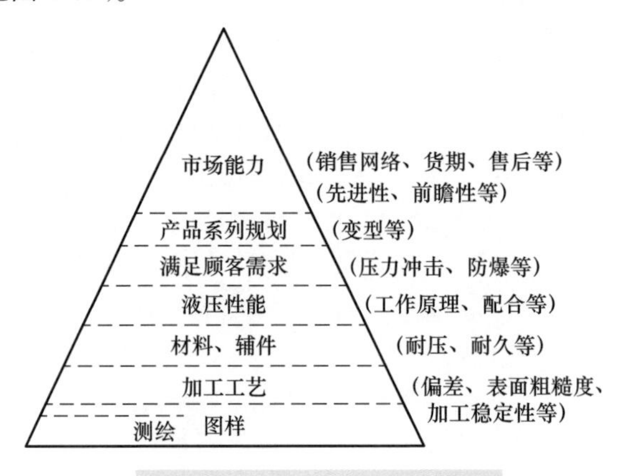

图 1-19　构成液压产品的一些要素

其实，没有本事创新也不要紧，把现有的产品研究研究透，做做好，不断测试改进，也是可以在市场上占有一席之地的。

液压技术，进入实用已有二百多年了，几乎没有还没有发明的液压阀！但另一方面，材料、加工工艺、工夹具、装配过程、成品率、销售途径，等等等，有谁能说，已经达到最优，没有可改进的？

中国生产液压阀，测绘仿造居多！如果懂得原理，抓住本质，了解其弱点，想出克服的方法，了解需求，就可以针对需求改进。改进，也是创新！

中国有些企业，为国内外各企业代工，制造液压阀的零部件，工艺成熟，合格率很高。现在打算自己做液压阀了。可以！但一定要清醒地认识到：代工合格，只是说明加工零件的几何尺寸，热处理的一致性过关了，这是液压阀性能优良的基础，但并不是液压性能的全部！做代工时，顾客买你的是几何尺寸，自己做液压阀时，你的顾客要买的是液压性能！

第 2 章

液压和电的又爱又争

1998 年，“流体传动与控制”被从大学专业设置目录中删去，据说，是因为有人说，液压要被电取代了，于是，当时的“流体传动与控制”专业全都改成了“机电一体化”专业。

20 多年过去了，液压元件制造与应用产业在全世界，包括中国，都有长足的发展。重要液压元件，中国生产的与世界先进水平还有相当差距，液压元件被列入《中国制造 2025》中的关键基础件；液压专业毕业生抢手；受过专业培养，具有专业知识、专业技能，能面对、处理、解决实际问题的液压技术人员奇缺。“液压至今未被取代”是不争的事实。

其实，液压和电的关系，并不是简单的会或不会被取代的关系，而是应该从三方面来考察认识：电控、电动、电驱。

在展开考察前先梳理以下一些概念。

1）“动力”与“信息”。在现代科学技术中，“动力”与“信息”的含义不同，单位不同，追求不同，传送时的规律也不同（见图 2-1），所以不应混淆。

	动力	信息
含义	转矩×转速 或力×速度	复杂度
单位	kW、马力	信息熵
追求	强、快、 柔、精细	抗干扰 快：km/s, Mb/s
传送	高效、 能量守恒定律	利用二进制数字 准确、 可多次复制

→ 传感器 →

← 电液转换器 ←

图 2-1 “动力”与“信息”

但两者在液压系统中又常紧密相连。例如，传感器可以从系统的工况中提取关于动力的信息，如压力、流量、速度等，而电液转换器则根据人或计算机发出的信息调控动力的传送。

2）“驱动”与“控制”。与“动力”“信息”相关，“驱动”与“控制”的含义也是截然不同的。

机械设备一般都可区分为驱动部分与控制部分。

控制部分处理信息的产生、传送、接收、处理与发送，类似人的感官、脑和神经。由于计算机的普及，机械设备中，几乎所有电控中都采用了计算机（含 PLC），电控已越来越多地取代了手控。

驱动部分传递动力，使物体动或不动（制动），类似人的肌肉。

液压，从动力转化的角度来说，是一种传动技术，而从机械设备的角度来说，则是承担驱动的任务。下文中使用“液驱”来简称“液压驱动”。

3）“电动”与“电驱”。驱动负载的能量总需要有来源，目前状况大体可概括为如图 2-2 所示。

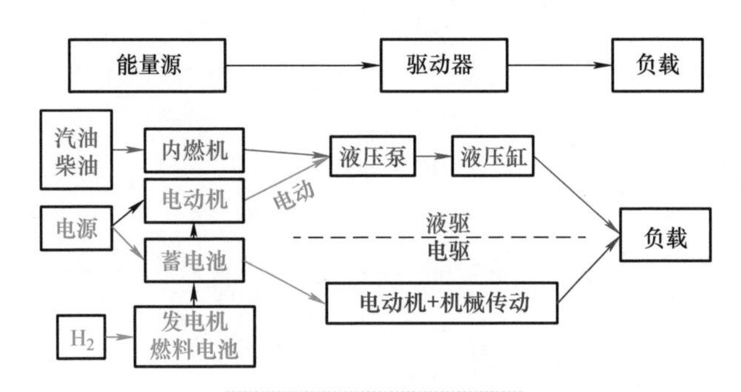

图 2-2　电动、液驱和电驱

液驱，用液压缸或马达驱动负载，需要的液压能来自液压泵。

带动液压泵，对于固定设备而言，现在几乎全部采用电动机，因为在现代社会中，电几乎就是“唾手可得”的。

但对移动设备而言，由于接电不便，目前还几乎全都采用内燃机带动液压泵。

为减少内燃机排放的污染物对居民健康带来的危害，现在正在努力采用电动机来取代内燃机，这被称为“电动”（Electrification）：电动机需要的电能来自蓄电池；利用固定电源，或者氢燃料发电机（燃料电池），给蓄电池充电。

为避免液驱在能量转换时导致的能耗，使用电动机＋机械传动，简称“电驱”，来取代液驱，也一再被提上研发日程。

概括地说，液驱电控是我们搞液压的，昨天就应该开始研发的；（移动设备的）液驱电动，是我们今天要面对的；而电驱，则关系到我们液压人明天靠什么来吃饭？！

2.1 电控是液驱当之无愧的指挥

1. 发展历史

（1）液压的控制方式　对液压而言，控制大致有人控、机控、液控和电控这几种。

1）人控指的是，人通过液压阀控制液压系统。人控被操作者的熟练程度、反应灵敏度和持续工作时的注意力集中度所限制。

2）机控，例如，借助设备的部件带动挡铁来启闭阀，灵活性极差。

3）液控，利用油液压力传递控制信息，可分两种类型。

一是对工况自动做出反应，例如，溢流阀、二通及三通流量调节阀中的定压差元件（压力补偿阀），负流量、正流量、负载敏感泵等的排量控制，等等。

这种液控简单可靠，有其特点，不需要完全排斥，但其智能程度是远不能与计算机相比的。

二是作为人控的辅助手段。例如，在很多工程机械中，人——操作者控制先导液压阀，改变油液压力，再借助此压力，控制主阀——液控多路阀等。

（2）模拟控和数字控

1）模拟控。电控，就其本来意义，包括了用电阻、电容、电位器，特别是运算放大器等组成的非数字控制，即模拟控制。

运算放大器是放大倍数很高的直流放大器，可用于电信号加减积分等运算处理，属于模拟元件。利用模拟元件，可对反馈信号与期望值的差进行 PID（比例、积分、差分）处理来调节控制信号，是数字控之前唯一用于自动控制的方式。

在数字计算机普及前，也曾建造过模拟计算机。20 世纪六七十年代，模拟计算机在中国高校和科研单位也还曾显赫一时，现在已是灰飞烟灭，无迹可寻了。

2）数字控。（二进制）数字电路的抗干扰性、准确性、传递速度、信息复杂性、智能程度等随着电子技术、计算机技术、大规模集成电路（芯片）等技术的突破，在 20 世纪 60 年代就逐渐超过了模拟电路。所谓数字化，指的就是数字控全面取代模拟控。

而自从用数字集成电路构建的可编程序控制器——PLC 在 20 世纪 70 年代发明以后，专门为液压配套的控制器也从 20 世纪 80 年代开始逐步从模拟控制器改为数字控制器了。

中国普遍使用的名词“机电一体化”来自 mechatronic，就是欧美那时从英语单词 mechanic（机械的）与 electronic（电子的）人为拼接出来的。其中的 electronic（电子的）指的就是数字控制。

现在的电控已几乎是清一色数字控制了。

不过，目前有传说，模拟电路将重出江湖，那是因为人工智能 AI，要进行海量的逻辑运算，但对计算精度要求不高，为降低能耗，所以在超超超大规模集成电路中又重新开始部分采用模拟电路，时来运转，又当别论了！

（3）电控从固定液压扩展到移动液压　液驱的电控在固定设备中早就大量采用了，但在移动设备中开始采用较迟。其原因是：

1）移动设备大多工作在露天，对早期的电子产品而言，其环境条件相对恶劣。

2）以前的电子产品价格相对较高。

自20世纪80年代以来，一方面，由于移动设备日益复杂，对液压系统电控的需求越来越强烈；另一方面，由于现代的电子元器件也越来越结实可靠，能够承受恶劣的环境，价格也不断下降。因此，电控在移动液压中的应用也越来越普遍，以至在欧美又出现了一个用hydraulic（液压的）和electronic（电子的）类似地拼接出来的新词hytronic，强调液压驱动+计算机控制+传感器。如果套用，可以译为液电一体化。但我觉得，译为“液驱电控”则更能反映液和电的不同分工。这里，电控=计算机控制+传感器。

现在，计算机的智能程度发展如此进步，液控是根本望尘莫及了。据报道，在2022年，为新一代平板式计算机准备的芯片中已经含有40个可独立工作的中央处理器（核），140亿个二极管。须知，从控制的角度来看，一个液压单向阀只相当于一个二极管啊！更不用说，现在软件科学、人工智能（AI）的飞速发展。所以，作为液驱的指挥、上司、领导，电控是当之无愧的！

2. 电控的优点

液驱用电控，可以发挥计算机的智能特性，有如下优点。

（1）实现复杂动作　如所周知，挖掘机使用连杆铰接机构，一个（组）液压缸只能驱动一个部件围绕一个支点做旋转运动（见图2-3）。因此，比如说，要挖掘机铲斗尖做一个直线运动时，必须动臂缸、斗杆缸、铲斗缸协同运动。如果是人控液压阀的话，需要左右手同时协调操作至少三个多路阀的开度。这完全依赖机手的熟练程度，需要长时间练习。所以，液控（人控）挖掘机多路阀阀芯节流口的形状，迄今为止，最终都不是由设计师而是由老机手拍板确定的。

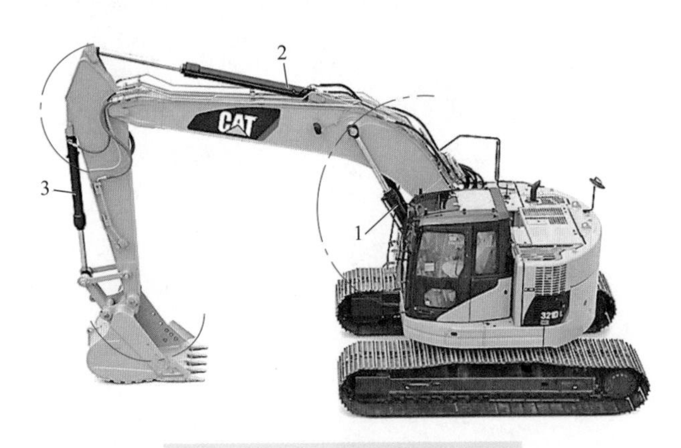

图2-3　单个液压缸驱动部件画圆弧

1—动臂缸　2—斗杆缸　3—铲斗缸

而对现代计算机的智能水平而言，在建立了机构的数学模型，输入了相应几何参数后，从需要的运动轨迹中分解出各个液压缸需要的移动，从而给出相应多路阀的开度的控制指令，已是易如反掌的事了。

在 2019 年慕尼黑建筑机械展上，贺德克公司展出了一台挖掘机模型，电控能自动协调三个液压缸的动作，使斗尖画出五叶玫瑰线（见图 2-4）。

a)

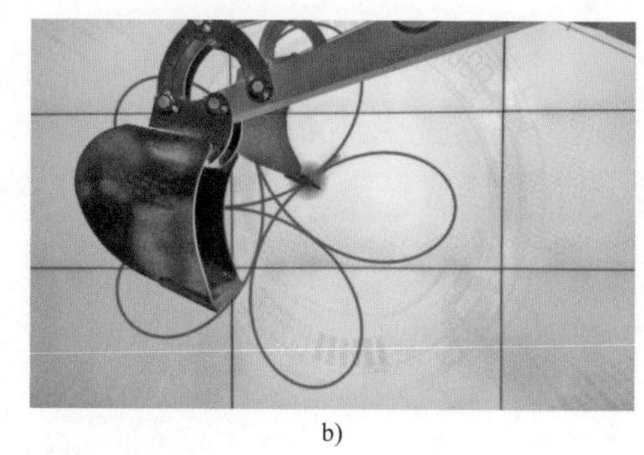

b)

图 2-4　挖掘机电控

a）挖掘机（模型） b）自动画出五叶玫瑰线

日立公司和沃尔沃公司都推出了简化挖掘机手操作的电控（见图 2-5）：把铲斗移到某个起始点，从控制屏上挑选出期望的运动轨迹（平面、斜坡等）后，只需左手控制斗杆运动速度，控制计算机就会通过调控阀，自动协调铲斗和动臂的运动速度，刮出期望的运动轨迹。

a)

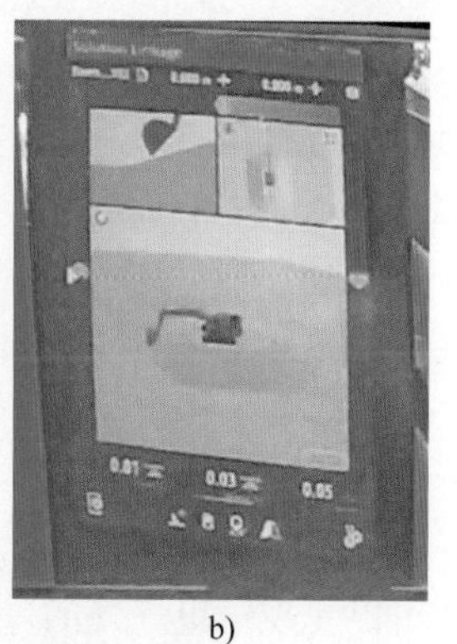

b)

图 2-5　挖掘机电控（日立公司，2019 年 4 月慕尼黑建筑机械展）

a）驾驶室　b）控制屏

纵观控与驱的发展过程（见图 2-6），可以看到，从靠手势的液控液驱（这是大多数挖掘机的现状）进化到靠手势的电控液驱，只是迈出了一小步，但却开启了通向智能自动化无限广阔天地的大门。

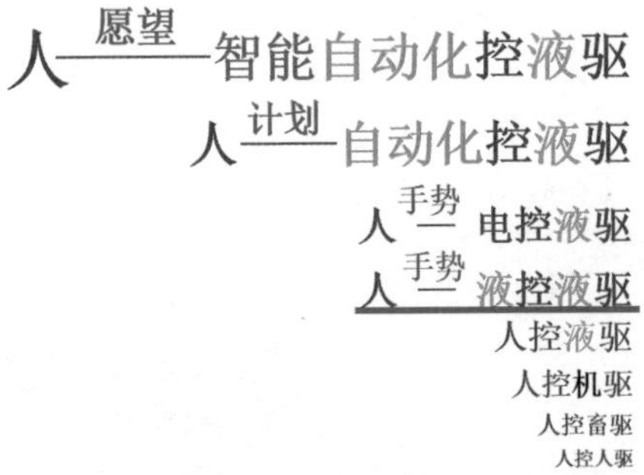

人——愿望——智能自动化控液驱
人——计划——自动化控液驱
人——手势——电控液驱
人——手势——液控液驱
人控液驱
人控机驱
人控畜驱
人控人驱

图 2-6　控与驱的前世、今生和未来

（2）帮助节能　电控帮助节能正在进行的研发项目很多。

1）中压网络。在单泵多液压缸的机械中，为了减少各个缸负载的变化对速度带来的相互干扰，目前普遍采用负载敏感回路：泵口压力可随最高负载压力而变化，但只有一个压力值；因此，在负载压力较低的支路，就需要通过（定压差元件）节流，消耗掉多余的压力。如果建立一个中压层，就可以减少在节流口的压差消耗（参见参考文献 [12]357 页）。2022 年有报道称，采用中压层（STEAM）的挖掘机投入实际运行两年来，不断改进，目前能耗比传统型已降低 30%。这当然离不开电控持续监控各负载压力与中压层压力，及时切换的结果。

2）取代定压差元件。目前的负载敏感回路都是靠液控的，其定压差元件 + 节流口持续消耗最少 2MPa 压力（详见 7.9 节）。有的研究弃用了定压差元件，利用电控及快速调控的电控多路阀，避免了定压差元件的消耗，2020 年就已进入试用阶段。

3）博世力士乐在 2017 年提出 “Connected Hydraulics beyond Limits（连接的液压可以超越限制）”，指的就是，液压元件如果能通过电控（IO-Link），相互交流信息，就可以更好地发挥功能。

（3）液驱用电控的其他优点

- 可以把老机手的经验固化入控制程序中，提高操作友好性。
- 可以实现操作自动化，缩短培训时间。
- 可以降低操作员的劳动强度，缓解劳动力短缺。
- 可以避免误操作带来的危险。
- 可以实现千里之外的远距离控制。
- 可以监控系统状况，故障时自动切换。
- 可以帮助进行故障诊断，甚至远距离诊断故障。

- 可以根据问题的早期信息，预测故障，也就是所谓的“健康管理”，从而提高计划维修的能力。

除以上几点，还有许多，可谓好处多多，这里不再一一列举。

因此，液压元件系统供应商现在就应该密切关注如何配合主机厂，从传统控制（手控、液控等）进化到电控。液压工程师需要重点学习和研究的是：如何使液驱更好地与电控结合。

液压阀发明制造应用200余年，已非常成熟，再要发明什么新结构阀，能成为好商品，能被市场接受，获得利润，很不容易。但抓住具体应用的实际需求，选用恰当的回路，恰当的阀，恰当的性能，在某一行业内实现突破，还是比较容易的，尤其是在从传统控制进化到电控时。作者在德国企业工作期间，多个给企业带来利润的专利发明都是基于电控的。

3. 电控可能的途径

液压技术，说到底，就是“加油”和“放油”的技术，调控“油量”——流量是液压的基本任务。所以，液压系统电控有也只有如下三条途径（见图2-7）：

—调控电液转换器（电比例换向节流阀、电比例流量调节阀等）阀芯的位移（开口），即阀控。

—调控泵的排量，常称泵控。

—调控驱动泵的原动机的转速，即调速控（参见7.13节“容积调速”）。

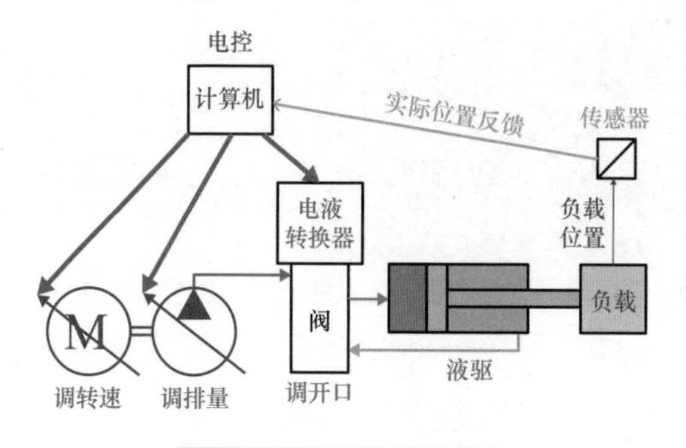

图2-7　液压系统电控的途径

1）阀控。电液转换器可以把电控信号转化成力，移动阀芯，从而调控动力，有开关电磁铁、比例电磁铁、伺服阀、步进电动机及伺服电动机等多种操控类型（参见4.5～4.8节）。

其中比例电磁铁目前用得最多。由于种种原因，目前比例电磁铁较多从国外进口，是中国液压设备自动化的瓶颈之一。

在液压系统中用于调节流量的，目前最普遍的是用换向节流阀。在移动液压中常以多路阀形式出现，目前普遍采用的是液控，配用电液转换器后才可以进化到电控。

2）泵（排量）控。原理上，单作用叶片泵也可以调控排量，但由于主轴径向受力不平衡，只能用于低压。所以，实际应用的可变排量的泵只有柱塞泵，且主要应用的是轴向柱塞泵：斜盘泵改变斜盘角度，斜轴泵改变缸体角度。由于缸体的惯量远大于斜盘，斜轴泵的瞬态响应性能更差，因此，实际用于电控的较多是斜盘泵。

变排量泵的排量控制可分为外控和内控。

所有外控（手控、机控）都可用电控轻易取代。

目前所有内控的变排量泵：负流量泵、正流量泵、恒压泵、恒压差泵（也称负载敏感泵）、恒功率泵等，都是液控，原则上也都可以用电控来实现（见图 2-8）：

- 压力传感器把泵出口压力、附加控制压力（负载压力）传给控制器（下同）；
- 控制器根据功能指令，给控制斜盘转角的电比例阀加相应的电控信号；
- 电比例阀控制斜盘偏转缸的压力从而控制斜盘的转角；
- 斜盘转角传感器把斜盘的实际转角反馈给控制器；
- 控制器酌情调整给电比例阀的信号。

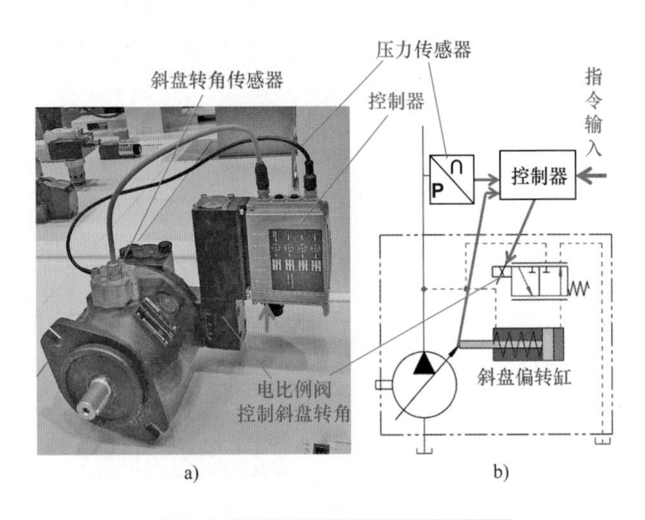

图 2-8　泵排量电控（博世力士乐 2013）

a）展品　b）原理示意

这样，同一个泵，根据指令就可实现上述各种功能，这种泵博世力士乐在 2020 年前就已开始接受订货了，现已在 A10VO、A11VO 和 A15VO 泵型上实现了这种电控，称之为 eOC 泵（electronic Open Circuit 电子开环，博世力士乐 RD98756/2021）（见图 2-9）。

小型多功能挖铲机（见图 2-10）的主要顾客对象是个体户，作业量不很大，但希望能实现多种多样的作业。而要在达到较高的作业效率的同时，又尽可能地节能，有时需要恒功率控制，有时希望恒压或恒流量（负载敏感）控制。过去，顾客在预定此种挖掘机时就必须固定选择某种控制功能的泵。

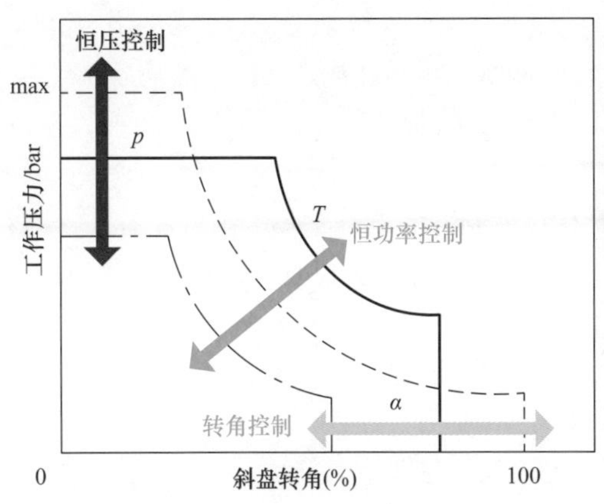

图 2-9　电控泵（博世力士乐 eOC）

图 2-10　小型多功能挖铲机（意大利 Sampierana 公司）

采用 eOC 泵之后，顾客就可以在操作室里根据不同的作业通过软件灵活地选择需要的控制功能（见图 2-11）。

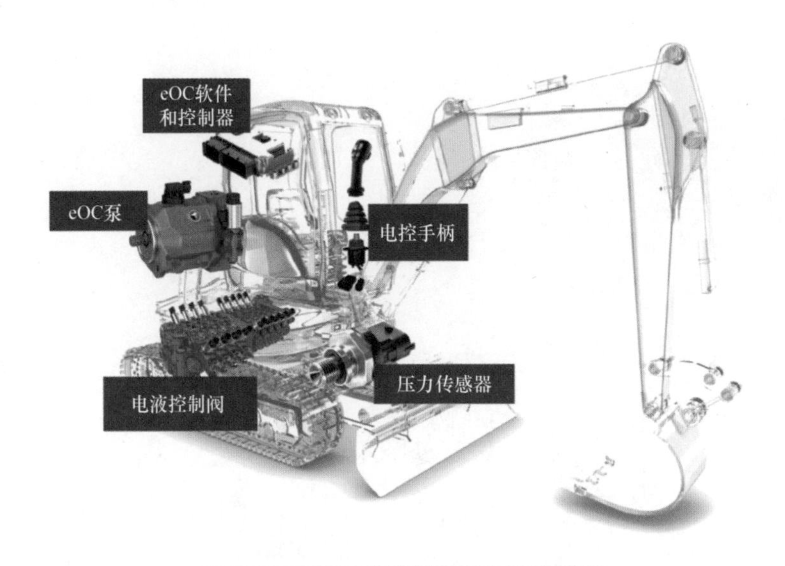

图 2-11　eOC 系统示意（博世力士乐 2023）

3）调速控。理论上，只要原动机转速可以调控，泵的转速就可以调控，从而输出流量也就可以调控。但常用的内燃机转速调控范围最大不到 6（最大最小转速比），经济转速可调范围还不到 2，因此，不适合用于调速控。

只有电动机，且只有伺服电动机才可以承担此任务，参见下节。

4. 液压工程师的任务

机械结构是液压系统得以发挥作用的基础，而液压系统是电控得以发挥作用的基础。所以，在需要的功能确定后，液压工程师就要动手设计或选配恰当的液压系统。

1）根据应用的需求，选用恰当的、可满足需求的电控方式：阀控、泵控，还是调速控？

阀芯质量一般只有几十克，斜盘至少有几百克，而电动机转子则可能有几千克，甚至更大。质量越大，就越不容易做到快速响应。因此，就必须根据需求和遇到的问题，寻找研发相应措施（详见 7.13 节）。

2）做好应用需求与控制软件编制之间的协调员。

有规模的主机企业中，设计部门一般有以下四部分：

– 机械设计：设计基本构架，保证主机可以运动，能承受负载。

– 液压设计：设计液压系统，选用可以完成动作的液压元件。

– 电气设计：安排电气线路。

– 软件设计：编制控制软件。

液压是管部件运动的，因此，对主机运动状况、液压系统及元件的特性，液压工程师比程序员有更直接更深入的理解，最能提出实现用户对主机动作的需求的要求。

液压工程师至少应该向控制软件编程员提出下列要求（见图 2-12）：

– 输入元件的数量与信号类型：如旋钮、按钮、传感器等。

– 输出元件的数量与信号类型：如指示灯、报警器、开关阀、电比例阀，驱动电流多大等。

– 控制逻辑：哪些输入应该导致哪些输出。

– 哪些控制数据应该作为参数编入控制程序，以便在试车和实际使用时可以调整，例如，泵口的卸荷阀在电动机起动后的延迟关闭时间等。

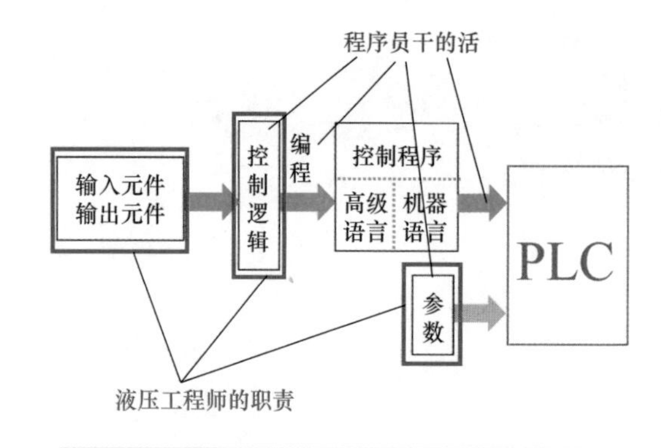

图 2-12　液压工程师在控制软件编制过程中的作用

液压工程师必须懂一点编程，这样才能与软件编程员有“共通”语言。

2.2 电动是液驱的好后台

液压传动只能把机械能从一种形式转化为另一种形式，并不能产生机械能。而电动机可以提供机械能，所以，电动可以是液驱的后台、基础。

现代电动机技术成熟，能效高（一般高于90%），维护简单，无排放，已被大量制造，工作可靠性和价格都已被接受了。此外，电动还有其他优点。在空气稀薄的地方，如高原，输出功率不会像内燃机（柴油发动机或汽油发动机）那样有显著的降低。在寒冷时，也不会像内燃机那样难以起动。

固定设备由于位置固定，接线方便，所以，液压泵的驱动一般普遍采用电动机。虽然也应该节能，但需求不十分突出。

而移动设备，由于接线不便，过去只能采用内燃机。现在，为了减少排放的废气、PM2.5、CO_2 等，保障居民的健康，减少温室效应，有两条解决途径正在推进中。

1）e-Fuel。e-Fuel 源自 electrofuel（电子燃料），即人造汽油，是一种利用氢与空气中的 CO_2 人工合成的，纯净度很高的碳氢化合物，可以在汽油发动机中使用，燃烧后只生成水和 CO_2，也就是碳中和的，没有其他污染物。欧盟2023年通过决议，到2035年以后，装内燃机的新车禁售，但使用 e-Fuel 的可例外。

问题是目前几乎所有货车和工程机械中使用的都是柴油发动机，人造汽油不适用。

2）弃用内燃机，改用电动（见图2-13）。

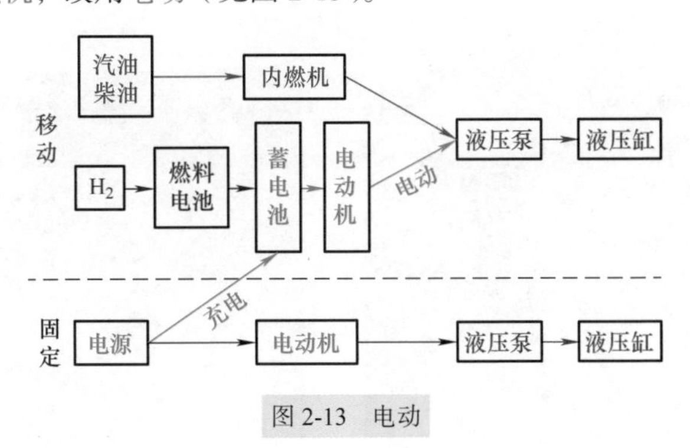

图2-13 电动

如果电能仅靠蓄电池提供的话，因为蓄电池能够储存的电能十分有限，就需要携带大量蓄电池。一方面，还是少不了要充电。另一方面，对要经常起动制动的设备而言，带着笨重的蓄电池加速减速本身也相当耗能。而且，大量电动车电池的回收无害化处理也是一个不容忽视的大问题。

一般称为燃料电池的，其实是燃料发电机，使用氢气 H_2（或甲烷气 CH_4）与大气中的氧气化学反应，在生成水的同时产生电。但为了使化学反应达到相当的速度，产生的电有足够的功率，也为了能够储存较多的气体，这些气体必须处于高压（70MPa以上）状态。这些高压燃料的能量密度固然与柴油汽油能有一比，但其储存控制设备技术复杂，造价昂贵，重量也不小，而为燃料电池车充氢的充氢站的造价是传统加油站的 10 倍以上。

在德国，废物集运车走街串巷，挨家挨户收集废物，走走停停，耗能甚多。标准载质量为 26t 的，过去一般都配置 200~300kW 的柴油机。专业制造废物集运车的蔡勒集团与奔驰卡车公司合作试制使用燃料电池的废物集运车（见图 2-14），截至 2022 年末已售出上百台。由此可见，燃料电池技术现已日臻成熟。近来，世界多地都有发现氢矿，即天然氢的报道。在 2024 年汉诺威工业博览会上，上百家企业展出了它们研发的，从储存、运输到使用氢能，完整产业链的各种元件系统。

何时开始试改电动？纯电池还是油电混？还是用燃料电池？涉及主机设计很多方面，对此，液压工程师是没有多少话语权的，只能是尽力配合，把自己的工作做好！

液压设计师的工作首先聚焦在降噪和节能上。

1. 降噪

由于内燃机噪声大，所以，在使用内燃机时，液压泵的噪声不突出。而采用电动后，由于电动机运转噪声很小，液压泵的噪声就显得很突出，成为众矢之的了。

在此背景下，内啮合齿轮泵由于噪声比柱塞泵，甚至比叶片泵都小，就成为热门产品了，近年来发展很快。内啮合齿轮泵持续工作压力允许 300bar（见图 2-15），瞬间工作压力最高允许 400bar，可反转及四象限工作，即，既可用作泵，也可用作马达（用于回收能量），有双向径向间隙补偿功能的，也已系列生产接受订货了。与调速电动机配用可以部分替换轴向柱塞变量泵的应用。

图 2-14　使用燃料电池的废物集运车

图 2-15　可反转的内啮合齿轮泵
（德国 eckerle 公司 2019）

工程机械如果能无排放，低噪声，那在医院、学校附近，居民密集区中工作就会较少受排斥，较高的投资费用就比较容易消化了。

2. 节能

移动设备很多需要能持续工作，因此，对能量的需求往往超过普通家用轿车，对液压设备的能耗，已是锱铢必较了！所以，电动液驱的重点在于移动设备的液压系统如何节能。

节能的效果，80% 掌握在设计师手里。因此，在开始设计系统时，就要考虑如何节能。

液压设备节能大致有以下一些途径。

（1）减少压力浪费

1）在单泵驱动多个执行器，负载压力不同时，泵口压力必须高于最高的负载压力。因此，在负载压力较低处，必须用阀把多出来的压力消耗掉，因此，能效低于 30% 是经常发生的。

如果能根据负载情况，选择适当的执行器参数（液压缸的活塞直径、马达的排量），尽可能减小各执行器在各工况下同时工作时负载压力的差，就可减少压力浪费。

2）内燃机价格高，体积大，移动设备上一般仅能装一台，因此也就只能配装一台单泵或双联泵。而电动机的价格比内燃机低得多，因此，当能源是电时，可以考虑为各个执行器分别配电动机 - 泵，从而减少由于负载压力不同带来的压力浪费。

传输损失：电线比油液管道容易做到较低，且对弯头分叉等不敏感。

布置电线也比布置油液管道方便得多，成本低。

3）单泵 - 单执行器，就为使用容积控制代替液阻控制（详见 7.13 节）创造了可能。

（2）减少流量浪费　传统节流调速回路（见图 2-16），用节流阀（流量阀）来调控去液压缸的流量，多余的流量经过溢流阀回油箱，被浪费了。

因为驱动泵的功率也正比于泵排出的流量，所以，如果能根据需要调控泵输出的流量，减少甚至完全没有多余流量，也可降低能耗。

1）使用变量泵代替定量泵，根据需求提供流量，避免提供过多的流量。

例如，采用恒压变量泵代替定量泵 + 溢流阀，无须对现有系统做很大改动，就可以起到很明显的节能效果：不再有能量消耗在溢流阀了（见图 2-17）。

常称的负载敏感泵，实际是恒压差变量泵，可以根据负载压力状况自动调控排量，从而输出流量，也可减少因为多余流量造成的能量浪费（详见参考文献 [12]3.2.3 节）。

2）采用低压大（排量）泵高压小（排量）泵并联（见图 2-18）。在高压时，仅小泵工作。这样，也降低了需要的驱动转矩，等于使用定量泵部分实现了变量泵的功能。

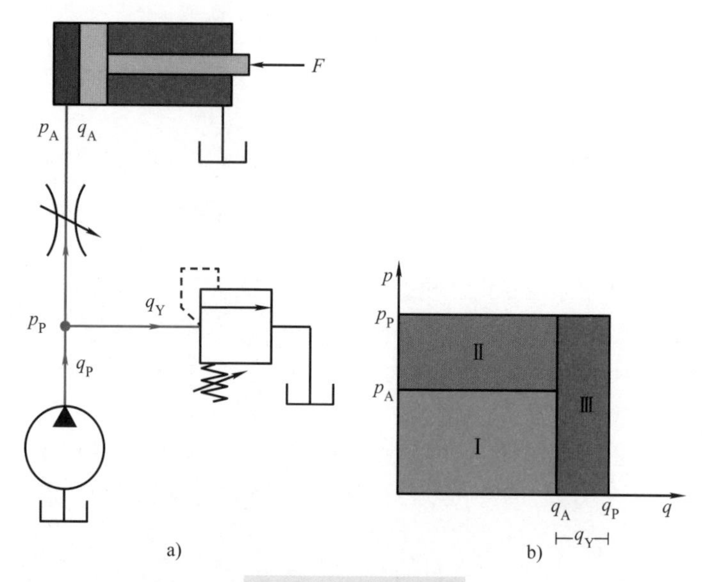

图 2-16　进口节流调速

a）简化回路　b）能量消耗

Ⅰ—用在液压缸的做功功率　Ⅱ—消耗在节流口的无用功　Ⅲ—消耗在溢流阀的无用功

q_P—泵输出的流量　q_A—供给液压缸的流量　q_Y—通过溢流阀的流量　p_P—泵口压力　p_A—用在液压缸的压力

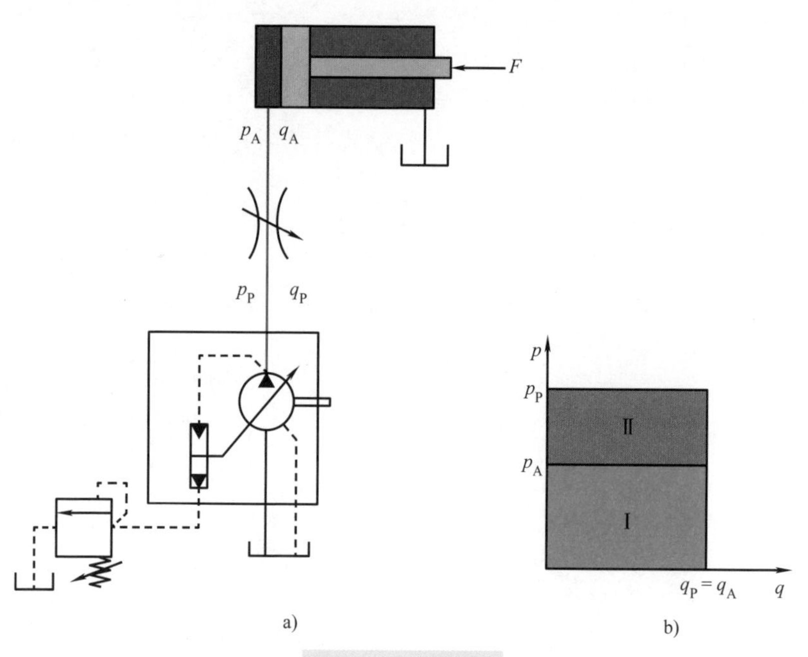

图 2-17　恒压泵调速

a）简化回路　b）能量消耗

Ⅰ—用在液压缸的做功功率　Ⅱ—消耗在节流口的无用功

q_P—泵输出的流量　q_A—供给液压缸的流量　p_P—泵口压力　p_A—用在液压缸的压力

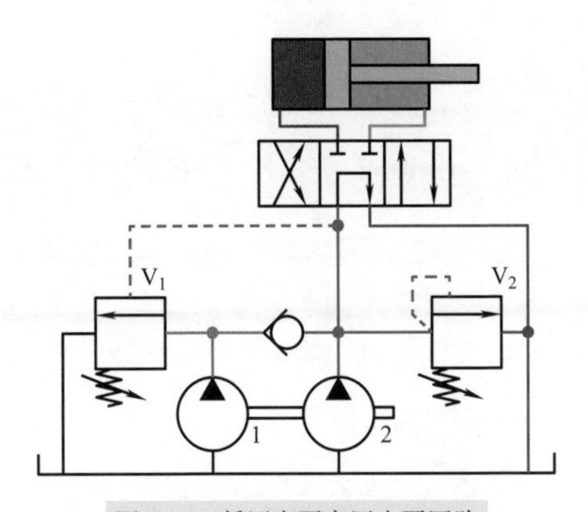

图 2-18　低压大泵高压小泵回路

1—低压大泵　2—高压小泵　V_1—低压　V_2—高压

（3）采用变转速控　因为泵排出的流量 = 排量 × 转速，所以，调节泵的转速，也可以调节泵排出的流量。

如前已述及的，内燃机因为经济转速可调范围低于 2，因此基本不用考虑。使用电动机后，调速就可以成为节能的重要选项了。

1）采用变频器调速。普通交流异步电动机，其额定转速受限于输入交流电的频率。如果交流电取自电网，则额定转速不可调：4 极电动机的理论转速为 1500r/min，实际转速完全取决于负载（见图 2-19），可工作区（*B*—*C*—*D*）很窄。

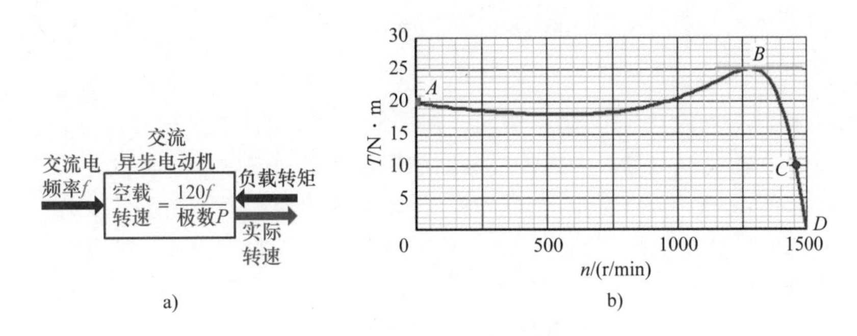

图 2-19　交流异步电动机

a）转速示意　b）一个 4 极电动机的转矩特性曲线

A—起动工况点　*B*—最大转矩点　*C*—额定工况点　*A*—*B*—不稳定区　*B*—*C*—*D*—可工作区

变频器可以根据指令，把直流电转变为不同频率的交流电。随着电子工业的长足进步，变频器的价格已大幅下降，甚至已广泛用于家用空调了。

采用变频器（见图 2-20）时，先根据期望转速计算出需要的变频指令，输入变频器，变频器（逆变器）据此把直流电转变成相应频率的交流电，供给电动机。这样，就可以较大范围地调控电动机转速了。

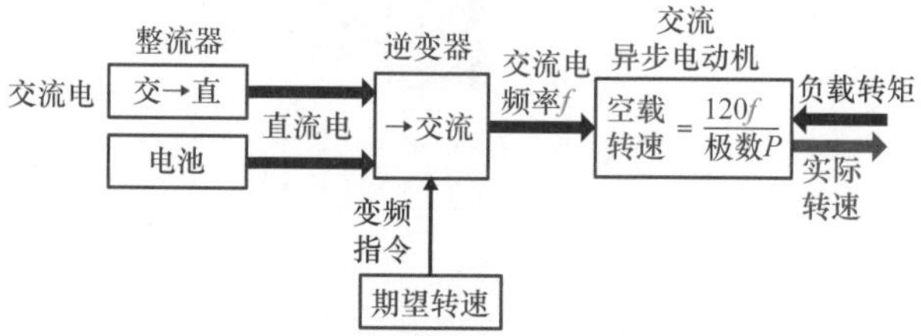

整流器
交流电
交→直
电池
直流电
逆变器
→交流
交流电
频率f
交流
异步电动机
空载转速 = 120f / 极数P
负载转矩
实际转速
变频指令
期望转速

图 2-20　交流异步电动机采用变频器调速过程示意

另外，降低泵的转速也降低了泵的噪声。

2）采用伺服电动机。普通交流异步电动机，其输出转矩在低转速时会有明显下降（见图 2-21）。

120
100
80
60
40
20
0
1000
2000
3000
4000
T/N · m
n/(r/min)
1
2

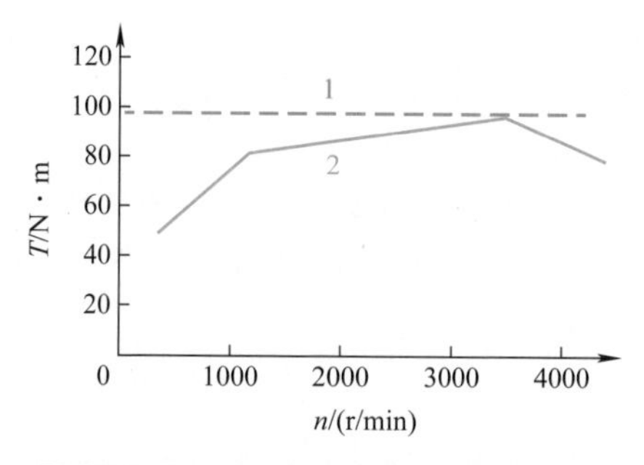

图 2-21　电动机稳定转速 - 转矩特性示意

1—理想特性　2—交流异步电动机

n—转速　*T*—转矩

这样的特性有时会带来困扰。例如，在经常会遇到的保压工况时，需要的流量不多，允许泵低转速。但是，保压工况又期望保持有很高的压力。而驱动泵的转矩也正比于泵出口的压力，所以在保压工况时，需要的驱动转矩也可能还是较高。如果电动机在低转速时转矩低，推不动泵，必须为此而提高转速的话，就会造成多余流量溢流，带来能量浪费。

如果采用伺服电动机的话（见图 2-22a），可以获得较好的转速 - 转矩性能：甚至在转速接近零时，还可以有很高的转矩（见图 2-22b）。这就比较适合液压泵高压小流量工况。

很多液压泵在低转速时的能效很低，所以可以考虑配用变量泵：需要小流量时，不仅降速，也同时降低排量，转速就不需要降得很低了。

近年来，随着家用轿车电动化的发展，电机技术也有了很大的进步（见下节）。

（4）选用高效回路

1）根据执行器的工况，选择适当的液压回路。例如，使用旁路节流代替进出口节流（见图 2-23）。这时，泵口压力就是液压缸的驱动压力 p_A，溢流阀只起安全阀作用时，正常工作不消耗能量。

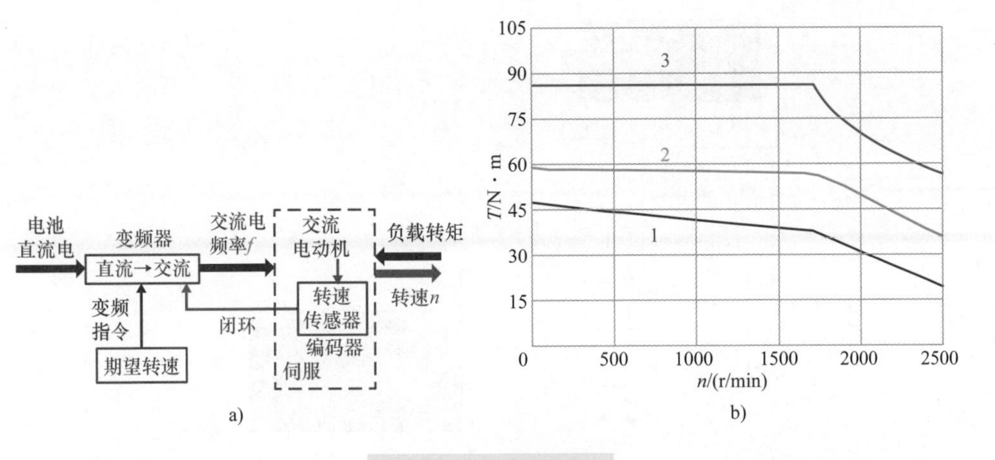

图 2-22　交流伺服电动机

a）原理示意　b）一个交流伺服电动机（汇川 ESMG1-67C17CD）的转速 - 转矩特性

1—连续工作区　2—100K 温升区　3—短时间工作区

n—转速　T—转矩

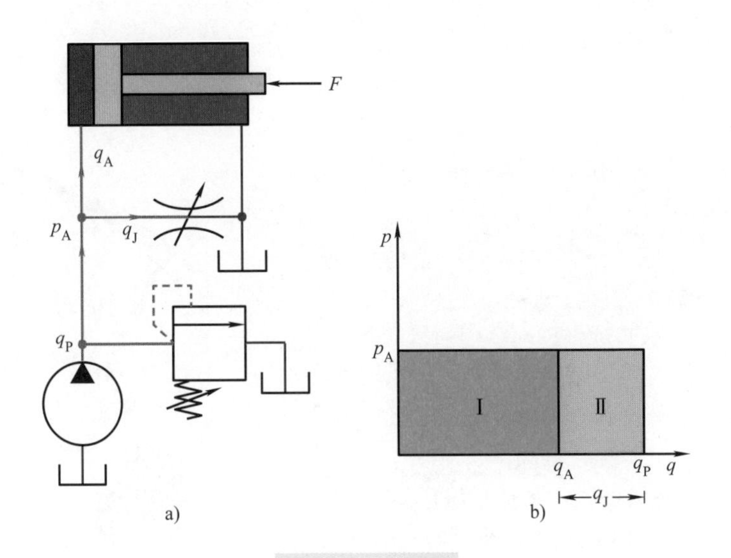

图 2-23　旁路回路

a）回路　b）能耗

Ⅰ—用在液压缸的做功功率　Ⅱ—消耗在节流口的无用功

q_P—泵输出的流量　q_A—供给液压缸的流量　p_A—液压缸的驱动压力

如果希望进入液压缸的流量能够不受负载影响，也可以在进口通道中使用三通流量阀（见图 2-24）。这时，泵口压力 p_P 仅比液压缸压力 p_A 高一个定压差 Δp_D（1.4 ~ 2MPa）（详见 7.11 节），溢流阀只起安全阀作用，正常工作时不消耗能量。其能效接近旁路节流。

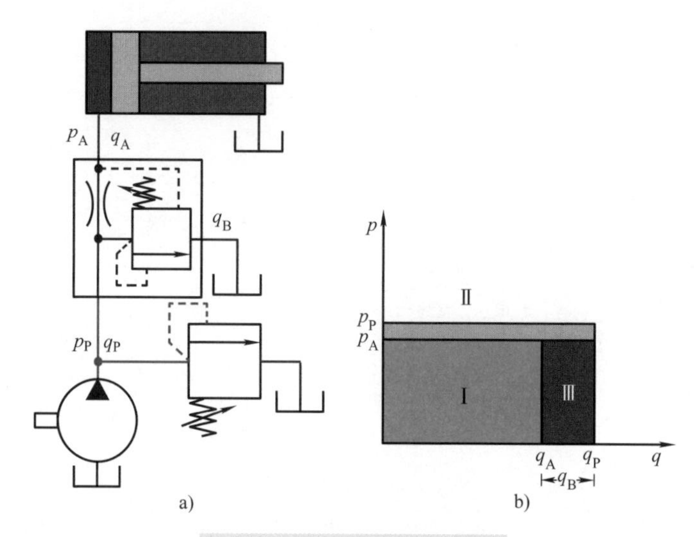

图 2-24　用三通流量阀调控流量

a）回路　b）能耗

Ⅰ—用在液压缸的做功功率　Ⅱ—消耗在三通流量阀优先通道的无用功　Ⅲ—消耗在旁路口的无用功　q_P—泵输出的流量　q_A—供给液压缸的流量　q_B—从流量阀旁路的流量　p_P—泵口压力　p_A—用在液压缸的压力

2）回收能量。负载下降及制动时的能量有时也相当可观，如图 2-25 所示高空作业车。可以考虑用蓄能器回收、储存，在下次升高时再利用（详见参考文献 [15]9.7 节）。

图 2-25　负载下降能量值得考虑回收

有报告称，通过以上这些途径，可以降低液压系统的能耗 30% ~ 90%。

（5）选用高效元件　优先选用高效的泵、马达，低摩擦的密封件、轻型结构，变速冷却风扇等。

例如泵，总体上说，叶片泵的能效比齿轮泵高，柱塞泵的能效比这两类泵都高。

为配合移动设备的电动，博世力士乐在 2023 年推出了新的变排量泵 A3V2Q，自吸转速可达 4000r/min，额定压力可达 315bar，可四象限工作，既可用作泵也可用作马达，用以回收能量。

（6）优化系统布置　布置液压回路时，也不忘记要减少压力损失。如尽可能采用集成块、插装阀，少用管式阀（详见第 6 章）。减少管长，减少管道转折，增大弯曲半径，选用较大的管径等，从而降低传输损失。

在流量 300L/min 时，每减少 1MPa 压力损失，就可减少 5kW 的能耗。

移动液压如何节能减排，配合电动的设备，在 2019 慕尼黑建筑机械展上，就已是一个十分热门的主题。

小松公司展出了一台18kW的电动小型挖掘机：使用36kW·h的锂离子电池，可工作2～6h。

沃尔沃公司同时展出了电动小型挖掘机和装载机：使用锂离子电池，可工作8h。充电，既可家用电慢充，也可大功率快充。

卡特公司展出了R1700XE电动轮式装载车：发热降低到只有同样大小，非电动的1/8，能耗费用降低到只有同规模内燃机的1/10。

2.3 电驱已经开始进军液驱转动的市场

电驱，指的是电动机直接或只经过机械传动，来驱动负载（见图2-26）。这才是真正可能抢液驱饭碗的竞争对手。

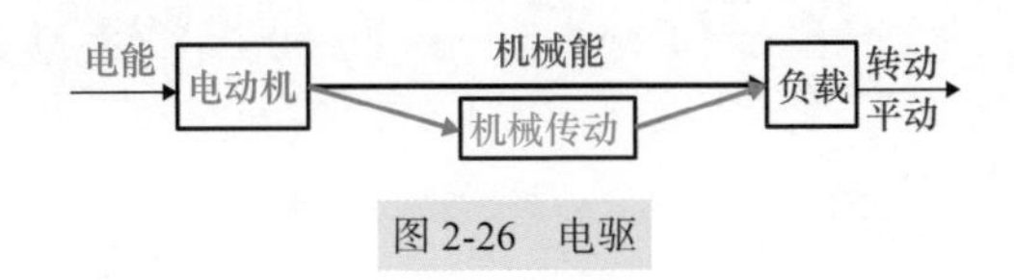

图2-26 电驱

移动液压所需的能量无非来自内燃机或电源。

在应用内燃机时（见图2-27a），如果采用液压驱动，需要通过液压泵，把机械能转化为液压能。如果采用电驱，也需要先借助发电机，把内燃机提供的机械能转化为电能，电驱动器才能工作。所以，从能量转化的角度，都需要一次转化，打平手！

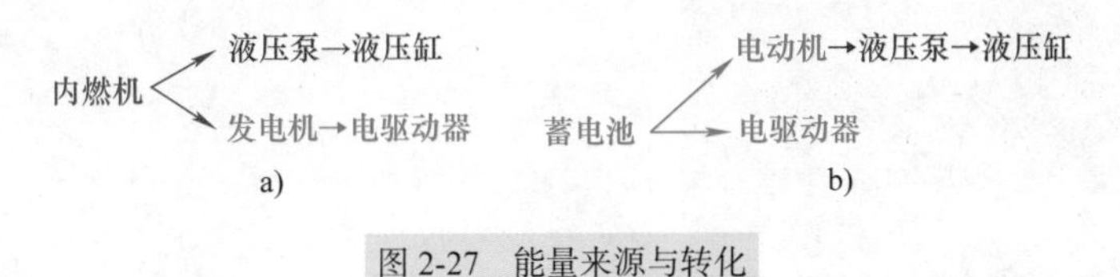

图2-27 能量来源与转化

a）应用内燃机时 b）应用电源时

但如果移动设备使用蓄电池作为能源（见图2-27b），电能就是现成的。所以，电驱比液驱更直接！同时，也不再需要油箱、液压泵等液压必不可少的辅助设备了，设计师当然会优先考虑电驱了。如果依然要采用液驱，多此一举，那只是因为电驱动器不能满足需求。

所有的电驱，都是通过电磁场产生电磁力，从而带动负载转动（电动机）或平动（直线电动机）的。而电磁力，正比于线圈的匝数和通过的电流强度，还被磁性材料的磁饱和强度所限制。因此，单位质量电磁驱动的驱动力——力密度，长期以来，大约只有液压执行器的1/10左右。但那是过去的情况，现在，情况正在发生变化。

1. 电动机技术的进步

1）磁性材料。20世纪70年代后期，日本科学家发现，稀土元素钕，可提高磁性材料的磁饱和强度4倍，这就意味着，可提升电动机的驱动转矩4倍。由于种种困难，含钕的磁性材料进入工业实用花费了几十年时间。现在钕铁硼磁铁已大规模工业生产，甚至可以网购了。

2023 年，特斯拉公司宣称，将采用一种新型磁性材料，其磁力比钕铁硼磁铁还要高一倍。

2）放置方式。研究还发现，如果磁铁块不是顺着磁极，而是相互垂直放置（见图 2-28），则一侧磁性会变弱，另一侧会显著增强。

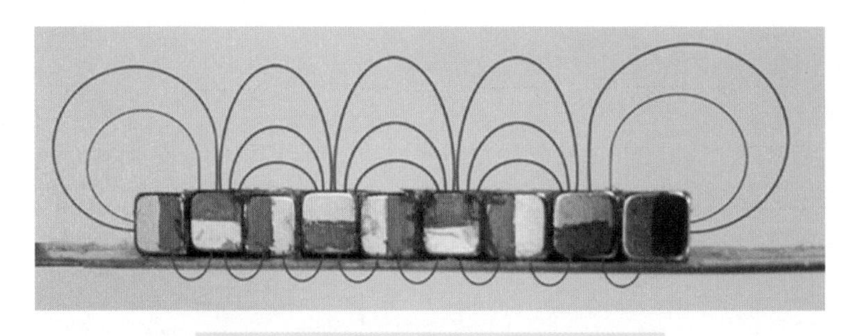

图 2-28 磁铁块互相垂直放置可增强一侧磁性

3）电机。特斯拉公司早期使用了磁铁块垂直放置的技术制造电机（见图 2-29a），之后的研究又发现，如果电机转子中嵌入特制的异形磁铁（见图 2-29b），还可以进一步增强驱动力。

a)

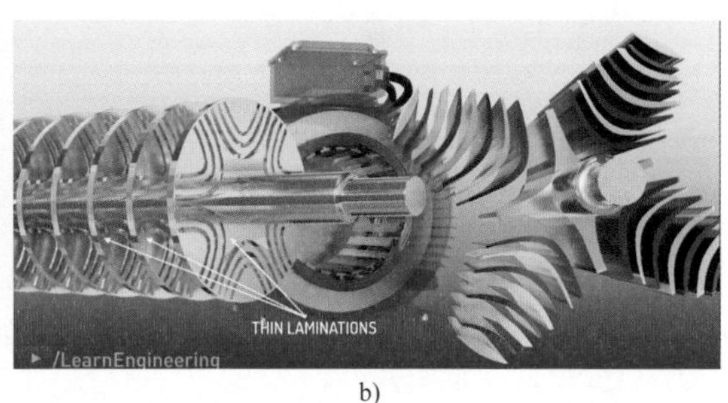

b)

图 2-29 电机转子的改进（特斯拉）

a）嵌入磁铁块 b）嵌入异形磁铁

在 2019 慕尼黑建筑机械展上，派克公司特地布置了一个“未来实验室”来介绍电动和电驱。其中展出了一台名为 GVM 的 16 极交流伺服电动机（见图 2-30），采用双三相线圈：励磁 + 控制，额定转速为 3060r/min，最高转速可达 5000r/min。体积大致如普通 4 极 11kW 交流异步电动机，但额定功率可达 186kW，额定转矩可达 581N · m。

2023 年派克宣称，顾客已可以模块化方式选购 GVM 电机：直径有三档，长度可按 25mm 递增，电压有 24V、48V、96V、350V、650V，到 800V 六档，功率 2~250kW。此外，定子结构还有不同的线规和匝数可选。这样，顾客就可以基于有效电压和电流的功率曲线，优化所产生的转矩，满足各种应用的需求。

图 2-30　派克的 GVM 电机（Parker GVM31H200P1131）

图 2-31　博世力士乐新型电机 EMS1-13F（2022 汉诺威工博会）

在 2022 汉诺威工博会上，博世力士乐展出了一台 EMS 电机（见图 2-31）：轴心高仅 13cm，但输出功率可达 123kW。其功率密度已与博世力士乐自己研发制造销售多年的高压重载液压马达 A4FM 相当。现在，轴心高 20cm，最大功率可达 553kW 的整个系列，都已接受订货了。

这些就以事实否定了液压技术曾赖以立足市场的一个重要理由——功率密度！

2. 转动

负载运动，无非是平动（直线运动，行程有限），或转动（行程无限）。

过去，中外液压教科书一般都写：液压传动相对其他传动方式（电驱）的关键特长是功率密度高，即高的功率 / 质量比。其实，液压传动比电驱强的仅仅是力密度。过去的电机，高转速被转子的动平衡和轴承限制，只能通过增大转子半径来增大转矩，以满足功率需求，这就导致了功率密度比较低。

其实，对转动而言，功率 = 转矩 × 转速 = 力 × 半径 × 转速。在力不够的情况下，还可以通过增加转速的方法来满足功率的需求。所以，液压的功率密度高，这一说法从理论上来说就不严谨。

在 2014 年，作者就被告知，德国的高速电机，转速 22500r/min 的，功率密度已达到 2 ~ 3kW/kg，在研制的样品功率密度已达到与高压马达同等水平，5 ~ 6kW/kg。再加上上文所述近年来电机技术的进步，所以，现在德国的一些液压教科书已经改写了！

图 2-32 所示的机器手，关节处可承重 1700kg，重复精度达 ±0.27mm，完全是电驱。

图 2-32　机器手（德国 Fanuc 公司，2019 汉诺威工博会）

配合行走机械液压马达用的减速器 GFT8000 也可算是博世力士乐的经典拳头产品之一。在 2019 慕尼黑建筑机械展上，博世力士乐推出了额定功率 60kW 的行走机械用电驱减速器 eGFT8000（见图 2-33a），伊顿也展出了用于装载机的电驱桥（见图 2-33b）。在这些组件中，液压马达被电动机取代了！

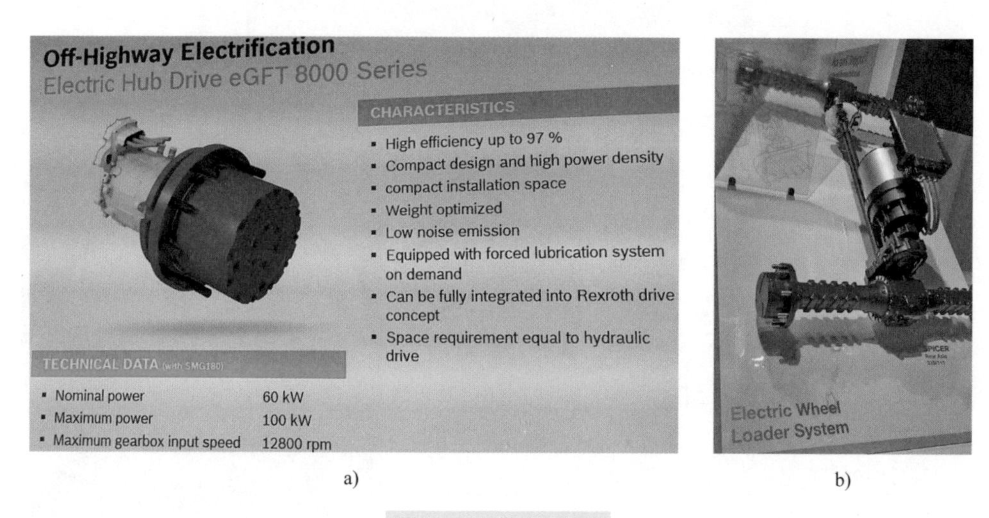

a)　　b)

图 2-33　电驱取代液驱

a）博世力士乐推出的电驱减速器　b）伊顿推出的装载机用电驱桥

所以，在转动方面，电驱已经开始挤占液压应用市场了。

当然，功率密度和力密度并非液压技术赖以立足市场的唯一理由。因为，实际应用是多种多样的，各种应用对转动的需求是不同的。电驱的高功率密度，至今为止，只是在高转速时实现的。而在绝大多数应用场合，并不需要这么高的转速。因此，电动机的高转速基本都必须通过机械传动机构，如齿轮副、行星齿轮、蜗轮蜗杆等来减速。结果在这些场合，液驱与电驱的比拼，就也牵涉了液压传动与机械传动性能的比拼，如变速比——最高最低速比、无级调速能力等。

更深层次的比拼是液体特性与固体特性的比拼。

机械传动，都是使用固体（金属）进行的，与液体相比，刚性高，但这也意味着不易变形，也就导致了受力不能分散。再怎么加工精细，由于被工作原理决定，承受力的部位面积总是很小，这就导致了应力高，限制了可承受的负载，特别是冲击载荷，同时也限制了使用寿命。而液体没有固定形状，受力就分散了，且弹性也高，因此，耐冲击能力更强。

在图 2-32 所示的应用中，驱动机器手要克服的主要是重力和惯性力，摩擦力极小，冲击也小。但在其他应用中就可能不同了。例如，坦克从泥淖里爬出来时，需要在极低速时克服很大的摩擦力，在崎岖不平的坡路上高速进攻（逃逸）时，要面对的就是由于惯量造成的很大的冲击力。而几千米长的物料（泥土）输送带在起动时，需要在零转速时能克服极大的惯量，即要有大的起动转矩，等等。

此外还有工作环境适应性，购置费用，运营费用，维修能力等方面的比拼，因此，即使取代，也将是逐渐进行的，不应该简单地从“一叶落”来推测“天下秋”！

再说，就数量而言，马达只占液压执行器的十分之一。即使转动的市场全部被电驱占领，液压还能靠平动维生。

为帮助理解，还可拿运输业来类比。驱动形式有液压、机械、气压、电驱。运输工具也有飞机、轮船、火车、货车。各种运输工具在某些应用中也有竞争，此消彼长，但任何一种都不会被完全取代。

气动与电驱的竞争也已经有几十年了。因为各有所长，所以，一阵子电驱占上风，一阵子气动又更受欢迎。在 2019 汉诺威工博会中，有公司干脆展出了体积大小类似，接口相同的气动和电驱抓手（见图 2-34），让顾客根据自己的应用挑选。在转动应用中，电驱与液驱的竞争应该也会如此。

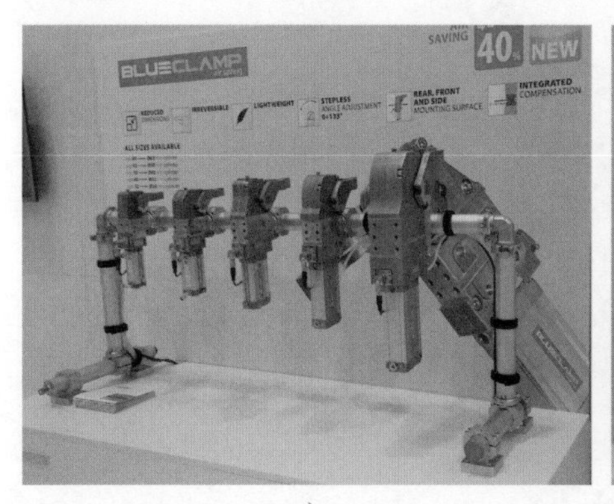

a)

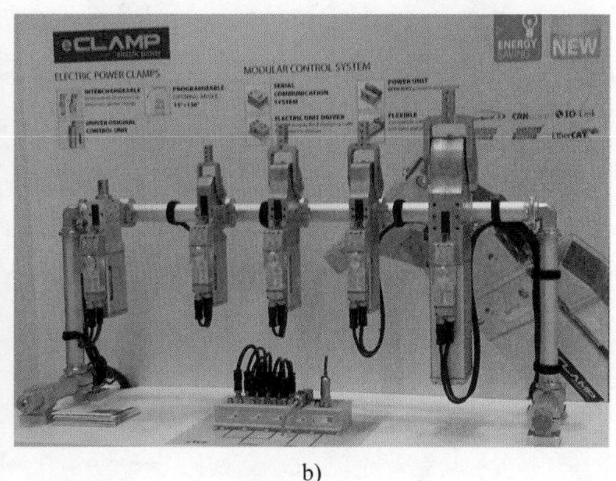

b)

图 2-34　抓手

a）气动　b）电驱

3. 平动

虽然直线电动机也可以直接产生平动，但由于力密度很低，不适用于负载力高的场合。

目前的电驱平动，大多还是利用电动机产生旋转运动，再通过丝杠 - 螺母转化实现的，推力被丝杠 - 螺母间接触处的应力限制。而液体没有形状限制，液压缸活塞是整个活塞面积上均匀受力，因此，可承受的负载力、耐冲击力比机械传动强得多。这就使液压在平动中处于有利的竞争地位。

1）体积，力密度。据介绍，目前，特别精制的电 - 机作动器，也称电缸，按体积估算，也只相当于工作压力为 4MPa 的液压缸。那些压制力达上万 kN 以上的大型锻压机，液压缸工作压力高达 70MPa。如果用电驱，体积重量都要大几十倍，所以，根本不可能被采用。

2）耐冲击。美国波士顿活力公司（Boston Dynamics）研发的机器狗采用的是电驱，而研发的机器人 Atlas 则采用了液驱：背负着蓄电池和微型液压动力站，由多个伺服液压缸驱动四肢（见图 2-35），可蹦跳可空翻，极具活力。对此，其工程副总裁 Aaron Saunders 先生 2018 年 3 月 20 日下午在德国亚琛工大国际流体研讨会上解释道：简单地说，因为用电驱只能跳 2ft，用液驱则可跳 6ft。

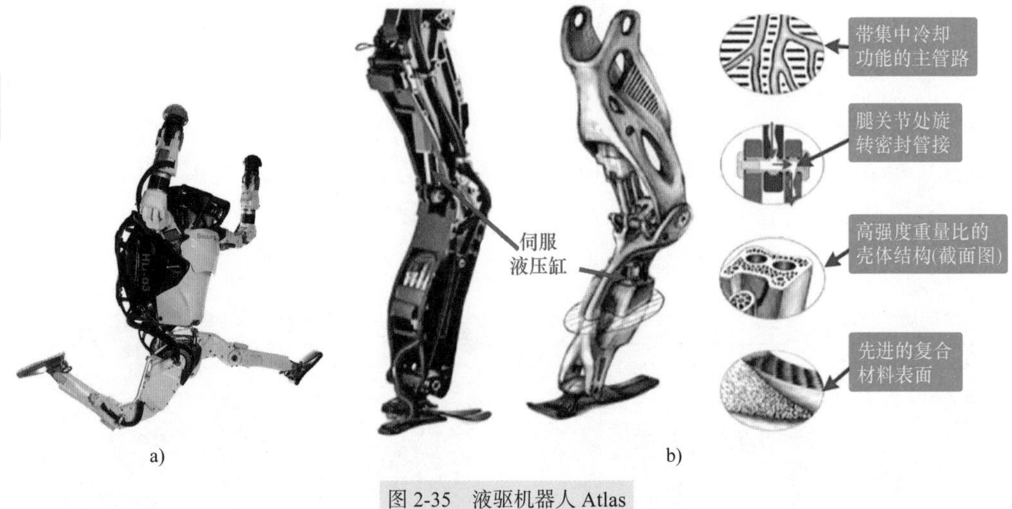

图 2-35　液驱机器人 Atlas

a）外形　b）肢体液压驱动

作为对比，图 2-36 所示的电动机器人，就更像一位窈窕淑女：可以搬 5kg 重的货物，送快递，但不能像液驱 Atlas 那样蹦跳。迄今为止，所有电驱的机器人。都不能像液驱 Atlas 那样蹦跳。

2024 年 4 月，波士顿活力公司宣布，液驱 Atlas 将退休，将由电驱 Atlas 取代。我觉得，这是因为，对能蹦跳翻滚的机器人，目前没什么市场需求，不应该由此笼统推断，液驱要被电驱取代了。

综上所述，可见，将来的液压技术的应用会更专注于高动态性能的高压平动。如在 1.5 节中已述及的，以电液作动器形式出现的差动缸已经成为产业发展热点。其技术细节会在 7.13 节深入讨论。

同时，液压研发人员还在不断开辟液压技术的新的应用。例如，用于波浪（潮汐）发电（见图 2-37）。

电动车充电电缆在通过电流时会发热，发热导致导线电阻增加，会加剧发热，这就限制了充电电流。采用液压泵给导线注入循环冷却液可以维持导线在常温（见图 2-38），就为快充创造了有利的条件，可以大大缩短充电时间。这虽然不属于经典的液压传动，却是完全利用了液压技术发展起来的标准元件。

2023 年，力士乐的销售额达到了 76 亿欧元（约合人民币 600 亿元），同比增加 8.5%，丹佛斯的销售额则达到了 107 亿欧元（约合人民币 850 亿元），同比增加 4%。

图 2-36　电动机器人

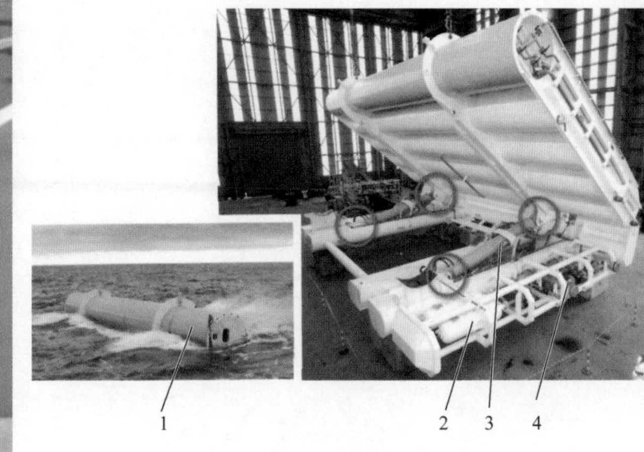

图 2-37　波浪（潮汐）发电站

1—在海中　2—油箱　3—液压缸　4—调控阀

综上所述，液压传动不会完全被电驱取代，还是有发展应用前景的。当然，还必须认识到，液压设备，不是生活资料，而属于生产资料，因此，液压设备，从而液压元件的销售量一时还会被投资的多寡所左右。

a)

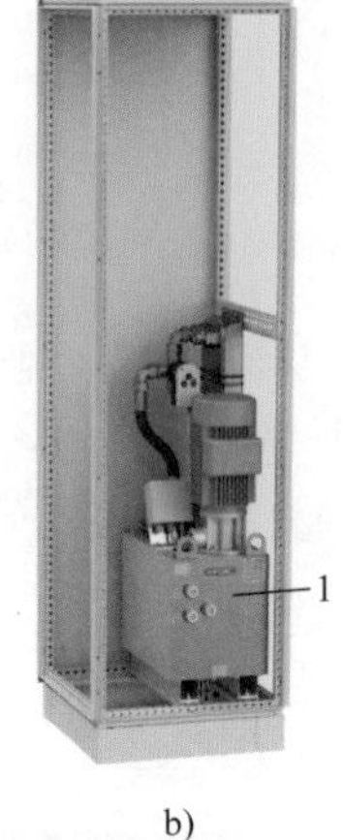

b)

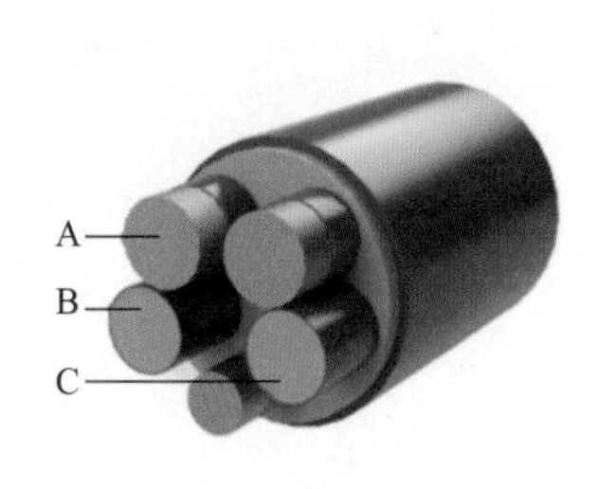

c)

图 2-38　快充电缆冷却（贺德克 2023）

a）电动车充电站　b）充电桩部分　c）电缆冷却示意

1—冷却液泵站　A—导线　B—冷却液进口　C—冷却液出口

第 3 章

液压阀的本质

1. 流动

液流通道，以下简称流道，两端的压力不同，有差别，即有压差 Δp 时，油液就会流动（见图 3-1）。

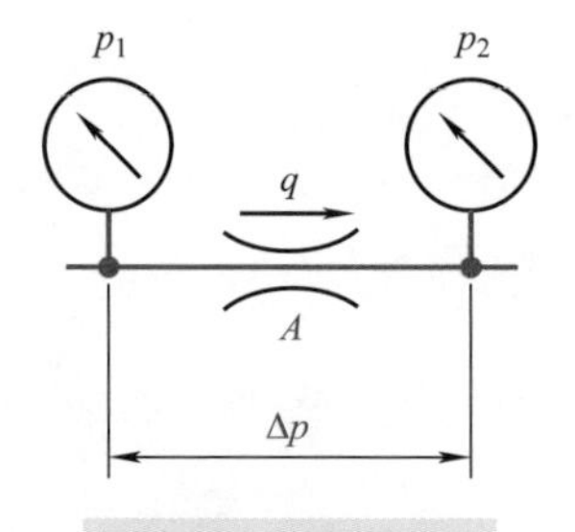

图 3-1　压差导致流动

A—开口　Δp—压差，$\Delta p=p_1-p_2$，$p_1>p_2$　q—流量

压差是流动的前提，而流量则取决于（见图 3-2）：

- 流道的形状和大小，特别是其中通流截面积最小处，也称过流面积，起主要影响。因为绝大多数阀在工作时通常也主要是改变此面积，所以，以下简称开口，用符号 A 表示。注意：因为实际流量除了受过流面积外，也受其他因素的影响，所以这里的 A 不是严格几何意义上的面积，仅是一个大致相当的量。
- 油液的黏度。

$$A$$

$$\Delta p \Rightarrow q$$

黏度

图 3-2　通过流道的流量由两端压差、开口和油液黏度决定

Δp—压差　q—流量　A—开口

压差越大，开口越大，油液黏度越低，则流量越大。

换一个角度说，流道对油液流动的阻碍，导致油液的压力在流动时降低，简称压降，也就是压差，也称压力损失。这来自

- 油液与流道壁面的摩擦。
- 油液内部相互间的摩擦。

因此，

- 开口越小。
- 流道壁面越粗糙，形状越多变。
- 流速越高。

压力损失就越大。

2. 液阻

流道对油液流动的阻碍，也被称为液阻。

众所周知，电工技术中的电阻具有双重含义。

一是指材料对电流的阻碍特性，这是个物理量，= 电压降 / 电流，基本单位是欧姆。

二是指电工元件，为了在通过电流时能产生电压降而专门制作，常见是圆柱体的，也有薄膜状的。

与电阻类似，液阻也具有双重含义，不仅指流道对液流的阻碍，也被用于指那些有意设置在液压回路中，对液流产生阻碍的元件，如液压阀、节流口等。但通常不包括泵、缸、马达等。因为，虽然泵、缸和马达中的流道也会对液流产生阻碍，导致一些压力损失，但它们的主要功能是进行能量转换。

连接管道、过滤器、冷却器及其他一些液压辅件，如油箱、蓄能器，虽然它们对液流也有阻碍作用，但一般不是很大，不起主要作用，所以，仅在考虑其压降时，称作液阻。

从作为元件的角度来说，类似电阻通电时会发热，液阻通流时的压力损失最终也都会转化为热能。根据能量守恒定律可以估算出，理论上，1MPa 压力损失会使油液温度升高约 0.57℃。实际上会略低一些，因为部分热量传递给相接触的流道壁了。

不同的是，电流不会带走热量，而液流会带走热量，因此，液阻不会变得特别热。

从物理量的角度来说，通过流道的流量、压降与液阻的关系有点类似电工学中的电流、电压与电阻的关系：如果把流量类比作电流，压降类比作电压，液阻就可以类比作电阻。

但是在液压技术中，在绝大多数情况下，液阻，不能像欧姆定律“电阻 = 电压 / 电流”那样，可以简单地从“压降 / 流量”，计算出一个固定的不随压降、流量变化的液阻，因为它们的关系常常是非线性的，不确定的。一个很重要的原因是流态的不确定。

3. 流态

1）流体流动的状态，可粗分为层流与紊流。

如果观察从家用自来水开关中流出的水（见图 3-3），可以发现，在开口较小，流

量较小时，水柱形状相对稳定，晶莹透亮；而开口增大，流量增大以后，水柱形状湍动多变，就似有多泡，不再透亮了。前者被称为层流，后者被称为紊流。

层流时，因为流速较低，液体分子团由于黏性——分子间引力，相互牵绊，速度差别不大，因此，流动没有漩涡，稳定有序，因此看上去透明。

而当流量增大，流速增高后，液体分子团的惯性力超过了相互间的吸引力，就各行其道，相互撞击，湍动多变，成为了紊流。

管道中液体的流动也同样有层流与紊流之分（见图 3-4）。

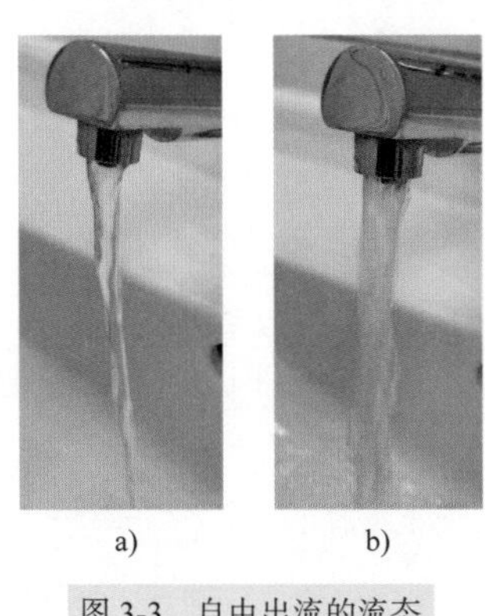

图 3-3　自由出流的流态

a）层流　b）紊流

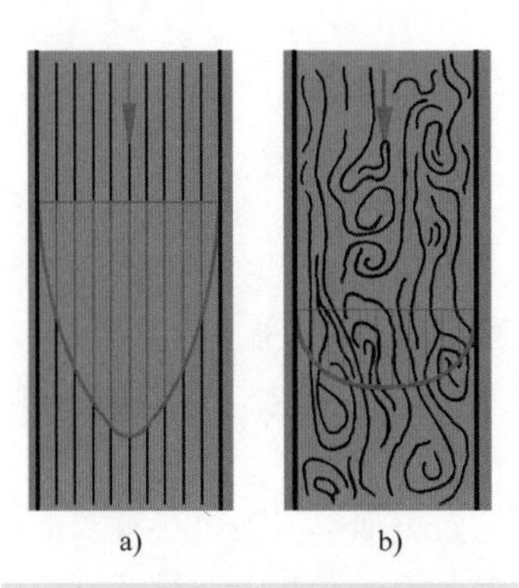

图 3-4　管道内分子团流动轨迹示意

a）层流　b）紊流

流道中，靠近壁面的液体由于壁面的牵绊，几乎不动，离壁面较远的液体虽然会流动，但也受到靠壁面液体的牵绊。牵绊是由液体的黏性造成的。这些液体间的牵绊类似固体间的摩擦力，带来压力损失。

流速越高，相互间的流速差越大，液体的黏度越高，牵绊就越大，造成的压力损失就越大。

在不同流态时，压力损失与流速的关系不同。

层流时，压力损失稍低，大致与平均流速成正比。

紊流时，压力损失较高，大致与平均流速的二次方成正比，那是由于液体分子团相互撞击严重所至。

2）决定流态的因素。决定流态的主要因素：黏度、流速、管径和流道的形状。

所有液体都有黏性。20℃时水的运动黏度为 1mm^2/s。

黏度越低，则分子团相互之间的吸引力越小，流速越高则惯性力越大，管径越大，则液体流动时可依附的部分相对就越少，流动越容易成为紊流。

形状不同的流道对压力损失的影响不同。

① 长通道：流道的面积和形状没有突然变化，压力就逐渐下降，术语称沿程损失。在这里，造成压力下降的主要原因是液体相互间以及液体与流道壁之间的摩擦力。长通道比较容易形成层流。

② 流道的开口面积或/和形状突然改变，如，小孔、弯头、管道分叉及汇合处等，术语称局部损失。液体由于惯性总希望直线前进，但在这些地方，流道壁面突然改变，就造成漩涡，导致紊流。在这里，液体分子团相互撞击、重组，内耗严重，导致压力明显下降。

3）流态的转变。英国人雷诺（Osborne Reynolds）在1883年通过大量试验确定，决定液流状态的主要判据是所谓雷诺数，即液体的流速 × 当量半径/运动黏度。

如果缓慢增大流量，液流的雷诺数达到约12000时，在特别安静的场合甚至在达40000后，层流才会转为紊流。

而一旦已成为紊流，要恢复到层流，雷诺数必须降到2300，甚至更低。

也正是这点，给液压技术带来了最基本的不确定性。在层流或紊流时，压力损失与流量之间还有一个大致固定的关系。但在过渡区（雷诺数12000至2300），因为不能简单断定，是紊流还是层流，也就无法根据理论公式估算压力损失。

这也就是为什么，液阻作为物理量，迄今也没有被赋予单位。

现代液压系统中，流道复杂，液流速度高，压力多变，因此，流态还是以紊流为主，层流基本只有在很少一些局部，如少数长直管处发生。

3.1 固定液阻——固定开口

液阻，作为对液流产生阻碍的元件，可分为固定液阻和可变液阻。

固定液阻，指的是在工作期间，开口的形状和面积基本不改变的流道（元件）。在液压技术中有多种固定液阻形式。这里仅介绍最常见的几种——缝隙、细长孔、薄壁小孔。

1. 缝隙

（1）长方形平面间的缝隙　如果两个长方形表面平行（见图3-5），之间的缝隙的高度远小于缝隙的宽度与长度，在油液黏度较高，两侧压差不很大，流量较小时，流态还能维持层流。在两平面无相对运动时，通过这个缝隙的油液流量 q 理论上可以归纳为

$$q = bh^3\Delta p/(12\,\nu\rho l) \tag{3-1}$$

式中　b——缝隙的宽度；

h——缝隙的高度；

l——缝隙的长度；

Δp——压差，$\Delta p=p_1-p_2$；

ν——油液运动黏度；

ρ——油液密度。

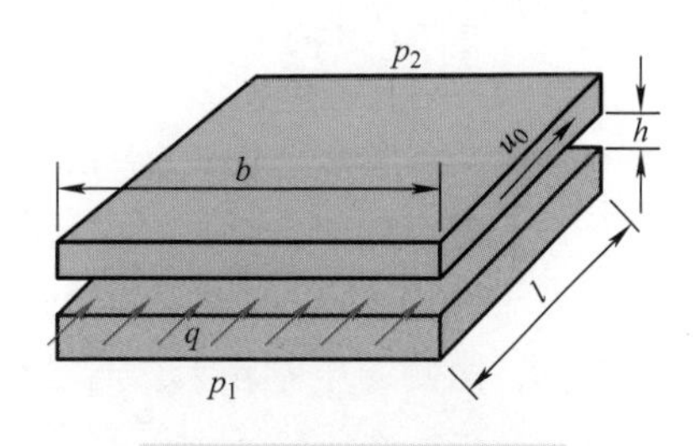

图3-5　平行面形成的缝隙

从式（3-1）可以看出，这时，通过的流量 q 与压差 Δp 大致成正比，与缝隙高度的三次方成正比，液阻可以类似欧姆定律写成

$$\Delta p/q = 12\,\nu\rho l/bh^3$$

但如果两平面有相对运动时，则通过这个缝隙的流量 q 还要加上一项由相对运动引起的流量，即

$$q = bh^3\Delta p/(12\,\nu\rho l) + bhu_0/2$$

式中 u_0——两表面的相对移动速度。

这样的话，就已经无法写出液阻 = 压差 / 流量了！

（2）圆环柱形缝隙 与此相似，如果缝隙是圆环柱形的（见图 3-6），则在层流时，通过此缝隙的流量

$$q = \pi ds^3\Delta p/(12\,\nu\rho l) \tag{3-2}$$

式中 d——圆柱直径；

s——缝隙高度；

Δp——压差，$\Delta p = p_1 - p_2$；

ν——油液运动黏度；

ρ——油液密度；

l——缝隙长度。

如果圆柱直径为 15mm，缝隙高度为 0.01mm，缝隙长度为 5mm，则据式（3-2）可以估算出，在压差 10MPa 时，流量约为 1.4mL/min（详见本书附赠的估算软件“液压阀估算 2023”）。

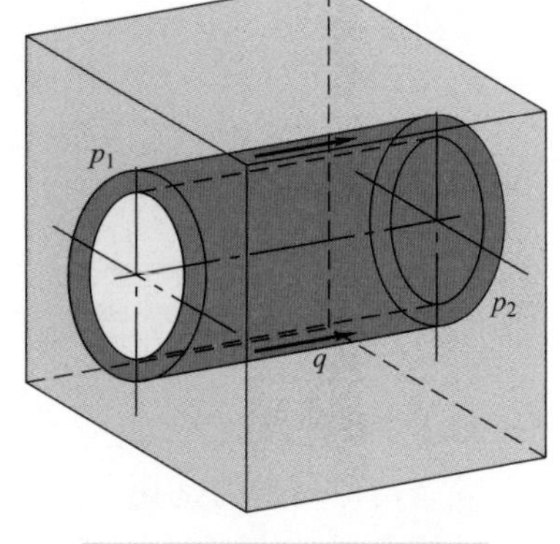

图 3-6 圆环柱形缝隙的流量

2. 细长孔

假如小孔是细长的（见图 3-7），孔长度 l 大于孔半径 r 的 8 倍，两侧压差不大，还能维持在层流，则理论上来说，通过的流量 q 与孔两端的压差 Δp 大致呈线性关系

$$q = \pi r^4\Delta p/(8\nu\rho l)$$

式中 ν——油液运动黏度；

ρ——油液密度；

r——孔半径；

l——孔长度；

Δp——压差，$\Delta p = p_1 - p_2$。

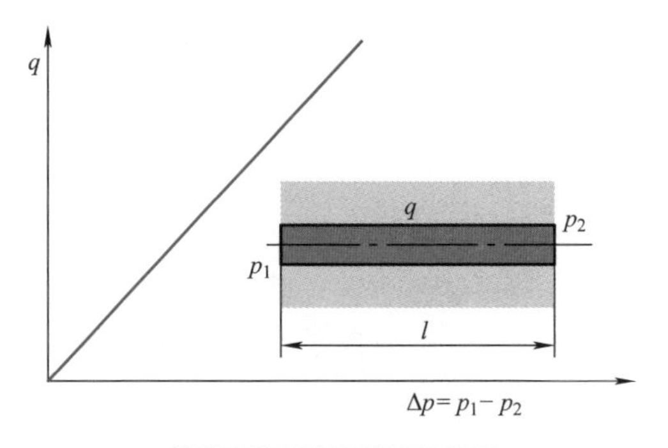

图 3-7 通过细长孔的流量

3. 薄壁小孔

如果小孔的壁相对孔径很薄（见图 3-8），两侧的压差较大，通过小孔的流速较高，流态为紊流时，则通过小孔的液流与固体壁面接触很少，因此，通过的流量 q 基本不受油液黏度影响。

$$q = \alpha A\sqrt{(2\Delta p / \rho)} \tag{3-3}$$

式中 α——与孔的形状有关的流量系数；

A——孔面积，$=\pi d^2/4$；

Δp——压差，$\Delta p=p_1-p_2$；

ρ——油液密度。

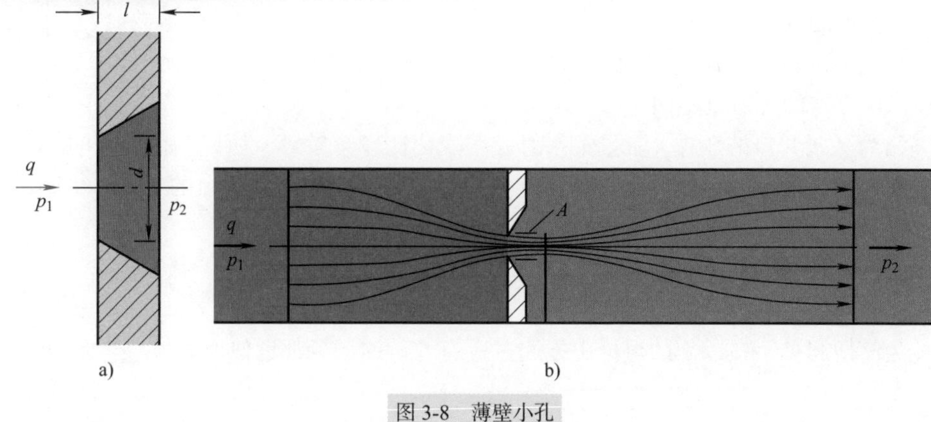

图 3-8 薄壁小孔

a）孔的形状 b）流动状况

l—壁厚，也即孔长

在小孔处流速通常很高：如果 Δp 为 5MPa 的话，流速则约为 100m/s；Δp 为 10MPa 的话，流速约为 150m/s。

如果孔前通道直径 D 超过孔直径 d 的 7 倍以上，孔壁厚 l 小于孔的半径的话，则该孔可看作是理想薄壁孔，α 可取 0.6。

要注意以下几点。

1）有测试报告称，如果 $d = l$，无倒角（见图 3-9a）时，α 为 0.72 ~ 0.77。在略有倒角时（见图 3-9b），α 可能达到 1。这表示，在同样压差下，通过的流量会更大（见参考文献 [9]）。

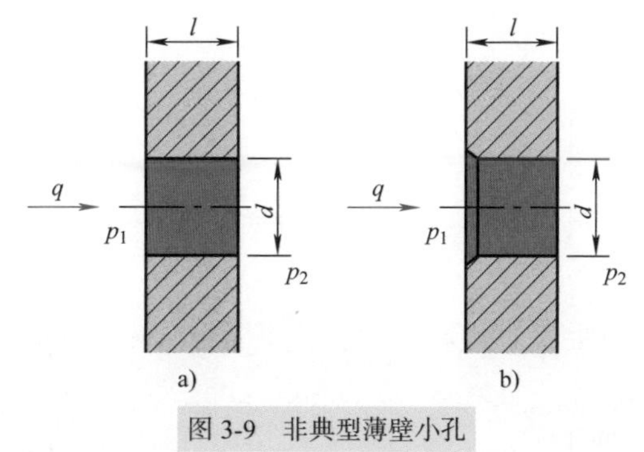

图 3-9 非典型薄壁小孔

a）无倒角 b）有倒角

2）如果流动方向如图 3-10 所示，由大至小，则 $\alpha>2$。

4. 实际工况

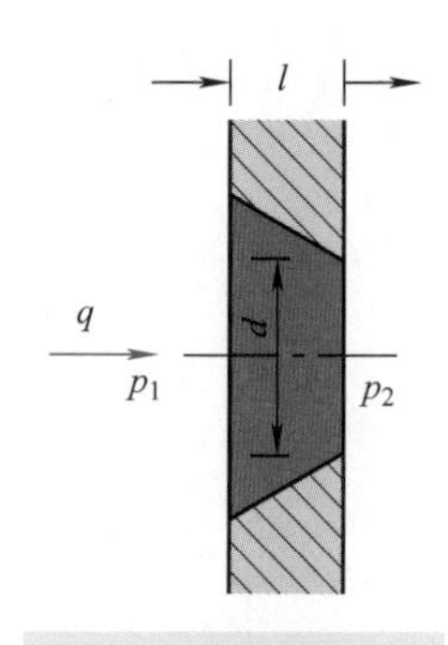

图 3-10 反向薄壁小孔

综前所述，理论上，壁厚大于孔半径 8 倍，层流时，可按细长孔计算；壁厚小于孔半径，紊流时，可按薄壁孔计算。那壁厚介于这两者之间的，或是流道呈非圆形，流态不确定的，通过的流量又是怎样的呢？没有理论计算公式，仅有一些测量获得的数据可参考！

其实，随流道的形状和流态而变的不仅是流量系数，甚至连二次方根的关系也不固定。

因为薄壁开口的压差 - 流量关系对黏度变化比较不敏感，所以，很多阀的开口被做成壁很薄，但不一定是圆形，统称为薄刃口。很多文献把薄刃口的压差 - 流量关系笼统表成

$$q=\alpha A(2\Delta p/\rho)^m$$

式中 $m=0.5\sim1$。

为简便起见，在以下的讨论中把通过所有开口的流量都近似地表为

$$q=kA\sqrt{\Delta p} \tag{3-4}$$

式中 k——含流量系数、油液密度的综合常数；

A——开口面积；

Δp——压差。

或

$$q\propto A\sqrt{\Delta p}$$

式（3-4）所表述的薄刃口的压差 - 流量关系为图 3-11b 所示的二次抛物线形：压差越大，流量越大；或者说，开口面积越小，流量越大，则压差越大。

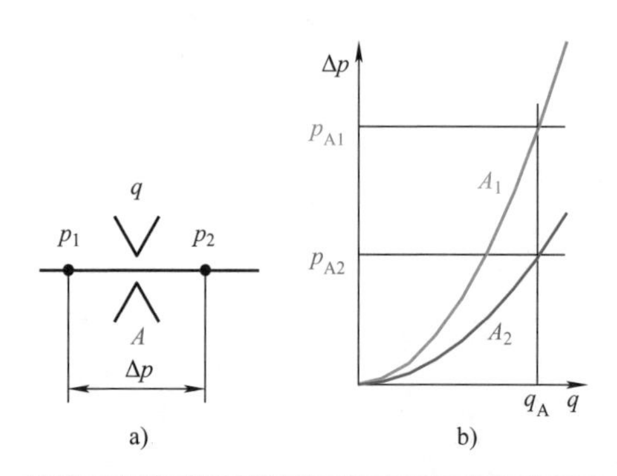

图 3-11 通过开口的流量、开口面积和两侧压差

a）流道示意 b）流量 - 压差关系

A—开口面积，$A_1<A_2$ q—流量 Δp—压差，$\Delta p=p_1-p_2$

理论上来说，只要压差足够大，总可获得任意需要大的流量。但压差，也就是压力损失会呈二次方增长。所以要获得较大的流量时，一般还是通过增大开口面积，尤其是在希望压力损失较小的时候。

5. 小孔串联

如果两个小孔串联（见图 3-12），则从式（3-3）可导出，孔 1 的压降 Δp_1 在整个压降 Δp 中占的比例为

$$\Delta p_1/\Delta p = d_2^4/(d_1^4 + d_2^4) \tag{3-5}$$

各孔导致的压降与其孔径的 4 次方成反比。

假如，孔 2 的直径为 1，则可以根据式（3-5）计算出：

在孔 1 直径也为 1 时，两者压降相同；

在孔 1 的直径为 0.5 时，孔 1 的压降在整个压降中占 94%；

在孔 1 的直径为 0.3 时，孔 1 的压降在整个压降中占 99.2%。

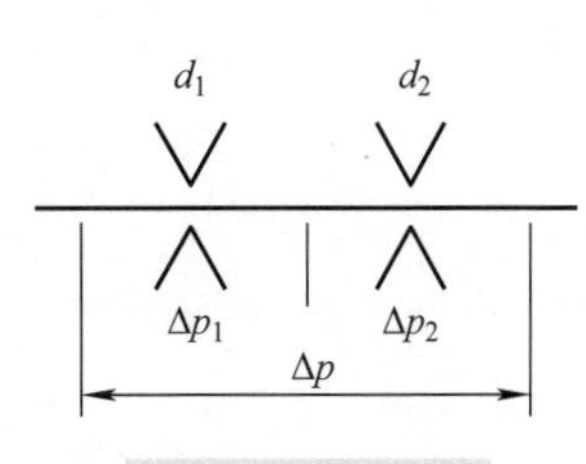

图 3-12　小孔串联

上例说明，在流道中，较小的孔占了主要的压降。这就是为什么，一般都特别关注流道中的最小通流截面。

3.2　液压阀的本质——可变液阻，靠改变开口谋生

1. 概述

液压技术发展至今，液压阀种类已成千上万，令人眼花缭乱，学不胜学。但不管是什么类型，所有的液压阀都是由阀体、至少一个阀芯，以及操控部分组成的。

阀体把油液密封在阀内，承受油液的压力。

阀体上至少有两个液流的通口，形成至少一条流道。

阀体和阀芯共同确定流道的形状和开口。

如已述及，虽然流道的形状和面积都会对通流量带来一定影响，但流道中最小的通流截面，即开口，对通流量的影响最大。所以说，在流道两侧有压差后，决定通流量的是流道的开口和油液黏度。

普通液压油的黏度只受温度影响，很难从外部来调控。80 年前人们就曾发明了一类特殊的液体——电磁流体，其黏度可随所加电磁场的大小而改变。但迄今为止所发明的电磁流体都需要加上千伏电压才能改变黏度，因此，一直未进入实用。

所以可以说，目前，改变开口是液压阀的唯一控制手段，所有的液压阀都是靠改变开口来实现其功能的！

即使用作经典伺服阀的先导阀的喷嘴 - 挡板控制和射流控制（见下文 3.2 节的 5），看上去，与普通液压阀形状不同，但也还是可以算作改变开口的。

开口决定了液压阀的液阻，所以，从本质上来说，液压阀，就是液阻（开口）可变可调的装置。液阻（开口）不可变不可调，就不能算是液压阀。

这里，可变，指的是，在系统工作中受某个压力的作用而改变，如溢流阀、单向阀等。

可调，指的是，可由使用者（操作者）调控，如，换向阀、节流阀等。

这就是液压阀的本质。从这个本质出发，就能全面理解液压阀在实际液压系统中表现出来的功能和性能。

液压阀一旦制成，就只能通过阀芯在阀体内的移动（含转动）来改变开口，也即流道的液阻，从而和液压系统中其他元件一起限制油液的压力、流量和方向，进而影响液压系统某部分的压力、执行器的运动和停止。阀芯的位移，以下用符号 x 表示。

由阀体和阀芯的形状决定的位移 - 开口面积特性是理解所有液压阀时都要关心的特性，以下简称为 x-A 特性。

1）开关型与连续型。阀芯的位移一般都有两个极限位置（转动例外），多由阀体结构来限定。

开口的变化大致可分为两种类型：开关型与连续型（见图 3-13）。

开关型阀，简称开关阀，阀芯在正常工作时基本都停留在极限位置，或利用弹簧力平衡在某一个中间位置，所以，正常情况下只有两到三个工作位置，对应两到三个开口、流道工况。个别阀有四个工作位置（参见图 7-49），那是通过多个阀芯组合实现的。阀芯从一个极限位置过渡到另一个极限位置的时间与其在极限位置持续停留的时间相比，短得多，一般不停留在过渡状态，因此，一般也只关注其极限位置时的开口，不关心其在过渡状态时的开口。

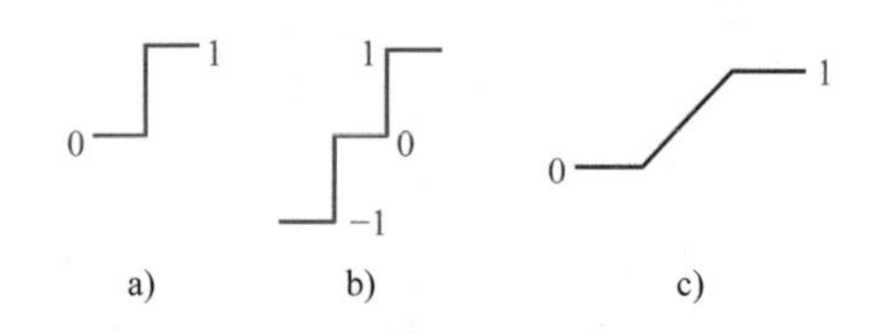

图 3-13 液压阀开口的变化

a）二位开关型 b）三位开关型 c）连续型

而连续型阀，也称连续调节阀，其阀芯一般都可以停留在任意中间位置，因而开口有无限多个中间状态。如不能稳定地停留在中间位置，则这个阀，以至整个系统就会不稳定。

因此，阀的 x-A 特性大致如图 3-14 所示。

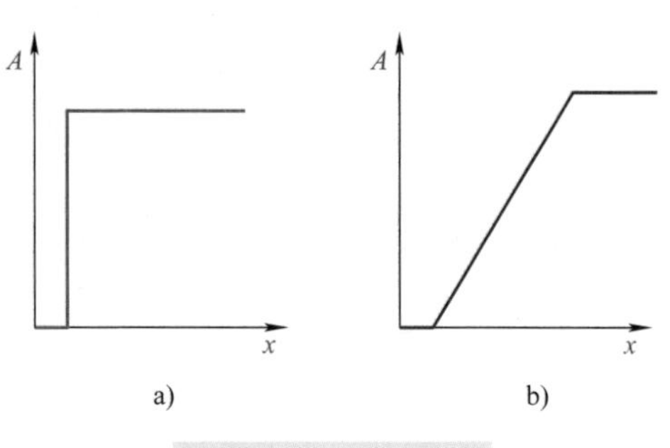

图 3-14 阀的 x-A 特性

a）开关阀 b）连续调节阀

2）功能分类。从基本功能的角度，欧美一般把液压阀分为四大类：压力阀、流量阀、截止阀和换向阀。

压力阀，含溢流阀、减压阀和顺序阀。

流量阀，含节流阀、二通流量调节阀、三通流量调节阀和分流集流阀。

压力阀和流量阀属于连续阀，其开口都必须随流量或压力而连续改变，因此，开口变化的精细程度很重要，必须避免突变。

截止阀，含单向阀、液控单向阀和梭阀。

截止阀和换向阀都属开关阀。

日本和中国业界，把截止阀和换向阀归为一类，称为方向阀，即三大类。

从阀芯的形状和工作特性来看，液压阀大致可分为滑阀、座阀和转阀。

2. 滑阀

滑阀，利用阀芯上凸肩的外表面阻断流道，通过滑动——位移，用阀芯连接部处的凹槽来开启流道（见图 3-15）。

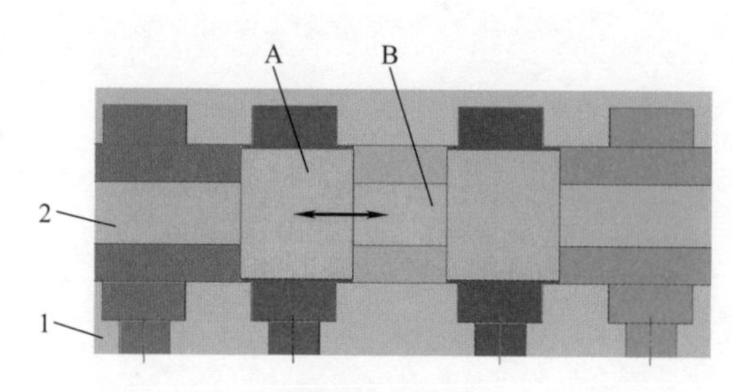

图 3-15　滑阀

1—阀体　2—阀芯　A—凸肩　B—连接部

理论上滑阀也可以是长方体形，或其他柱形，但一般都为圆柱形（见图 3-16），因为圆柱形，尤其是圆柱孔，比较容易高精度加工。

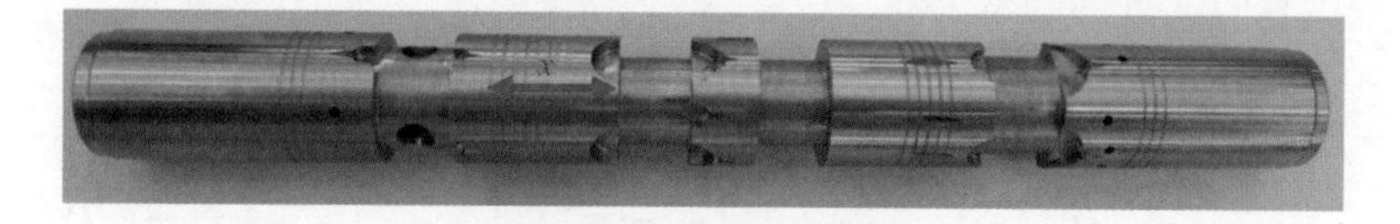

图 3-16　圆柱形滑阀阀芯

x—位移

为了增大开口面积，减少通流损失，阀芯凸肩之间连接部的直径 d 越小越好（见图 3-17）。但因为阀芯各部分在工作时会受到不同的作用力（第 4 章），导致连接部也会受到拉力（推力），因此，d 不仅要足以抗拉，不至于被拉断，还要保证受力时的弹性变形不影响 x-A 特性，尤其是对那些开口位置有高要求的阀（参见图 3-29）。所以，也不能太小。

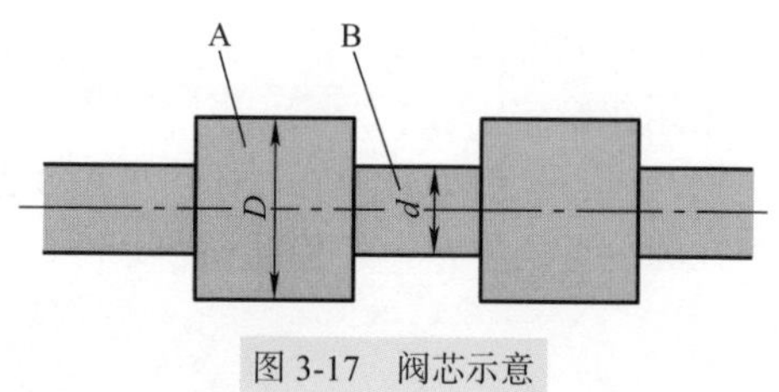

图 3-17　阀芯示意

A—凸肩　B—连接部

为了平衡径向作用力，阀体上的凹槽一般都制成全圆周的（见图 3-18）。

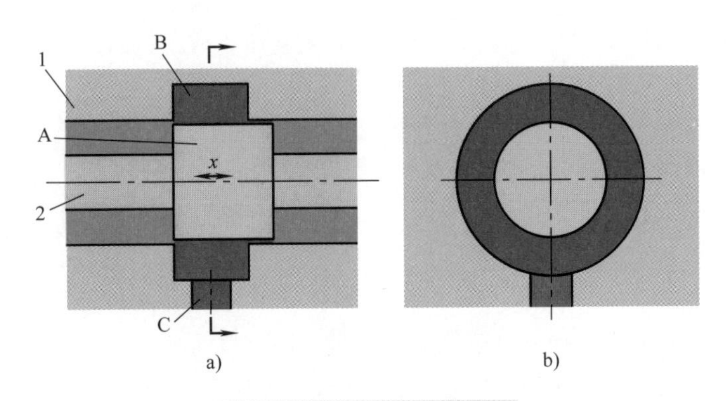

图 3-18　圆柱形滑阀阀体阀芯

a）剖面　b）投影

1—阀体　2—阀芯　A—凸肩　B—阀体凹槽　C—通口　x—位移

（为简化叙述，以下图中皆以灰色表示阀体，黄色表示阀芯，不再一一注明）

（1）切换流道　阀芯的位移可用于改变流道的形状，如，用于换向阀。

由于从原理来说，滑阀的长度和位移没有限制，所以，理论上可同时控制任意多条流道（见图 3-19）。

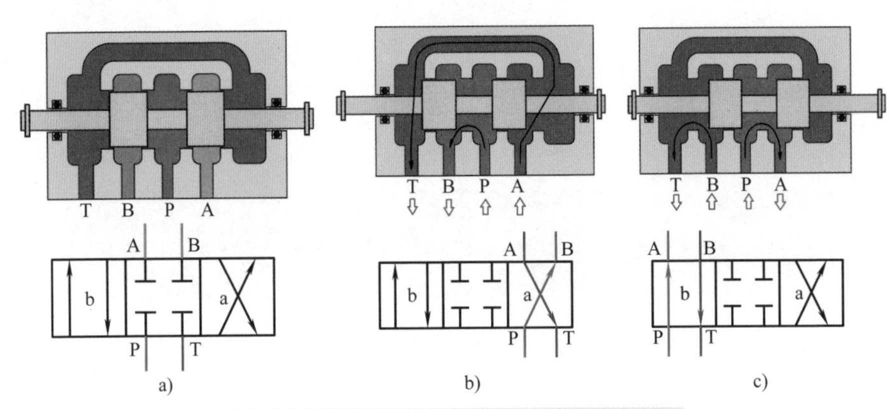

图 3-19　阀芯的位移可同时改变多条流道的形状

a）阀芯在中位　b）阀芯移至左位　c）阀芯移至右位

还可以把阀芯加工成中空，从而增加一条流道（见图 3-20）。

用作换向阀时，为减小压力损失，通常都希望开口尽可能大，因此，一般采用全圆周开口：凸肩为普通圆柱体（见图 3-21），整个圆周都可通流。在阀芯位移为 x 时，开口为一直径为 D，宽度为 x 的圆环（图 3-21c 中绿色环所示意），面积

$$A = \pi Dx$$

开口面积与位移的关系如图 3-22 所示，阀芯达到最大位移 x_{max} 时的开口最大。

$$A_{max} = \pi Dx_{max}$$

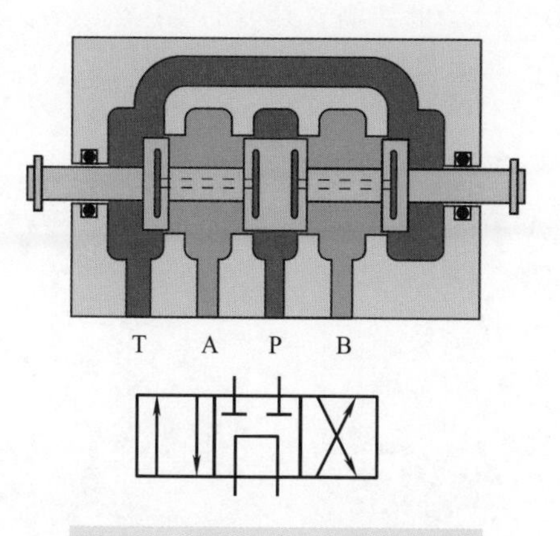

图 3-20　阀芯中空，形成流道 P-T

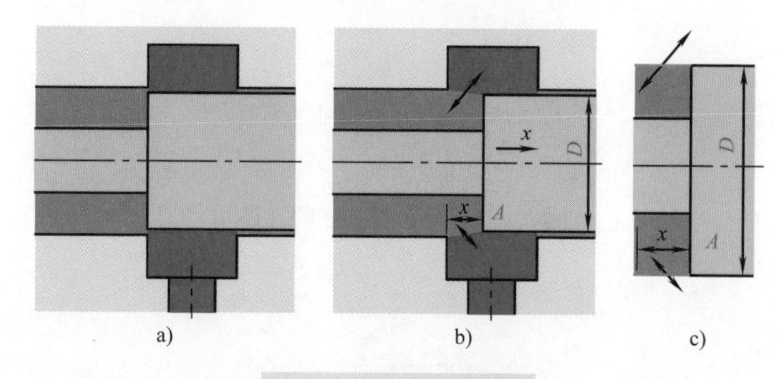

图 3-21　滑阀全圆周开口

a）关闭　b）开启　c）环形开口

x—阀芯位移　D—阀芯直径　A—开口面积

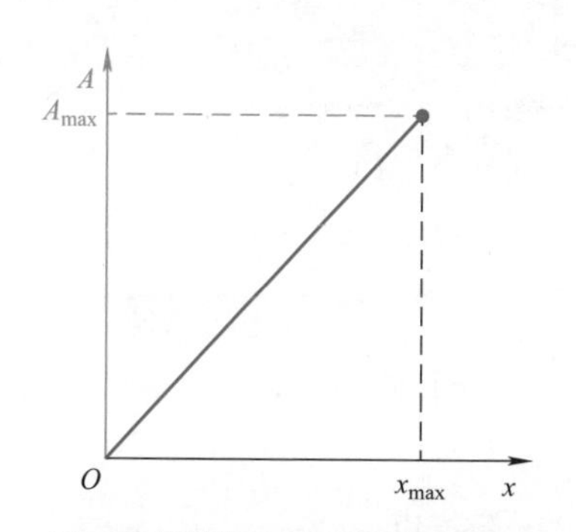

图 3-22　全圆周开口的 x-A 性能

x—位移　A—开口　x_{max}—阀芯最大位移　A_{max}—最大开口

（2）调控开口　滑阀阀芯的位移也可用于调控开口，从而用于连续阀，如节流阀、换向节流阀、多路阀等。为此，需要开口的变化较柔和，特别是在小开口时。

1）凸肩带锥台、圆台。阀芯的凸肩加出锥台或圆台（见图 3-23）。

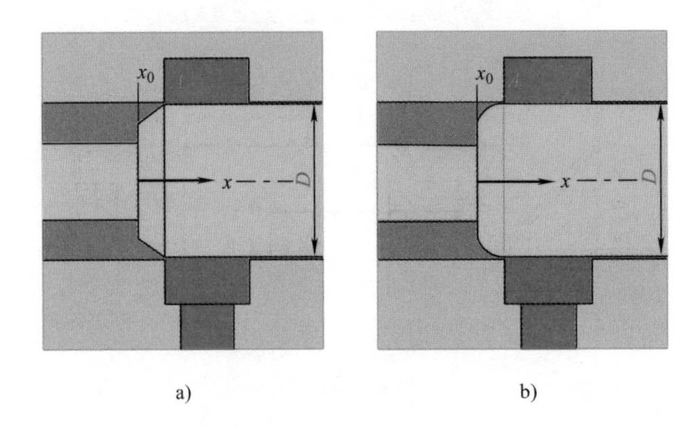

图 3-23　滑阀非全圆周开口

a）凸肩带锥台　b）凸肩带圆台

2）如果在凸肩上加工出轴向细槽（见图 3-24），还可使开口在小位移时的改变更为精细。

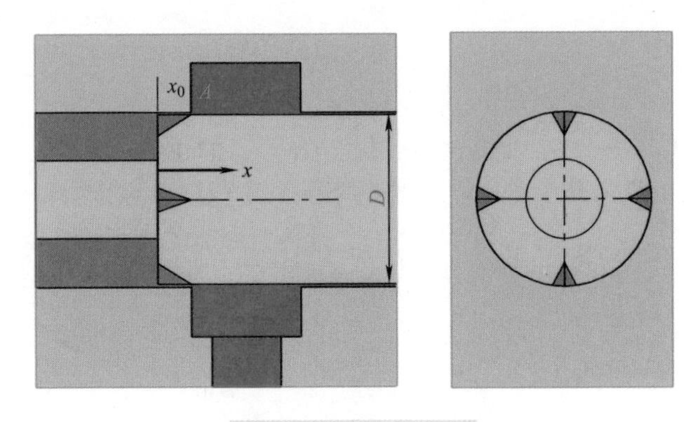

图 3-24　阀芯带轴向槽

x—位移　x_0—槽长　A—开口

槽应该至少两条，对称分布，以平衡径向力。

为满足实际应用中不同的调控需求，可采用不同的槽形以形成多种多样的 x-A 特性（见图 3-25）。

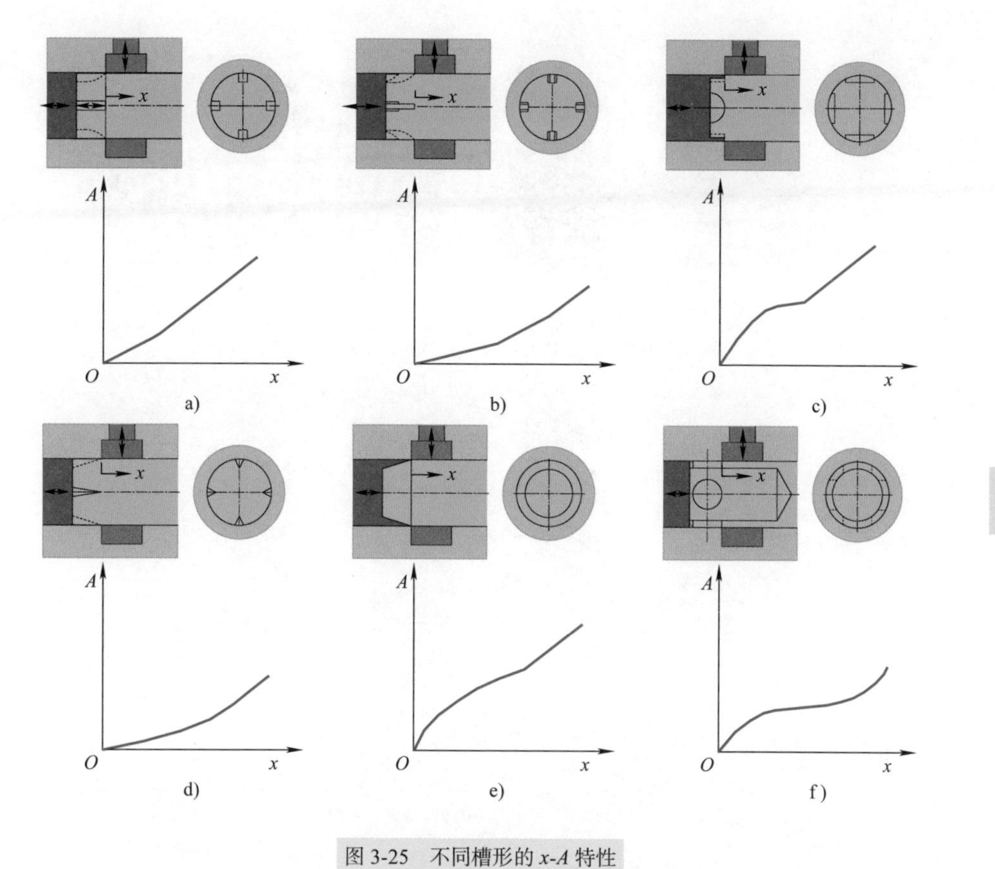

图 3-25　不同槽形的 x-A 特性

a）矩形槽　b）阶梯槽　c）半圆槽　d）三角槽　e）锥形阀芯　f）圆孔通道

图 3-25 中的 A 仅考虑了槽形理论计算出来的纯几何径向投影面积，这只有在投影面积远小于轴向通道的横截面时才反映节流效果。因为，如已述及，对节流效果起主要作用的，是流道中最小的截面。

设计选用槽形时，不仅要考虑需要实现的 x-A 特性，还要考虑到液动力的影响，阀芯位置抖动对系统稳定性的影响，以及加工工艺和制作成本，尤其大批量生产时。槽形的加工多采用铣削，也有制造厂采用模具冲压，槽形几乎任意，工效很高，因此成本较低，关键是要处理好冲压引起的变形。

因为孔加工较方便，也有制造厂采用错开位置的大小孔（见图 3-26）：利用小孔获得在小位移时的微调特性，利用大孔获得在大位移时的大开口。

因为在相同的阀中，阀芯允许的最大位移是固定的，所以，带锥台、圆台或开槽后，用于全圆周开口的位移就少了，结果全开时的开口面积 A_{max} 也就小了。所有带锥台、圆台或槽的阀芯的特性曲线都在图 3-27 所示的红色区内。

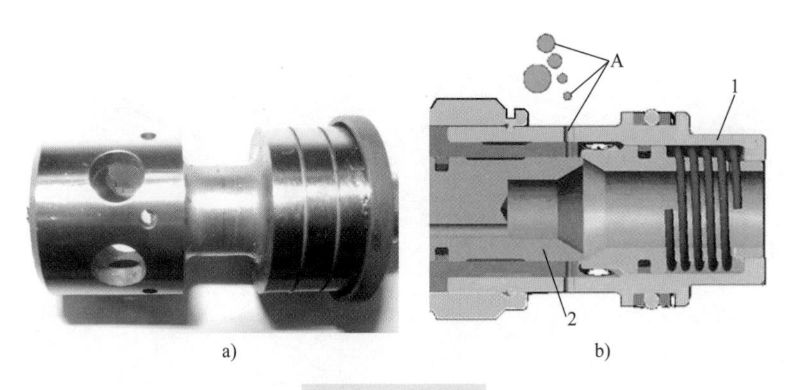

图 3-26 以孔代槽

a）哈威 b）升旭

1—阀体 2—阀芯 A—通孔

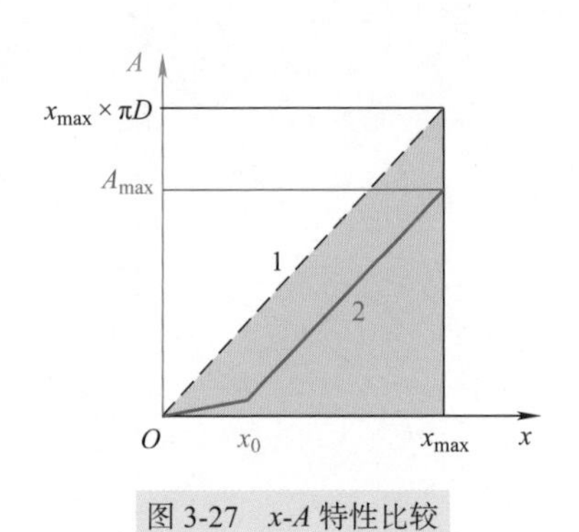

图 3-27 x-A 特性比较

1—全圆周开口 2—阀芯带锥台、圆台或槽

x—位移 A—开口面积 x_{max}—阀芯最大位移 A_{max}—全开时的开口面积

$$A_{max}=\pi D(x_{max}-x_0)\leqslant x_{max}\pi D$$

式中 A_{max}——全开时的开口面积；

x_{max}——阀芯最大位移；

x_0——锥台、圆台或槽长；

D——阀芯直径。

（3）双向控制 对换向（节流）阀而言，所控制的两通口 A、B 大多是连通到液压缸的两腔。因此，如果阀芯凸肩与阀体凹槽的宽度适当配合（见图 3-28），则阀芯移动时可同时改变两个开口，从而同时影响液压缸两腔的压力和流量。

1）正开口（负覆盖），凸肩宽度小于槽宽。

阀芯处于中位时，两口皆开。因此，阀芯稍有位移，则开口面积一增一减，面积之比会显著改变，反应灵敏。但因为即使在中位时也会持续有液流通过，所以比较耗能。

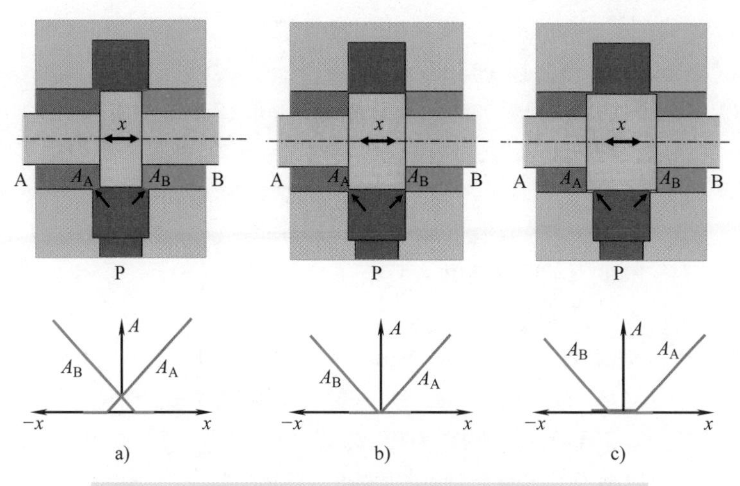

图 3-28 阀芯凸肩与阀体凹槽的宽度配合及位移 - 开口特性

a）正开口 b）零开口 c）负开口

x—位移 A_A、A_B—开口面积

2）零开口（零覆盖，零对零），凸肩宽度几乎等同槽宽。

开口面积比对阀芯位移的反应更灵敏。但制造费用较高，因此仅用于需要灵活精细调控活塞位置的伺服控制，对此有很多深入的理论研究。

3）负开口（正覆盖），凸肩宽度超过槽宽。

覆盖面积大即泄漏少，用于要求泄漏较小的场合。

但覆盖面积大，则死区较大，反应较不灵敏，还减少了最大位移时的开口面积。

（4）间隙与泄漏 滑阀的阀芯与阀体间必须有间隙，否则无法移动。

1）泄漏。只要有间隙，即使有正覆盖，也还是会有泄漏（见图 3-29）。

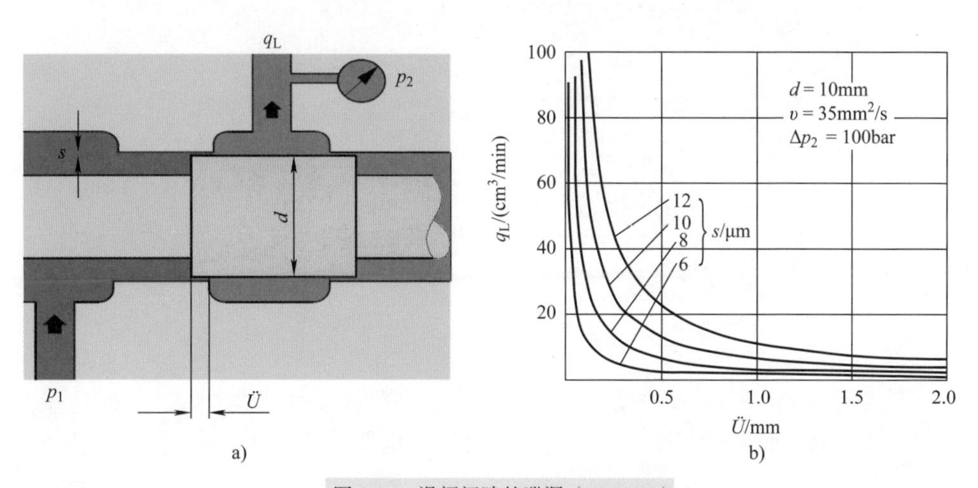

图 3-29 滑阀间隙的泄漏（BSOCH）

a）结构示意 b）泄漏量估计

假设，阀芯直径为10mm，与阀孔的配合单边径向间隙为10μm，即使有0.5mm正覆盖，在压差100bar时，按图3-29b，泄漏还是会达到约12cm³/min。按本书附赠的估算软件“液压阀估算2023”，约为9.5cm³/min，和按图3-29估算出的略有差别。

为了减少泄漏，理论上来说，间隙应该尽可能小，但受以下所列很多实际影响因素的限制。

2）直径加工偏差。对于一般机械零件，孔和轴总是分别加工的，对此，有推荐的配合公差标准。这是为了保证轴装入孔后有适当的松紧配合，而这如果用于液压阀芯和阀孔的加工，会出现问题。

因为，上极限偏差的阀孔与下极限偏差的阀芯组装后的间隙可能会比反过来的大几倍。而泄漏量又是间隙的三次方。这一来，虽然单件产品都符合标准公差，但组装后的泄漏量却会差别很大。这就是为什么，有的阀制造厂按实际加工误差分组后装配，有的制造厂则根据阀芯实际尺寸配珩阀孔。要做到完全互换，很不容易。

3）形状误差和位置误差。阀芯加工肯定会出现各种形状误差和位置误差（见图3-30）。

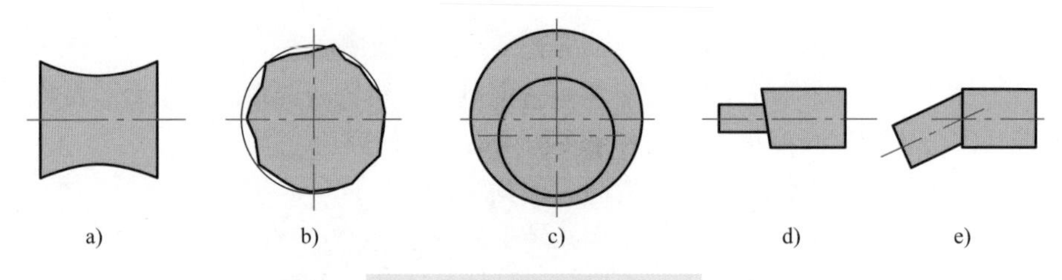

图3-30 形状误差和位置误差

a）圆柱度（腰鼓形、喇叭形） b）圆度 c）同轴度 d）凸肩对轴线垂直度 e）平行度

阀孔加工也会出现类似误差。图3-31所示为阀孔阀芯圆柱度对装配后间隙的影响。

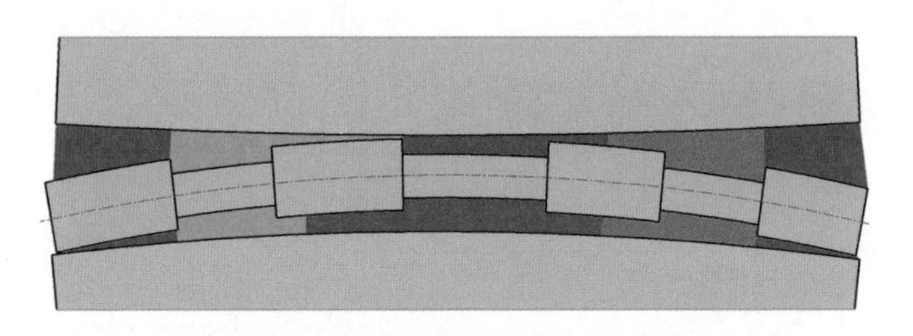

图3-31 阀孔阀芯圆柱度对阀芯装配后的影响

形状误差与位置误差在制造加工中是不可避免的，多少总会有些的，而这些误差的精确测定都不能靠游标卡尺、千分尺，必须使用昂贵得多的仪器，如三坐标测量仪、圆度仪等。

4）热膨胀。阀芯和阀体采用的材料一般都不同，所以，有时还要考虑热胀系数之差带来的影响。

据有关资料，在20～200℃范围内，热胀系数，铸铁为（8.5～11.6）×10^{-6}/K，45钢为（10.6～12.2）×10^{-6}/K。如果阀体材料的热胀系数比阀芯材料的低1×10^{-6}/K，则孔径为10mm时，温度降低50K后，因为阀孔收缩量少于阀芯，单边间隙就会增加大致0.25μm。

据介绍，有个世界著名的液压阀生产厂，由于负责的青年工程师经验不足，对此掉以轻心，导致发到高寒地区的两千个阀不能用，全部退货报废。老马失蹄，教训惨痛。

工作时，油液的高压会使阀体变形，增大阀孔，也会增加间隙。

同时，还要注意，圆柱滑阀的阀芯与阀孔间的间隙是不可补偿的，随着移动带来的磨损只会越来越大。

5）表面粗糙度。因为尖峰容易被磨掉，所以表面越粗糙，则磨损越快（见图3-32）。因此，滑阀芯与阀孔的表面粗糙度越低则耐久性越好。优秀产品的表面粗糙度 Ra 一般都在0.1μm以下。

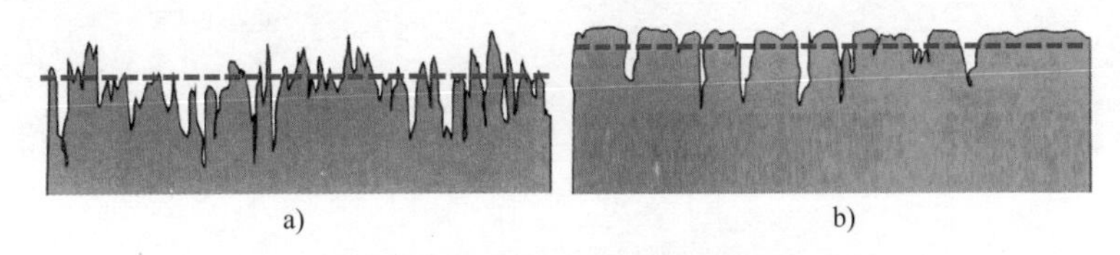

图3-32　不同表面粗糙度示意

a）较粗糙，易磨损　b）较光滑，不易磨损

6）硬度。磨损速度还和阀芯阀孔表面硬度相关：硬度越低，磨损就越快。

这对需要靠阀芯阀体锐边实现精细调节的控制特别重要。因为在开口处，尤其是小开口时，流速特别高，污染颗粒的冲刷力也就特别强，很容易把锐边冲掉，成为圆口（见图3-33），好不容易搞出来的“零开口”就成了“正开口”。

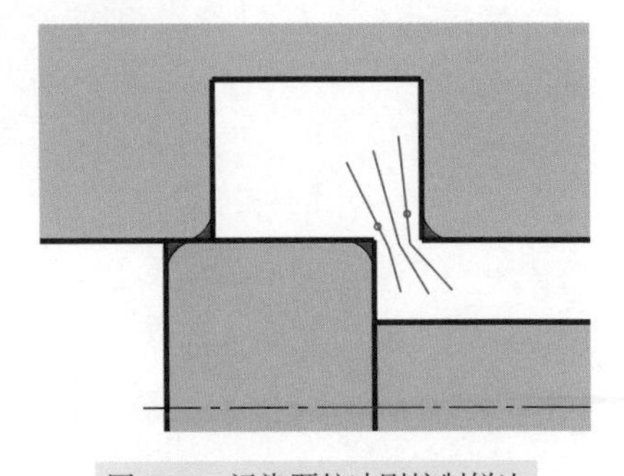

图3-33　污染颗粒冲刷控制锐边

因此，需要尽可能提高表面硬度。原理上，越硬越好，比污染物硬，就不易被污染物损坏，甚至还能把污染物磨碎。但是，材料硬就易脆易碎。低碳合金钢渗碳，可以做到表面硬内部韧，所以常被采用。

7）材料。阀芯阀孔表面硬度也取决于材料。因此，欧美企业一般都把材料牌号及供货商看作企业核心机密，守口如瓶。

材料的牌号——组成成分固然是极重要的因素，但却非唯一因素。因为，材料的致密性、夹杂物含量、特别是气体含量，还有热处理过程，也都会影响阀芯阀体的质量、使用寿命。

另一方面，液压阀芯小而轻，一万件的原材料可能也不到 1t，单独订货不够一般钢厂塞牙缝的，所以，即使知道了组成成分，也未必订得到货。

有制造商采用 PVD（物理气相沉积）或 CVD（化学气相沉积）为阀芯表面加上一高硬度表层，例如，立方氮化硼，硬度仅次于金刚石。

3. 座阀

座阀，也是通过阀芯轴向移动来改变开口的。与滑阀不同的是，座阀通过阀芯的端面与阀体形成流道开口。因此，座阀阀芯的位移有终点——阀芯完全落在阀体上。所以，座阀最多只能控制两条流道的通断。

座阀有多种形式，如球阀、锥阀、半球阀、滑锥阀、板阀等（见图 3-34）。

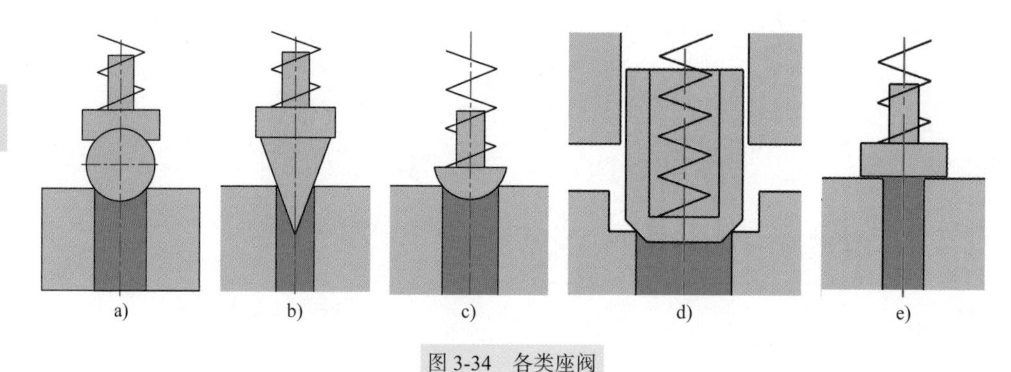

图 3-34　各类座阀

a）球阀　b）锥阀　c）半球阀　d）滑锥阀　e）板阀

对于球阀、锥阀等，如果阀芯阀孔都是绝对圆的话，则接触部位理论上是一条没有宽度的线，也就没有面积。但真是这样的话，接触部位处的压强 = 正压力 / 受压面积，就是无穷大了。所以，即使没有人为做手脚的话，工作几次后也就会出现一条细细的压痕，形成带密封。

座阀理论上可以做到无泄漏，且具有磨损自补偿的特性，因此工作寿命较长。

评判泄漏量的标准单位为 mL/min。但因为座阀的泄漏量常很少，所以一些产品说明书上表述为滴 / 分。每 mL 的滴数，仅取决于油液的表面张力，因此是相对固定的，不随流出口形状大小而变。矿物油每 mL 的滴数约为 16~20 滴。

泄漏量可以用微流量计直接测量或量杯收集估算。但由于座阀的泄漏量一般较少，做得好的话，常常 1min 才几滴，用量杯都嫌慢。所以，也有在出厂检验时用压缩空气来检查，观察其空气保压能力。气源的压力，一般为安全起见，限制在 0.6 ~ 0.8MPa，比起液压系统的工作压力来说，低得多。但对座阀而言，高压时，由于阀芯被紧紧地压在阀座上，泄漏往往反而比低压时少。所以，在较低的气压下不泄漏的阀，在高压时，一般表现应该都可以。但这方法不适用于型式试验。

油液作用在阀芯上的力随孔径的二次方增长，因此，用于压住阀芯的弹簧力也需要随孔径的二次方增长。

（1）球阀　钢球由于需求量极大——轴承，制作工艺成熟，因此，价格较低。

由于球可能向任意方向滚动，因此，球与阀座之间的密封带会随球的滚动而移位（见图 3-35），反而成为泄漏渠道。所以，密封性不易保证。

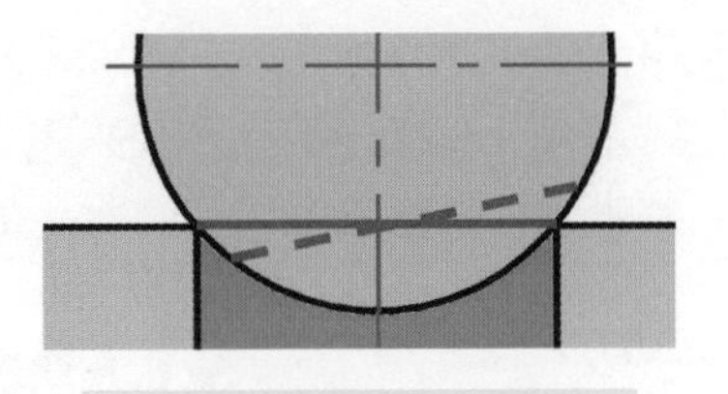

图 3-35　球阀的密封带会移位

球阀开启越大，滚动的可能越大，甚至会滚走，因此，球阀只用在小流量回路中，一般不超过 10L/min。只用于开关阀。

（2）锥阀　金属锥阀芯一般都需要单件加工，因此制造成本比钢球高，除非是用可成批注塑成型的工程塑料制造（参见 7.1 节）。

下面介绍 x-A 特性。

如前已述及，决定流量的是最小通流截面。假定锥阀的圆锥角为 2α（见图 3-36），则在阀芯位移 x 时，锥阀的实际开口面积

$$A = x \times \sin\alpha \times \pi D \tag{3-6}$$

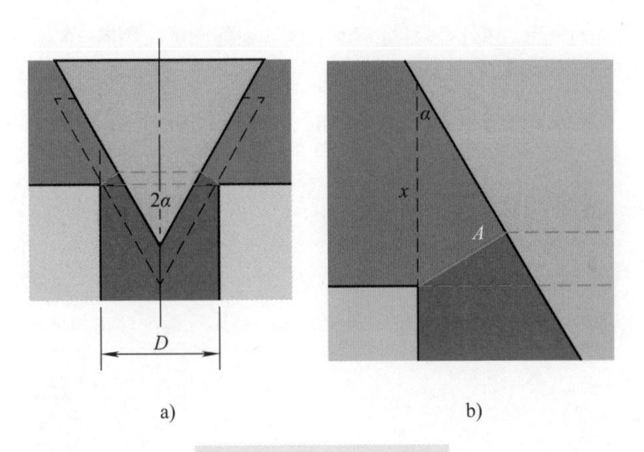

图 3-36　锥阀的开口面积

a）开口为环形　b）局部放大

由式（3-6）可以导出，阀芯位移的波动 Δx 引起的开口面积的波动为

$$\Delta A = \Delta x \times \sin\alpha \times \pi D$$

因此，α 越小，阀芯位移的波动 Δx 引起的开口面积的波动 ΔA 越小，也即液阻越稳定！这就是为什么锥阀在用作连续阀时，常取较小的圆锥角。

但如果 α 过小，要获得大的通流面积，就需要阀芯有很大的位移。所以，α 也不能太小，一般取 10° ~ 15°。

锥阀阀芯与阀座之间的密封线可以基本保持不变，因此密封本身就较球阀可靠。而且，在锥阀装配完成后，制造者常锤击或静压阀芯。这一方面可以弥补加工中可能

出现的少量几何误差，把阀芯和阀孔之间理论上的线接触变为实际上的面接触，形成密封带（见图 3-37），从而使泄漏基本为零。另一方面，阀芯和阀孔在受压以后，密封带处的材料发生冷作硬化，也可提高工作耐久性。

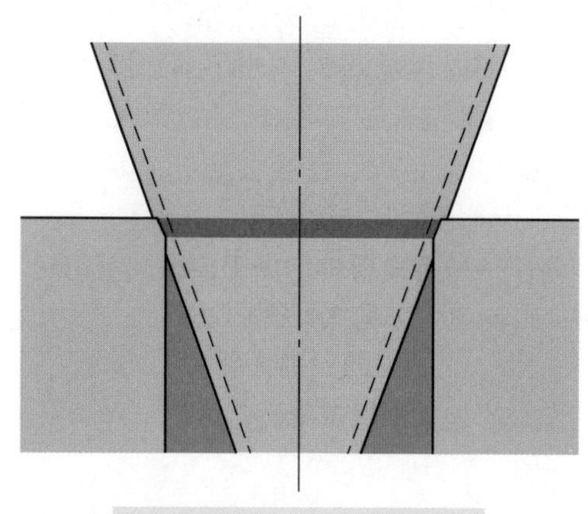

图 3-37　锥阀的冷作硬化密封带

简单锥阀应用很广泛。但因为导向性不够，因此也只用在开口较小，从而流量较小的场合。

（3）半球阀　半球阀在轴线略有偏斜时，也能较好地密封（见图 3-38），这点比锥阀强。

（4）滑锥阀　滑锥阀除了图 3-34d 所示的阀芯带锥面外，还有阀体带锥面的（见图 3-39）。

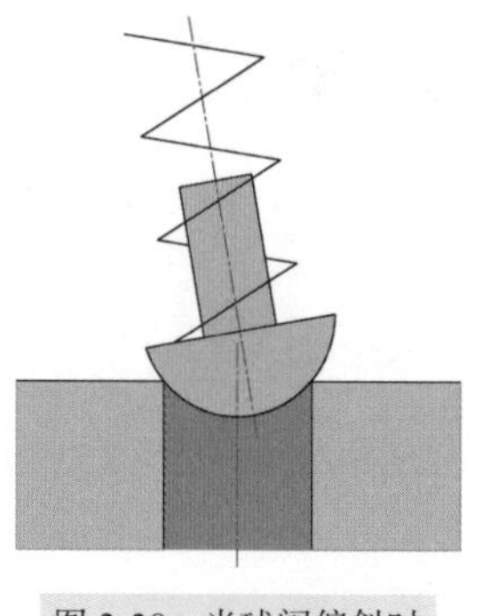

图 3-38　半球阀偏斜时

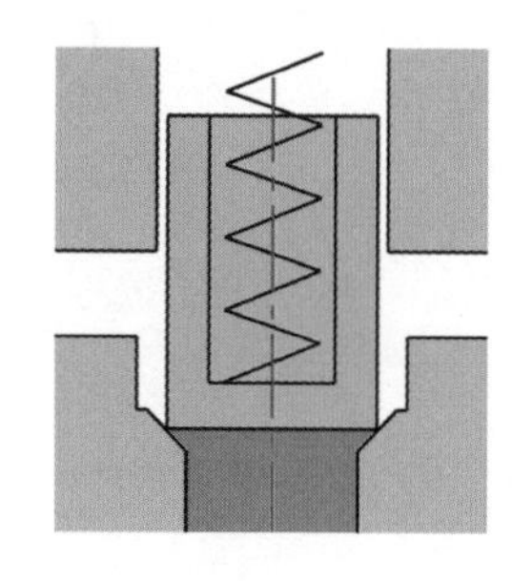

图 3-39　阀体带锥面的滑锥阀

因为滑锥阀的阀芯有导向，开口可以很大，而不用担心倾斜。因此，在大流量回路中几乎是唯一被使用的形式，以盖板式二通阀形式出现。

但其导向圆柱面与密封锥面必须有相当高的同轴度，否则无法保证密封。

普通锥阀较难实现需要的 x-A 特性，为此出现了带缓冲头的滑锥阀（见图 3-40）。在阀芯位移小的时候，虽然密封锥面已开启，但缓冲头的圆柱面还在阀孔中，油液只能通过其上的开口槽流动，*A* 较小。改变槽的形状、深度和数量，就可实现需要的 *x-A* 特性。与同尺寸的不带缓冲头的滑锥阀相比，工作稳定性好一些，但完全开启需要的行程多一些。加工同轴度要求也更高一些。

（5）板阀　板阀也被称为平面阀、蝶阀，有较大的密封面积，因此容易保持密封。很多家用水龙头即采用板阀形式。

板阀的流道是相互垂直的（见图 3-41），但油液有惯性，流动时不会直角转弯，势必会造成很多涡流。所以，压力损失较大，也即液阻大。液压技术中很少使用板阀。

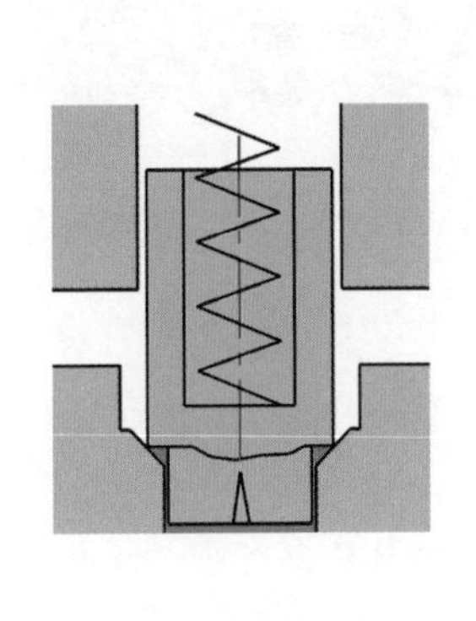

图 3-40　带缓冲头的滑锥阀

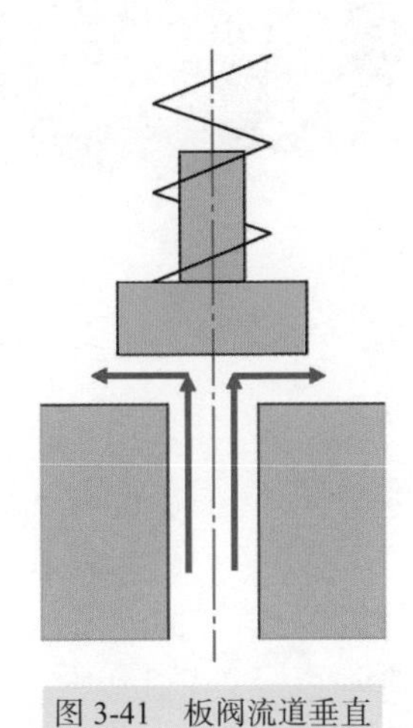

图 3-41　板阀流道垂直

（6）座阀和滑阀性能的比较　座阀阀芯一有位移，通流口立即开启，响应快，反应灵敏。

座阀芯轴向受力不平衡，开启需要的驱动力较滑阀大，工作时容易振动，产生噪声。

座阀的抗污染性优于滑阀。因为，在每次开启时，停留在密封面处的污染物都可能会受到冲刷，相对而言，停留在滑阀阀芯凸肩与阀体圆柱孔间隙间的污染物被带走的机会就较少，所以，滑阀较容易被由污染造成的径向力卡住。

但要注意，滑锥阀带有圆柱形导向，配合间隙也很小，积聚在这里的污染物也可能导致阀芯被卡死。

座阀理论上可以做到无泄漏，但实际上不会做到形状绝对完美，因此，多少可能会有些泄漏。所以，欧美供货商都不保证绝对零泄漏。

虽然说，座阀阀芯与阀孔间的间隙理论上是可补偿的。但是，如果座阀阀芯阀体被污染颗粒轴向拉伤（见图 3-42），就不可补偿，从而造成泄漏。

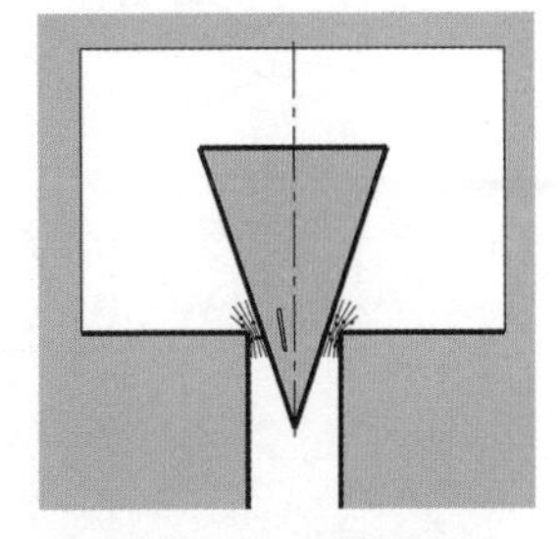

图 3-42　座阀阀芯被污染颗粒轴向拉伤

4. 转阀

转阀阀芯基本为球形，或圆柱形，通过转动改变开口。

（1）球形　球形转阀的阀体系焊接或由法兰紧固而成（见图 3-43）。

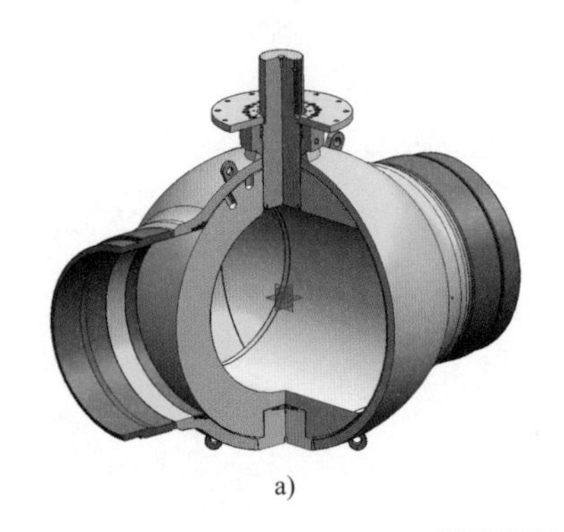

a)

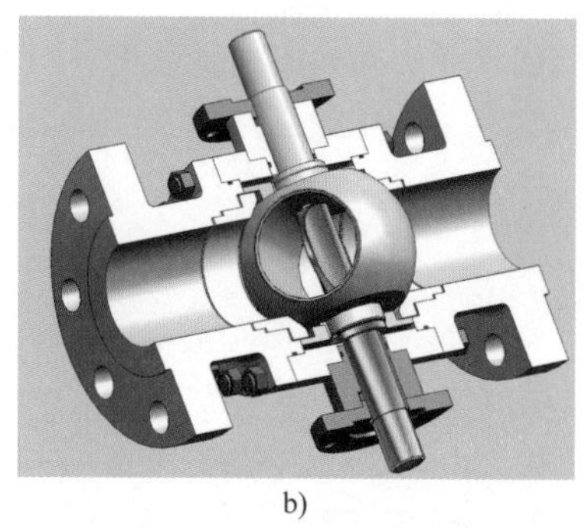

b)

图 3-43　球形转阀

a）焊接阀体　b）法兰连接阀体

球形转阀的阀芯是一个带圆柱孔的球，旋转到接通位后与连接孔形成直通。因此，液阻非常小，关断后也可以做到很好的密封。

家用的水龙头、燃气阀通常也是这种类型。但因为其径向受力面积较大，且受力不平衡，在工作压力高时切换很费力，在液压技术中使用得较少。

（2）圆柱形　圆柱形转阀也可以实现换向功能（见图 3-44），甚至节流功能。适当布置的话，也可以实现液压力平衡，如图 3-44a、c 所示，但在中位时，液压力还是有些不平衡。

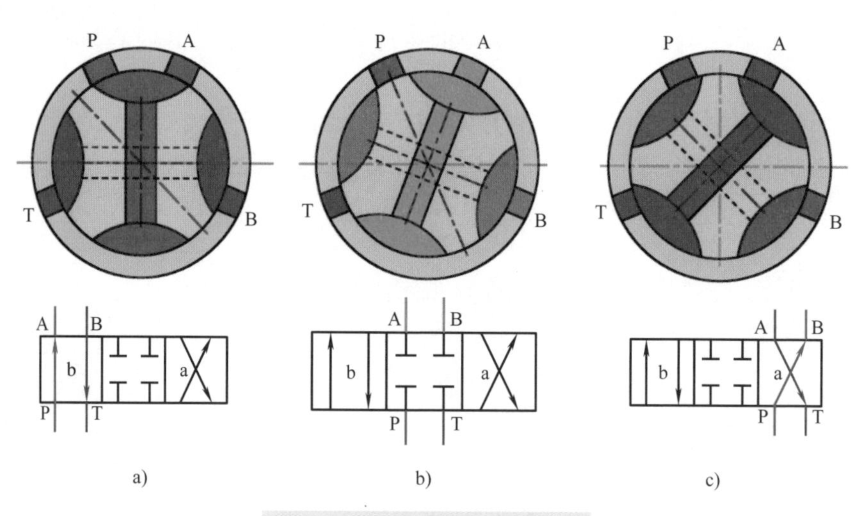

图 3-44　圆柱形转阀实现换向功能

a）左位　b）中位　c）右位

普通电磁铁一般能实现的是平动，要驱动转阀，需配备平动 - 转动机构。

步进电动机或伺服电动机（见 4.8 节）等虽然可以直接实现转动，但转速太高，转矩太小，还需要配减速器。

5. 喷嘴 - 挡板型和射流型阀

经典伺服阀的先导部分与前述的典型阀芯（滑阀、锥阀和转阀）的形状不同。

喷嘴 - 挡板型（见图 3-45a），通过移动挡板，改变喷嘴出流状况，造成差压，从而推动工作阀芯移动。

射流型（见图 3-45b），通过移动射流喷嘴，也可造成两侧差压。

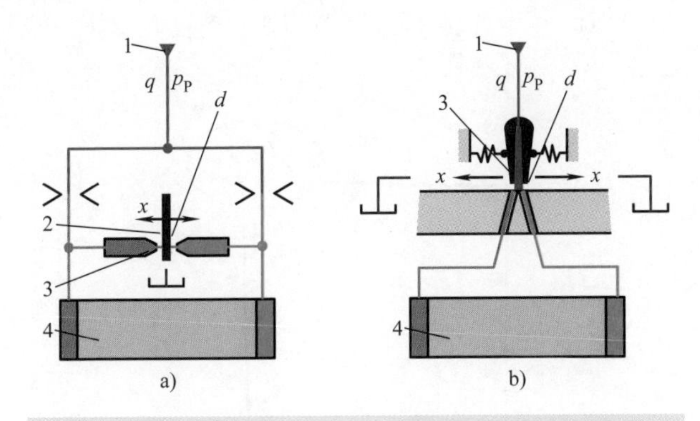

图 3-45　喷嘴 - 挡板，或射流方式造成差压，推动工作阀芯移动

a）喷嘴 - 挡板型　b）射流型

1—压力源　2—挡板　3—喷嘴　4—工作阀芯

d—喷嘴直径　x—调节量　p_P—入口压力　q—工作流量

这两种阀的大体工作参数可见表 3-1。

表 3-1　喷嘴 - 挡板型阀和射流型阀的工作参数

参数	单位	喷嘴 - 挡板型	射流型
喷嘴直径 d	mm	0.25 ~ 0.5	0.12 ~ 0.2
调节量 x	mm	±（0.25 ~ 0.075）	± 0.47
入口最高可达压力 p_P	MPa	35	7
工作流量 q	L/min	0.3 ~ 2	0.1 ~ 2

由于推动挡板和射流喷嘴需要的操控力很小，反应很灵敏，因此，通常被用作伺服阀的先导级。

本质上也可勉强算是改变开口。

严格来说，这两种阀不能归入典型液压阀，因为其工作原理不是典型静压，而是动压，一般也很少称其为液压阀。

3.3 液压阀的压差 - 流量特性

1. 压差 - 流量特性

液压阀，无论如何分类，就其本质而言，只是能改变流道和开口，因此，就有至少一条流道。只要流道通，两端有压差，就会有流量；开口或压差改变，流量就会改变！

阀的开口及变化情况，一旦阀制造完成，就确定了。但真实的开口面积在实际工作时的变化无法直接测定。阀芯的位移原理上可以测，但一般要对阀动手术才行：在阀中加装与阀芯相连的杆，与一个位移传感器相连。所以，液压阀的开口及变化总是用压差 - 流量特性曲线来表述（见图 3-46）。

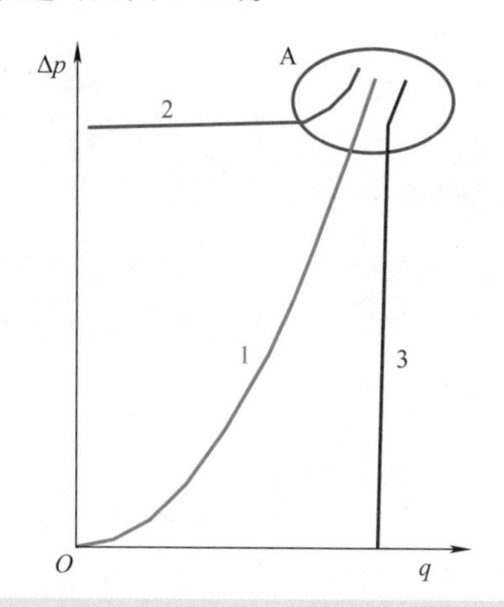

图 3-46　影响开口变化的因素决定阀的压差 - 流量特性曲线

1—开口不变　2—开口随流量而变　3—开口随压差而变　A—开口最大区域

所有的液压阀都有至少一条压差 - 流量特性曲线，只是表现形式不同，被冠以的名称有时也不同。

换向阀和截止阀的开口一般不随压差和流量变化，因此，其压差 - 流量特性就大致如固定液阻，图 3-46 中曲线 1 所示。

压力阀的开口一般随流量而变：流量越大，开口就越大。因此，在不同流量时压差可以大致保持不变，特性曲线（图 3-46 中曲线 2）大体与流量轴平行。

流量调节阀的开口一般随压差而变：压差越小，开口就越大。因此，在不同压差时流量可以大致保持不变，如图 3-46 中曲线 3。

但无论是压力阀还是流量阀，其开口都是有限的，到了最大后，就不会再增大，就成为固定液阻了。所以，那时的压差 - 流量特性就如图中区域 A 所示。

2. 关于流量

（1）测定流量　ISO 5598《流体传动系统及元件 术语》有如下定义：rated flow, confirmed through testing, at which a component or piping is designed to operated（一个

元件或管道为此设计并通过测试确认了的流量）。对应的国标 GB/T 17446 中将之译为“额定流量”。如果将之理解为“规定流量”就错了。没有哪个液压阀必须工作在某一个规定的流量。因此，理解为“测定流量”较好。

（2）名义流量（nominal flow） 很多生产厂商在产品说明书中使用这一词，但是，对此并无统一的定义。

对换向阀和截止阀，名义流量通常指在一定压差下能通过的流量。这个定义，看起来简单，其实并不明确。

1）欧美各大生产厂所选择的压差常不同，有的选 0.5MPa，有的选 0.7MPa（源自英制 100psi）。在不同压差下通过的流量值，当然就没有可比性。

2）有些阀，如换向阀，常有多条流道，可能会有多条不同的压差 - 流量特性曲线。根据哪条来确定名义流量呢？

对于压力阀和流量阀，实际上往往指的是“测定流量”，大致为可以实现的最大流量。

所以，产品样本上给出的名义流量只能做参考，其价值有限，还是要去比较压差 - 流量特性曲线。有的生产厂，如海德福斯，有时干脆不给出名义流量，而是说，去看曲线。

ISO 5598《流体传动系统及元件 术语》的 1985 版和 2008 版都未收入“nominal-flow”，大概也是基于这些考量吧？

（3）工作流量 如果名义流量指的是在某个压差，如 0.5MPa 或是 0.7MPa 时能通过阀的流量，而现在的几乎所有的液压阀都能在比此大得多的压差下工作，当然能通过的工作流量也就大得多。

能通过流量调节阀的流量，基本上是人为调定的。而能通过节流阀或溢流阀的流量理论上是无限制的：压差越大，通过流量越多，直到压力高于爆破压力，阀被摧毁为止。但电磁换向阀，由于电磁铁推力有限，有一定的工作范围（见 4.5 节），只能在一定流量下正常切换。

（4）通径 但不管怎样，既要工作在大流量，又希望压力损失小些，那流道实际开口就要大些，就有了用通径、DN、DG 来表征阀的大小。

最初，一般都参照 SAE（美国工程师协会标准），使用阀的通口直径的毫米数来表示，如：06，08，10 等。但随着技术的发展，为了充分发掘阀的通流能力，获得更好的结构特性，通口直径被改变了。所以，现在，名义尺寸、通径、DN、DG 等与通口的实际制造尺寸仅是宽松关联，便于参考的圆整值：08 阀肯定大于 06 阀。

因为移动阀芯是调控流量的唯一手段，而流量决定了液压缸的运动速度。所以，阀芯移动的速度就影响了流量的变化速度，从而影响了液压缸运动的加速度。而液压缸运动的加速度，又决定了负载运动的平稳性。因此，如何移动阀芯，控制阀芯移动的速度就对负载运动的平稳性非常重要了！且看下章分解！

第 4 章

移动阀芯——操控力克服阻力

如前所述，在压差固定时，决定通过流道的流量的就是开口大小和黏度。所有的液压阀，都是通过阀芯在阀体内的移动（含转动），来改变流道的形状或 / 和开口大小，从而实现需要的功能的。

那如何才能移动阀芯，使阀芯到达期望的位置，实现需要的开口呢？

阀芯是一个机械部件，是一个只认得力的家伙，它服从，也只服从力平衡原则：

– 如果受到的所有力相平衡，就停住不动。

– 如果受到的所有力不相平衡，就会移动。

笼统地说，阀芯是被什么力操控移动的，决定了阀的功能；受哪些阻力，怎么移动，决定了阀的性能。

所以，要掌握一个阀，除了需要了解阀的结构和开口外，特别要考察：什么力在操控和阻碍阀芯移动，阀芯是怎么移动的？如在前一章中所讲到的，常见的滑阀和锥阀工作时都是靠轴向移动来完成其功能的，因此，先要关注的是影响阀芯轴向移动的力。

图 4-1 概括了所有影响阀芯轴向移动的操控力和阻力。

笼统地分，概括地说，大致如下。

（1）阻力　移动阀芯会遇到阻力，虽然不希望，但是难免有以下几种。

1）静压力，指的工况是，油液相对作用表面宏观上没有流动，或流速很小，造成的影响可忽略，这时，油液对这些表面的压力符合帕斯卡原理——处处相等。

这些力，如果不平衡，就会成为阻力，影响阀芯工作。

如果处理得当，就成为助力，即各类液动，也称液控：如先导阀，差压阀等。

2）液动力，油液相对阀芯作用表面有流动时产生的附加作用力。

液动力一般不大，因此，只对电磁换向阀的工作范围，溢流阀的流量 - 压力特性和电比例阀的调节，会有较明显的

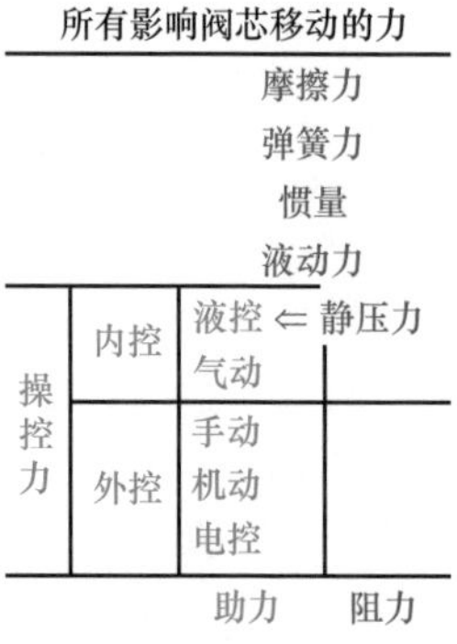

所有影响阀芯移动的力

		助力	阻力
			摩擦力
			弹簧力
			惯量
			液动力
操控力	内控	液控 ⇐	静压力
		气动	
	外控	手动	
		机动	
		电控	

图 4-1　阀芯受到的各种力

影响，需要考察研究。

3）摩擦力。与阀芯移动速度相关，受多种因素影响，影响阀的调节性能。摩擦力很复杂，不易准确计算，但可以掌控。

4）弹簧力。绝大多数阀里都装有弹簧，通常以预压缩的形式装在阀内。预紧力是人为设定的，反映了阀的制造者或使用者的意愿，在阀芯未动时是固定的。但是因为阀芯工作时需要移动，弹簧力一般都会随之改变，常常带来不希望的副作用。所以说，弹簧不是白帮忙的，这是阀设计者应该预料到的。

5）惯量。阀芯都有质量，因此，所有在地球上和地球附近使用的阀芯都会受到重力作用的。但大多数阀芯的质量不超过100g，因此，受到的重力不超过1N。与现代液压中的其他力相比，一般都小得可忽略。所以，现代液压阀一般都可以不考虑重力影响而在任意方向安装，其性能基本不受影响。

但是，阀芯的质量却是不可忽视的！因为阀芯的质量导致了阀芯的惯量，而惯量会减缓运动状态的变化，有点像一个阻力，因此也常被称为惯性力。其实，它对物体运动的阻碍与摩擦力、弹簧力等有本质的不同：惯量不影响合力。

阀芯的惯量会影响阀，乃至整个系统的动特性、瞬态响应（详见4.9节瞬态）！

（2）操控力　操控力是有意安排的，反映了操作者的意愿。大体可粗分外控和内控。

外控的力，指的是从阀外部引入，使阀芯移动的力。

－手动：通过手柄、手轮、脚踏板等操控。

－机动：由机械中某运动部件带动。

内控的力，指的是在阀内部作用于阀芯的力。

－气动：由压缩空气的压力推动。

－液控：利用油液压力推动，也称液动。

－电控：由装在阀上的电磁铁、力矩马达、步进电动机、伺服电动机等控制推动，也称电动。

电控在本书中有两重含义：广义的含义是对系统中的各类元件，包括泵、马达、电动机等的操控，本章中是狭义的，专指对阀芯的操控。

其实，操控力的实际大小往往是由阻力决定。

移动阀芯会遇到的所有阻力，合在一起，笼统而言，一般大致不超过几百N。如果操控力可以很大，足以克服阻力，而对时间、准确度的要求又不高时，就无须多关注。

针对手动，阀设计师一般会根据经验设置杠杆机构，使操作者能不费力地操控。因为人的肌肉力可以有很大的变化范围，如果阻力由于某种原因偶然增高，操作者只要稍稍再加把力，大不了使出“吃奶”的力气，总可操控。

机动的驱动力更是不成问题。

而电控，则由于电驱动器受体积与功率的限制，出力常较小，会不足以直接克服阻力，这时就需要气动或液动来辅助。

液动辅助，可以产生足够大的力，实际使用时一般都需要减压。

能把握住上述这些力，就能掌控阀的性能。能在多大程度上预估并掌控这些力，特别是那些不希望但又不可避免的阻力，就反映了阀设计师及制造者的水平。造出来的阀，乖不乖，听不听话，就看设计师制造者能否把握住这些力。笼统而言，操控力决定了阀的功能——能做什么，而操控力与阻力的综合作用则确定了阀的性能——做得怎样。

4.1 静压力——可阻可助

如已提及，阀芯，是个只认力的家伙，而油液在相对静止时的作用力是压力乘以有效作用面积。

现代液压的工作压力常达 20MPa 以上，这就意味着，$1cm^2$ 的受压面积会受到大于 2000N 的压力。

因此，首先要考虑如何平衡，避免成为阻力，然后再考虑如何利用，使之成为助力。

这，既要处理好压力，更要安排好有效作用面积。这看似简单，但当阀的结构较复杂时，就不那么显而易见了。

以下通过一些实例进行解说。

1. 阻力

工作时，阀芯一般都需要轴向移动（转阀例外）。

座阀利用的就是轴向通道，因此，阀芯两侧的压力和有效作用面积常是不同的，这就可能造成阻力，于是，开启关闭，就常需要很大的操控力。

滑阀利用的流道一般是径向的，但如果油液对阀芯的轴向力没有平衡的话，也还是会对阀芯的移动造成阻力。有以下一些情况。

（1）有效作用面积不同　在图 4-2 中，虽然阀体左右两腔都通回油口 T，但因为阀芯左侧的有效作用面积 A_1 大于右侧 A_2，所以，如果 T 口压力不为零，就会对阀芯有一向左的作用力。

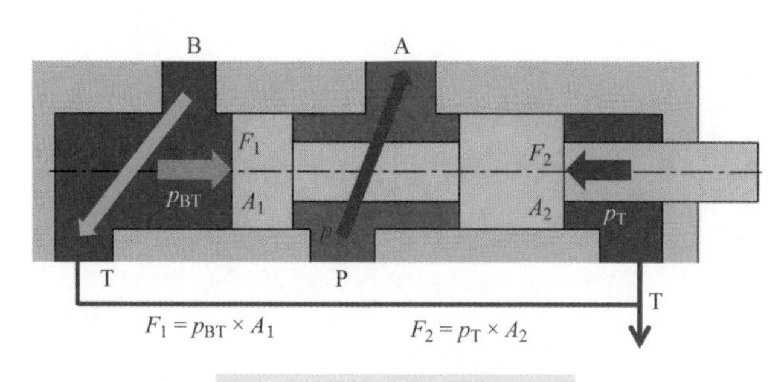

图 4-2　阀芯两侧作用面积不同

（2）作用压力不同　如图 4-3 所示的所谓四腔阀，阀芯左右两侧作用面积相同，但共用一个 T 口。这样，当油液从 A 口流回时，要通过阀体内的流道才能到 T 口，有压降，尤其是在流量较大时。因此，回油腔压力 p_{AT} 就会高于 p_T，对阀芯就会有一向左的推力。

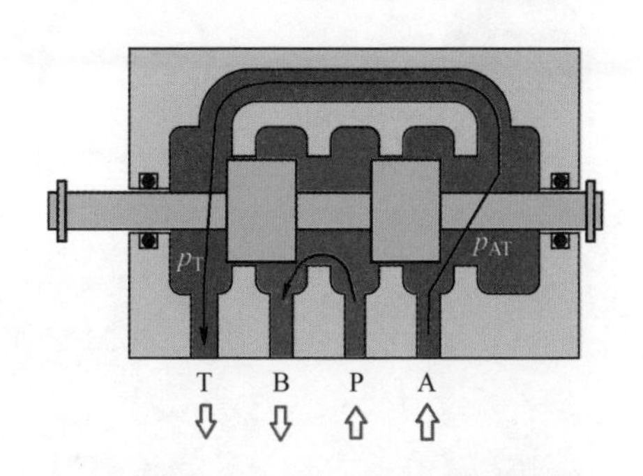

图 4-3　四腔阀，回油腔压力可能不同

这对手动、机动，或普通电磁阀，由于操控力较大，问题不大。但如果是电比例阀，电磁力被电流所限制，特别是电比例换向节流阀，电磁力需要通过弹簧转化为阀芯的位移（详见 4.6 节），如果电磁力被不平衡的油液作用力部分抵消了，阀芯的实际位移就达不到期望的值了。

为了解决这个问题，研发出所谓五腔阀（见图 4-4）：使各腔对阀芯的作用面积相同。这样，即使 p_{AT} 不等于 p_{BT}，但它们各自分别对阀芯的静压力还是可以相互平衡的。

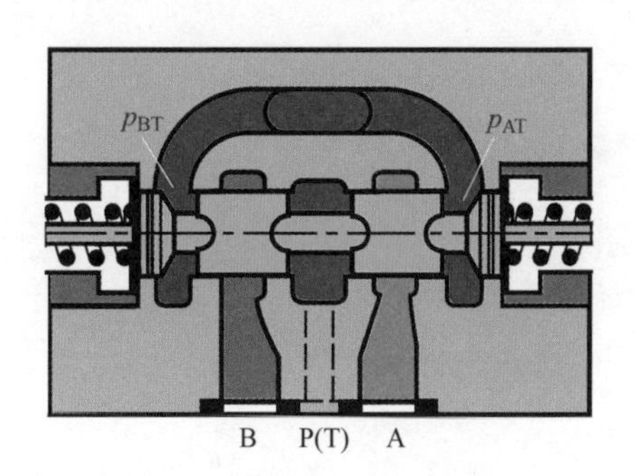

图 4-4　五腔阀中，油液对阀芯的作用力始终平衡

2. 助力

静压力也被正面地作为助力利用，如，通过面积差——差动、压力差——差压、叠加等，实现对阀芯的调控。静压力也是构成阻尼，帮助减少振动的基本因素。

（1）差动　溢流阀的阀芯都需要承受很高的压力。用于小流量时，阀芯较小，正面对峙，弹簧还可以挺一挺。但用于大流量时，需要较大的阀芯，正面对峙的话（见

图 4-5a），就要很强的弹簧，相当笨重。一种办法就是如图 4-5b 所示，让静压力仅作用于锥阀芯的外圈，作用面积成为一个环形，有效作用面积就小得多了。这样，作用力降低了，就不需要笨重的弹簧了，这种方法常称为差动。

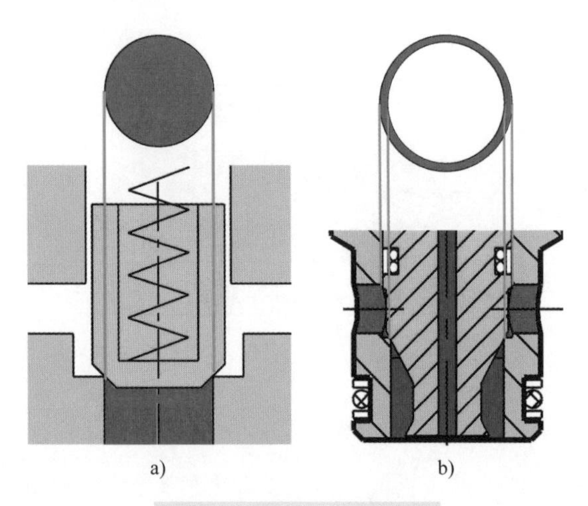

图 4-5　油液压力对峙弹簧力

a）滑锥阀，正面对峙　b）差动，锥阀芯，压力作用面积为环形

平衡阀的负载端口①（本书图文中带圈的数字，如①、②、③等，均表示阀的端口，以下不再一一解释）可能会有很高的负载压力。升旭的做法是：让主阀芯和单向阀芯的接触处都是锥面，但是制成不同锥度（见图 4-6），这样就可以把负载压力的有效作用面积 A_1 降到很小。而且，这个有效作用面积很容易改动，从而实现不同的控制比（详见参考文献 [14]2.3 节）。

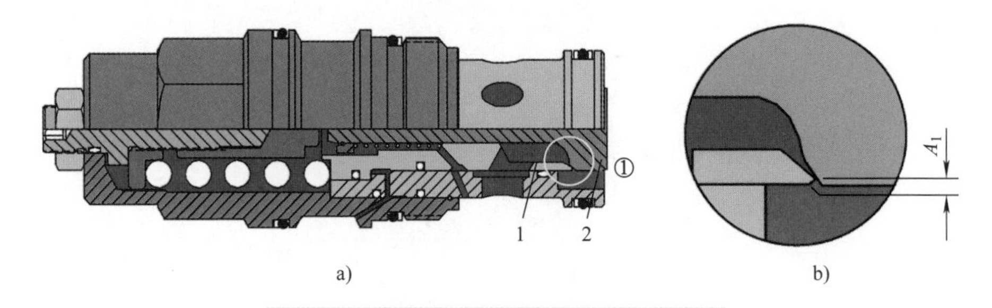

图 4-6　平衡阀端口①作用面积的处理（升旭）

a）整体剖面　b）局部放大

1—主阀芯　2—单向阀芯

（2）差压

1）单小孔。在图 4-7a 中，在控制腔 A 的出口 C 关闭时，阀芯两侧压力相同，弹簧预紧力把阀芯压在阀体上，关闭流道。

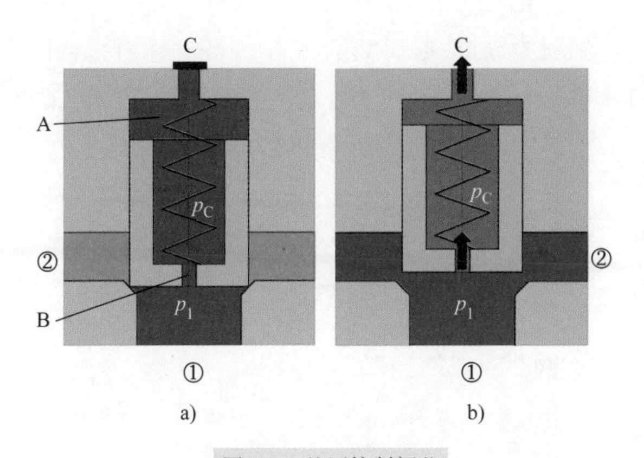

图 4-7　差压控制阀芯

a）出口关闭　b）出口开启

A—控制腔　B—差压孔　C—出口

如果出口 C 开启（见图 4-7b），连通低压，就会有油液流动。液流通过差压孔 B 时会有压降，造成阀芯两侧有差压 p_1-p_C，差压乘以作用面积，超过弹簧预紧力时，就可推开阀芯，开启流道① → ②。

在这个例子中，弹簧需要面对的不再是高压 p_1，而只是液流通过小孔产生的差压 p_1-p_C，就轻松多了。

几乎所有先导阀（先导溢流阀、先导顺序阀、先导减压阀），在那些通径几十毫米，乃至几百毫米，可切换流量达到几万 L/min 的盖板式插装阀的先导阀中都应用了这一原理。

控制腔出口 C 的开启关闭可以利用电磁阀直接控制，也可以由一小（先导）溢流阀控制。

2）双小孔。如图 4-8 所示，主阀芯上有两个小孔。孔 B 大于孔 A。先导阀芯 2 控制孔 B 的启闭。

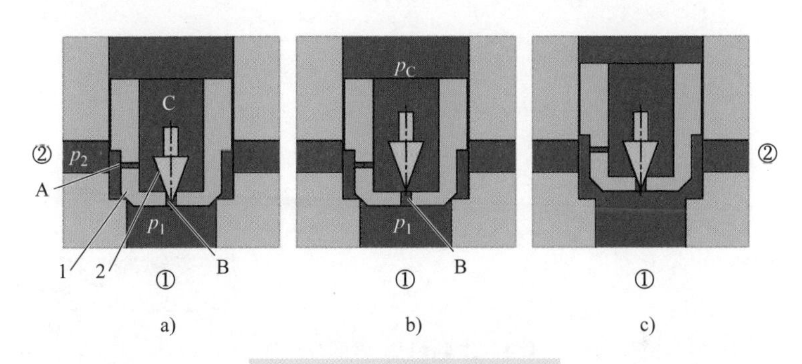

图 4-8　差压控制阀芯，双小孔

a）主流道关闭　b）先导开启——过渡态　c）主流道开启

1—主阀芯　2—先导阀芯　A—连通孔　B—控制孔　C—控制腔

在孔 B 关闭时（见图 4-8a），通口②的压力 p_2 经过连通孔 A，传到控制腔 C，使控制腔 C 的压力等于 p_2，高于通口①的压力 p_1，从而把主阀芯压在阀体上，主流道② ⇒ ①不通。

在先导阀芯开启孔 B 后（见图 4-8b），通口②的油液会经过孔 A 流到控制腔 C，再经过孔 B 流到通口①。因为孔 B 大于孔 A，因此，控制腔的压力 p_C 接近 p_1。通口②的压力 p_2 作用于主阀芯外圈，抬起主阀芯，开启流道② ⇒ ①，如图 4-8c 所示。

（3）液动

1）驱动主阀。大的阀芯需要的操控力一般也大。

在操控力不够时，如手动、电磁铁推动不了阀芯时，常采用先导控制方式，用液动推动主阀（参见图 7-50）。

这时，先导阀和主阀也可隔开一段距离安装，称为遥控。但是采用这种安装方式，要估计到油液流动和压力传递可能带来的动作延迟。

2）同时操作多个阀。挖掘机操作者需要两只手同时操控动臂、斗杆、铲斗和回转四个动作，如果用普通片式多路阀的话，手就不够用了。采用一个液压手柄，允许同时 X, Y 两个方向动作，就可以单手同时控制两个阀，两个运动了（详见 7.6 节“减压阀”）。

3）压力叠加。平衡阀主阀芯的移动需要由 3 个压力共同决定。如果把阀芯制成阶梯形，对不同的阶梯引入不同的压力，如图 4-9 所示，那油液对阀芯的总的作用力就是，各个压力分别乘以作用面积之和（详见参考文献 [14] 第 2 章）。

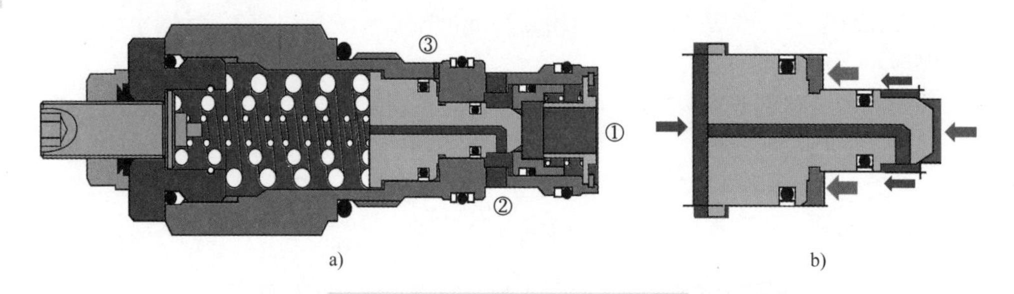

图 4-9　阀芯移动由多个压力共同决定

a）平衡阀（升旭）　b）阀芯受力示意

（4）阻尼　在阀芯移动时，后腔的油液要给出路（见图 4-10）。如果受到阻碍甚至完全封住，那阀芯就很难动。所以，后腔（弹簧腔）常通回油，也有个别通大气。

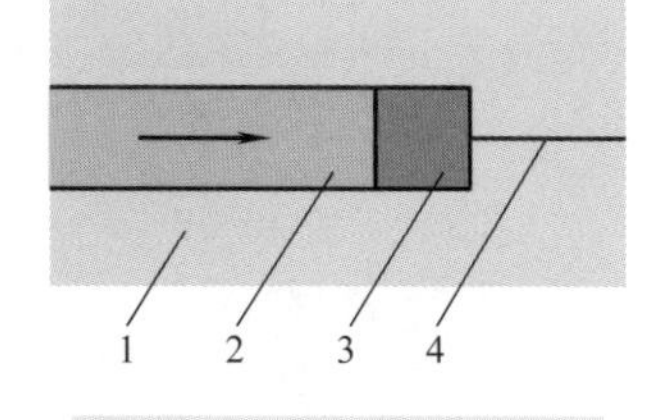

图 4-10　阀芯后腔要给出路

1—阀体　2—阀芯　3—后腔　4—出路

为减缓阀芯的振荡，有的阀在后腔出口设置一小孔，使后腔成为一个阻尼腔（见图 4-11）。在阀芯不动时，没有液流通过小孔。在阀芯运动挤压后腔时，有油液需要通过小孔，产生一定阻力，减少通过的流量，减慢阀芯的运动，从而减少振荡，所以常被称为阻尼孔。

要注意的是：油液抗压不抗拉，阻尼作用只发生在油液受压的时候！阻尼孔如图 4-11 所示，当阀芯向右移动时，由于阻尼孔的节流作用，阻尼腔压力上升，可以阻碍阀芯运动，发挥了阻尼作用。但如果阀芯向左移动较快，通过阻尼孔返回阻尼腔的油液较少，阻尼腔中的压力就会降低，甚至形成负压。之后，阀芯再向右移动时，阻尼作用就减小甚至没有了。为避免这种情况发生，可设置一单向阀（见图 4-12），使油液进入阻尼腔时可以顺畅。

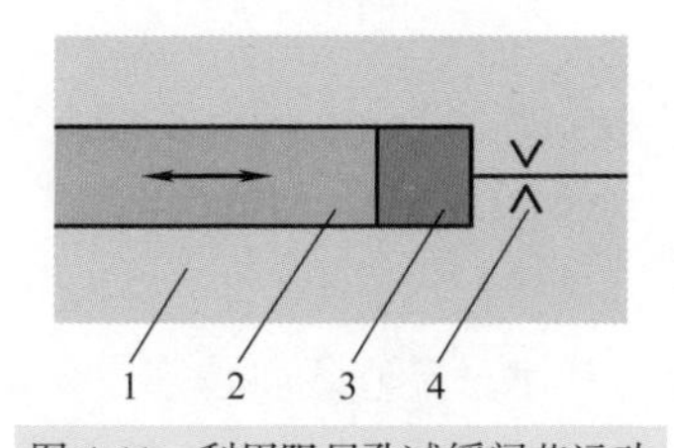

图 4-11　利用阻尼孔减缓阀芯运动

1—阀体　2—阀芯　3—阻尼腔　4—阻尼孔

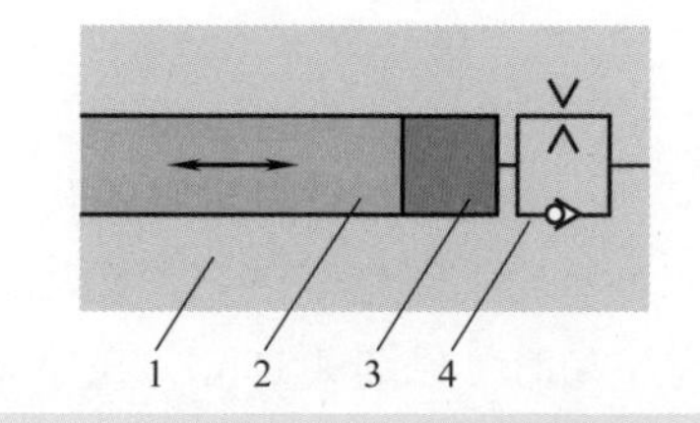

图 4-12　利用阻尼孔加单向阀减缓阀芯振荡

1—阀体　2—阀芯　3—阻尼腔　4—阻尼孔 + 单向阀

因为通过阻尼孔的流量通常都很小，实际应用中的阻尼孔，为了能起到缓冲作用，孔径都较小，一般在 1.2mm 以下。带阻尼孔的堵头常有现成产品可购，也便于更换。如果自己加工，可参考图 4-13 所示：在一个内六角堵头中先加工一个较大的孔，然后再加工出需要的小阻尼孔。为减少油液黏度的影响，一般都尽可能制成薄壁孔。

由于孔径较小，容易被污染颗粒堵塞。所以，在实际应用的液压系统中，一般都避免使用直径 0.6mm 以下的孔。不得已时，使用 2 个直径 0.6mm 的孔串接。小孔前有时再加入小型的过滤网。

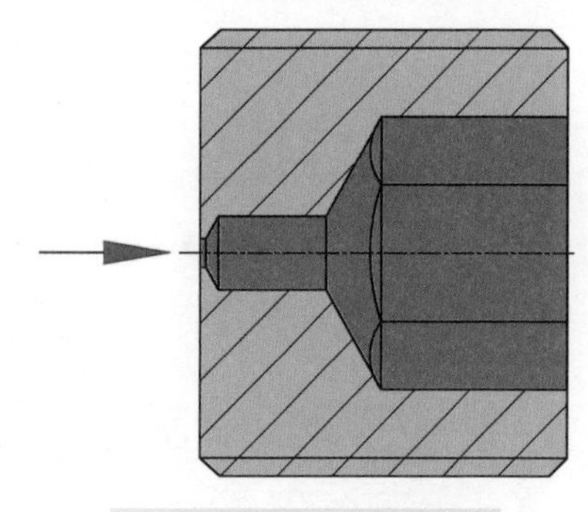

图 4-13　实际应用的阻尼孔

4.2　液动力——总爱关门的小捣乱

液动力指的是：液压阀内，由于油液流动而产生的对阀芯轴向的附加作用力。

在流动稳定时这个力称为稳态液动力，流动变化时的液动力称为瞬态液动力。为简化起见，以下讨论限于稳态。

液动力其实应该分为两种力来考察。

一是伯努利力。流动大体顺着阀芯表面，方向不显著改变。由于油液在流动后，部分压力能转化为动能了，如伯努利定律所描述，流速高处压力低，因此，油液对阀芯的作用力就会降低。如果还是按帕斯卡原理——“压力处处相等”的方式去估算，就会有偏差。为弥补偏差加上的修正项，称为伯努利力。

二是冲击力。流动正对或斜对着阀芯表面，冲撞阀芯后改变流动方向和流速，动量发生较大改变，同时给与阀芯一个反作用力（图 4-14），符合动量守恒定律。

由于在大多数阀中，液流不直接对着阀芯表面，或者液流速度不高，动量变化不大，所以冲击力常被忽略。

在大多数液压教科书中，也都忽略了伯努利力与冲击力的区别，统称为液动力。人为划出一个控制体，考察控制体的动量变化，只要控制体划得恰当，估算值也可包含冲击力。以下所说的液动力仅指伯努利力。

1. 液动力的剖析

以下对滑阀和锥阀内的液动力分别展开叙述。

（1）滑阀　设油液对阀芯的环形作用面积为 A（见图 4-15）。

在无流动时（见图 4-15a），腔内油液的压力为 p，对阀芯的作用力 $F = pA$。

在有流动时（见图 4-15b），在口 A，越是靠近开口处，流道截面越小，流速 v 越高，压力就越低，所以，对阀芯的实际作用力 $F < p_2A$。如果还是按 p_2A 来估算的话，就必须要加上一个修正项 F_S——液动力，倾向于关闭小开口的力。

$$F = p_2A - F_S$$

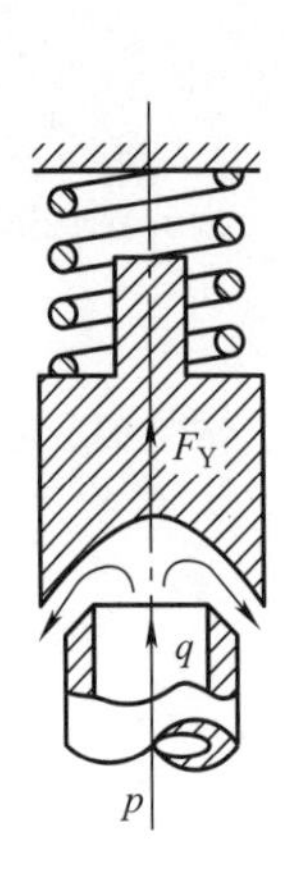

图 4-14　油液无流动时对阀芯的作用力

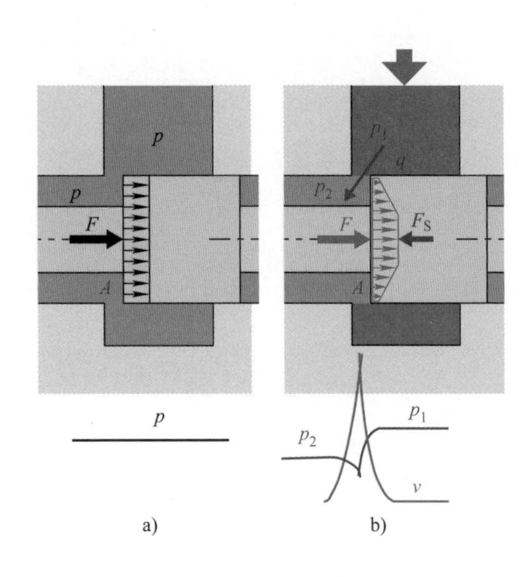

图 4-15　油液对阀芯的作用示意

a）无流动时　b）有流动时

p—腔内无流动时压力　p_1—开口前压力　p_2—开口后压力　v—流速

当然，图4-15b中画出的压力分布只是示意性的，并非实际状况，如真是那么有规律，就可以直接计算出来了。图4-16所示是利用流场仿真（CFD）做出来的流速和压力分布，供参考。

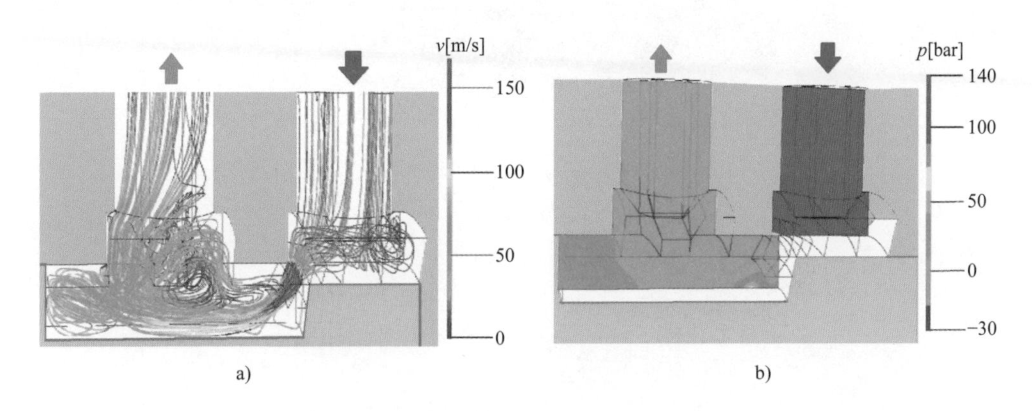

图4-16　滑阀开口处流场仿真（CFD）（IFAS）

a）流速分布　b）压力分布

液动力无关进出，不仅存在于油液进入阀腔时，也可能存在于油液离开阀腔时，只要是开口较小，流速导致作用在阀芯上的压力改变的话都有可能存在。曾有研究提出，改变阀芯形状（见图4-17），可一定程度平衡液动力。

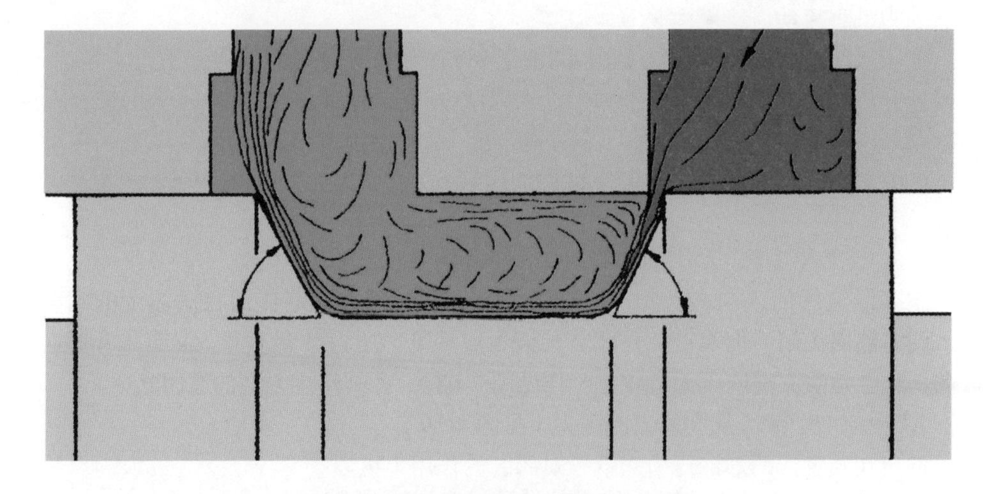

图4-17　一个降低液动力的设想（IFAS）

（2）锥阀　座阀中，锥阀应用得最多，所以，以下以锥阀为例，作一说明。

1）外流型，液流从阀尖流向阀体（见图4-18）。

假定在阀体区的油液压力很低，对阀芯的作用力可以忽略。

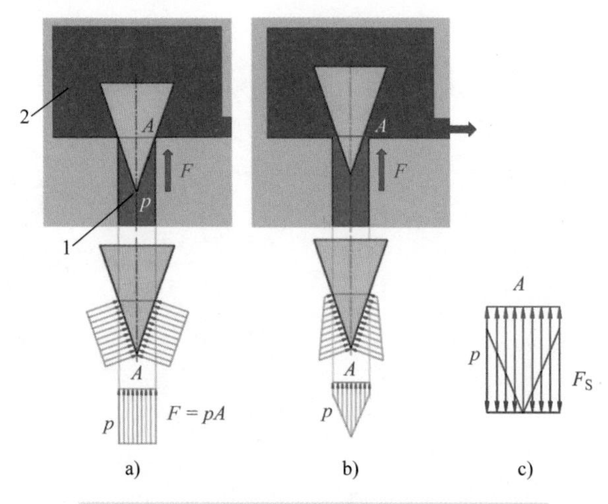

图 4-18 外流型锥阀，阀芯在阀尖区受到的压力

a）无流动时 b）有流动时 c）液动力作为修正项

1—阀尖区 2—阀体区

F—轴向合力 F_S—液动力

在无流动时（见图 4-18a），阀芯在阀尖区受到的压力处处相等，轴向合力 $F = pA$。因为没有流动，所以无关液动力。

在阀口开启，有流动时（见图 4-18b），阀芯实际所受到的压力就不再处处相等：越接近开口处，截面越小，流速越高，压力就越低。这些压力的轴向合力就小于 pA 了。如果还按 pA 计算，就要添一个方向向下，趋于使阀口关闭的修正项 F_S——液动力（见图 4-18c）。即，实际作用于阀芯的力

$$F = pA - F_S$$

很多溢流阀的结构与此相似。如上所述，开启后，油液作用在阀芯上的力会降低，阀芯趋向关闭。但真若关住了，油液不流动了，压力又会上升，又有推开阀芯的倾向，这也是溢流阀调压偏差较大（详见图 7-68），容易发生振动的原因之一。

2）内流型，液流从阀体流向阀尖（见图 4-19）。

假定在阀尖区的油液压力很低，对阀芯的作用力可以忽略。

在无流动时，阀芯在阀体区实际受到的压力分布如图 4-19a 所示，往下的力部分被抵消，合力 $F = pA$。

阀口开启，有流动时（见图 4-19b），阀芯实际受到的往上的压力就不再处处相等：越接近开口处，截面越小，流速越高，压力越低。因此，往上的合力变小了，总

的往下的合力就变大了。如果还是按静压力 pA（见图 4-19c）计算，就必须再添上一个修正项，也就是液动力 F_S，方向向下，也是趋于使阀口关闭。

$$F = pA + F_S$$

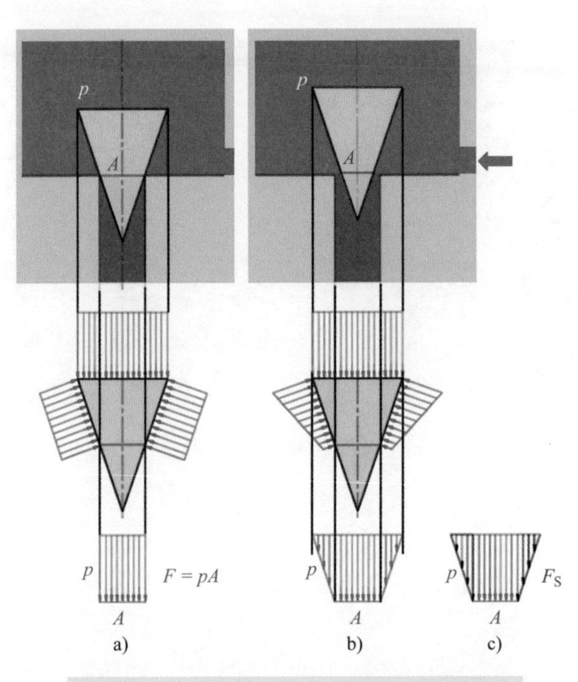

图 4-19　内流型锥阀，阀芯在阀体区受到的压力

a）无流动时　b）有流动时　c）液动力作为修正项

F—轴向合力　F_S—液动力

从以上剖析可见，因为在小开口处流速高，导致压力低，作用在阀芯上的力会降低，因此，液动力的方向总是趋于关闭小开口。但若真把开口关住了，没有液流了，也就没有液动力了。所以，液动力真像个小捣乱。

2. 液动力估算

如果可以得到所研究的阀芯小开口处壁面附近油液流速分布的数学表达式，再能够根据表述压力（压能）和速度（动能）互相转换的伯努利方程，写出压力分布的数学表达式的话，则理论上是可能用积分的方法求出油液对阀芯壁面的作用力的。减去静压力，就可得到液动力。

但是如图 4-16 所示，油液的流动很复杂，根本不可能得到流速与压力的实际分布状态的精确数学表达式，因此，也就不可能通过积分来求解液动力。

现在，也有尝试利用流场仿真，逐点计算油液对阀芯的作用力，再累加起来，扣除静压力，来计算液动力。

用取控制体，计算动量改变的方法，可以避开寻找壁面压力分布数学表达式的困难，也不失为一条捷径。

对滑阀取圆筒形控制体如图 4-20 绿色部分所示。

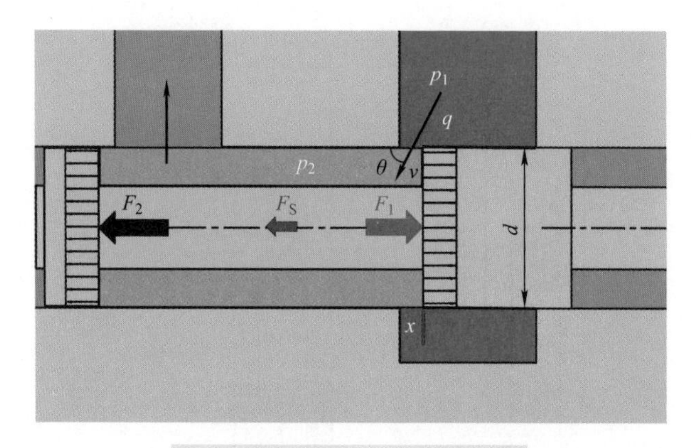

图 4-20　取控制体，考察动量改变

油液进入控制体时，由于开口小，流速 v 很高，其轴向分量为 $v\cos\theta$。所以，若设油液密度为 ρ，进入控制体的流量为 q，则油液进入控制体时所具有的动量的轴向分量为 $\rho qv\cos\theta$。

油液流出控制体时，由于开口大，因此流速很低，同时流向几乎是完全径向，所以，其动量的轴向分量可以近似认为是零。由此认为，进入控制体的动量的轴向分量 $\rho qv\cos\theta$ 是被阀作用给控制体的力消耗了，因此，控制体也对阀有一个大小相同方向相反的反作用力

$$F_S = \rho qv\cos\theta \tag{4-1}$$

这个力就被认作是液动力。

射流角 θ 随阀体阀芯间的缝隙相对开口宽度之比而变。

要注意以下三点。

1）在阀开口附近，油液高速流动引起的涡流和气蚀会把部分动能转化为热能，另一方面，阀体对液流也有摩擦力，也消耗液流的动量，因此，用动量变化的方法计算出来的力，总是大于实际测量出来的力。

2）液动力 F_S 只是一个人为的修正项，因此，不能直接测出来。油液对阀芯的作用力 F 可以测得，减去 pA，才是液动力 F_S。

3）因为油液通过开口处的平均流速

$$v = q/A$$

式中　q——通过开口的流量；

　　A——开口面积。

所以，式（4-1）也可写如

$$F_S = \rho q^2 \cos\theta / A \quad (4\text{-}2)$$

为帮助读者对液动力获得大致的定量认识，本书附赠的估算软件“液压阀估算2023”中有一根据式（4-2）估算液动力的表格（见表4-1）。为与阀口压差相比较，该表格中还导出了一个“液动压力”= 液动力 / 阀芯端面面积。由此可见，液动力其实并不算很大。

表4-1　在给定滑阀开口和通过流量时的压差与液动力的估算值

物理量	液体密度	阀芯直径	开口	开口面积	通过流量	射流角	阀口流量系数	阀口压差	液动力	液动压力
符号	ρ	d	X	A	q	θ	α	$\Delta p=p_1-p_2$	F_S	p_y
单位	kg/m^3	mm	mm	mm^2	L/min	°		MPa	N	MPa
计算式				$=x\pi d$				$=q^2\rho/\alpha^2/A^2/2$	$=\rho q^2\cos\theta/A$	$=4F_y/\pi d^2$
例1	860	18	0.25	14.1	100	69	0.6	16.6	61	0.24
例2	860	18	0.5	28.3	100	69	0.6	4.2	30	0.12
例3	860	18	0.5	28.3	200	69	0.6	16.6	121	0.48

注：表中红色数据是需要填入的，蓝色数据是自动计算出来的结果，下同。

3. 液动力在实际系统中的表现

以上是孤立地考察液动力在阀开口处的状况。而在所有实际液压系统中，开口两侧的压差和通过的流量不是孤立的量，都可能随开口——阀芯的位移 x 而变。

液流进入阀腔的开口可以近似地看为一圆环（参见图4-20），通流面积

$$A = \pi d x \quad (4\text{-}3)$$

从式（4-2）、式（4-3）就可导出液动力

$$F_S = \rho q^2 \cos\theta / (\pi d x) \quad (4\text{-}4)$$

此式表明，如果通过开口的流量不变，液动力与位移 x 成反比。

假定该开口类似薄刃口，即有

$$q = CA\sqrt{(2\Delta p/\rho)} = C\pi d x\sqrt{(2\Delta p/\rho)} \quad (4\text{-}5)$$

式中　C——流量系数。

将式（4-5）代入式（4-4）就可得

$$F_S = 2C^2\pi d\cos\theta \times \Delta p \times x \tag{4-6}$$

此式表明，如果开口两边的压差不变，液动力与位移 x 成正比。

实际液压系统一般都可简化成如图 4-21a 所示：油源由一定量泵加一溢流阀组成，换向阀阀芯向右移动，开启阀口。

1）当阀芯位移 x 较小时（见图 4-21b 区域Ⅰ），泵排出的部分流量 q_Y 通过溢流阀流出，换向阀开口前压力 p 近似为溢流阀的设定压力 p_Y，系统近似为一恒压系统：阀开口两侧压差 $\Delta p = p - p_1$ 基本保持不变。因此，通过阀开口的流量 q_V 随位移 x 增加而增加，所以，液动力 F_S 大致如式（4-6）所示，与位移 x 成正比，随位移 x 增加而增加。

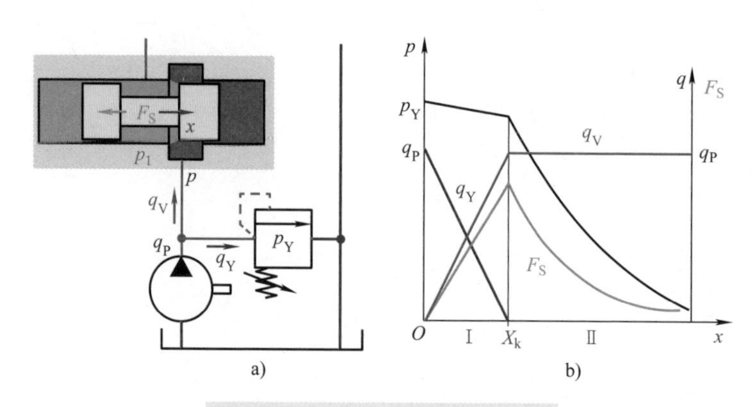

图 4-21　液动力在实际系统中的表现

a）液压系统示意　b）压力、流量及液动力随位移的变化

q_P—泵出流量　q_Y—通过溢流阀流出的流量　q_V—通过换向阀开口的流量　p—换向阀开口前压力
p_2—换向阀开口后压力　p_Y—溢流阀的设定压力　x—换向阀阀芯位移

2）当阀位移 x 大到一定程度后（见图 4-21b 区域Ⅱ），泵排出的油液可以全部通过换向阀开口，不再通过溢流阀流出，系统就成为一个恒流量系统：通过阀开口的流量 q_V 基本保持为 q_P 不变，因此，开口前压力 p 随位移 x 增大而减小。根据式（4-4），液动力 F_S 与位移 x 大致成反比，随位移 x 增加而减少。

3）在区域Ⅰ和Ⅱ的交界处，开口前压力 p 基本还在最高，为 p_Y，通过阀口的流量 q_V 也达到最大时，液动力 F_S 达到由 p_Y 和 q_P 决定的最大值。

4）不同恒流量值、恒压值下的液动力。在泵排出的流量 q_P 保持恒定不变时，因为压差 $p_Y - p_2$ 越大，液动力 F_S 越大，所以，溢流阀设定不同的开启压力 p_Y 时，相应的液动力状况大致如图 4-22a 所示。

在 p_Y 与 p_2 不变时，因为泵排出的流量 q_P 越大，F_S 越大，所以，q_P 不同时，相应的液动力状况大致如图 4-22b 所示。

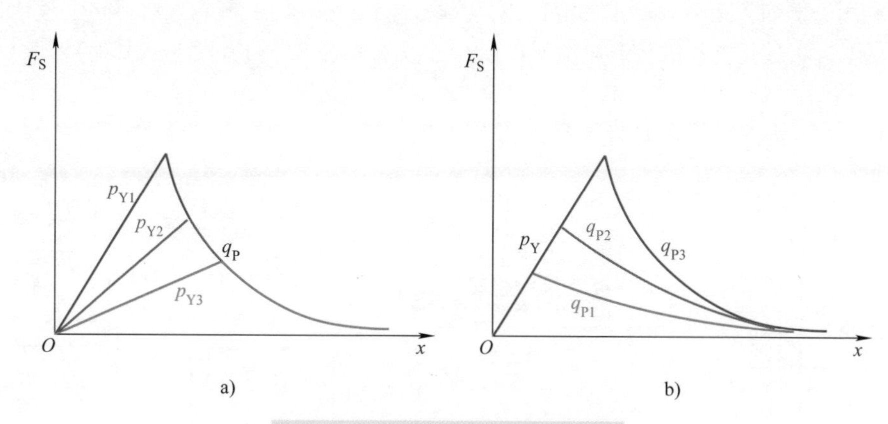

图 4-22　不同设定值时的液动力状况

a）不同恒压值　b）不同恒流量值

p_Y—溢流阀的设定开启压力，$p_{Y1}>p_{Y2}>p_{Y3}$，q_P—泵排出的流量，$q_{P1}<q_{P2}<q_{P3}$

液动力随阀芯位移变化如图 4-21 所示意的这种关系，不仅在滑阀，在其他形式的阀也是存在的。例如，参考文献 [2] 对多种不同形式的滑锥阀的稳态液动力随位移的变化做了认真详尽的研究，图 4-23 为其中的一个。

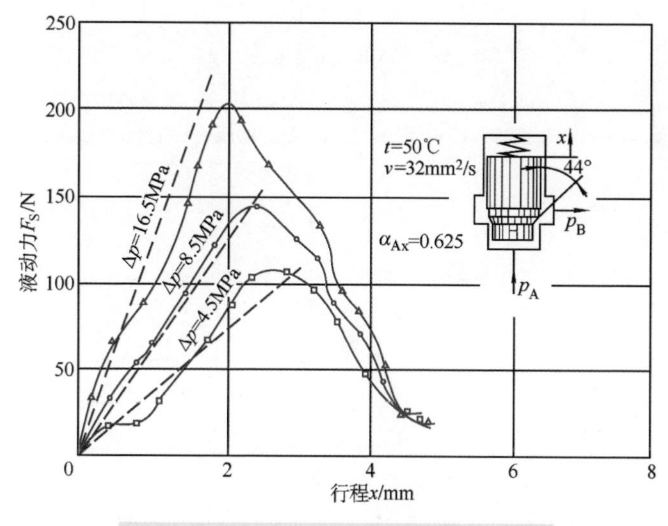

图 4-23　一个 NG20 二通插装阀的液动力曲线

--- 理论计算　—Δ— 实测

液动力是阀口有流动后一般都有的，但在操控力较大时，不会成为问题，就可以忽略。

虽然总体来说，液动力经常起阻碍阀芯运动的负面作用，但也有介绍，液动力被正面利用。例如，图4-24所示的电比例节流阀，巧妙地利用了电磁力对不同压差时的液动力的对冲，使阀在小的控制电流时可以有近似流量调节阀的特性（见图 4-24c、d、e）：流量不随两侧压力差而变，较平坦。但毕竟不容易做到那么正好抵消，因此，在大的控制电流时，压差 - 流量特性还是不那么平坦。

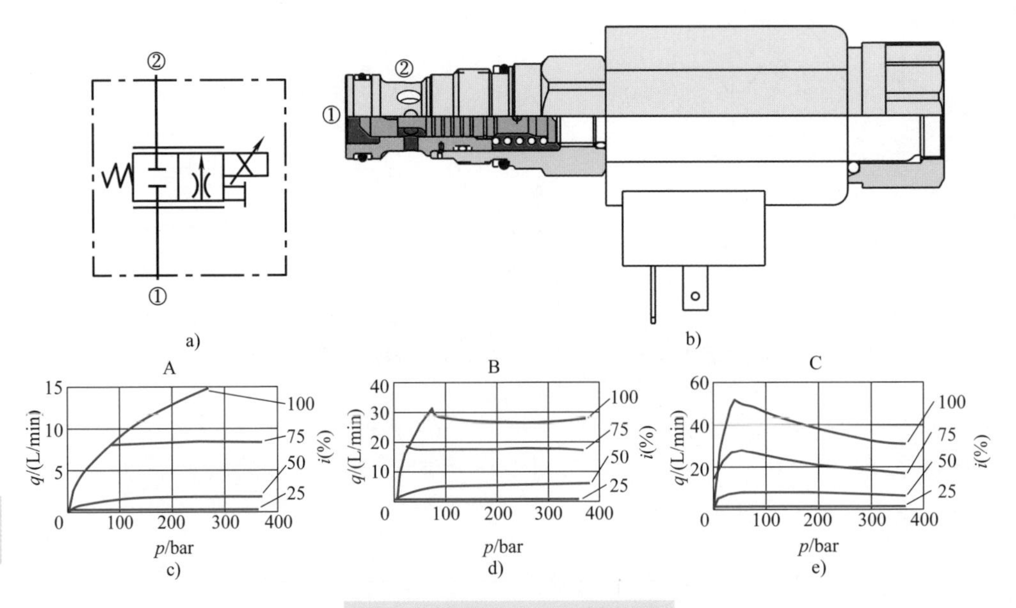

图 4-24　升旭 FPCC 电比例节流阀

a）图形符号　b）剖视图　c）A 型的压差 - 流量特性
d）B 型的压差 - 流量特性　e）C 型的压差 - 流量特性

4.3　摩擦力——难以计算，可以掌控

相接触的物体，运动速度不同时，相互间就会有摩擦力。

克服摩擦力要消耗动力，摩擦力会带来磨损，缩短机械的使用寿命。但另一方面，摩擦力可以帮助制动（刹车），减少振动。所以，对摩擦力和磨损的机理有很多深入的研究。摩擦学已成为一门大学问。这里只对与液压阀阀芯运动相关的因素进行粗略的剖析。

因为摩擦力仅发生在相接触，又有相对运动的表面，而对液压阀而言，座阀的阀芯与阀体在未开启时是贴合在一起的，无相对运动；开启后即脱离接触，因此，大多数座阀的阀芯阀体间的摩擦力，基本可以不考虑。仅有滑座阀的导向部分与阀体持续保持接触，有摩擦力，情况有点类似于滑阀。所以，本节仅围绕滑阀的轴向运动，围绕圆柱形阀芯阀孔间的摩擦力展开讨论。

众所周知，固体表面，无论怎么光滑，在放大倍数足够的工业显微镜下总是高低不平的（见图4-25）。固体间的摩擦就来自于这高低不平。

在相对静止时，高低不平的接触表面会相互嵌入，嵌入程度取决于正压力。在开始相对运动时，相互嵌入处必须变形，实际上还发生了微切削，宏观称磨损。笨重家具在地板上拖行留下的拖痕就是磨损的痕迹。

在持续运动时，固体表面来不及相互深嵌入，这就是为什么会感觉到，动摩擦力小于起动时的静摩擦力（见图4-26）。

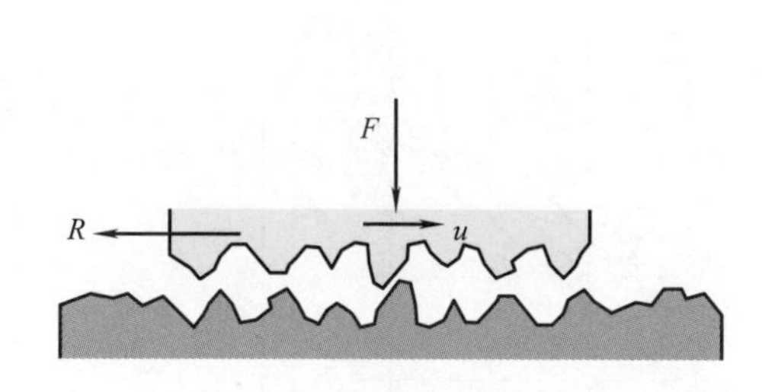

图4-25 固体表面在显微镜下总是高低不平的

F—正压力 u—滑动速度 R—摩擦力

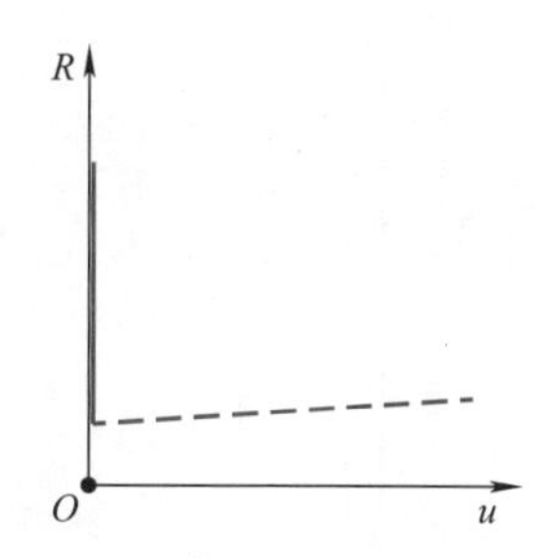

图4-26 动摩擦力小于静摩擦力

R—摩擦力 u—滑动速度

日常生活的经验，大多来自于干摩擦。一般认为，摩擦表面的硬度、粗糙度和相对滑动速度决定了摩擦系数，而正压力就决定了摩擦力的大小：摩擦力 = 摩擦系数 × 正压力。

而阀芯工作时总是浸润在油液中的（除了与密封圈接触的部位），一般都属于湿摩擦：滑动表面间有一定量的油液（见图4-27），情况要复杂得多。

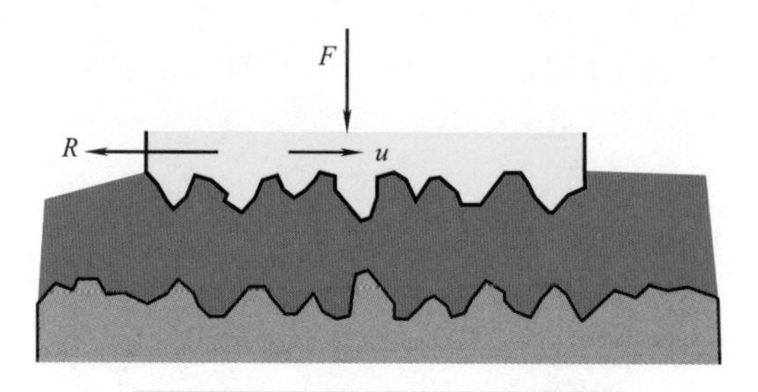

图4-27 滑动表面间有油液润滑示意

F—正压力 u—滑动速度 R—摩擦力

1. 摩擦系数

德国工程师马腾斯从1855年起，美国教授罗伯特·亨利·瑟斯顿从1870年起，就对有液体润滑时的摩擦力进行了大量测试。德国工程师理察·斯特里贝克在

1901 年公布了他研究和归纳的成果（见图 4-28），被称为斯特里贝克曲线（Stribeck curve），成为摩擦学的一块基石。

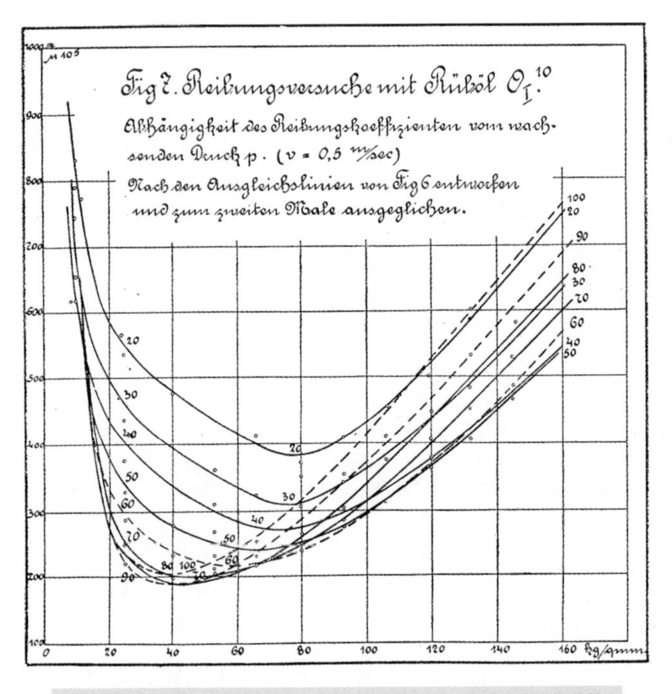

图 4-28　斯特里贝克曲线（横轴为赫西数；纵轴为摩擦系数）

图 4-28 中横轴的赫西数，也被称为滑动轴承特性系数，为一无因次量，$= \eta u/p$

式中　η——液体动力黏度；

u——滑动速度；

p——单位长度的正压力。

斯特里贝克曲线宏观地归纳了滑动摩擦副间的摩擦系数，随赫西数，即液体黏度、滑动速度和正压力而变的非线性关系。

后人将其进一步简化成图 4-29，该简化的斯特里贝克曲线表示出，决定摩擦系数的微观原因是间隙和表面粗糙度：间隙接近表面粗糙度高度时为边界摩擦；间隙为表面粗糙度的 1 ~ 3 倍时为混合摩擦；间隙超过表面粗糙度约 3 倍后为液体摩擦。

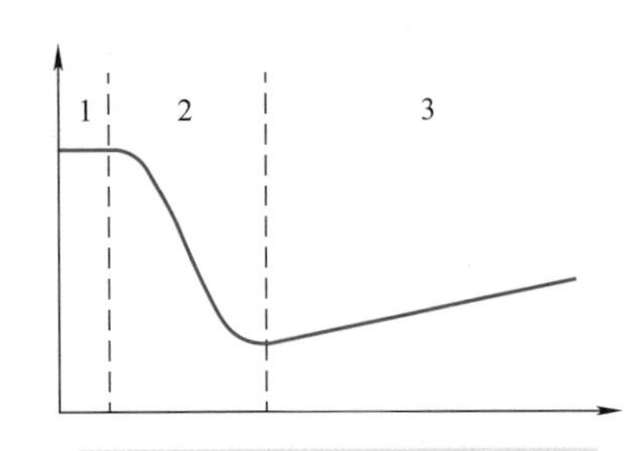

图 4-29　简化的斯特里贝克曲线（横轴为赫西数；纵轴为摩擦系数）

1—边界摩擦　2—混合摩擦　3—液体摩擦

（1）边界摩擦　边界摩擦指的是摩擦状况处于湿摩擦与干摩擦交界。

边界摩擦发生在滑动速度较低，正压力较大，间隙接近表面粗糙度时。因为阀孔阀芯间的间隙，为了减少泄漏，本来就不大，在正压力很大时，会把间隙中的绝大部分油液挤出，尤其是油液黏度较低时。而在滑动速度较低时，新带入的油液也很少，这就导致阀芯阀体间几乎没有油液，固体表面就会很贴近，甚至直接接触，相互嵌入，近似于干摩擦了。此时的摩擦系数很高，所以，边界摩擦是需要竭力避免的。

要避免进入边界摩擦，一是要降低表面粗糙度，二是要减小正压力。

因为要降低表面粗糙度，一般应达到 Rz 0.8μm 以下，所以阀芯加工的最后一道工序总是精磨。这时不仅砂轮的目数要高，还要注意使用的冷却液的清洁过滤等相关工艺因素。还要注意去毛刺。

这时的摩擦系数还取决于摩擦副的材料，在这里就是阀芯阀体材质的配对问题，因为间隙很小，分子引力开始起作用。

（2）液体摩擦　液体摩擦发生在阀芯有一定的运动速度，正压力不太大时，阀孔阀芯间的间隙 >> 表面的粗糙度（见图 4-30），间隙中充满油液，正压力完全由油液支撑着。

由于阀芯阀孔表面的粗糙和油液的黏性，靠近阀芯表面的油液就会被阀芯带着移动，并拖动相邻油液。而靠近阀孔表面的油液则基本保持不动，并阻碍相邻油液运动。油液相互间这样的牵绊——黏性导致了阻碍阀芯运动的摩擦力。

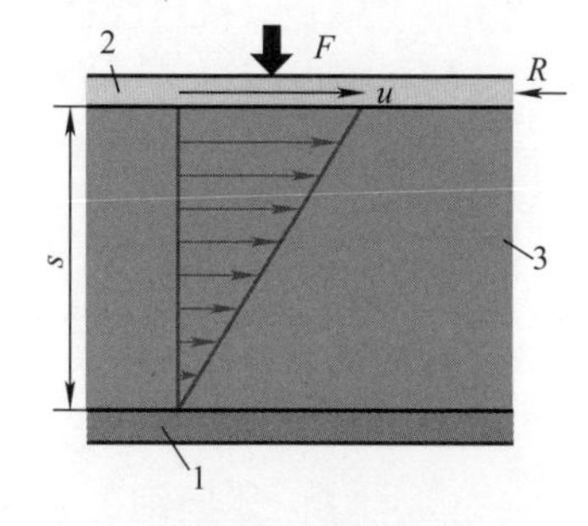

图 4-30　液体摩擦

1—阀孔　2—阀芯　3—油液　u—运动速度　s—油膜厚度　R—摩擦力　F—正压力

根据黏度的定义，可以写出阀芯此时受到的摩擦力

$$R = \nu\rho Au/s \tag{4-7}$$

式中　ν——油液的运动黏度；

ρ——油液的密度；

A——接触面积；

u——滑动速度；

s——油膜厚度，也即间隙。

从式（4-7）可以看出以下几点。

① 摩擦力与滑动速度成正比：速度越高，摩擦力就越大；然而，阀芯的滑动速度，要服从液压系统控制的需要，很多情况下是希望越快越好，不是为了减少摩擦力而可以随意降低的。

② 摩擦力与间隙成反比：间隙越大，摩擦力就越小。但阀芯阀孔间的间隙越大则泄漏越多，所以，也不是为了减少摩擦力而可以随意增大的。

③ 摩擦力与油液黏度成正比：黏度越高，摩擦力就越大；因此，对阀的工作而言，一般都期望油液的黏度低些。但在液压系统中，油液黏度的选定，主要照顾泵的工况。

因为在工作时，泵的部件相互间常有较阀大得多的正压力，为此一般都趋向于使用黏度较高的油液，以减少油液被挤出。因此，阀是只能委曲将就了。

表 4-2 列出了在给定黏度、移动速度下，按式（4-7）估算出的液体摩擦力的理论值（参见本书附赠的估算软件“液压阀估算 2023”）。从中可以看出，一般情况下的液体摩擦力，相比液压力来说，不算大。

表 4-2　在给定油液黏度、移动速度下的液体摩擦力的理论估算值

阀芯直径	阀芯长度	运动黏度	油液密度	移动速度	间隙	摩擦力
d	L	ν	ρ	u	s	$R=\pi dL\nu\rho u/s$
mm	mm	mm^2/s	kg/m^3	mm/s	mm	N
12	100	32	860	200	0.010	2.1
12	100	32	860	200	0.005	4.1
12	100	32	860	200	0.002	10.4

（3）混合摩擦　混合摩擦发生在间隙约为表面粗糙度的 1 ~ 3 倍时。此时，正压力由固体的粗糙表面和液体共同支撑，摩擦系数较低，这种运动情况是应该追求的。

描述表面粗糙度，一般常用轮廓的算术平均偏差 Ra，但其实，对摩擦系数影响更大的是轮廓的最大高度 Rz。如果 Rz 为 0.8μm（10 级），则理论上，单边间隙 0.8 ~ 2.4μm 时，可以形成混合摩擦。

以上分析都是定性的，对滑阀芯的具体适用程度还需要通过测试来验证。

2. 正压力

斯特里贝克曲线归纳的是摩擦副的摩擦系数，而实际摩擦力 = 摩擦系数 × 正压力。

对滑阀的工作状态而言，正压力是以径向力的形式出现。径向力不是必需的，但却是经常会碰到的。

（1）由设计结构造成　如果压力油仅从一个方向作用于阀芯（见图 4-31），那无论油液是否流动，对阀芯都会有一个单边的力，把阀芯压向阀体。

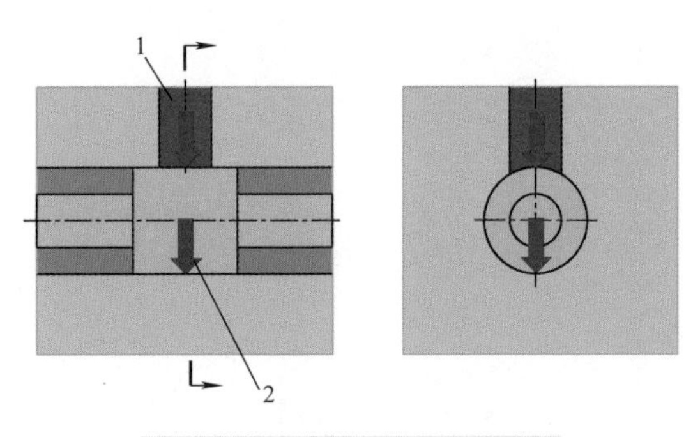

图 4-31　压力油对阀芯的单边压力

1—压力油　2—径向力

如果在阀体上加工出圆周槽，并安排多个径向对称的孔（见图 4-32），让压力油从各个方向作用于阀芯，就可以使油液对阀芯的作用力，在不流动时相平衡。其实，这里的多个孔对实现阀的功能作用是相同的。所以，以下简称一组孔或一个孔。

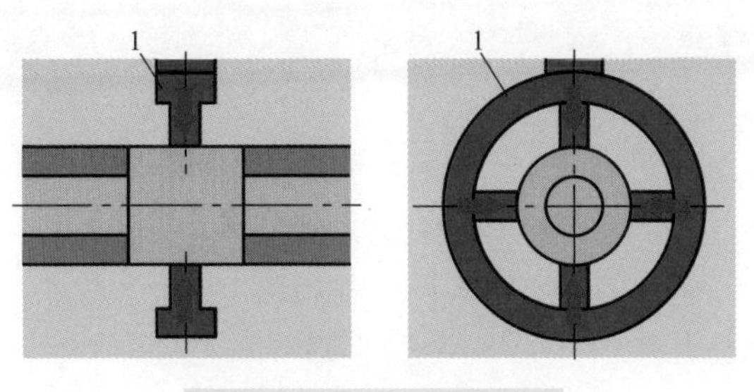

图 4-32　多流道平衡径向力

1—圆周槽

（2）流动压降造成　但在油液流动时（见图 4-33），B 处的压力由于流动造成的压降而低于 A 处，因此对阀芯多少还是会有些不平衡的径向力。因此，圆周槽的流通截面积大些会好些。

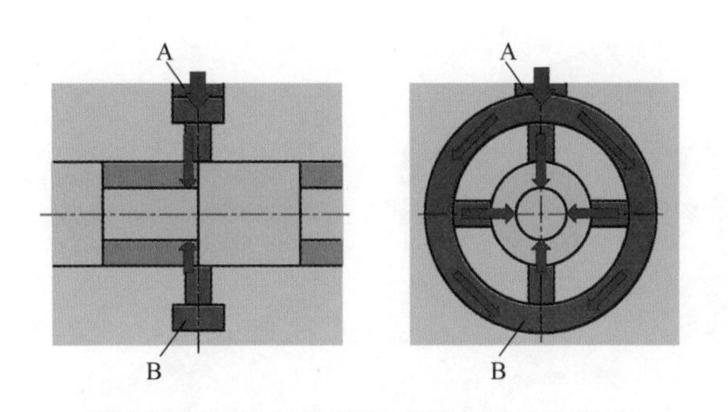

图 4-33　油液流动时的压降造成径向力不平衡

（3）由制造误差导致

1）阀孔阀芯的加工尺寸误差太大，阀芯外径接近甚至达到了阀孔内径。

2）阀芯阀孔在加工后难免会有些形状位置误差。现代的加工条件，粗糙度低于零点几 μm，直径误差小于 2μm、3μm，已不是十分困难的事了。但，如在 3.2 节中已述及，虽然对于总长 200mm 的阀芯或阀孔而言，2μm、3μm 的腰鼓度、喇叭度好像不算大，但对于阀芯阀孔仅有几 μm 的间隙而言，就绝不是可以忽略不计的了（见图 4-34）。装配时就会出现困难。这在手工装配时会感觉到，装配者如果稍有经验就不会硬塞。如果是自动装配，就应设置推入力限制。

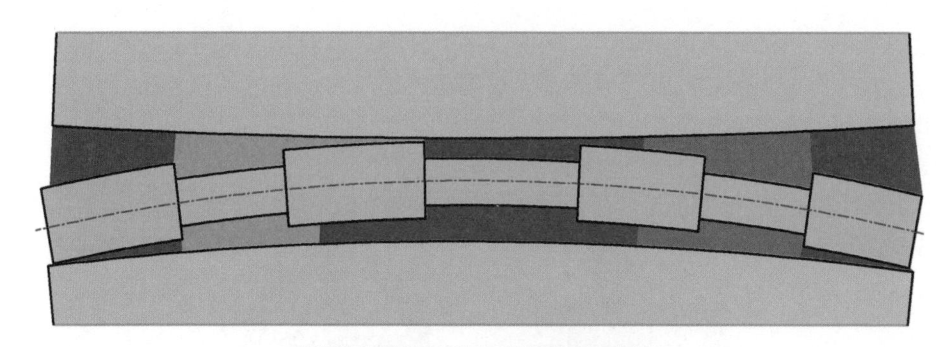

图 4-34　阀芯腰鼓形、阀孔喇叭形示意

3）加工的毛刺未清理干净，污染颗粒也都可能卡在间隙中。

以上这些都可能导致很大的径向力，这时出现的是局部受压，以至卡阀，即摩擦力很大。

（4）液压卡紧力　圆柱形阀芯在实际加工中，多少会有些锥度。如果间隙不很小的话，装入阀体时，感觉不出来，但装入后会形成间隙不对称（见图 4-35）。在工作时由于油液的轴向泄漏会造成压降不同，引起间隙区油液压力分布不对称，导致很大的径向力。这常被称作液压卡紧力。

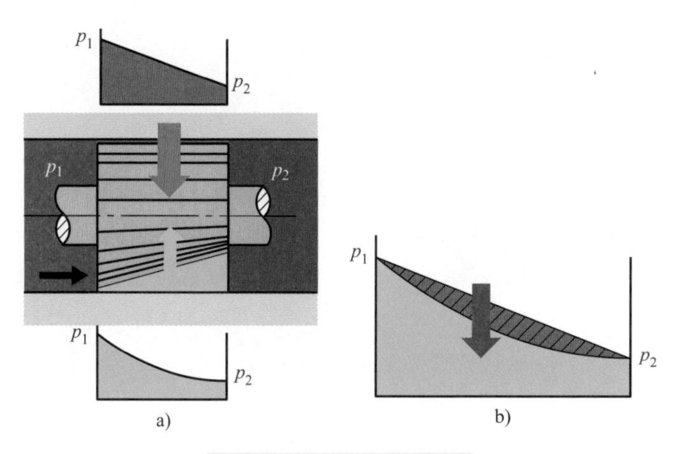

图 4-35　液压卡紧力的根源

a）间隙区压力分布　b）压力不平衡导致单边径向力

如果在阀芯圆柱面上开压力平衡槽（见图 4-36），油液可以顺着槽圆周方向流动，就可以平衡圆周压力，从而降低由于这一原因引起的径向力。

图 4-37 所示为一理论计算出来的径向力的分布。曲线下的面积即是把阀芯推向一边的总的径向力。曲线 a 是没有开平衡槽的，曲线 b 是开了一条平衡槽的，曲线 c 是开了两条平衡槽的，径向力小得多。

图 4-36　滑阀芯上开压力平衡槽

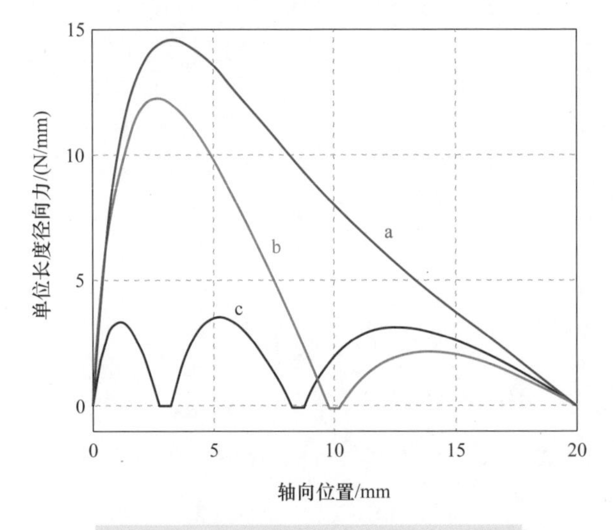

图 4-37　压力平衡槽对横向力的影响（IFAS）

这就是为什么，实际使用的阀芯，一般每隔 3 ~ 5mm 都会开 1 条细的圆周槽。

（5）安装变形导致的卡紧力　板式阀、片式阀（详见第 6 章），用螺杆组装时都必须施加一定的紧固力。这个紧固力多少会使阀体变形，从而有阀孔变形，导致卡紧阀芯。为此，一方面在设计时要采用适当的结构来减少阀孔区的受力（见图 4-38），另一方面在安装时要使用扭矩扳手来限制紧固转矩，从而减少变形。这里，必须认识到的是：用扳手拧螺纹时的紧固转矩，一部分花在了克服螺纹处的摩擦力，剩下部分才是作用于螺杆的（轴向）紧固力。而螺纹处的摩擦力取决于螺纹处的摩擦状况：湿摩擦还是干摩擦。如果螺纹处有油，是湿摩擦，摩擦力很小，那剩余的作用于螺杆的紧固力就会远大于干摩擦。所以，紧固转矩的限定值还要区分螺纹处是干的还是湿的。

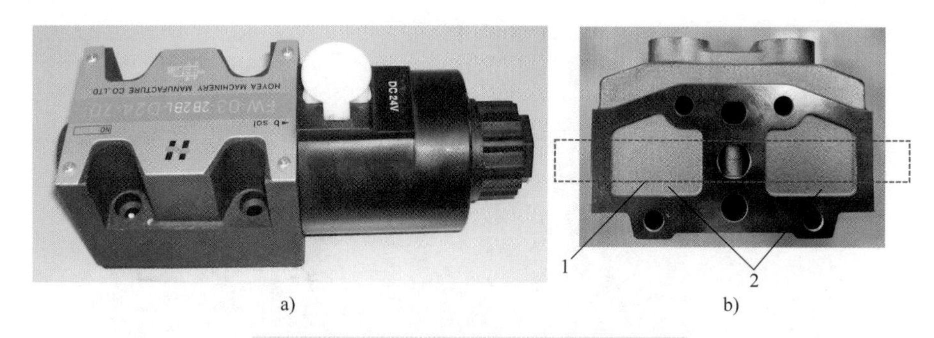

图 4-38　一些避免安装紧固力导致卡阀的措施

a）板式阀：降低紧固面的高度　b）片式阀：避免阀芯区受压

1—阀芯位置　2—低陷，避免阀芯受压区

此外，油液中的污染颗粒也会起类似表面粗糙度的作用，破坏润滑膜，增大摩擦力。

摩擦力大，还很容易造成阀芯爬行：操控力小时，推不动；推力大了，一下子冲很远。

几乎所有阀的稳态特性都有滞回，这也主要是摩擦力捣的鬼。

综上所述，摩擦力是移动阀芯时总会碰到，必须克服的阻力。但由于涉及设计、加工、组装等多方面的因素，变化幅度很大，不易通过理论公式预估。但如果在各种状况下进行测试，积累经验，从而掌握各因素的影响，那还是能掌控的。

4.4　弹簧力——不是白帮忙的

所有固体在受外力而改变形状时，都有恢复原形的倾向，即产生对抗外力的弹力。

弹簧也不例外。由于弹簧的变形 - 弹力特性比较容易设计和控制，因此在液压阀中被普遍应用。不使用弹簧的液压阀极少，仅个别梭阀和手动截止阀等没有弹簧。

弹簧力对于液压阀，既是有意设置的控制力，但也会成为不受欢迎的阻力，所以说，弹簧力不是白帮忙的。

钢片压簧，由起伏不平的钢片绕制而成（见图 4-39）。

图 4-39　钢片压簧

由于在受压时有多个弹性元素同时发生变形，因此，原始长度可以做到仅有同刚度的钢丝弹簧的 50%（见图 4-40）。

a)　　b)

图 4-40　相同弹簧刚度时的原始长度（www.tfc.eu.com）

a）钢丝压簧　b）钢片压簧

目前液压阀中使用的几乎都是钢丝制成的圆柱形压簧。塔形簧和碟簧用得很少。所以，以下还是以圆柱形钢丝压簧为例展开分析。

1. 影响弹簧特性的一些因素

1）弹簧力。圆柱形压簧一般都基本满足所谓胡克定律：弹簧力与压缩量成正比（见图 4-41），即：

$$F = GS$$

式中　F——弹簧力；

G——弹簧刚度；

S——压缩量。

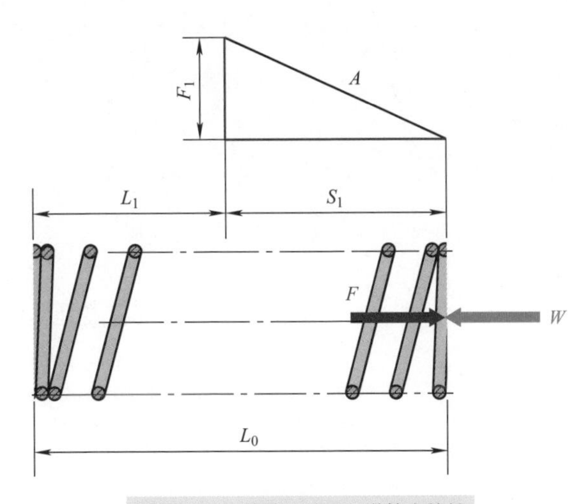

图 4-41　压簧的压缩量 - 弹簧力特性

A—压缩量 - 弹簧力特性　W—外力　F—弹簧力　L_0—弹簧原始长度
S_1—压缩量　F_1—在压缩量 S_1 时的弹簧力　L_1—弹簧在压缩量 S_1 时的长度

2）弹簧刚度。弹簧刚度正比于弹簧钢丝的材料切变模量和钢丝直径的四次方，反比于弹簧中径的三次方和工作圈数。

市售弹簧的不同材料的材料切变模量相近，差别主要在于耐蚀性的不同。

压簧的弹簧力估算可参考本书附赠的估算软件“液压阀估算 2023”。

3）最大压缩量。钢丝压簧在受压过程中发生的实际上是钢丝的扭曲，而钢丝的扭曲变形是有一定极限的，超过此极限，就会发生永久变形——失去弹性，甚至扭断。因此，钢丝压簧有一个最大压缩量的限制。压缩频率也影响这个极限：压缩频率越高，寿命越短。

4）液压用弹簧的特殊处理。钢丝在制成弹簧的过程中需要卷曲，表面就会产生细小的裂纹，在浸入压力多变的油液中工作时就会发生类似岩石风化的现象：压力油进入裂纹，在外部压力下降后又膨胀，扩大裂纹，导致钢丝表层剥落，寿命缩短。所以液压用弹簧必须通过喷砂工序，去除有裂纹的表层。

钢丝在卷曲后会有内应力，使得弹簧最初使用时易变形，所以弹簧需要通过消除应力的热处理。

5）间距。如果弹簧圈与圈之间的实际间距（S-d）小于弹簧钢丝的直径 d，就可以避免弹簧钢丝在万一折断后互相嵌入，以至于弹簧力突然大幅度下降。

6）两端头处理。钢丝弹簧利用单根钢丝传递的力，其实对其轴心而言是不对称的（见图 4-42）。所以压簧两端头必须压实并磨平至少 1.5 圈，即所谓非工作圈，以保证传给阀芯的力不是从单点，而是均匀地从全圆周传出。

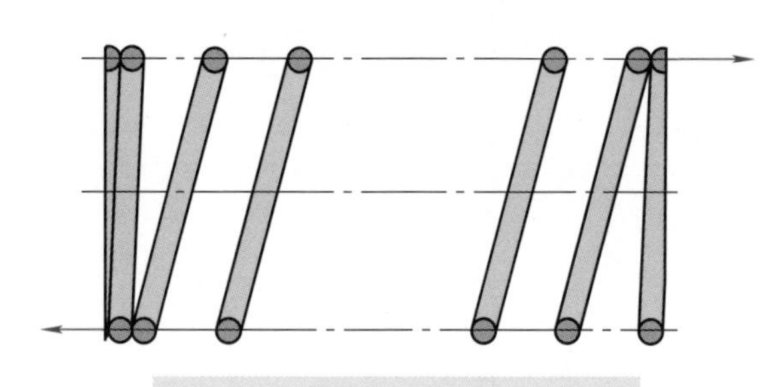

图 4-42　压簧两端必须磨平至少 1.5 圈

7）预紧力。在液压阀组装时，弹簧往往已经被一定程度地压缩了，这时的弹簧力被称为预紧力。

在液压技术中，经常使用弹簧力与反向液压有效作用面积的商，简称为弹簧压力；预紧力与反向液压有效作用面积的商，称为预紧压力。

2. 应用

在液压阀中弹簧有以下应用。

（1）设定压力　根据应用需要，预紧弹簧，把获得的预紧压力作为设定压力（见图 4-43），例如设定溢流阀的开启压力。

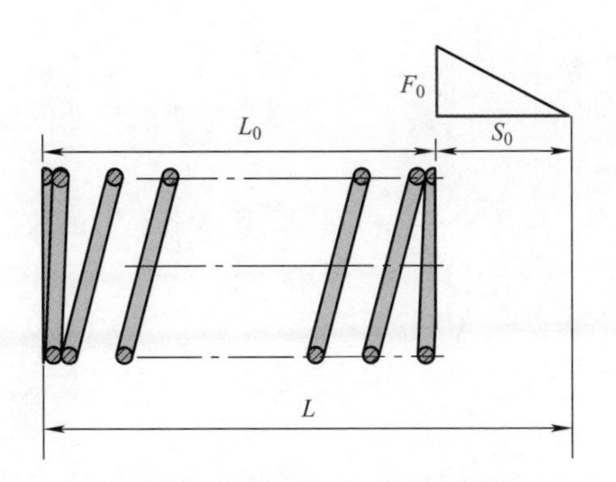

图 4-43　压簧预紧以获得设定压力

L—弹簧原始长度　S_0—预压缩量　F_0—预紧力　L_0—弹簧在预紧后的长度

为了保证一定的通用性，很多阀的预紧量有相当的调节范围。

不可忽视的是，在工作中，阀芯需要移动，这样弹簧力就不可避免地会改变（见图 4-44），弹簧压力就会改变。所以，精确地说，在工作中，弹簧力不是一个恒值。这就是溢流阀的控制压力不等于开启压力的原因之一（详见 7.5 节溢流阀）。

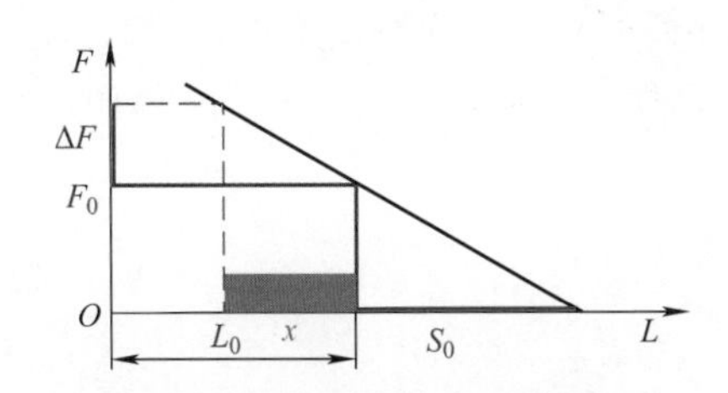

图 4-44　压簧的压缩量 - 弹簧力特性

S_0—预压缩量　F_0—预紧力　L_0—弹簧在预紧后的长度
x—阀芯的工作位移　ΔF—阀芯工作位移导致的弹簧力增加

采用软一些的弹簧，可以减少弹簧力的改变量，但预压缩量也需要相应增加（见图 4-45）。

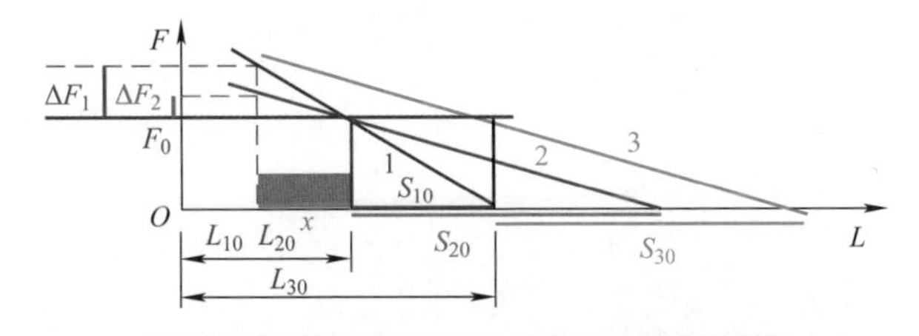

图 4-45　不同刚度的弹簧在阀芯位移时的状况

1—硬弹簧　2—软弹簧　3—原始长度较长的软弹簧　F_0—期望的预紧力　S_{10}、S_{20}、S_{30}—弹簧 1、2、3 为达到期望的预紧力需要的预压缩量　L_{10}、L_{20}、L_{30}—弹簧预紧后的长度　x—阀芯工作位移
ΔF_1—阀芯工作位移导致弹簧 1 的弹簧力增加　ΔF_2—阀芯工作位移导致弹簧 2 的弹簧力增加

为了降低被压缩时弹簧内的应力，以保证工作寿命，有时，不得已必须选用初始长度较长的弹簧（见图 4-45 中弹簧 3），这样预紧后的长度也较长，这就是为什么有些阀的尾部看上去特别长。

对连续调节阀而言，弹簧软一些，弹簧力随阀芯行程的改变缓慢柔和一些，就比较容易实现精细调节。

（2）复位　很多阀芯，在油液压力降低后，需要靠弹簧力回到初始位置，例如图 4-46 所示的单向阀。当口②的压力高于口①时，推开阀芯，开启流道。但当口②的压力降低后，需要靠弹簧力克服可能有的摩擦力及其他阻力，回到初始位置。这时，弹簧力越大，返回就越可靠，需要的时间就越短。

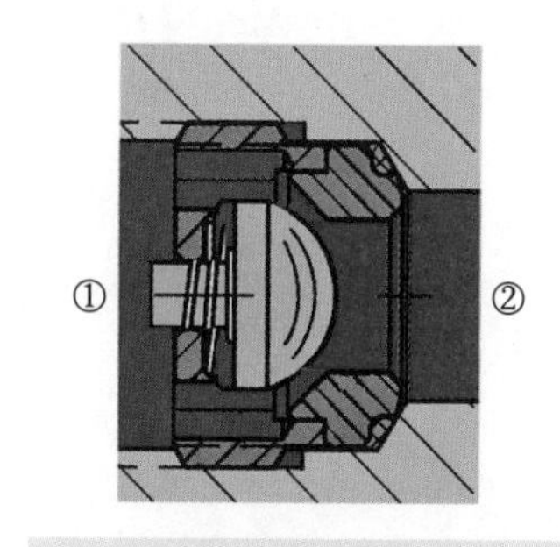

图 4-46　靠弹簧力返回初始位置

弹簧力大些，压紧力就大些，通常可以减少泄漏。

（3）停在（回到）中间位置（对中）

1）双弹簧对中。采用两根相同的弹簧（见图 4-47），安排相同的预压缩量，这样获得的相同的预紧力就可以使阀芯停留在中位——预紧力平衡的位置。

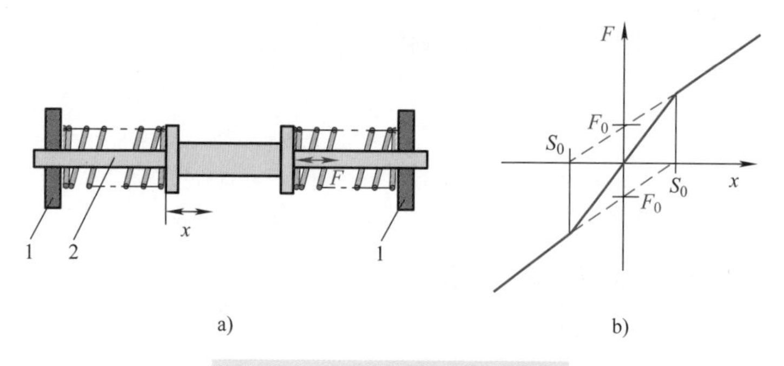

图 4-47　用两根相同弹簧实现对中

a）结构示意　b）位移 - 弹簧力特性

1—阀体　2—阀芯　x—阀芯工作位移　F—弹簧力　F_0—预紧力　S_0—预紧量

这种结构，在略有外力作用时，阀芯即会移动，作用在阀芯上的弹簧力会迅速改变（见图 4-47b），因为在一根弹簧被压紧的同时，另一根在松开。到超出预紧量的范围后，就只有单根弹簧在起作用了。

2）单弹簧对中。对中也可以采用一根弹簧实现（见图 4-48）。只是这种结构的位移 - 弹簧力特性与采用两根弹簧时的有所不同：在操控力小于弹簧预紧力时，阀芯不会移动。

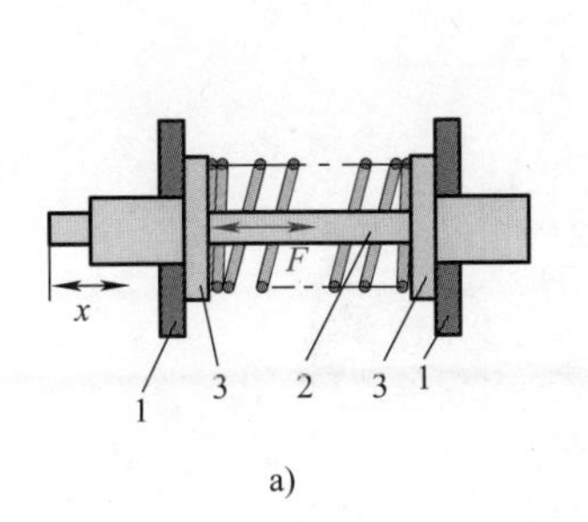

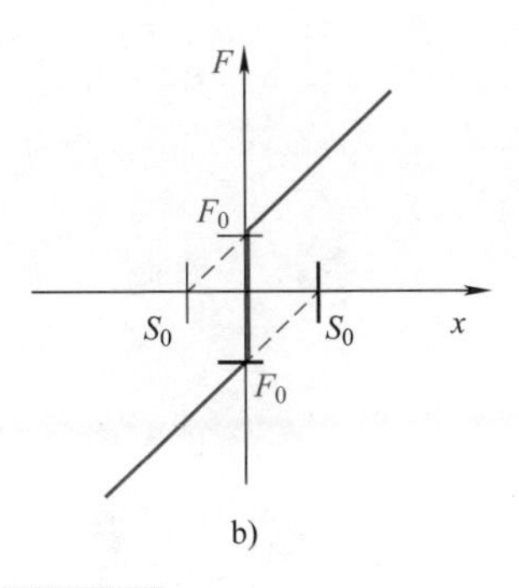

图 4-48　用一根弹簧实现对中

a）结构示意　b）位移 - 弹簧力特性

1—阀体　2—阀芯　3—可在阀芯上滑动的挡圈　x—阀芯工作位移　F—弹簧力　F_0—预紧力　S_0—预紧量

（4）把力转化为位移　利用弹簧，可以把力转化为位移。

例如，弹簧用于电比例节流阀中。因为比例电磁铁可通过电流调控的仅是力，而节流阀需要调控的是阀芯的位移。利用弹簧的压缩量 - 弹簧力特性就可以把电磁铁输出的电磁力比例地转化为位移（详见 4.6 节）。

4.5　开关电磁铁——给电就出力

液压阀电控中最常用的就是电磁铁。

自 1831 年法拉第发现电磁感应后，人类进入了电器应用时代，各种实用电器开始纷纷涌现。目前电磁铁生产规模居世界前列的德国舒尔茨电磁铁（Magnet Schulz）公司 1912 年就开始专业制造电磁铁了。

电磁铁由电磁线圈，以下简称线圈，与衔铁套筒组件组成（见图 4-49）。

给线圈加电压，就会有电流通过线圈，产生磁场。衔铁套筒组件组在磁场中会产生电磁力，通过推杆或拉杆，操控阀芯（见图 4-50）。

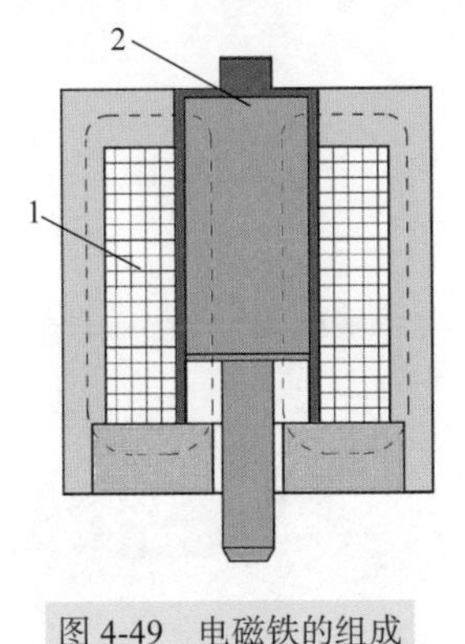

图 4-49　电磁铁的组成

1—线圈　2—衔铁套筒组件

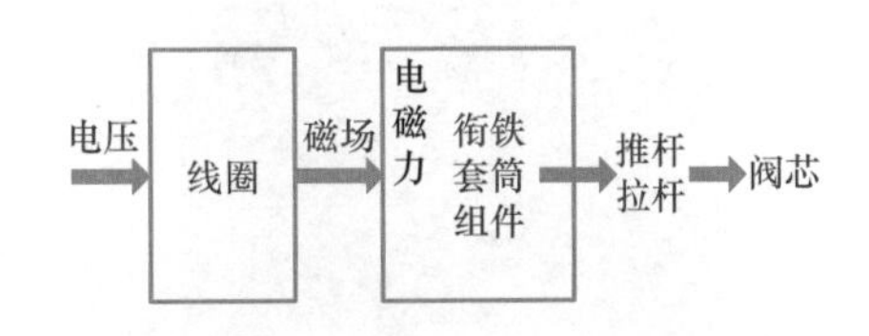

图 4-50　电磁力的产生与传递

因为衔铁都是通过推杆或拉杆操控阀芯，所以，衔铁套筒组件常与阀结合在一起（见图 4-51）。

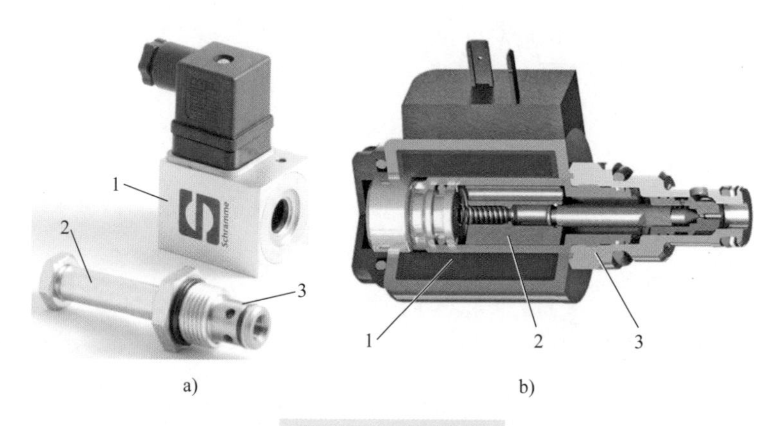

a)　　b)

图 4-51　电磁阀的组成

a）与线圈分开　b）与线圈组装在一起

1—线圈　2—衔铁套筒组件　3—阀

1. 线圈

（1）构成　线圈由线匝、塑封、导磁套和引出接头构成（见图 4-52）。

线匝由耐热的漆包线绕在线架上制成。

塑封用以固定密封保护线匝。

为降低磁阻，使线匝产生的磁场集中，线匝外都有相当厚度、导磁性好、剩磁低的导磁套，一般用电工纯铁制成。

以前，导磁套都是内置式，处于塑封内，贴近线匝，因此导磁效率高些。但由于铁和塑料的热胀系数可能不一样，在热胀冷缩时，相互间容易产生间隙。

20 世纪 90 年代，出现了外置式导磁套（见图 4-53），包在塑封外，散热性能较好，也可保护线圈，减少机械性损伤，更满足移动设备露天作业的需求。只要厚度增加些，也可弥补导磁效率。

图 4-52　线圈（导磁套内置式）

1—线匝　2—导磁套　3—塑封　4—引出接头

图 4-53　导磁套外置的线圈（派克 SUPER COIL）

海德福斯以前的线圈也是导磁套内置式的，称为D-系列。21世纪初也推出了导磁套外置式线圈，称为E-系列（见图4-54）。

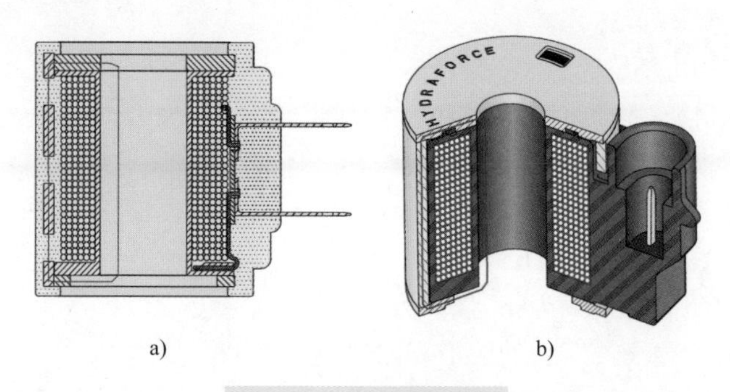

图4-54 海德福斯的线圈

a）D-系列（内置式） b）E-系列（外置式）

引出接头与线匝相连，以引入电流。

（2）工作原理 如中学物理试验所展示，通电导线周围会产生磁场（见图4-55），磁场强度与通过导线的电流的强度成正比。

把导线绕成螺线管状（见图4-56），产生的磁场就会相互叠加增强，磁场强度正比于线圈的匝数，反比于螺线管的长度。

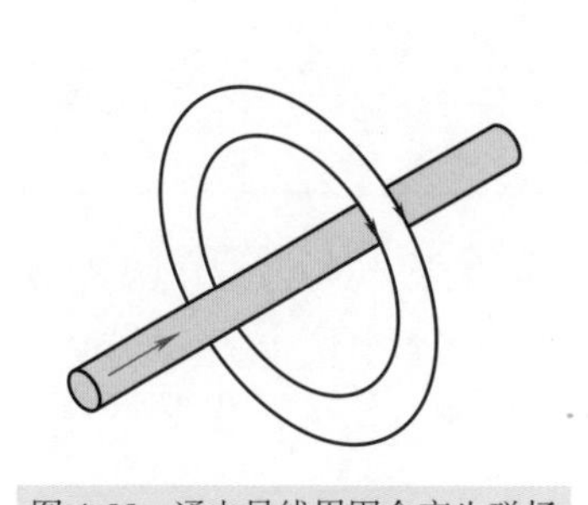

图4-55 通电导线周围会产生磁场

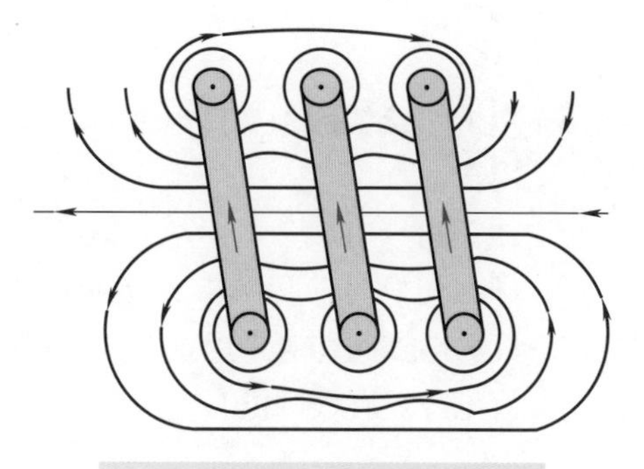

图4-56 螺线管状线匝可增强磁场

因为磁场强度正比于通过线圈的电流，所以，衔铁放在线圈中产生的电磁力就与电流成正比（见图4-57）。因此，只要调控电流，就能调控作用于阀芯上的力。

采用较粗的导线，增加匝数，可以在相同电压相同电流下，获得较大的电磁力。但这样做，线圈的体积会较大，成本也较高。

（3）工作温度 电磁阀的线圈一般都设计成能持续工作的，即100%工作制。

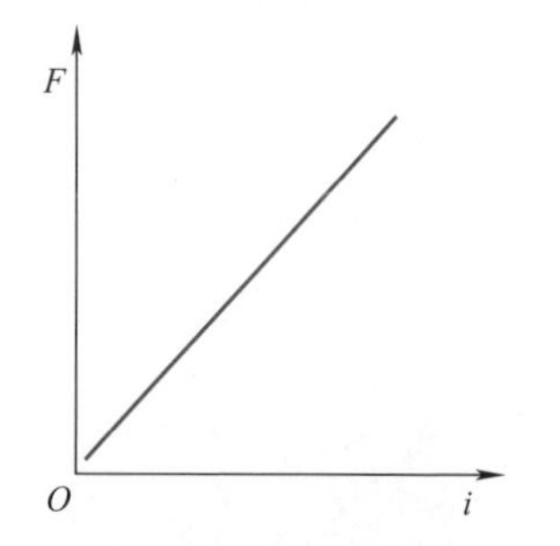

图4-57 电磁力与电流基本成正比

i—电流 F—电磁力

线圈通电后所通过的电流，除了在刚通电时，还推动衔铁做了一点机械功以外，其余时间里全都转化为热量。因此，发热升温是不可避免的（见图 4-58）。

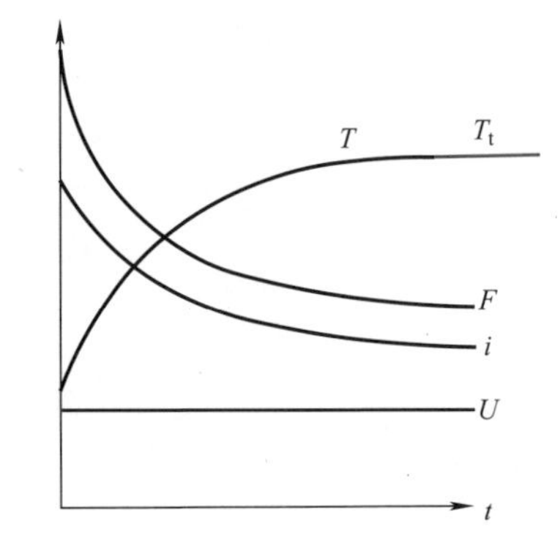

图 4-58 线圈的温度随时间上升

t—时间 U—电压 i—电流 F—电磁力
T—温度 T_t—热平衡温度

随着线圈与周边环境的温度差越来越大，散热也越来越多。到某一温度时，发热和散热达到平衡后，线圈温度才不再上升。这个平衡温度，一方面取决于散热条件——线圈表面积大小等；另一方面，也取决于线圈周边的环境温度。

（4）绝缘漆耐热等级 为相互绝缘，导线外都有一层薄薄的绝缘漆。它们的最高耐热温度有几种等级，见表 4-3。

表 4-3 耐热等级 - 最高耐热温度

耐热等级	耐热最高温度 /℃
Y	90
A	105
E	120
B	130
F	155
H	180
N	200

线圈的内部散热较差，持续通电后，热平衡温度比环境温度高 100K 是常见的。所以，液压阀所采用的漆包线的耐热等级至少应为 F 级，即耐热 155℃。也有使用 H 级和 N 级，分别耐热 180℃和 200℃。

鉴于电磁铁表面温度可能达到很高，因此，要考虑防护措施，避免操作人员由于接触线圈而被烫伤。

（5）电源 给线圈加交流电或直流电压皆可产生磁场。

交流线圈可以有较强的磁场，但有一很大的缺点，即在切换时，衔铁若不能到达闭合位置，电流会急剧上升，以至烧毁线圈。因此，现代的电磁阀普遍采用直流电。有些厂家的线圈里带有全桥整流回路，可以直接用于交流电源。有些则没有，这种电磁阀用于交流电源时，接头里必须有整流回路（见图 4-59）。

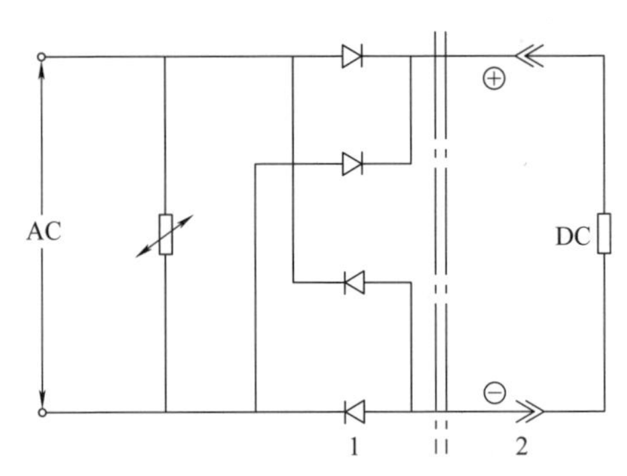

图 4-59 电磁阀接头中的整流回路

1—接头 2—直流线圈

另外，电源即使号称是直流的，也要注意检查其质量。如果其交流分量，即整流余波，超过 5% 时，也可能导致线圈烧毁。

一般阀供货商都能提供使用直流 12V、24V 及交流 110V（115V）、220V（230V）的线圈。有的还可提供更多类型，以满足客户特殊要求。例如，海德福斯还可提供直流 10V、36V、48V、110V 及交流 24V，并接受直流 6V、20V、30V 及 72V 的订货。

同一生产商，功率相同电压不同的线圈，装配尺寸一般都做得相同，以便互换。

对于移动液压，电源通常是蓄电池，是直流电。铅蓄电池电压常为 24V。但是当用内燃机驱动发电机，给蓄电池充电时，电压就会高一些，有时甚至达到 28V，而且还可能带一些交流分量。必须注意。有些新能源电池的电压会有不同，也需要相应配合。

此外，从蓄电池到控制器，再经过开关到线圈，一路上的导线等也会造成电压降，使用时也应该注意检查。

（6）工作电压允许偏差　因为线圈的电阻随温度上升而增加，会导致工作电流下降。而电磁力与电流成正比，因此，电磁力会下降，可能影响工作。

有标准建议，应该允许工作电压有 ±10% 的偏差。海德福斯声称，他们的产品允许工作电压偏差 ±15%。升旭则称，工作电压允许 ±20%。

其实，能维持正常工作的电压与环境温度相关，应大致在如图 4-60 所示的可正常工作范围内：电压略超，关系不大；电压不足，则在环境温度较低时还能工作，但当环境温度较高时，就不行了。

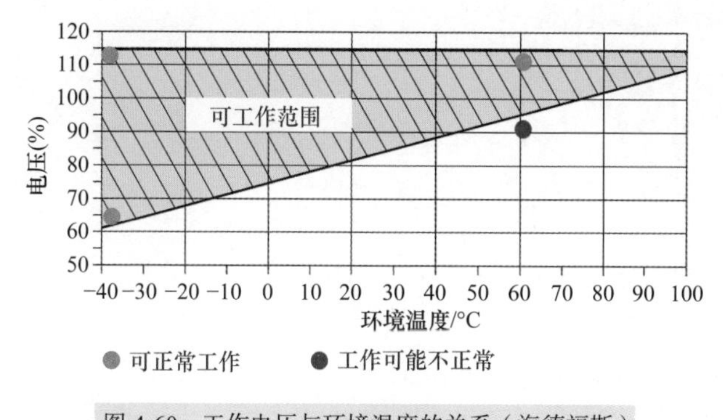

图 4-60　工作电压与环境温度的关系（海德福斯）

（7）“呼吸”现象　采用普通圆截面漆包线在圆柱形线架上绕制线匝时，绕制质量取决于漆包线的圆度与绕线机的质量，一般 5、6 层之后绕线就不易整齐，线间空隙增大（见图 4-61）。

线圈工作发热后，躲在线匝里的空气就会膨胀，压力升高，从引出接头与塑封之间及其他缝隙中冲出。等到线圈不工作，降温后，内部压力降低，又会从缝隙吸入空气。此即所谓的线圈“呼吸”现象。这样就可能把水汽和其他腐蚀性物质带入线圈。长此以往，缝隙会越来越大，同时会导致漆包线上的绝缘漆逐渐被破坏。

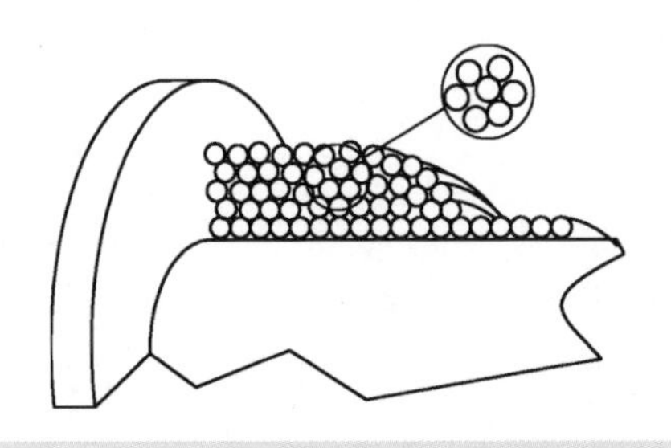

图 4-61 空气会躲在线间空隙里（海德福斯）

为应对“呼吸”现象，塑封常由适当比例的含增强纤维的尼龙 30、尼龙 50 混合制成，在保证刚性的前提下有适当弹性。

有的制造厂在线架上预制线槽（见图 4-62），以实现更多层的整齐绕制，线匝内的空气就会较少，就能减弱“呼吸”现象。

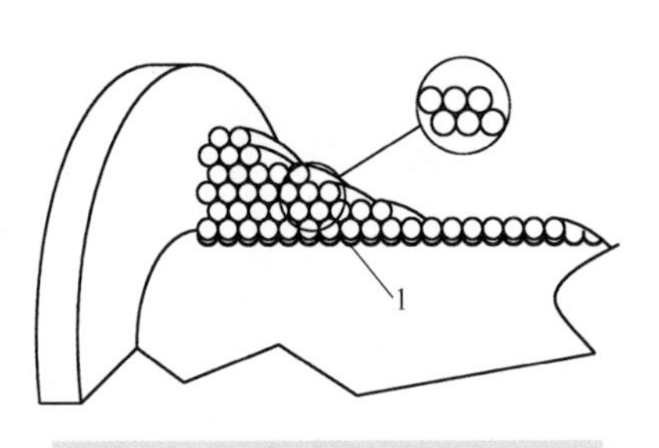

图 4-62 绕制整齐的线匝里空气较少

1—线槽

如果采用扁铜线缠绕线圈，也可减少线间空隙。据介绍，在电机中采用扁铜线，已有十多年了。由于增加了导电截面，降低了电阻，从而增加了电流和电磁力。

如果在线匝绕制完成后，先通过抽真空，排除线匝内的空气，然后让绝缘油进入，填补空隙，就可基本消除“呼吸”现象，大大提高线圈的耐久性。

（8）通断电过程与反向电压冲击保护　电和磁是相互作用的：电生磁，磁生电。线圈中导线密集缠绕在一起，通电后生成的磁场就会相互影响。在线圈生成的磁场作用于线圈中的衔铁的同时，衔铁也会有反作用给磁场，改变磁场。线圈对磁场的感应，称为线圈的电感。线圈的电感，在对线圈加电压时以及衔铁运动时会产生反电动势，阻碍电流变化（见图 4-63）。

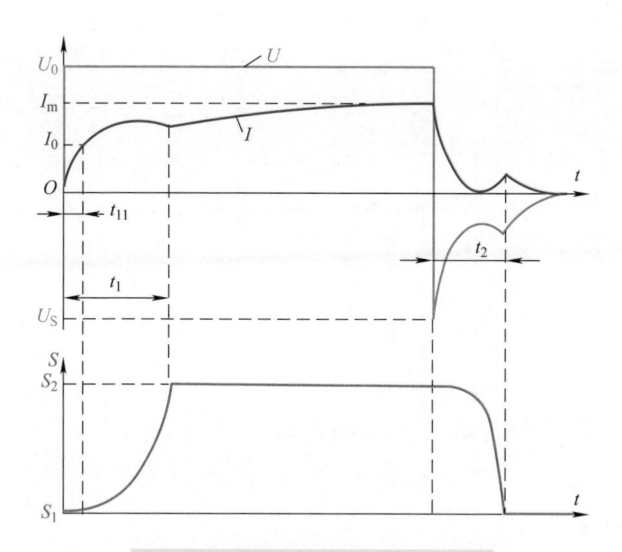

图 4-63　电磁铁的通断电过程（IFAS）

U—电压　U_0—外加电压　U_S—断电时的反向电压　I—电流　I_0—死区电流　I_m—稳态电流　S—衔铁行程　S_1—衔铁初始行程　S_2—衔铁全行程　t_{11}—死区　t_1—衔铁闭合时间　t_2—衔铁复位时间

1）在线圈加电压后的最初阶段 $t < t_{11}$：由于线圈的电感，电流只会慢慢增高。由于此时的电磁力还小于摩擦力，衔铁不动，也即死区。

2）到 $t > t_{11}$后，电磁力超过摩擦力，衔铁开始运动，此时的电流 I_0 称为死区电流，随着衔铁的运动，电磁铁的反电动势增加，甚至造成电流短时间下降。

3）t_1 为衔铁完成全行程时间，用于液压阀的衔铁完成全行程时间一般在 10 ~ 100ms。之后，即 $t > t_1$，电流再度逐渐增加，直至稳态值 I_m= 加在线圈两端的电压 / 线圈电阻。

4）在线圈断电时，电流被突然切断，由于线圈的电感，线圈里会产生一个很高的反向电压冲击，峰值可达额定电压的 20 倍以上（见图 4-64a），给漆包线绝缘层带来严峻的考验。

在线圈中加入反向二极管等，可以大大降低反向电压峰值（见图 4-64b）。

要特别注意的是，一般线圈是无极性的，但带有二极管后，就有极性了。接线就必须按照给出的极性，否则电流会通过二极管短路，烧毁线圈。

（9）失效原因与防范措施　电子运动不同于机械运动，没有磨损。理论上说，线圈应该寿命无限。但实际上总还是会有损坏的，而且还是电磁阀失效的主要原因之一。具体原因有以下一些。

1）由于上述所介绍的“呼吸”现象。

2）线圈紧固螺母拧得过紧的话，可能导致线圈的塑封，甚至导磁套受损，产生裂纹（见图 4-65）。有的产品采用带胶圈的螺母，增大摩擦力，螺母不需要拧得很紧，也不用担心会松掉。

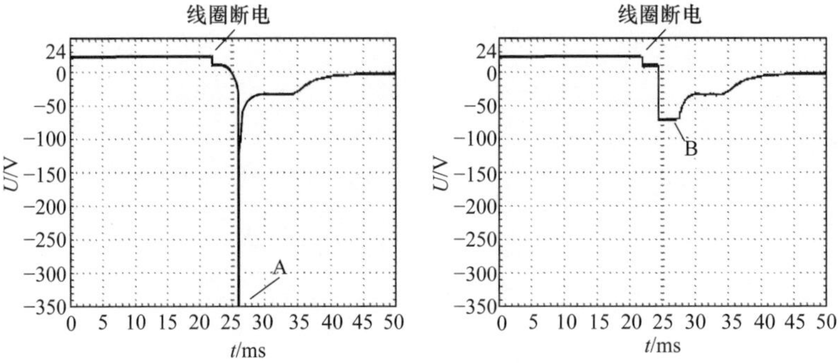

图 4-64　线圈失电时的反向电压冲击（升旭）

a）不带反向二极管　b）带反向二极管

A—反向电压可达 600V 以上　B—反向电压约 70V

3）衔铁套筒被锈蚀而膨胀，也会损坏线圈的塑封。因此，至少是那些用在露天或有腐蚀气体环境中的产品的套筒应镀保护层，镀锌或锌镍，并在线圈两端放置 O 形圈，以免水渗入线圈与套筒之间。

4）被外来物撞击损坏。

5）在固定（室内）液压中广泛使用的 ISO/DIN 43650 接头（见图 4-66），并不适宜用于露天，因为其金属引出接头与塑封之间总会有细小间隙。如果防水圈未装好或缺失的话，水就可能通过这个间隙进入线圈内部。

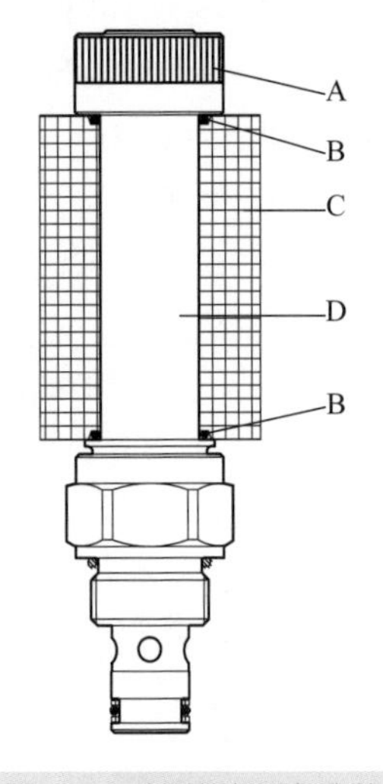

图 4-65　线圈的紧固与防护

A—紧固螺母　B—O 形圈　C—线圈　D—套筒

图 4-66　ISO/DIN 43650 线圈接头

A—引出接头　B—螺母　C—防水圈　D—紧固螺钉

而且，紧固螺钉拧得过紧的话，也可能把埋在塑封中的螺母拉出，损坏塑封。所以，紧固转矩一定要遵循产品说明书给出的数值。细节不注意，后果严重。

（10）防水防尘标准与不同的接头形式　水，特别是含杂质及化学溶剂的水，有损于电器。因此，IEC 144 和 DIN 40050-9 规定了防水防尘等级。

IP65 要求，能防止灰尘进入，并能承受距离在 3m 外的低压水柱的冲击。

IP67 要求，能防止灰尘进入，并能浸入 1m 深的水中 30min 而不引起损坏。

IP69K 要求，能防止灰尘进入，并能承受距离在 10 ~ 15cm 外的高压（10MPa）高温（80℃）并混有洗涤剂的水柱的冲击。

采用图 4-67 所示接头的线圈可以达到防水防尘等级 IP65。

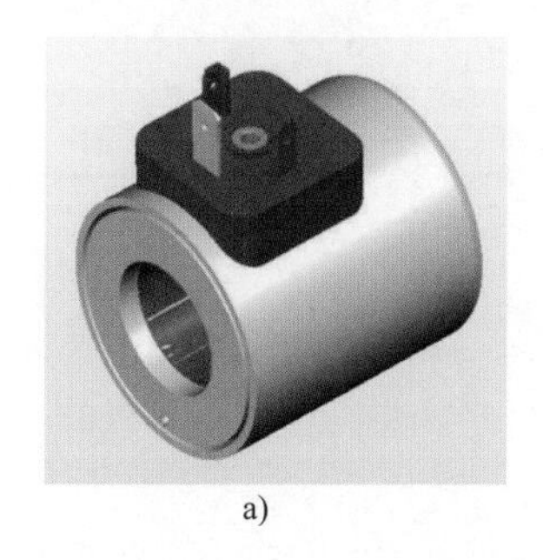
a)

b)

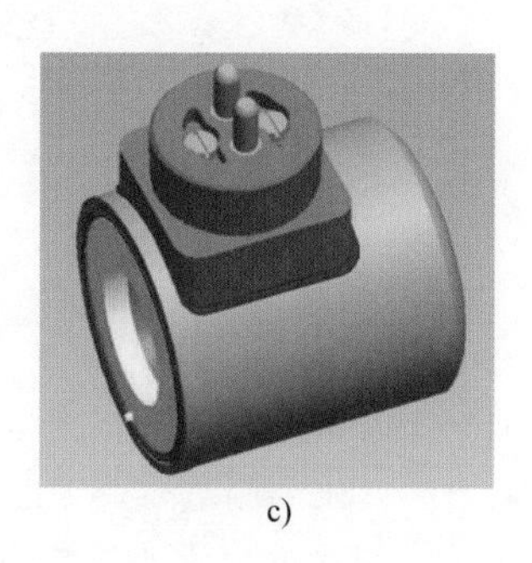
c)

图 4-67　可达到 IP65 的接头

a）ISO/DIN 43650　b）Plug In　c）Kostal

为满足特别是露天工作机械的需要，研发出了以下多种形式的接头。

图 4-68 所示的接头内带密封圈，一般都可以达到 IP67。

a)

b)

图 4-68　可达到防水防尘等级 IP67 的接头

a）AMP Junior　b）M12

图 4-69a、b 所示的接头，内带密封圈，据说可以达到 IP69K。图 4-69c 所示的双引线形式，塑封没有与金属的接缝，也可达到 IP69K，但也要注意避免水从电线的绝缘套和金属线之间的间隙进入线圈。

（11）失效预测　由于腐蚀以及绝缘层高温老化，线圈中的漆包线会逐渐发生圈间短路。少量圈间短路，线圈还能工作。但随着圈间短路的增多，线圈电阻会下降，通过线圈的电流增大。在圈间短路处，发热特别集中，加速了线圈的损坏。这种损坏从外部一时却还看不出，线圈突然就烧毁了。

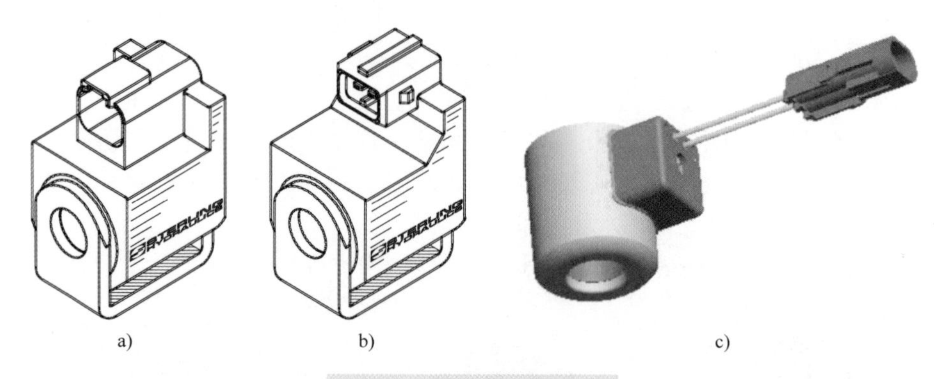

图 4-69　可达到 IP69K 的接头

a）Deutsch（DT04-2P）　b）Metri-Pack c）双引出线

为此，可以防患于未然：定期检测线圈的电阻。如果某线圈的电阻比正常值下降了 10% 以上，即使还能工作，寿命肯定不长了，应及时换掉。要注意的是，线圈的电阻随温度变化，测量时要考虑到这个因素。

比较先进的可编程序控制器 PLC 可以监测各个输出口的输出电流。如果 PLC 能同时检测工作时间及环境温度，配以适当的算法，就可实现线圈损坏预报警。

（12）线圈测试　中国机械行业标准“JB/T 5244—2021 液压阀用电磁铁”对电磁铁的测试有一些建议。为发现薄弱环节，一些制造厂在研发中进行了多种严苛得多的测试。

1）热剧冷测试。线圈先加热到 105℃，保持 2h。然后放入 5℃的水中浸 2h。重复 10 次后，要求线圈还能正常工作。

这个测试模拟了在农业及工程机械的实际工作中，可能遇到的处境：一些线圈暴露在日晒雨淋中。

海德福斯宣称，他们的带双引出线、Deutsch 和 Metri-Pack 接头的 E 系列线圈可以经受“热剧冷测试”。

派克宣称，他们的线圈 SUPER COIL 配 Deutsch 型接头可以满足防水防尘等级 IP69K 的要求：交替地浸入高温和低温的水中，间断地放入很高温度的环境中，承受含不同化学溶剂的高压水柱冲击。但同时指出，期望液压阀能承受这么剧烈的温度变化是不合理的，因为这会影响阀的性能和寿命，因此在实际应用中还是应该注意避免。

2）其他测试。此外，有些制造商还对线圈进行以下一系列测试。

盐雾测试：根据 ASTN B117 标准，20h。

耐尘测试：24h，细尘，0.88g/m^3。

振动测试：72h，频率 20 ~ 1996Hz，三向，不允许有任何元件脱落。

冲击测试：5ms，50g。

抗腐蚀测试：浸入车辆工作环境中常见的 11 种液体，如柴油、煤油、清洗剂、蓄电池酸液等，50°C，各 5min。

跌落测试：从 450mm 高度自由跌落到一块至少 44mm 厚的橡木板上。

储存温度：分别在 105°C 和 −55°C 环境中放置 20h。

耐湿测试：在温度 40°C，相对湿度 95% 环境中放置 168h。

抗渗水测试：在 25°C，1m 深的水中，浸 120h，同时交替加从 75% 至 133% 的电压。

超电压测试：133% 额定电压 5min，断电 2s 后立刻再加载，周而复始，持续 168h。

突载测试：在 70°C 环境中放置 2h 后，加 220% 额定电压 5min。

高压水柱冲击：根据 DIN 40050 标准第 9 部分的规定进行。

电压、温度和湿度同时变化测试：133% 额定电压，70°C，相对湿度 70%，保持 2.5h，然后电压降到 0，温度降到 −40°C，湿度降到 25%，再保持 2.5h。如此反复持续 600h。

这些测试模拟了各种实际应用中可能碰到的极端情况。线圈能够通过这些测试，之后还能正常工作，应该是不错的了。线圈制造厂，即使没有条件都做，也应该根据用户实际工作条件，选择最重要的项目进行测试，或与现有产品进行对比测试，研究改进，以超过现有产品（竞争对手）。

2. 衔铁套筒组件

衔铁套筒组件可以在磁场中产生推力或拉力。

（1）结构　衔铁套筒组件主要由套筒、衔铁、推杆或拉杆组成（见图 4-70）。

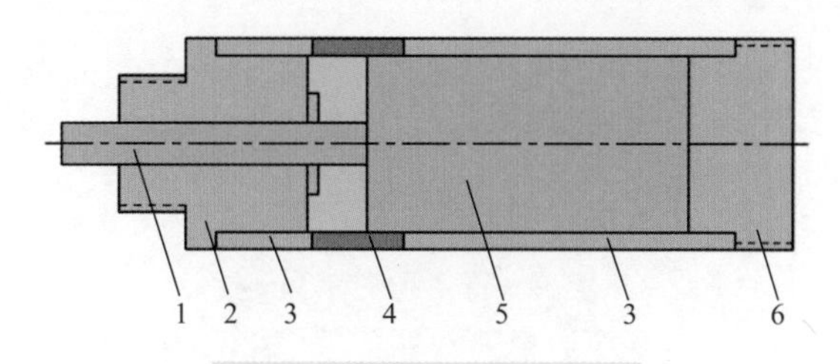

图 4-70　电磁阀衔铁套筒组件

1—推杆　2—极靴　3—导套　4—隔磁环　5—衔铁　6—堵头

衔铁套筒组件有干式和湿式两类。

干式的衔铁套筒组件在推杆上有密封圈，可阻止压力油进入套筒。但密封圈会带来摩擦力。

现代阀都采用湿式，压力油可以进入套筒内。好处是：避免了密封圈的摩擦力；衔铁浸在油液中，也减少了摩擦；线圈产生的热量也可以部分地借助油液的流动带走。

但这也意味着，衔铁套筒组件必须一定程度地耐压，尤其是隔磁环与导套之间的连接，常使用铜钎焊、氩弧焊或真空焊，必须非常牢靠。

（2）工作原理　对材料施加磁场，材料的磁感应强度会发生变化（见图 4-71）。磁场强度增强与减弱时，材料的磁感应情况不同。在磁场强度相同时，材料的磁感应强度之差，称为磁滞。在磁场强度降为零后，材料还具有的磁感应强度称为剩磁。

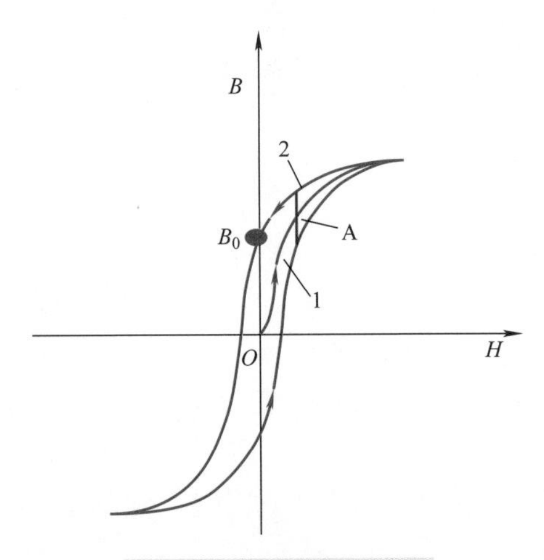

图 4-71　材料的磁感应特性

H—磁场强度　B—磁感应强度

1—磁场强度增加　2—磁场强度减弱　A—磁滞　B_0—剩磁

根据对磁场的感应性能，金属材料可分以下三类：

铁磁性材料，对磁场有感应，剩磁很大，如磁钢（永久磁铁）。

顺磁性材料，对磁场有感应，剩磁极小，如电工纯铁。

抗（反）磁性材料，对磁场感应极小，如铜、铝、金、银、奥氏体不锈钢等。

极靴、衔铁都是用顺磁性材料制造的。隔磁环则是用抗磁性材料制造的。这样就可以迫使磁力线全部轴向地通过气隙 S（见图 4-72），在轴向产生电磁吸力。

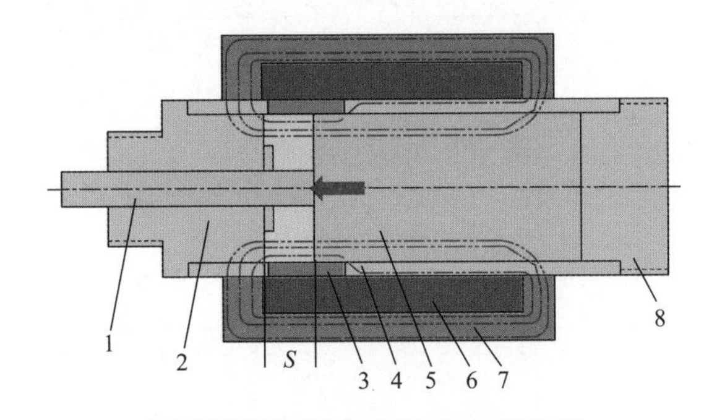

图 4-72　开关型电磁铁的磁力线示意

1—推杆（抗磁）　2—极靴　3—隔磁环　4—套筒　5—衔铁
6—线匝　7—导磁套　8—堵头（抗磁）　S—气隙

与负载力的关系，电磁力和液压力完全不同！

液压力由负载力决定，负载力多大，液压力就多大，没有负载力，就没有液压力。

电磁力则完全不依赖负载力。

（3）行程 - 磁力特性　随着衔铁的移动，气隙减小，局部磁阻成正比地减小，磁力就呈反比地增加（见图 4-73）。因为衔铁的行程决定了气隙的大小，从而决定了磁力的大小，所以这一特性也就称为行程 - 磁力特性。拿两块磁铁（吸铁石）在手里玩一下，就能感觉到磁铁的行程 - 磁力特性：随着相互间距离的减少，磁力会急剧增加。

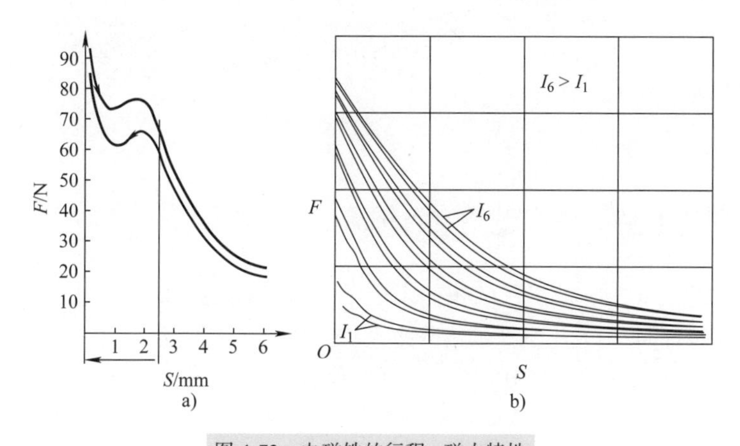

图 4-73　电磁铁的行程 - 磁力特性

a）单电流（BOSCH）　b）不同电流（IFAS）

I—电流　*F*—磁力　*S*—气隙（行程）

如果把衔铁和极靴的端面做成圆锥形的（见图 4-74a），则因为导磁面积增加了，行程 - 磁力特性会有所不同：电磁力在行程较大时，较平端面的大；在行程很小时，较平端面的小。只是锥形的制作成本会高些。

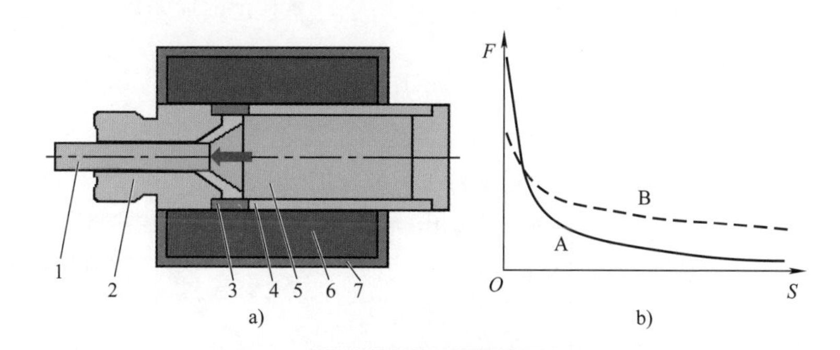

图 4-74　衔铁锥形端面

a）结构示意　b）行程 - 磁力特性（海德福斯）

1—推杆　2—极靴　3—隔磁环　4—套筒　5—衔铁　6—线匝　7—导磁套

A—平端面　B—锥形端面　*F*—磁力　*S*—气隙（行程）

电磁铁的工作方式有推式和拉式两种。这两种工作方式一般使用相同的线圈，只是衔铁结构略有不同。

三位阀一般都采用两个线圈，一推一拉（见图 4-75）。

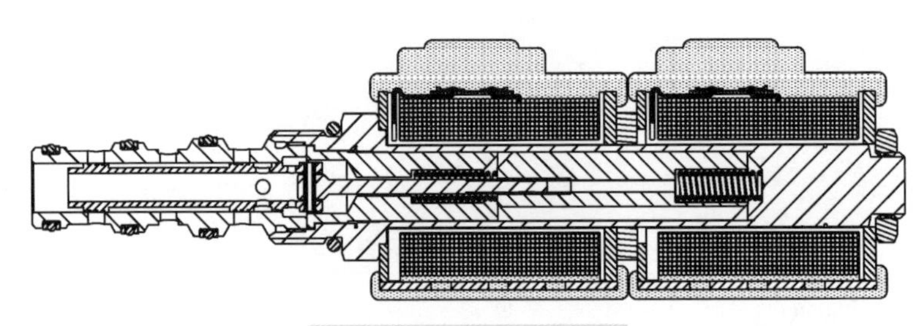

图 4-75　三位插装式电磁阀

4.6　比例电磁铁——给多少电流，出多少力

自从 19 世纪末，电机工程的快速发展给工业和社会带来巨大的改变后，液压工程技术人员就一直期望能用电控的方式来调控液压阀。

开关电磁铁在 20 世纪初就出现了，可以实现电控，但只能开或关，不能精细调控液压阀芯的位移（行程），从而开口。

因为磁场强度正比于通过线圈的电流，所以衔铁套筒组件产生的力与电流成正比（参见图 4-57）。因此，调控电流，理论上可以调控作用于阀芯上的力。

问题在于，普通电磁铁输出的电磁力，如前所述，还严重依赖气隙——与气隙成反比。而气隙是由衔铁的行程决定的，因此，随着衔铁行程（阀芯的位移）的改变，气隙在改变，电磁力也会跟着改变，因此阀芯的位移就很难调控了。

20 世纪 40 年代，发明了经典伺服阀，如喷嘴挡板式伺服阀等，可以调控阀芯的位移，性能虽好但结构精细复杂，制造费用很高，不利于液压系统电控的普遍应用发展。

20 世纪 70 年代发明了输出力（电磁力）可以基本不随衔铁行程改变的电磁铁——比例电磁铁，结构比经典伺服阀简单得多，制造费用也低得多，因此，很快就获得了广泛的应用，使液压系统电控获得了突破性的进步。

与开关电磁铁相似，比例电磁铁也是由线圈、衔铁套筒组件等组成。

用于比例电磁铁的线圈可以和用于开关电磁铁的相同，一些供货商的线圈可以通用互换。衔铁套筒的组成与开关电磁铁的也大致相似。

1. 用于电比例压力阀的衔铁套筒组件

衔铁套筒组件用于压力阀的与流量阀的不同。

如在 3.3 节中已提及，压力阀阀芯的位移，随流量而变，调控压力的关键是调控作用于阀芯上的力。

如图 4-76 所示，普通非电控溢流阀，是通过弹簧来调控作用于阀芯上的力。电控，就是用比例电磁铁代替弹簧，通过调控电流，来调控通过推杆作用于阀芯的力，从而调控开启压力。

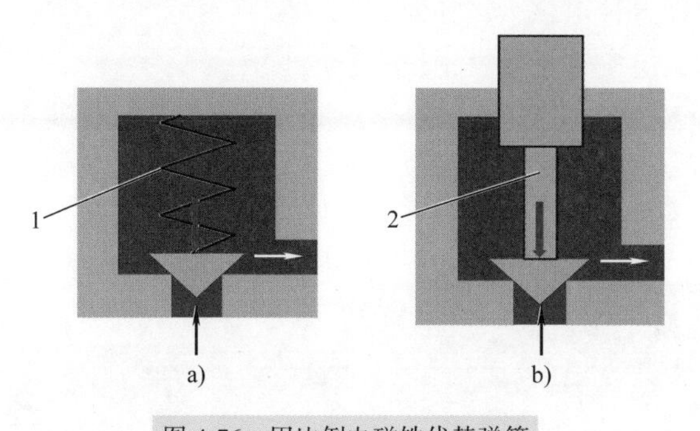

图 4-76　用比例电磁铁代替弹簧

a）普通溢流阀　b）电比例溢流阀
1—弹簧　2—衔铁推杆

溢流阀需要的阀芯位移，本就较小，如果阀芯位移被限制在很小的范围内，则相应的气隙变化不大，那对电磁力的影响就不大，衔铁套筒组件就不需要什么特殊设计了。

图 4-77 所示的用于电比例溢流阀的衔铁套筒组件中，采用导磁性居中的不锈钢作套筒。轴向，因为套筒的横截面积很小，因此通过的磁力线很少。径向，由于面积大，可让绝大部分磁力线通过。通过衔铁与极靴形成闭合磁路，产生电磁力，通过推杆传给阀芯（图中未显示），这样调控电流，就可调控设定压力。

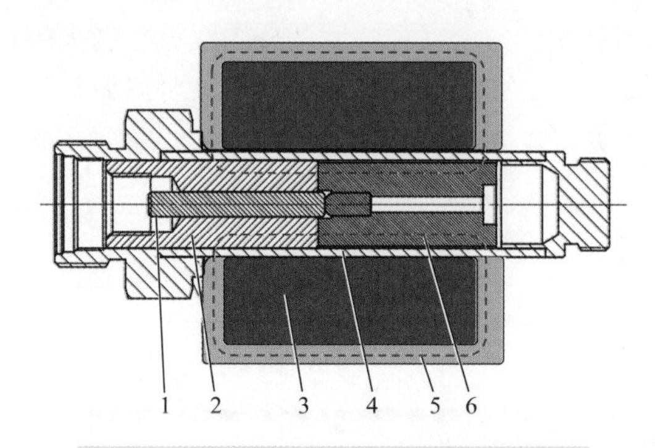

图 4-77　用于电比例溢流阀的衔铁套筒组件

1—推杆　2—极靴（挡铁）3—线匝　4—套筒　5—导磁套　6—衔铁

例如，海德福斯的非电控的直动式溢流阀 RV08-20，工作流量可达 22L/min，而该公司同样尺寸的电比例直动式溢流阀 TS08-20，其工作流量仅 4L/min，就是缘于这个限制，阀芯位移一半都不到。

2. 用于电比例流量阀的衔铁套筒组件

比例电磁铁要用于节流阀、换向节流阀等流量阀，有两个问题需要解决。

一是如何使输出的电磁力在阀芯位移（气隙变化）大得多时也基本不受影响。

二是电磁铁只能调控电磁力，如何调控位移。

以下所说的比例电磁铁主要就指这类型的。

1）位移—电磁力特性。隔磁环的位置形状这样安排，使得衔铁与套筒有部分径向重合（见图 4-78），这就使得部分磁力线在重合部分可以径向地穿过套筒，闭合磁路。

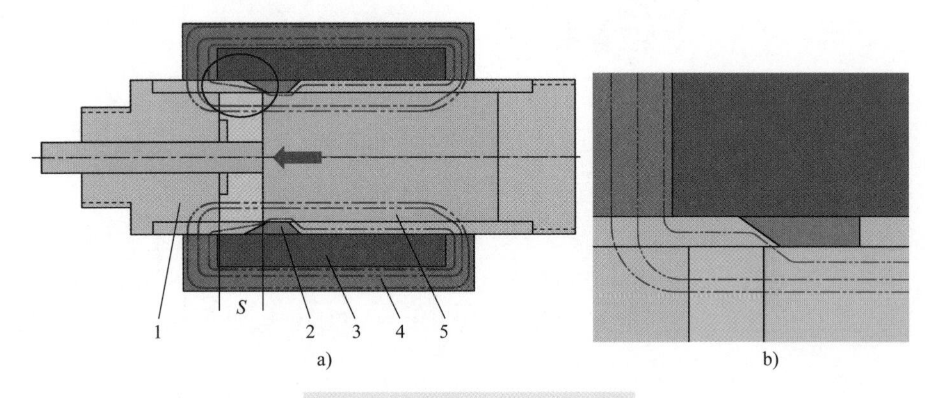

图 4-78　比例电磁铁的磁力线示意

a）结构示意　b）局部放大

1—极靴　2—隔磁环　3—线匝　4—导磁套　5—衔铁　S—气隙

这样，随着衔铁的位移，衔铁与极靴的重合部分越来越大，径向穿过套筒的磁力线就会越来越多，从衔铁端面轴向穿过气隙的磁力线就会越来越少。因此，虽然轴向的磁阻在减小，但轴向的电磁力却不会增加。从而就可以做到，电磁力在衔铁移动过程中，有一段平台区（见图 4-79b），不随衔铁位移（气隙）大小而变。

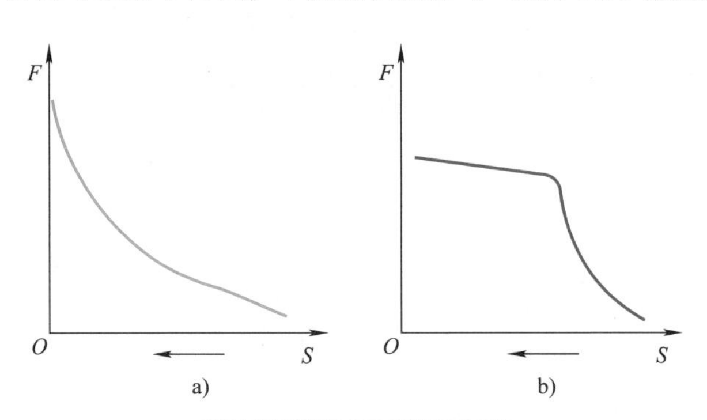

图 4-79　位移 - 电磁力特性

a）开关电磁铁　b）比例电磁铁

F—电磁力　S—衔铁位移（气隙）

隔磁环的形状与位置是决定行程 - 电磁力特性的关键因素。试验表明，不同的隔磁环形状（角度）会有显著不同的行程 - 电磁力特性（见图 4-80）。

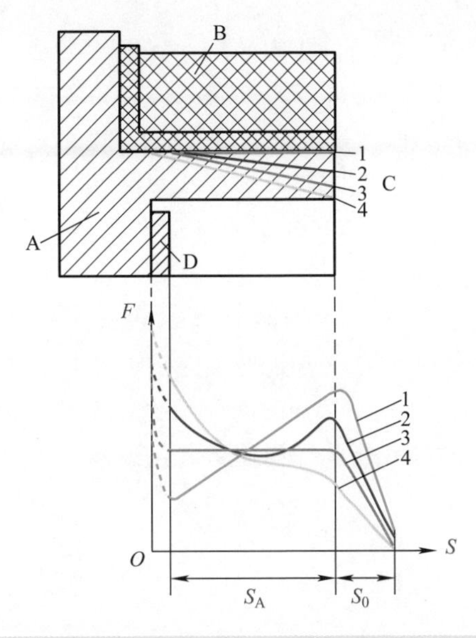

图 4-80　隔磁环形状对行程 - 电磁力特性的影响（托马斯）

A—极靴　B—线匝　C—隔磁环　D—限位片

F—电磁力　S—衔铁行程（气隙）　S_0—空行程　S_A—工作行程

这样，调控电流，就可调控输出的电磁力（见图 4-81）。

2）利用弹簧把力转化成位移。让比例电磁铁输出的电磁力作用于弹簧，阀芯停在弹簧力和电磁力平衡的位置（见图 4-82）。这样，就可以通过调控电流来使阀芯移动到并且停止在期望的位置，阀芯位移就会与电流成正比。

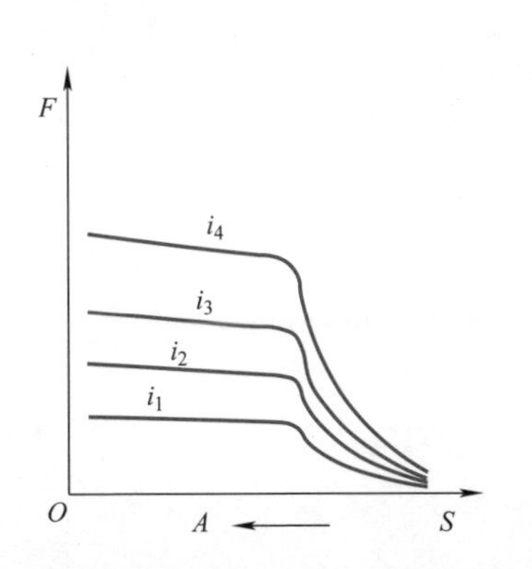

图 4-81　比例电磁铁，不同电流时的电流 - 电磁力特性

i—电流　F—电磁力　S—衔铁位移（气隙）

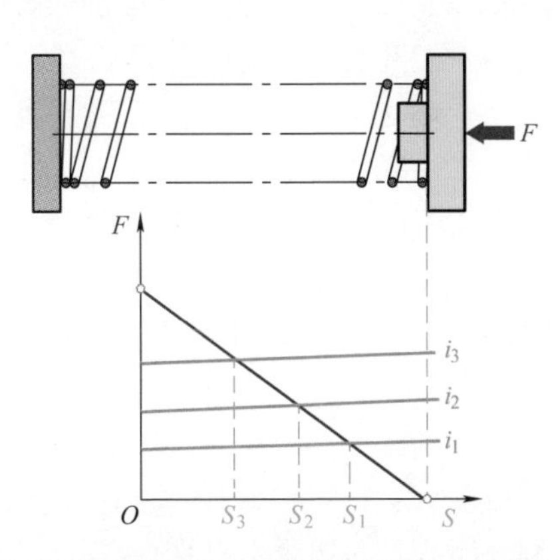

图 4-82　电磁力和弹簧力的平衡决定阀芯位移

F—电磁力　S—阀芯位移　i—控制电流

3. 电流的调控

要调控衔铁套筒组件输出的电磁力，就必须调控通过线圈的电流，而调控通过线圈的电流有不同的途径。

1）用电阻降压。稳态时，通过线圈的电流 = 加给线圈的电压 / 线圈电阻。

采用可调电阻（见图 4-83），可以把电源电压 U_0 降到需要的电压 U，加到线圈上，获得需要的电流。

但是可调电阻 R_1 不仅耗能，更要命的是会发热，对体积紧凑的控制器极为不利！

2）使用脉宽调制——PWM。所谓 PWM（Pulse Width Modulation）——脉宽调制，就是振幅固定，频率固定，也即周期固定，脉宽——接通时间可调的方波脉冲（见图 4-84）。接通时间 t_1 与脉冲周期 T 之比被称为通断比。

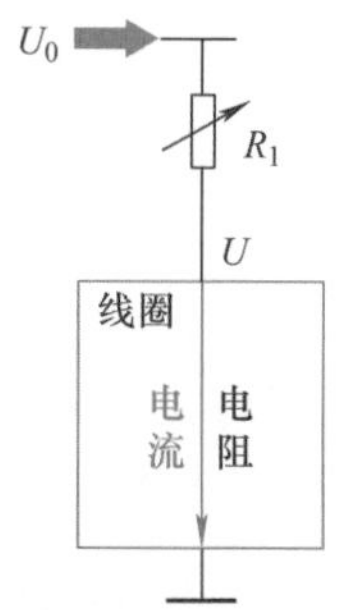

图 4-83　采用电阻降压

R_1—可调电阻　U_0—电源电压
U—加到线圈上的电压

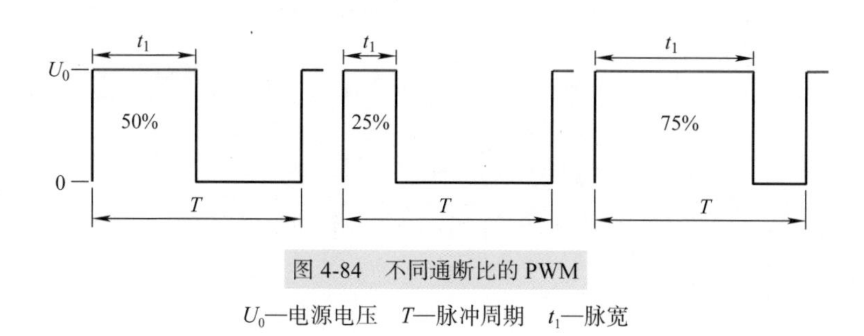

图 4-84　不同通断比的 PWM

U_0—电源电压　T—脉冲周期　t_1—脉宽

如果在线圈的控制回路中加入开关（见图 4-85），把电源电压直接加到线圈上，则因为一般开关通路时的电阻极微，断路时没有电流，因此，无论通断，开关都不额外耗能，随之而来的发热也就微乎其微了，从而就可避免降压电阻带来的耗能及发热了。

因为线圈不但有电阻，还有电感。因此，在给线圈加上一电压时，虽然电压突变，但通过线圈的电流还是逐渐上升逐渐下降的（见图 4-86）。所以，实际电流的强弱也取决于通电时间。

如果给线圈加 PWM，则实际累积的电流就取决于脉宽，改变脉宽就可以改变电流（见图 4-87）。这样，通过控制通断时间，就可实现对线圈电流的控制。

晶体管开关能实现快速的 PWM。用于电比例线圈的 PWM 频率一般在 100 ~ 600Hz。

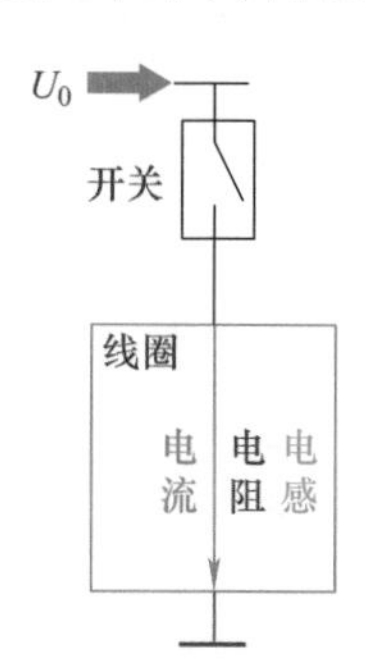

图 4-85　用开关给线圈加电

U_0—电源电压

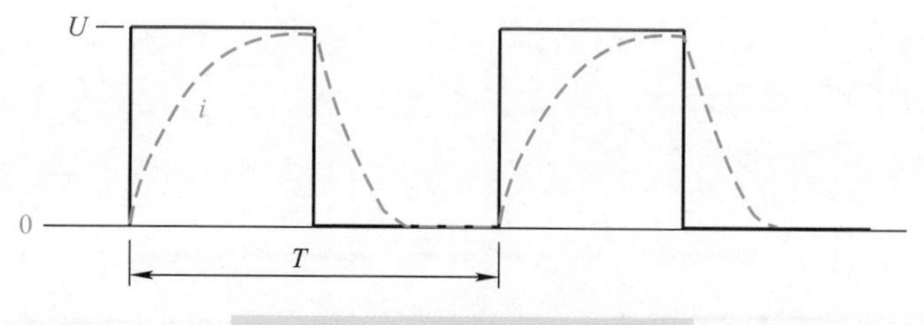

图 4-86　通过线圈的电流是渐变的

U—电压　i—电流

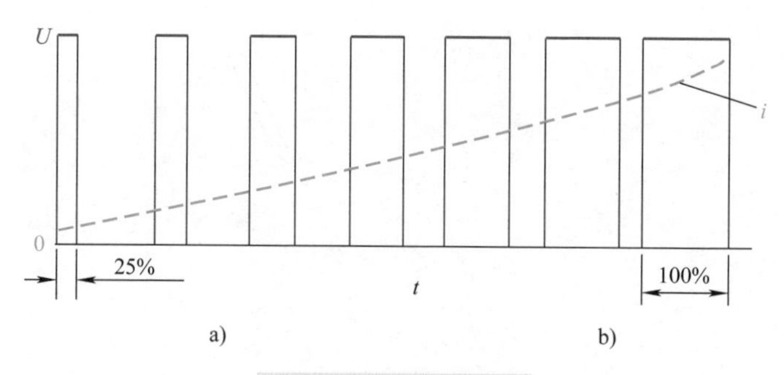

图 4-87　给线圈加 PWM

U—电压　i—电流

如上所述，PWM 就是一种方波脉冲。用 PWM 控制电比例线圈，是 20 世纪 70 年代就发明的技术，目的在于减少发热。PWM 的脉宽不固定，而计算机使用的二进制数字技术的脉冲的脉宽是固定的，两者有本质的差别，所以，将使用 PWM 称为数字控制，纯粹是指鹿为马！

4. 磁滞与对策

因为比例电磁铁输出的电磁力对电比例阀的性能影响很大，因此，影响电磁力实际大小的一些因素，在开关电磁铁时还无关紧要，现在就必须相应地进行改进与排除。

1）磁滞。如图 4-71 已展示，磁性材料都有磁滞现象：在通电和断电，即被磁化和去磁时，磁场强度相同，材料的磁感应强度不同。

决定磁滞大小的关键是材料。电工纯铁的磁滞较小，加入某些化学元素可以进一步减小，但多少总还是有一些。

磁滞在开关电磁铁上也存在，但因为加到开关电磁铁上的电压，在通电的过程中基本不变，而衔铁也只是停留在两个极限位置，不需要停留在中间位置，开和关的过程中电磁力稍有不同，造成的影响不大。

但在电比例阀上就是另一回事了。因为在电比例阀上，需要通过不同的电流产生不同的输出力，调控衔铁移动到、停留在、返回到某个确切的期望的中间位置，电流是时常改变大小的，由此带来的磁滞，加上衔铁在套筒内移动时的摩擦力，就使得行

程 - 力特性曲线在闭合和开启时不重合，电流 - 力特性曲线在电流增大和减少时不重合（见图 4-88）。

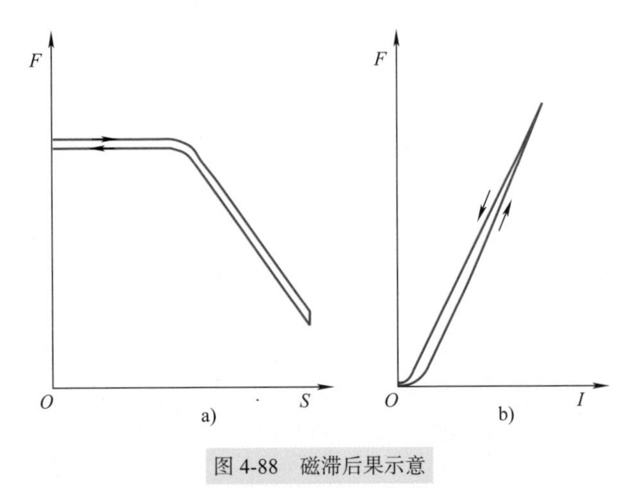

图 4-88 磁滞后果示意

a）衔铁行程（气隙）- 力特性 b）电流 - 力特性
S—气隙 F—电磁力 I—电流

2）颤振可以减小磁滞。试验发现，如果使通过线圈的电流带有一定的小幅度波动——颤振，波动频率约在 70～600Hz，可以减小磁滞带来的影响（见图 4-89）。

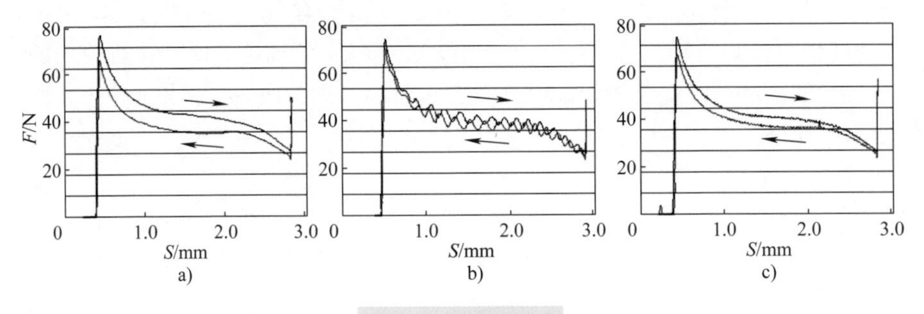

图 4-89 颤振的影响

a）不加颤振 b）加 150Hz 颤振 c）加 300Hz 颤振
F—电磁力 S—衔铁行程（气隙）

图 4-90 所示为一比例电磁铁实测的性能。

5. 发热补偿——恒电流措施

如已述及，线圈通电后，电流会导致线圈发热，发热会使线圈的电阻上升。如果电压还是保持不变，电流就会下降，输出的电磁力也就会随之下降（参见图 4-58）。

对开关电磁铁而言，反正切换在几十 ms 里就完成了，之后电磁力略有变化也无伤大雅。

但这对比例电磁铁就非同小可了，因为比例电磁铁就是靠输出一稳定的电磁力而立于世的。所以，需要对电流进行实时监控，与期望电流值进行比较。如有差别，则相应调整 PWM 的脉宽，从而平衡由于温度变化而导致的电阻变化的影响，以保持电流恒定（见图 4-91）。

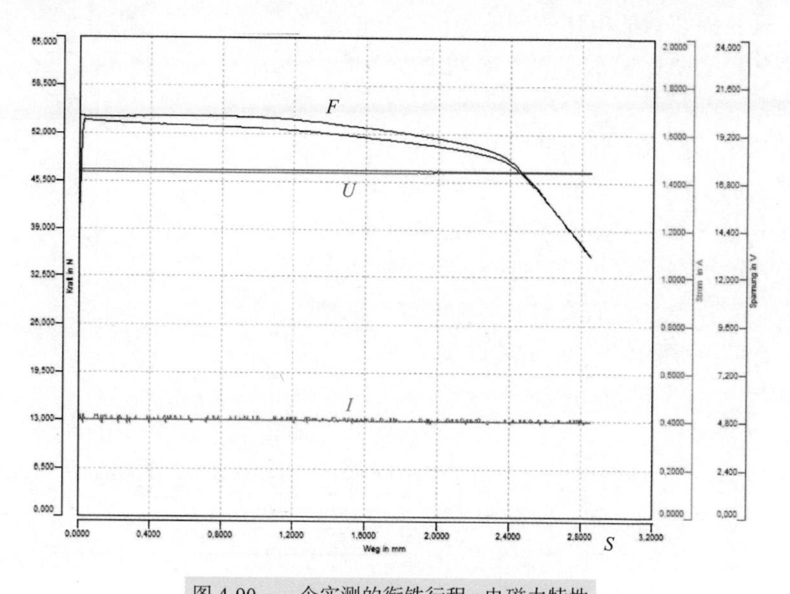

图 4-90　一个实测的衔铁行程 - 电磁力特性

F—电磁力　*U*—电压　*I*—电流　*S*—衔铁行程（气隙）

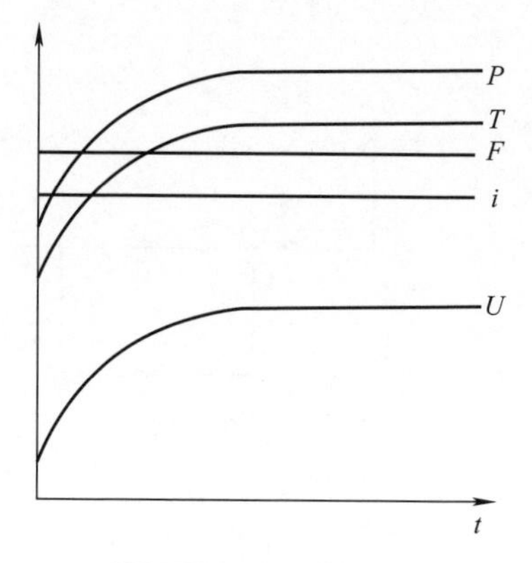

图 4-91　保持电流恒定

t—时间　*T*—温度　*F*—电磁力　*i*—电流　*P*—功率　*U*—通断比

6. 死区

电磁铁通常都有一死区：当输入线圈的电流小于一定值时，衔铁不会动，输出的力为零（见图 4-92）。

对于开关型电磁阀，死区没太大影响，因为加的电压总是一下子就达到100%，衔铁迟早会动（参见图4-63）。但对于比例型电磁阀就成问题了，因为比例型电磁阀的电流是逐渐增加的。螺纹插装式的电比例阀的死区，一般会达到输入电流的15%至30%（参见图7-108a，图7-158a）。

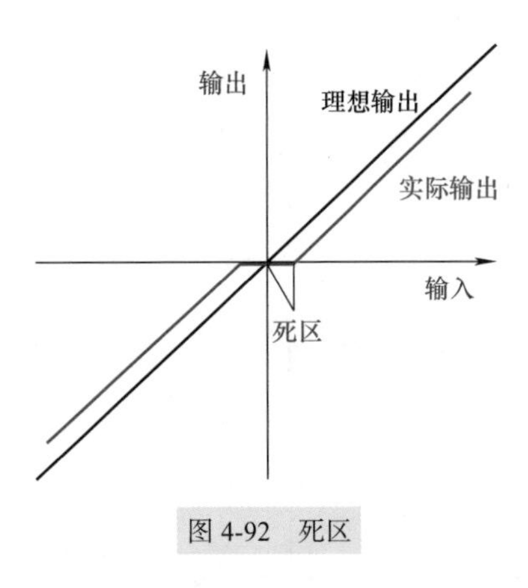

图4-92　死区

造成死区的原因，除衔铁的磁滞外，还有衔铁与套筒间的摩擦力。因此，比例型衔铁套筒组件的加工精度（同心度、圆柱度、配合间隙等）要比开关型的更高，有些用于低压的套筒内或衔铁外采用特殊涂层，有的采用玻璃纤维膜，高档一些的也有采用所谓衔铁轴承，以减少摩擦力。

7. 应用

如前已提及，开关电磁铁的衔铁完成行程时间一般在10～100ms之间（参见图4-63），则其所推动的阀芯也就在这段时间内完成切换。这对实际应用的液压系统而言，是一个很短的时间，因此很容易造成冲击，尤其在负载较大时。而比例电磁铁，因为可以通过PWM调控输出的电磁力，就可以使电磁力逐渐增加或减小，从而使阀芯缓慢移动，实现斜坡控制，避免冲击。

所谓斜坡控制，就是在输入为阶跃（操作者给出一个开关信号）时，控制器按照预设（的时间或斜率）——逐渐增加或减少输出信号（见图4-93）。

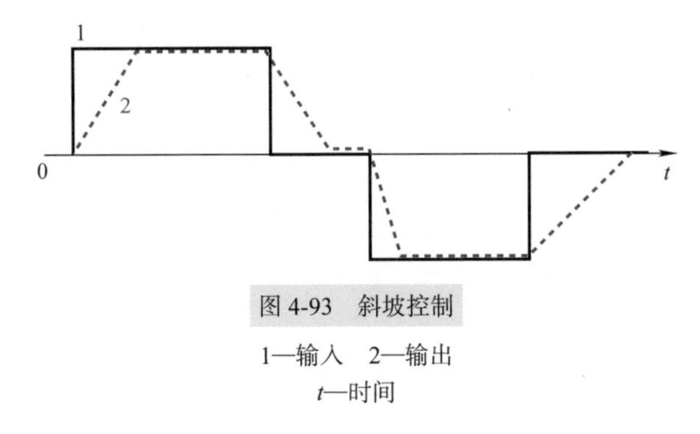

图4-93　斜坡控制

1—输入　2—输出

t—时间

开环的比例电磁铁，在液压系统中一般也只被用于实现对压力或流量的斜坡控制，以减少冲击，而不用于精准的位置或速度控制。原因不仅在于比例电磁铁自身有较大的本质非线性，如死区等，还因为作用于阀芯的还有其他很多随实际工况而变又不易准确预估的力：摩擦力、液动力等，这些都影响了对阀芯位移的准确控制。要排除这些影响，准确达到预定的目标，就需要反馈——闭环，从而可以根据实际状况调整，详见下节。

4.7 闭眼是开环，开眼是闭环——伺服

1. 开环与闭环

众所周知，在一个普通的足球场上，要从一边走到另一边的球门柱，如果睁开着眼睛，那几乎所有正常人都可以做到。但如果闭着眼睛，又没有其他辅助手段，那十有八九走不准。

为什么？

因为，两脚迈出的步长不会始终绝对相同，而闭着眼睛，不知道实际状况，就无从调整两脚的步长及前进的方向，这在控制工程中，称为开环。而睁开着眼睛，就可以不断地把实际情况与期望比较，从而调整前进的方向，这在控制工程中，称为闭环，表述如图4-94所示。

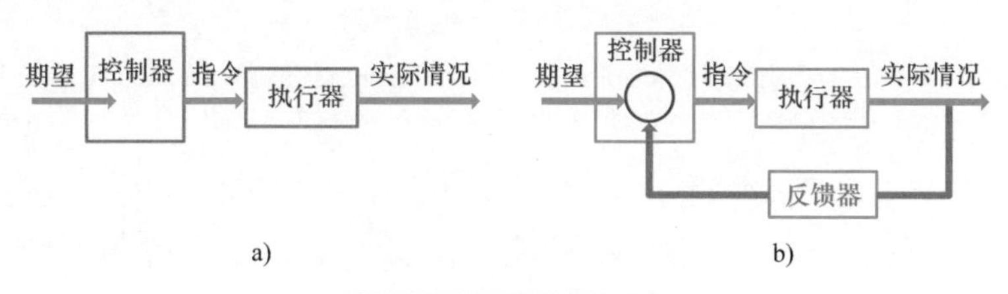

图4-94　对执行器的调控

a）开环　b）闭环

前边举的例子是人工调控，大脑是控制器，脚是执行器，眼是反馈器。所以，闭眼是开环——大脑只是根据期望发指令，因为不了解实际情况，就无法根据实际情况发出修正指令。而开眼是闭环，可以不断把实际情况反馈给大脑，大脑就可以不断地把实际情况与期望相比较，发出相应指令，调控执行器。

如果要实现自动化，由仪器来实现闭环，就需要大致如图4-95所示的结构：使用一传感器作为反馈器，把实际情况传给控制器。控制器把收到的实际情况与期望相比，根据两者之差，不断发出修正指令，以冀实现期望。

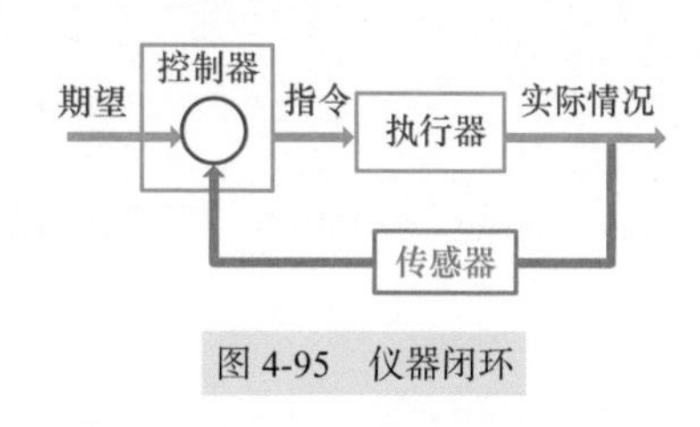

图4-95　仪器闭环

反馈可以帮助调整，从而减小干扰——外来的和内在的、意料之外的、不确定的、多变化的阻力的影响。早期的控制器仅根据期望值减去反馈值得到的差，发出修正指令。因为取的是反馈的负值，所以，反馈也曾被称为负反馈。而现代的（数字，AI人工智能）控制器能够根据反馈情况进行复杂得多的判断和运算后，再发出指令。

“伺服”一词来自拉丁语“Servo”，与“Servant仆人”同词根。既为随从，就要跟随主人，察言观色，反映实际情况——反馈。所以，有反馈，方能称伺服，这是工业自动化不可或缺的！

2. 电比例阀的闭环控制

如前已述及，由于种种影响因素（干扰），普通电比例阀的阀芯在开环控制时很难准确地实现期望的位移——开口。如果采用闭环控制（见图 4-96），位移传感器把阀芯实际位移告知控制器，控制器就可相应调控给比例电磁铁的电流，实现需要的位移。

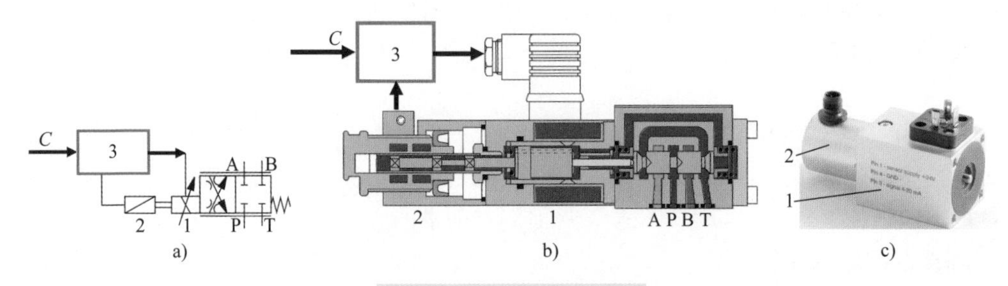

图 4-96　闭环控制电比例阀

a）图形符号　b）结构示意　c）带位移传感器的比例电磁铁（德国 Schramme 公司）

1—比例电磁铁　2—位移传感器　3—控制器　C—期望位移

如果控制器采用了恰当的控制方法，如 PID（比例 - 积分 - 微分）校正，还可显著提高阀的响应速度，因此性能一定程度接近了传统伺服阀，有销售商把闭环控制电比例阀称为工业伺服阀。

3. 液压系统的闭环控制

对液压系统而言，也有很多干扰因素，如负载波动、控制元件特性变化等，开环控制的话（见图 4-97），同样也难保证执行器会实现期望的运动。

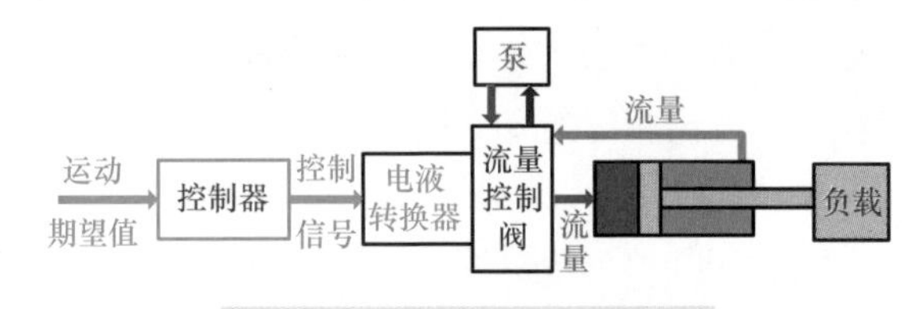

图 4-97　液压系统开环控制框图

改善液压系统运动准确度的途径，就是采用闭环控制（见图 4-98）。

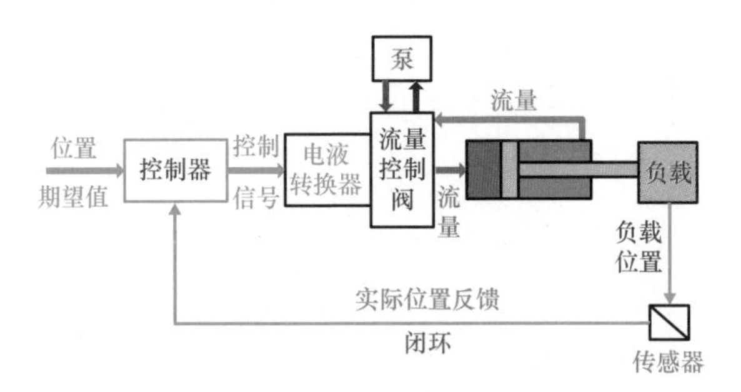

图 4-98　液压系统闭环控制框图

在设计闭环系统选用各部件时以下因素是必须要考虑的。当然，不同应用的需求常是不同的。

（1）执行器　执行器不仅需要驱动力强，足以克服最大的负载力，还要能灵活及时微调，以免出现过冲等执行准确度问题。

（2）反馈器　理论上来说，反馈器既可以采用电反馈，也可以采用液压反馈，或机械反馈的。

例如，二通（三通）流量调节阀就是液压反馈——流量感应口两侧的压差，被反馈到定压差元件两端，来调节可变节流口（详见7.10节和7.11节）。恒压泵和恒压差泵（负载敏感泵）也采用了液压反馈来控制排量。恒压泵取的是泵出口压力，恒压差泵取的是最高负载压力和最高负载压力之差。

传统配钥匙机、仿形机床上用的是机械反馈。机械反馈也被用于某些液压阀中。

不同类型的反馈的适用性可以从以下一些方面考察评判。

1）准确性。最终执行结果的准确度不可能高于反馈器的准确度，就像射手的射击准确度不可能高于他的视力一样。所以，反馈器的准确度必须高于需要的执行准确度。

2）及时性。在实际情况反馈到控制器之前，控制器无法做出针对的修正，这时控制器发出的指令、执行器进行的动作都是盲目沿用之前的。大致来说，执行结果的误差 = 执行速度 × 反馈的延迟时间。所以，执行速度越高，就越需要反馈及时！

电传感器的反馈传递速度容易做到快。

机械传感器中的间隙会延迟反馈。

油液压力的传递速度大致等于声速，但容腔的弹性会减缓压力的传递。负载敏感回路中，各支路的负载压力常要通过多个梭阀才能挑选出最高负载压力，反馈给泵的排量调节机构。这个延迟就可能在回路中造成振荡。

3）负载影响。反馈器加给执行器的影响应该尽可能地少。打个比方，如果盲人用以探路的（反馈器）是根粗大笨重的铁棍，那就会影响前进的速度与前进方向的及时调整。

一般而言，需要控制什么，就应该反馈什么。需要控制负载的位置，就反馈位置。需要控制某部分的压力，就用压力传感器反馈那里的压力。但如果需要控制流量，因为流量传感器都需要相当一段时间才能出结果，制约了控制器的快速反应，所以，也可以考虑反馈节流口两侧的压差。

（3）控制器　在数字电子元件普及前，控制器是由模拟电子元件组成的，因此被称为模拟控制。模拟控制的信号处理能力非常有限，对实际情况与期望值的差只能进行所谓PID处理。

从四五十年前开始，数字电子元件——计算机或PLC逐渐取代了模拟控制器。有些从模拟时代过来的人为了便于理解记忆，把计算机对信号的处理称为数字PID。

4.8 其他电操控方式

电操控液压阀芯，除电磁铁外，还有其他方式，如步进电动机、伺服电动机等。

1. 步进电动机，一个脉冲走一步

（1）工作原理　步进电动机（见图 4-99）的转子和定子的磁极上都刻有小齿，定子上有多个线圈。如果通过控制器，按顺序给各个线圈发送电脉冲，线圈产生的电磁力，就会驱动转子转过一个由电动机结构确定的步距角，这样，转子的角位移就与输入的电脉冲数成正比。控制给线圈加电脉冲的顺序，可获得需要的转动方向，控制输入电脉冲的数量即可获得需要的转角，控制输入的电脉冲的频率就能获得需要的转速。

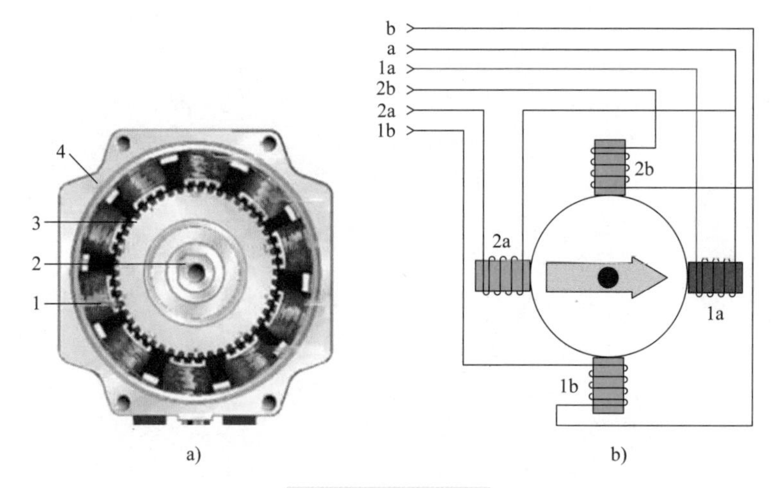

图 4-99　步进电动机

a）结构示意　b）工作示意

1—线圈　2—转动轴　3—转子　4—定子

要推动阀芯平动，还需要经过齿轮齿条（见图 4-100）或丝杠螺母的传动。

中国市售的步进电动机的步距角一般为 1.8°，即每步 1.8°，每 200 步转一圈。假定减速器的减速比为 10：1，齿轮有 10 个齿，齿条的齿距是 2mm。那么，每给电动机发 200 个脉冲，电动机就会转 1 圈，减速器输出轴就会转 0.1 圈，齿轮就会转过 1 个齿，齿条就会移动 2mm。也就是，每发一个脉冲，齿条移动，从而带动与之相连的阀芯移动 2mm/200 = 0.01mm。

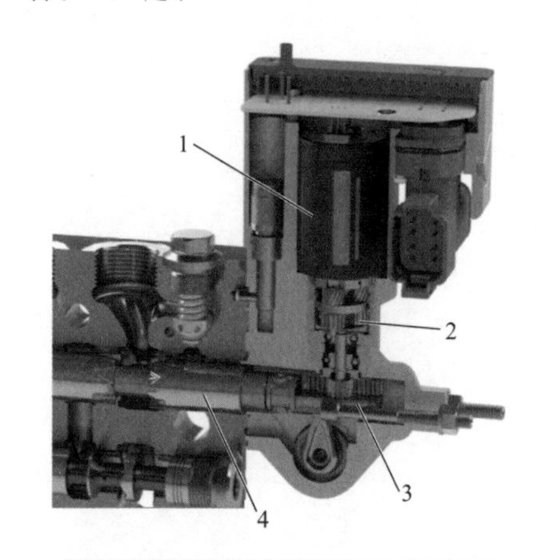

图 4-100　电动机驱动阀芯（贺德克）

1—电动机　2—减速器　3—齿轮齿条　4—阀芯

有资料显示，先进的步进电动机已达

到每转1800步，每转6000步的也正在研制中。

每转步数越多，分辨率就越高，可以获得的控制精度就越高。

增加齿轮的齿数、减速器的减速比，也可缩小每个脉冲使阀芯移动的距离。

（2）步进电动机的长处

1）如在4.5节中已提及，电磁力与气隙成反比。因此，步进电动机在转子和定子的磁极上的小齿没有相互对准时，会有很大的电磁力，强迫转子转动，直至小齿对准。由于此力很大，一般足以克服摩擦力及其他阻力，所以，步进电动机可以做到有很强的执行力，也即特性很硬，工作状态不易受各种干扰因素（如电源的电压电流波动、波形变化、温度变化等）的影响，不易“丢步”。

可能引起丢步的原因主要有两个：一是负载实在太大，电磁力克服不了了；二是变速过快。这些，在设计时应该不难预估。

2）因为其特性很硬，所以，在一定范围内可以相信它总能完成指令，阀芯肯定会走到期望的位置，所以可以不设置位置监控——反馈，即开环即可。

3）虽然转子、定子的磁极的机械加工会有误差，会导致步距角有误差，但转子转过一圈后的累积误差还是为“零”，不会继续增加。

4）因为步进电动机是转动的，可无限旋转，因此，可控制的阀芯行程理论上也是无限长的，只要用于转化成平动的齿条或丝杠足够长。

（3）步进电动机的局限处

1）因为步进电动机本身是属于增量型的：一旦断电清零，就可能不知自己身处何方了。所以，需要有零点校正。对一些有安全考量的阀，还要考虑自动复位措施。

2）转动变平动，不论是通过齿轮齿条，还是丝杠螺母，都不可避免地有间隙，反向时就会影响定位精度，必须适当处理，比方说，利用弹簧，消除间隙。

因为步进电动机可以将电脉冲转换成机械角位移，所以也被称为电脉冲马达。

步进脉冲和（二进制）数字技术中用于传递记录数字的脉冲有本质差别。步进脉冲的频率不固定，前后脉冲起的作用是相同的。而数字技术中的脉冲，有固定的频率，先后脉冲具有不同的意义，110不等于101。把步进脉冲控制称为数字控制，就像把敲锣打鼓称为数字音乐一样牵强附会！

2. 伺服电动机

伺服电动机，顾名思义，就是自带伺服——反馈器的电动机，一般是一个与电动机转子同轴的带孔或磁条的编码盘。这样，电动机转子实际转过了多少度（孔）就可以通过编码盘反馈给控制器，从而相应调控，精准实现期望值。

4.9 瞬态

1. 静态、稳态与瞬态的定义

1）静态。中国机械行业标准JB/T 7033—2007《液压传动 测量技术通则》（修改采用 ISO 9110-1:1990）定义:静态工况（static condition）——“参数不随时间变化的工况。”

而在实际液压系统中，因为所有液压泵排出的流量，或多或少都有脉动，遇到液阻，就导致压力也脉动。所以，只要是在工作，泵口、管道、液压阀、液压缸中的压力、流量就是多变的，基本不会出现参数不随时间变化的状态。所以，这种工况是不太值得考察的。

2）稳态。稳态，顾名思义是稳定。

因为实际系统在工作时，压力、流量等参数都在变，所以，上述标准退而求其次，还定义了稳态工况——“变量的平均值不随时间变化，或变量的瞬时值的变化是周期性的且可用简单的数学公式来描述的工况”。即只要是平均值基本不变，就可算作是稳态。

注意：这里的变量不应理解为系统中所有的变量。因为，一个物体，只要速度不为零，其位移（平均值）肯定会随时间变化。根据 ISO 9110-1:1990 中的原文“Conditions under which the mean of a variable does not change with time and the variation of an instantaneous value of that variable is cyclic and can be described by a simple mathematical expression.”应该理解为“某个变量”。

GB/T 17446—2012《流体传动系统及元件 术语》(等同 ISO 5598：2008）中译为为相关参数，也可以避免误解。

实际液压技术中，通常所言，如系统中某个点的压力为 15MPa，某条流道的流量为 40L/min，等等，指的都是稳态，也即平均值。

静态可以算作是稳态中的特殊情况：进入液压缸的流量为零，此时，液压缸的速度为零，因此，负载的位置不变。

一般认为，稳态性能就是液压元件或系统在稳态工况时的性能。液压阀的以下这些特性都属于稳态性能。

－换向阀的流量 - 压差性能。

－溢流阀的压力 - 流量性能。

－流量阀的压差 - 流量性能，等。

3）瞬态。系统在离开一个稳态后，进入另一个稳态前的状态，被称为瞬态，也称动态。图 4-101 所示为一实测的压力从稳态转为瞬态，又恢复稳态的变化过程。

一般理解，瞬态是寻找新的平衡点的过程，期间不仅压力，其他很多参数（阀芯移动速度、开口、流量等）都会改变。

对负载、干扰以及指令的改变，元件和系统的瞬间反应性能称为瞬态响应性能，简称瞬态性能，或动态性能。

瞬态性能好的元件系统能够迅速适应变化，进入新的稳态。

如果元件或系统需要较长的适应时间，或有很大超调，甚至振荡不已，根本进入不了稳态，一般就认为瞬态性能较差。

液压系统的瞬态性能既取决于所使用的元件，也与系统的构成息息相关。

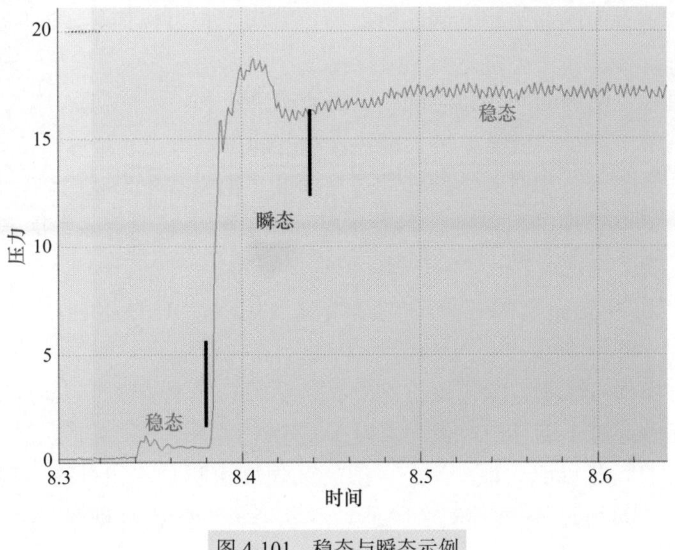

图 4-101　稳态与瞬态示例

液压系统不会一直停留在某一个稳态。因为液压传动的任务，就是要使负载从不动变为动，从动变为不动，从慢动变为快动，从快动变为慢动。一言以蔽之，就是要改变状态。完成这些任务目前最主要的途径就是操控阀芯的移动，使其相对阀体的位置改变，从而改变开口。

理论上可以很完美地实现期望目标的阀闭环控制，实际上也是在不断调整开口。

开口变了，通过的流量也会变。流量变了，压力也会跟着改变，但是都有滞后。这些就都取决于阀、系统的瞬态响应性能。

2. 阀芯受力概括

前面已剖析了作用于阀芯的各种操控力和阻力，图 4-102 所示大致粗略地概括了这些力及影响因素。

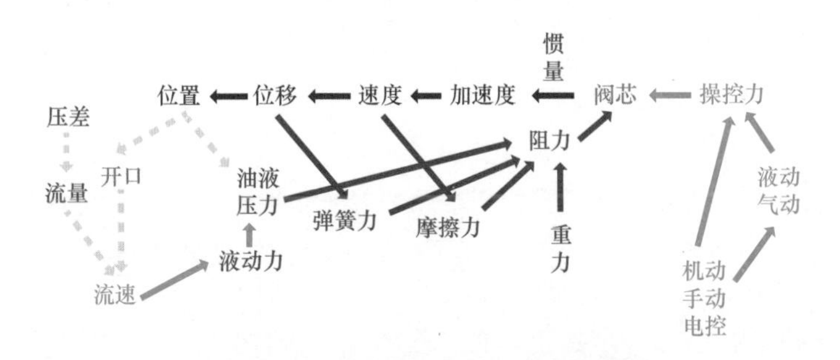

图 4-102　作用于阀芯的各种力及影响因素

阀芯移动受到的阻力有油液压力、弹簧力、摩擦力和重力。

油液压力主要由阀的结构、阀芯所处的位置决定，可以估算，但也会受液动力影响，很难估准。

液动力由开口两侧的压差和通过开口的流量决定。

弹簧力主要由弹簧的被压缩量，也包含阀芯的位移决定，是可以估算的。

摩擦力主要随阀芯相对阀体的移动速度而变，但受加工形状的位置偏差、组合后的间隙状况、接触表面的粗糙度、润滑状况、油液污染状况等多种因素影响，因此，基本上是不可能理论计算的。

重力虽然也可能影响阀芯移动，但相对现代液压中的其他力，常常小得可以忽略。

所有的物体都有质量，阀芯也不例外。虽然阀芯的重量常可以忽略，但其质量在考察阀的瞬态性能时不能忽视。因为，对于平动的固体而言，其惯量就是其质量（如已提及，转动的阀芯目前还很少用，一般转动速度也很低，惯量的影响不大。因此，以下只针对平动的阀芯），而惯量会阻碍运动状态的变化，有点像一个阻力，它也因此常被称为惯性力。其实，惯量对物体运动的阻碍与摩擦力、弹簧力等有本质的不同：惯量不影响合力。

操控力大致有机动、手动和电控。在这些力不够大或由于其他原因时操控力不够，也会借助液动和气动。

操控力反映了操作者的期望，阀芯的实际开口是现实，期望和现实之间总有滞后。因为，操控力和阻力之差，除以惯量，只是阀芯移动的加速度。加速度的累积才是速度，速度的累积才是阀芯的位移。阀芯的位置改变了，开口才可能改变。

开口两侧的压差与开口决定了流量，有时还受到油液黏度的影响。流量和开口的大小决定了开口处的流速，流动会降低油液压力，即所谓液动力。

阀芯在这些操控力和阻力的作用下移动的过程，就决定了阀的瞬态性能，就会影响系统的瞬态工况。

3. 阀芯移动的过程

阀芯要从一个位置移动到另一个位置，从静止到运动，速度就要从零开始增加，就要有加速度。

阀芯的加速度 =（作用于阀芯的操控力 − 阻力）/ 阀芯惯量。

所以，只要有惯量，加速度就不可能无穷大，速度也就不可能无穷大。

因此，阀芯再轻，移动也需要时间。即便是开关阀，阀芯移动较快，虽然正常时一般不关心移动时间，但也是有一个过程的。而这个过程，肯定不是匀速的。

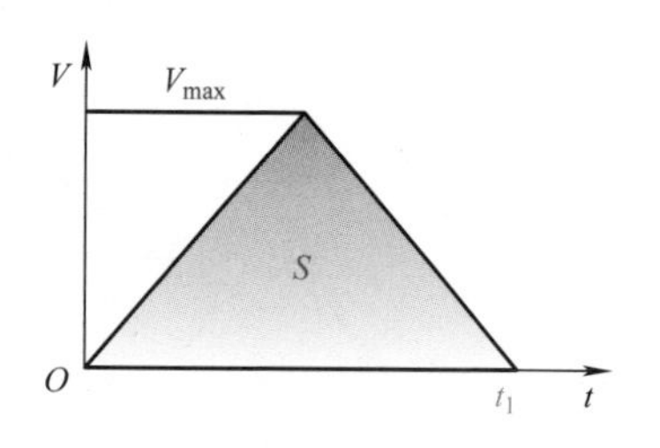

图 4-103　匀加速起动 + 匀减速制动

V—速度　t—时间　V_{max}—最高速度
t_1—完成位移需要的时间　S—阀芯位移

（1）一种简化工况　纯理论地假定阀芯匀

加速起动，随后立即匀减速制动。

1）速度 - 时间变化曲线。其速度随时间的变化，大致可简化成图 4-103 所示。速度 - 时间线下的阴影面积 S 就是阀芯的位移。

可以导出，在这种工况中，如果期望在时间 t_1 里完成位移 S，则需要的最高速度

$$V_{max}=2S/t_1$$

在加速段需要的加速度

$$a=2V_{max}/t_1=4S/t_1^2 \tag{4-8}$$

在加速段需要的作用于阀芯的合力，即操控力 - 阻力

$$F=ma=4mS/t_1^2 \tag{4-9}$$

式中　m——阀芯惯量。

从式 (4-9) 可以看到，需要用以克服惯量的操控力，扣除阻力后，与需要完成的时间的二次方成反比，因此有时就不可轻视。

2）估算。对于图 4-104 所示的一个大大简化了的阀芯模型，假定移动阀芯的推力 F 仅来自于阀芯两端油液的压差，所有阻力忽略不计，则需要的压差

$$\Delta p=p_1-p_2=F/A=4F/\pi d^2$$

如果这个阀芯直径为 12mm，长为 50mm，钢制的（密度 = 7.9g/cm^3），则质量约为 45g。如果速度 - 时间的变化可以简化成如图 4-103 所示，希望在 20ms 内完成 5mm 的位移，则根据式（4-8）和式（4-9）可以估算出（参见本书附赠的估算软件“液压阀估算 2023”）：需要的加速度约为 50m/s^2（提醒一下：重力加速度为 9.8m/s^2），需要的推力 F 约为 2.2N，压差约为 0.02MPa。

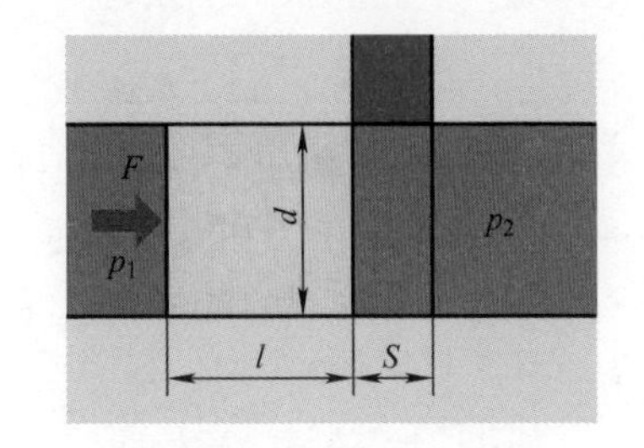

图 4-104　一个简化的阀芯

如果阀芯直径为 18mm，长为 100mm（质量约为 201g），希望在 10ms 内完成 8mm 的行程，则，需要的加速度约为 320m/s^2（重力加速度的 32 倍），需要的推力约为 64N，压差约为 0.25MPa。

（2）其他移动过程　如果阀芯移动近似于图 4-105a 所示：匀加速起动，急速制动，比如说移动到极限位置，被阀体挡住；那起动时需要的加速度可低些。

但如果移动过程近似于图 4-105b 所示：行程较长，有一段匀速运动过程，则需要有更高的加速度，也即更高的推力。

实际工况一般都会更复杂：冲过头，再反弹，等等。

如前已述及，电磁铁通电后，电流、电磁力的增加也是逐渐的，有一个不均匀的过程。

总之，阀芯从一个位置移到另一个位置，总需要一些时间，虽说也许很短。在

这段时间中，其他一些因素也在变，这些就决定了阀的瞬态性能，如，溢流阀的超调（见 7.5 节），流量阀的起动突跳（见 7.10 节）等。阀的瞬态性能又影响了整个液压系统，乃至主机的瞬态性能。

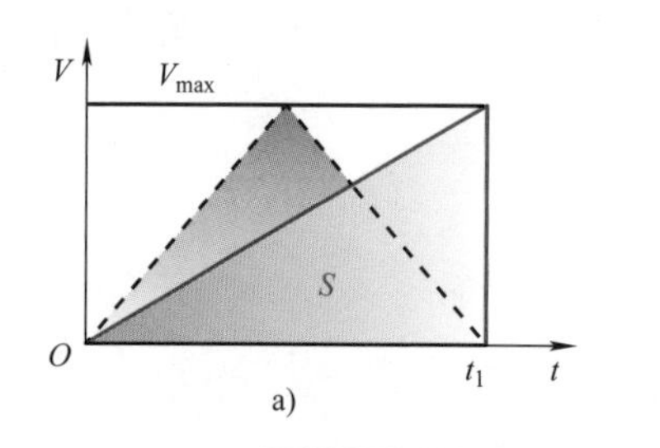

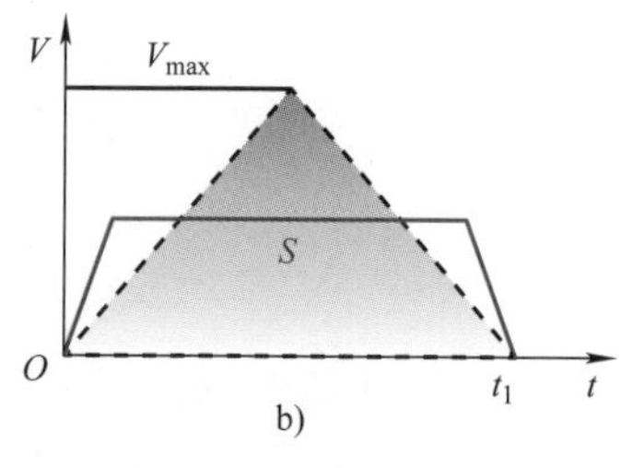

图 4-105　阀芯速度 - 时间变化的其他简化工况

a）匀加速起动，急速制动　b）匀加速起动，匀速运动，匀减速制动

4. 压力的变化

液压系统中，除了油箱及与之相连的回油管和吸油管一般是开放的以外，从泵出口到换向阀、液压缸，一直到回油管前，总可以看成一个或几个（被阀隔断的）密闭的容腔。液压，就是靠密闭容腔中形成的压力工作的。

往已经充满油液的容腔里，再硬压入体积为 ΔV 的油液（见图 4-106），油液压力会上升。

如果忽略由压力上升导致的容器的容积的变化，则压力上升 Δp 与压入的体积 ΔV 的关系大致为

$$\Delta p = E\Delta V/V \tag{4-10}$$

式中　E——油液的弹性模量，1000 ~ 3500MPa，随油液的压力和温度等而变（详见 5.1 节）。

即，如果 E 为 1800MPa，则在压入体积 ΔV 为原有体积 V 的 1% 时，压力会增加约 18MPa。

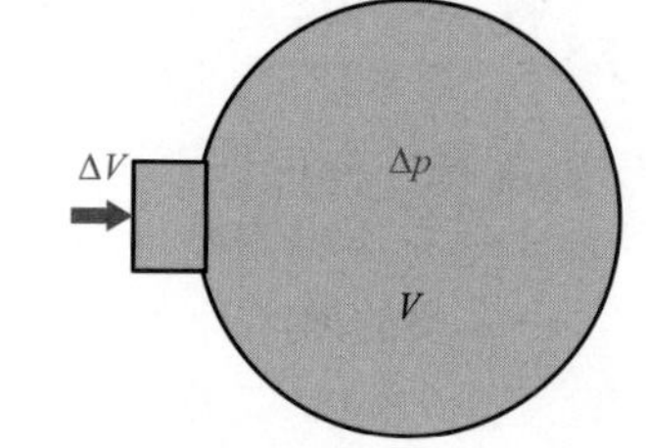

图 4-106　往充满油液的容腔里加油

V—原有油液体积　ΔV—加入的油液体积

Δp—压力上升

如果压入油液 ΔV 花费的时间为 Δt，则可根据式（4-10）写出压力在这段时间的上升速度：

$$\Delta p/\Delta t = E(\Delta V/\Delta t)/V \tag{4-11}$$

如果要更贴切地表述，就要用微分形式。因为 $\Delta V/\Delta t$ 的微分形式就是 $\mathrm{d}V/\mathrm{d}t$，就是流量 q，所以，式（4-11）表示成微分形式，就是压力上升速度

$$\mathrm{d}p/\mathrm{d}t = qE/V \tag{4-12}$$

假设 V=1L，q=1L/min，则压力上升速度为 1800MPa/min=30MPa/s，一般容器恐怕几秒钟就会爆了。

5. 油液压力推动阀芯的过程

图 4-107 示意了油液压力推动阀芯，开启流道的过程，例如，溢流阀的开启。为

简化表述，假定：油液对阀芯的有效作用面积 A 近似不变；流道开口面积近似为 πDx_t，D 为阀芯开口处直径；忽略阀芯移动对弹簧力的影响，认为弹簧压力近似于弹簧预紧压力。

1）初始状态（$t=0$）：阀芯前的容腔密闭，充满油液。压力 p_t 为零。阀芯被弹簧压力压在阀体上，位移 x_t 为零，流道关闭。

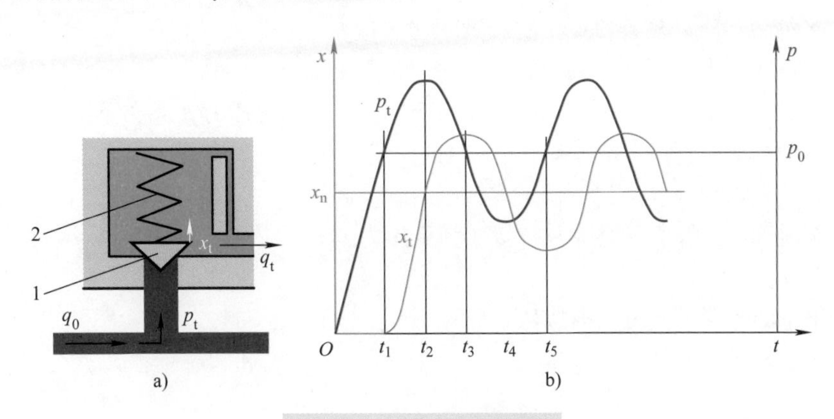

图 4-107　油液压力推动阀芯

a）结构示意　b）压力和阀芯位移的变化过程

1—阀芯　2—弹簧

x—位移　p—压力　p_0—弹簧压力　q_0—泵入流量　p_t—容腔压力随时间的变化

q_t—通过阀芯开口流出的流量　x_t—阀芯位移随时间的变化　x_n—阀芯位移的稳态值

2）开启泵，流量 q_0 进入容腔。在 $t<t_1$ 时，由于容腔压力 p_t 低于弹簧压力 p_0，推不开阀芯，流道保持关闭。泵入流量 q_0 完全被压缩，导致容腔压力 p_t 快速上升，上升速度

$$\mathrm{d}p/\mathrm{d}t=q_0E/V$$

直至时刻 t_1，容腔压力 p_t 达到弹簧压力 p_0。

3）从时刻 t_1 开始，容腔压力 p_t 超过弹簧压力 p_0，推开阀芯。

由于阀芯刚开始移动，开口还不大，泵入流量 q_0 只有一部分通过开口 πDx_t 流出，

$$q_t=C\pi Dx_t\sqrt{p_t}$$

式中　C——开口流量系数。

其余流量 q_0-q_t 使压力 p_t 继续上升，但上升速度慢些了：

$$\mathrm{d}p/\mathrm{d}t=(q_0-q_t)E/V$$

直到时刻 t_2，通过开口流出的流量 q_t 等于泵入流量 q_0，压力 p_t 不再上升。

4）从时刻 t_2 开始，由于开口足够大，从开口流出的流量 q_t 超过了泵入流量 q_0，容腔压力 p_t 开始下降。

但因为容腔压力 p_t 还超过弹簧压力 p_0，所以，阀芯位移 x_t 还在继续增大，只是速度开始变慢。

直到时刻 t_3，容腔压力 p_t 等于弹簧压力 p_0，阀芯位移 x_t 不再增大（忽略了阀芯由于惯量还继续往上移动一点点）。

5）从时刻 t_3 开始，由于开口很大，从开口流出的流量 q_t 还超过泵入流量 q_0，因此压力 p_t 继续下降，从开口流出的流量 q_t 也相应减少。

由于容腔压力 p_t 低于弹簧压力 p_0，阀芯位移 x_t 开始减小。

直到时刻 t_4，从开口流出的流量 q_t 等于泵入流量 q_0，压力 p_t 不再下降。

6）从时刻 t_4 开始，由于从开口流出的流量 q_t 低于泵入流量 q_0，压力 p_t 重又开始上升。但由于此时压力 p_t 仍然低于弹簧压力 p_0，阀芯位移 x_t 继续减小。

直至时刻 t_5，由于容腔压力 p_t 等于弹簧压力 p_0，阀芯位移 x_t 不再减小。但压力 p_t 还继续上升。

接下来的工况又重复，类似从 t_1 到 t_5。

如果完全没有摩擦力及其他减振因素的话，压力 p_t 和阀芯位移 x_t 就会持续振荡不已。

实际系统中，多少会有些摩擦力。而且因为弹簧腔充满油液，油液经过一段管道通到油箱，有一定液阻。那么，阀开口越大，通过流量越多，管道液阻造成的背压也越大。这些都会使振荡的幅度逐渐减小，经过一段时间后，运动进入稳态。

以上的分析是大大简化了的。在摩擦力与回路液阻不同的情况下，压力变化曲线会有不同的形态（见图 4-108）。

在换向阀切换、液压缸起动时，由于活塞及负载的惯量和其他阻力，也会发生与上述类似的压力超调振荡的过程。

压力变化引起通过开口的流量变化，反过来，又可能引起压力的变化！所以，液压系统中的压力多变！

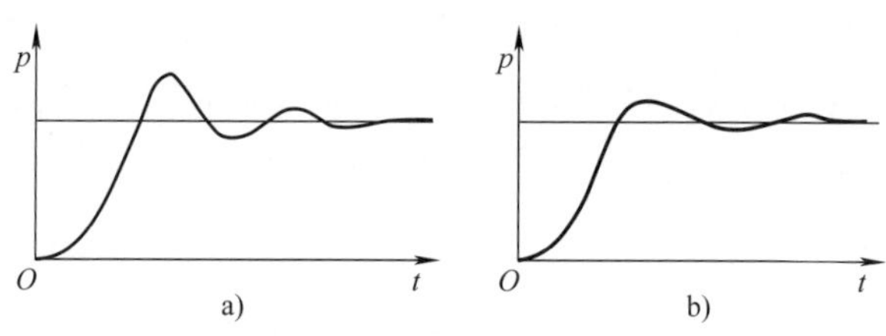

图 4-108　不同阻尼时的压力变化曲线

a）阻尼较小　b）阻尼较大

为描述液压系统中多变的压力，GB/T 17446—2012《流体传动系统及元件 术语》（等同 ISO 5598:2008）建议了多个术语（见图 4-109）。

6. 振动、固有频率与谐振

（1）振动、固有频率

1）小球 - 弹簧。用弹簧（橡皮筋）系住一个小球（见图 4-110），就构成一个振动系统。把小球往下拉，放开后，小球就会上下振动，很久不平息。期间，小球的位移、速度、加速度、受到的弹力等，时时在变。

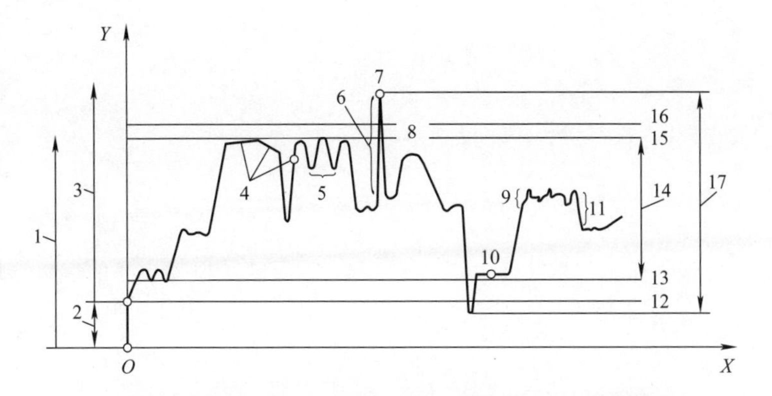

图 4-109　液压系统中压力术语图解（GB/T 17446—2012 图 1）

X—时间　Y—压力　1—绝对压力　2—（表）负压力　3—（表）正压力　4—稳态压力　5—压力脉动　6—压力峰　7—压力峰值　8—压力冲击　9—压力波动　10—空转压力　11—压力下降　12—大气压力　13—最低稳态工作压力　14—稳态压力范围　15—最高稳态工作压力　16—最高压力　17—动态压力范围

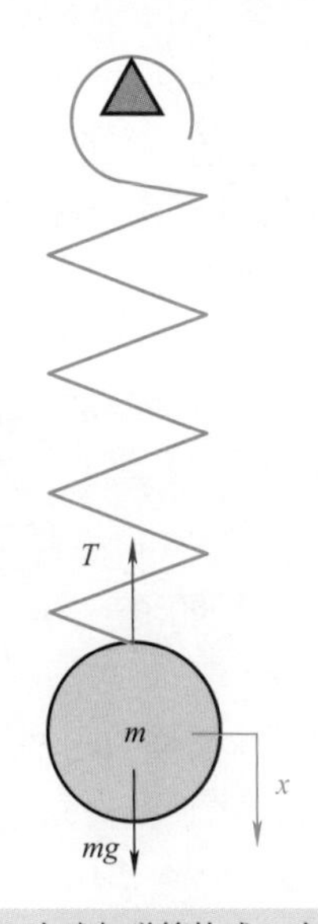

图 4-110　小球与弹簧构成一个振动系统 .

m—小球的惯量　mg—重力　T—弹力　x—小球位移

如果忽略空气摩擦力等及其他阻碍小球运动的因素，可以写出小球的力平衡方程

$$mg - T = ma = m\mathrm{d}^2x/\mathrm{d}t^2 \tag{4-13}$$

因为弹力

$$T = Gx$$

式中　G——弹簧刚度。

所以，式（4-13）可写为

$$d^2x/dt^2+\frac{G}{M}x=g$$

从此二阶微分方程可以导出小球上下振动的位移

$$x(t)=C_1\sin(\omega t)+C_2$$

系数 C_1 反映了振幅，取决于初始力；系数 C_2 反映了振动中心的偏置，取决于小球受到的重力 mg 与弹簧的刚度。

振动的角频率

$$\omega=\sqrt{G/m}$$

由此可得小球 - 弹簧的振动频率

$$f_z=\sqrt{\frac{G}{m}}/2\pi \tag{4-14}$$

从式 (4-14) 可以看到，弹簧刚度 G 越高、小球惯量 m 越小，则振动频率 f_z 越高。

振动频率由弹簧的弹力与小球的惯量共同决定，与其他因素，如，小球受到的重力，初始拉动的外力大小等无关。即使由于阻力影响，振幅越来越小，频率也不会变，所以称之为这个振动系统的固有频率，或自振频率。

如果取弹簧刚度 G 的单位为 N/mm，惯量 m 的单位为 g；则从式（4-14）可得估算式

$$f_z=1000\sqrt{\frac{G}{m}}/2\pi$$

如果弹簧刚度为 100N/mm，则小球惯量 50g 时，固有频率约为 225Hz，如果小球惯量为 100g，则固有频率约为 159Hz。

2）阀芯 - 弹簧。液压阀中常会有弹簧力作用于阀芯（见图 4-111），情况与上述相似，也会导致振动，也可参考式（4-14）来估算阀芯与弹簧导致的液压阀的固有频率。

图 4-110 所示的小球 - 弹簧系统是垂直悬在空中的，振动时，空气阻力很小，所以会长时间振动不停。阀芯装在阀体内，即使没有油液，也避免不了与阀体的摩擦力，振动会在较短的时间内减弱。

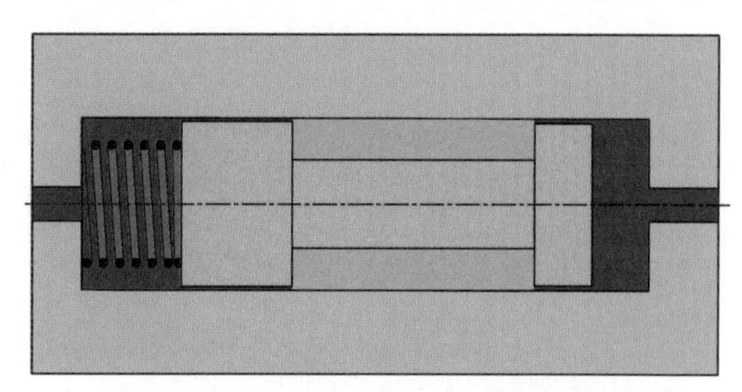
图 4-111　阀芯与弹簧构成一个振动系统

在阀体内充满油液时，由于油液也有弹性，所以，也还是会振动，

只是固有频率不同。

如果把弹簧腔的出口做得很小，在振动时可以产生阻尼作用的话，则振动会较快平息（参见图4-11）。

（2）谐振　如果对振动系统顺其固有频率反复施加外力，则振动的幅度会越来越大，类似熟知的荡秋千。这在工程学中被称作谐振，或共振。

在实际系统中，油液压力作用于阀芯时，也可能出现类似情况。因为所有液压泵输出的流量都有脉动，流量脉动遇到液阻，就会导致压力脉动。压力脉动对阀芯-弹簧系统的作用也就是一个反复作用的外力，如果作用频率与阀的固有频率相同，也会引起谐振。

其实，不仅是频率相同时，就是频率接近时，也会对振幅有影响。

如果阀的固有频率为f_z，外力的频率为f，振幅为δ，则导致的阀芯振幅δ_υ与外力振幅δ之比

$$\delta_\upsilon/\delta=1/|1-\frac{f^2}{f_z^2}|$$

此式表成曲线，大致如图4-112所示。

由图4-112可以看到：

1）当外力的频率f极低时，阀芯振幅δ_υ等于外力振幅δ。

2）当f高于f_z时，f越高，外力振幅δ对阀芯振幅δ_υ的影响就越小。

3）在f接近f_z时，阀芯振幅δ_υ会很大，也应该避免。

4）理论上，在$f=f_z$时会发生共振，阀芯振幅δ_υ可能达到无穷大。这实际上基本不会发生，因为

－随着阀芯移动，弹簧腔的容积V会变化，因此，f_z不是固定不变的。

－压力脉动不是一个标准的正弦波。

－被忽略了的摩擦力和背压起着很重要的阻尼作用。

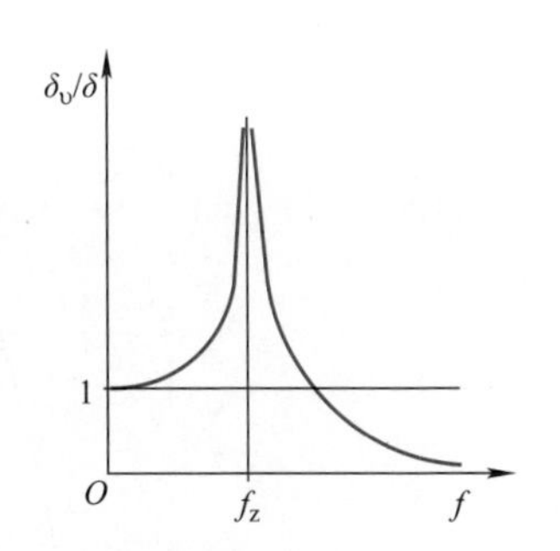

图4-112　外力对阀芯振幅的影响

δ_υ—阀芯振幅　δ—外力振幅

f—外力频率　f_z—阀固有频率

4.10　对瞬态性能的研究方法——频域与时域

高性能的系统需要深入考察其瞬态性能：

① 超调会多大？

② 是否跟得上指令？延迟会有多大？

③ 要多久才能恢复稳态？

④ 是否会持续振荡？甚至越振越厉害？

液压元件的瞬态性能影响着系统的瞬态性能。液压技术的难点其实更在瞬态：溢流阀开启时的超调，流量阀的起动突跳，特别是平衡阀的振动，这些都导致了系统的冲击、压力尖峰、噪声、振荡等种种讨厌的问题。对此，常用的阻尼孔只是万金油而已，并没有包治百病的灵丹妙药。

要达到更优的瞬态性能，需要学习一些系统动力学和自动控制技术，需要深入考察元件和系统的瞬态性能并研究其瞬态变化的过程、原因，影响因素，从而采用相应的改善措施。

1. 对瞬态性能的考察

要考察元件或系统的瞬态性能，最直接的方法是给考察对象加一个输入信号，测试输出信号（见图 4-113），也称响应。比较输出信号跟随输入信号的程度：越是接近输入信号，说明考察对象的瞬态性能越好。

输入信号 → 考察对象 → 输出信号

图 4-113　考察瞬态性能

输入信号有两类：时域和频域。

1）时域。时域信号指的是：输入信号相对时间明显变化。

最常用的是阶跃信号：在尽可能短的时间里，从一个水平增加到另一个水平（见图 4-114）。

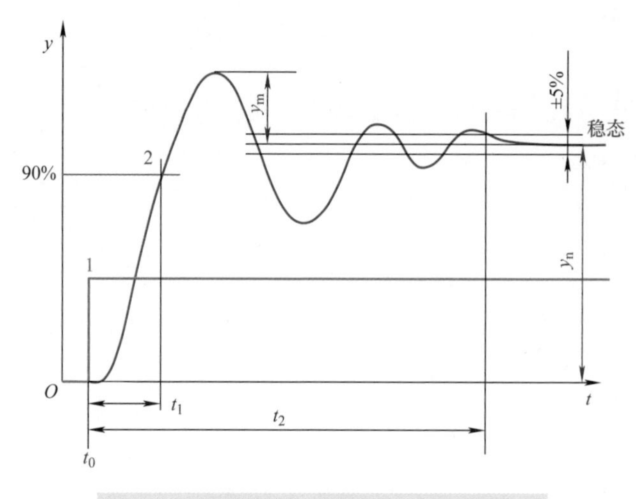

图 4-114　阶跃信号与阶跃响应（GB/T 15623.1）

1—输入信号　2—输出信号（响应）

t—时间　y—信号值　t_0—开始时刻　t_1—响应时间　y_m—超调　y_n—稳态值　t_2—调整时间

记录输入输出信号，分析过程，就可以得到：

超调——输出信号的最大值与稳态值之差。

响应时间——输出信号达到 90% 稳态值的时间。

调整时间——达到输出信号波动小于 5% 稳态值的时间。

一般而言，超调越小，响应时间、调整时间越短，说明考察对象的跟随能力越强，也就是瞬态性能越好。

2）频域。让输入信号随时间按正弦波变化，输出应该也是正弦波（见图 4-115a）。如果差不多，那就算能跟上。让输入的正弦波的频率越来越高，输出就会越来越跟不上：振幅会变小，相位会落后（见图 4-115b）。

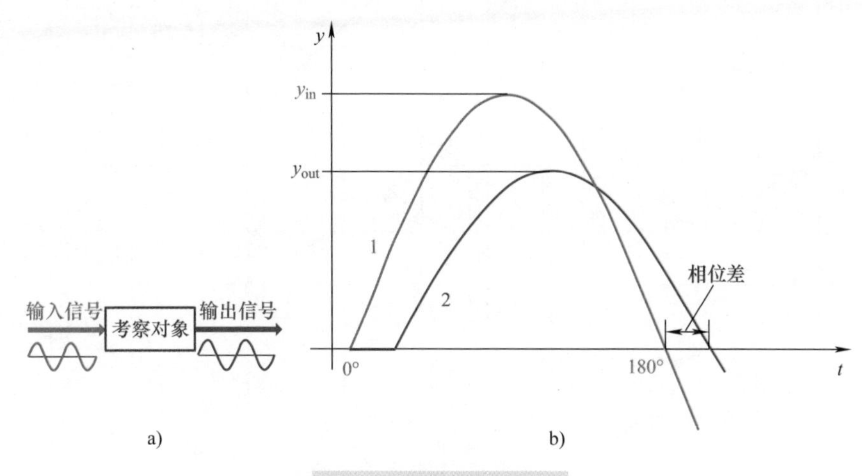

图 4-115　频率信号与响应

a）输入 - 输出　b）振幅衰减与相位差

1—输入信号　2—输出信号

y—信号值　y_{in}—输入信号振幅　y_{out}—输出信号振幅

输出信号的振幅 y_{out} 与输入信号的振幅 y_{in} 之比称为振幅比，输出信号波形落后于输入信号的角度称为相位差。

通常，以信号的频率作为横轴，以振幅比和相位差作为纵轴，来表述考察对象的频率响应特性。鉴于测试频率变化范围很大，横轴常表成对数形式，称为伯德图（见图 4-116）。称振幅比降到 −3dB 的频率为幅频宽，相位差达到 90° 的频率为相频宽。据此，图 4-116 所示为一工业伺服阀的频率响应特性：幅频宽和相频宽分别为 110Hz 和 180Hz。

幅频宽和相频宽越高，就说明考察对象的跟随能力越强，也就是瞬态性能越好。

在对电子元件系统的测定中，由于瞬态性能普遍较好，用时域的话，响应时间、调整时间都极短，很不方便。而绝大多数电子元件本就用于传递频率信号，所以，基本都采用频域。为此发明了相应的测试仪：可以直接产生正弦信号，记录输出信号，并可改变输入信号频率，记录相位差和振幅比。

2. 对瞬态性能的理论研究

为了在设计、构建和调试前就能对一个系统的瞬态性能有所预估，人们一直在尝试着对瞬态性能进行理论研究。

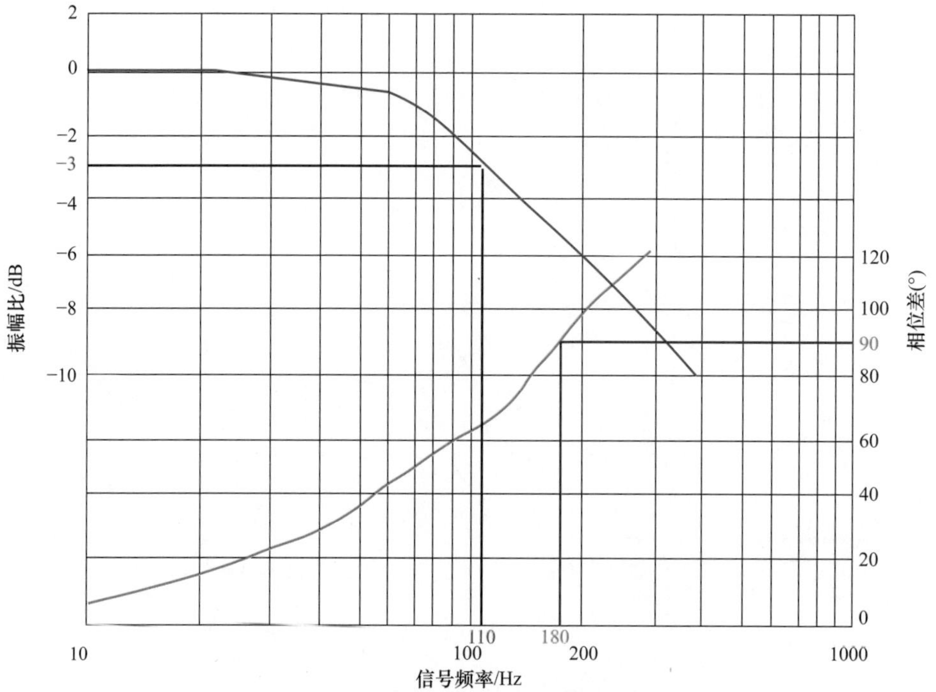

图 4-116　某工业伺服阀的频率响应特性——伯德图

（1）系统状况的表述　这是进一步进行理论研究的基础。

液压系统中，压力、流量、负载力等相互关联。因此，要表述处于稳态时的液压系统和元件，可以用一组代数方程。例如：

液压缸中的压力

$$p = F/A$$

通过开口的流量

$$q = CA\sqrt{\Delta p}$$

液压缸移动的速度

$$v = q/A$$

方程组的解，如果能得到的话，就是系统的稳态工况。

其实系统的状况常持续在变，且可能处处不同，所以要比较贴切地表述系统在瞬态时的状况，就只能考察一块极小，乃至无穷小体积的液体，认为相关参数在这个小体积中相同，并且在极短，乃至无穷短的时间内不变。这就必须用微分形式了。例如：

1）往充满油液的容腔里，压入流量为 q 的油液，导致的压力变化就如式（4-12）

所表述

$$dp/dt = qE/V$$

2）油液推动活塞，克服负载力 F 运动，活塞速度随时间的变化——加速度 dv/dt，取决于压力 p、作用面积 A 和活塞、活塞杆与负载的总惯量 m，可表示成

$$dv/dt = (pA - F)/m$$

3）欧拉方程，这里指的是 1755 年，瑞士数学家 L. 欧拉对流体微团应用牛顿第二定律得到的运动微分方程，精辟地概括了某一瞬时，液流中一段微元体积，在一维流动的情况下，在不考虑黏性时，压力随位置、速度之间的关系

$$\frac{\partial p}{\partial s} = \rho\left(j\frac{\partial z}{\partial s} - u\frac{\partial u}{\partial s} - \frac{\partial u}{\partial t}\right)$$

式中　p——微元体积受到的压力；
　　　s——微元体积的位置；
　　　ρ——微元体积的密度；
　　　j——单位质量力；
　　　z——铅垂向上的坐标；
　　　u——微元体积的速度；
　　　t——时间。

4）纳维 - 斯托克斯方程更进一步精辟地表述了黏性可压缩流体微元的三维的非定常运动，可用于紊流：

$$\frac{\partial u}{\partial t} + u\frac{\partial u}{\partial x} + v\frac{\partial u}{\partial y} + w\frac{\partial u}{\partial z} = X - \frac{1}{\rho}\frac{\partial p}{\partial x} + \frac{v}{3}\frac{\partial}{\partial x}\left(\frac{\partial u}{\partial x} + \frac{\partial v}{\partial y} + \frac{\partial w}{\partial z}\right) + v\left(\frac{\partial^2 u}{\partial x^2} + \frac{\partial^2 u}{\partial y^2} + \frac{\partial^2 u}{\partial z^2}\right)$$

$$\frac{\partial v}{\partial t} + u\frac{\partial v}{\partial x} + v\frac{\partial v}{\partial y} + w\frac{\partial v}{\partial z} = Y - \frac{1}{\rho}\frac{\partial p}{\partial y} + \frac{v}{3}\frac{\partial}{\partial y}\left(\frac{\partial u}{\partial x} + \frac{\partial v}{\partial y} + \frac{\partial w}{\partial z}\right) + v\left(\frac{\partial^2 v}{\partial x^2} + \frac{\partial^2 v}{\partial y^2} + \frac{\partial^2 v}{\partial z^2}\right)$$

$$\frac{\partial w}{\partial t} + u\frac{\partial w}{\partial x} + v\frac{\partial w}{\partial y} + w\frac{\partial w}{\partial z} = Z - \frac{1}{\rho}\frac{\partial p}{\partial z} + \frac{v}{3}\frac{\partial}{\partial z}\left(\frac{\partial u}{\partial x} + \frac{\partial v}{\partial y} + \frac{\partial w}{\partial z}\right) + v\left(\frac{\partial^2 w}{\partial x^2} + \frac{\partial^2 w}{\partial y^2} + \frac{\partial^2 w}{\partial z^2}\right)$$

式中　u、v、w——微元体积在点（x、y、z）处的速度；
　　　x——水平方向的坐标；
　　　y——水平方向的坐标；
　　　z——铅垂向上的坐标；
　　　ρ——微元体积的密度；
　　　p——微元体积受到的压力；
　　　v——油液黏度；
　　　t——时间。

5）如同在上节已述及的，要表述阀芯 - 弹簧系统的运动，也需要用一个阀芯位移 x 的二阶微分方程。

而微分方程组，特别是偏微分方程组，都很难获得解析解，这就阻碍了对系统的瞬态性能做进一步分析研究。

（2）在频率域的研究　针对这一障碍，为了研究电子元件与系统的瞬态性能，前人发明了一整套用频率研究的理论（简称频域）（见图 4-117）。

该理论采用了所谓传递函数的方法。

1）先把描述考察对象瞬态的微分方程组线性化。

2）对线性化了的微分方程，进行拉普拉斯变换，转化成算子 S 的代数方程——传递函数。因为成了代数方程，就比较容易处理，分析。

3）对传递函数进行简化处理，理想情况下，就可以分析出该考察对象的频率响应的振幅比和相位差，从而与实测值比较。

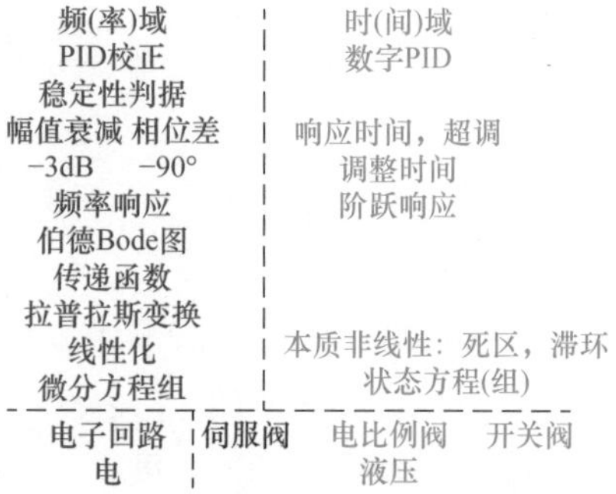

频(率)域
PID校正
稳定性判据
幅值衰减 相位差
−3dB　−90°
频率响应
伯德Bode图
传递函数
拉普拉斯变换
线性化
微分方程组

时(间)域
数字PID
响应时间，超调
调整时间
阶跃响应
本质非线性：死区，滞环
状态方程(组)

电子回路
电
伺服阀
电比例阀
液压
开关阀

图 4-117　在频域与时域的理论研究

4）在此基础上，可对考察对象进行系统动力学的研究，预估考察对象的瞬态性能，如固有频率、阻尼、响应曲线、根轨迹等。

5）在传递函数的基础上还进一步研发了一系列判断考察对象稳定性的判据，如劳斯稳定判据，奈魁斯特稳定判据等。

因为电子元器件大多有较好的线性，所以，使用传递函数的方法也基本可行。

在此基础上还研发了在控制器里，对期望值与反馈值之差进行所谓 PID（P—比例、I—积分、D—微分）校正。这是模拟电路能做和只能做的。上述频域方法伴随自动控制的发展近百年。在没有数字计算机时，这在自动控制领域也算是很成熟的、被普遍采用的技术，功不可没。

在七八十年前研发液压伺服阀及应用液压伺服阀的液压系统时，也沿用了频域的方法，使用传递函数等，来确定液压伺服阀及液压系统的频响特性和稳定性。由于液压伺服阀的线性较好，应用也还顺利。

但在四五十年前，当研发人员想用电比例阀部分替代液压伺服阀时，由于电比例阀的非线性强得多，就已经开始感觉到继续沿用频域的方法有相当的局限性了。

而因为绝大多数普通液压阀不仅有非线性，还常有很多根本无法线性化的所谓本质非线性——死区、滞环等，所以，在局部点进行线性化频域研究，局限性很强，结果缺乏信服力。

参考文献 [14]7.2 节列出了对一个含液压缸 - 平衡阀的子系统的传递函数的推导，相当繁复，感兴趣的读者可参考。

四十余年前，中国也曾有过尝试，在大学液压教科书中引入对液压元件的频域分析，不仅学生难理解，就连很多教师都感到为难。后来又花了好几年的时间，才逐步把这些内容从教科书中删除。

（3）在时间域的研究

1）微分方程虽然很少能得到解析解，但都可以转化成差分方程，进行数值运算：在给出初始状况后，用极短的时间，比如0.0001ms，来代替微分方程中的无穷短的时间，计算出结果后，再一步一步迭代，可以获得近似的数值解。

这样，状态方程——由前述的围绕考察对象工况关键参数相互作用的代数方程与微分方程混合组成的方程组，也都可以转化成可迭代计算的差分方程组。

而计算机程序语言的表述能力极强，甚至超过了一般常见的数学式，可以表述所有非线性，包括那些所谓本质非线性。例如，图4-118所示的单向阀的压差-流量关系可以表作：

如果 $p_1 \geqslant p_2 + p_0$，则 $q = 0$

否则，$q = CA\sqrt{(p_2 - p_1)}$

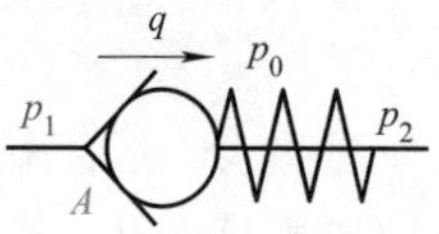

q p_0 p_1 p_2 A

图4-118　单向阀压差-流量

A—通流面积　p_0—弹簧预紧压力

类似，也可以建立表述整个液压系统的状态方程，从而建立液压系统的数字模型。

对此数字模型输入阶跃等时域信号，计算出数字模型对输入信号的响应，确定超调、调整时间等，通过实测确认后，还可进一步研判系统的稳定性等。

随着计算机科学的发展，计算机大面积普及，计算机的算力也呈指数级增长，这种研究方法获得了越来越广泛的应用，液压元件系统的数字计算预测也随之在20世纪70年代末发展起来，现在都被归入数字仿真，简称仿真。

数值计算也是有局限性的。例如，从解析式中，比较容易分析出各参数对过程、结果的影响。而上述的数值迭代计算，从一组初始参数出发，通过计算，一次只能得到一个瞬态变化过程，因此，不能直接看出各参数的影响。要做到这点，就需要多次改动欲考察参数的初始值，再比较迭代计算结果的差异，才能看出该参数带来的影响。因此，如何改动参数，如何整理比较计算结果，找出规律，也是要动一番脑筋的。

2）校正。随着大规模数字集成电路（芯片）的长足发展，伺服控制系统的控制器也逐步数字化了。为获得更好的控制特性，在数字控制器的控制程序中也加入了校正环节。虽然有些人还依据习惯，将此校正称为数字PID，其实，其校正能力远远超过了由模拟电路构成的PID校正。

所以，频域方法，对研究液压元件与系统而言，已被逐渐超越，已是昨日黄花了。

尽管计算机算力超强，但它只能在人给它的数学式和数据的基础上进行运算。如前所述，液压阀中的很多参数受很多其他因素影响，难以准确确定。因此，计算出来的结果也就很难保证准确了。所以，需要用测试来确认和校正！

第 5 章

测试是液压的灵魂

第 4 章梳理了决定阀性能的操控力和阻力，可以看到，这些因素对阀性能的好坏影响很大，但又很复杂，不易计算。

如已提及，不管东阀西阀，满足应用需求的就是好阀！

好阀不是算出来的，更不是抄出来的，是测试，改进出来的！

5.1 好阀不是算出来的

1. 液压理论与实践总是有差距的

液压传动与控制技术发展至今，人们在理论上做了很多研究，发现了很多规律，这是毋庸置疑的。然而，实际应用的工况复杂多变，理论为了具有普遍的指导意义，总是抽象化、理想化了的，也限于表述方式，忽略了很多实际因素，因此，与每一个实际工况都是有差距的。

例如，作为液压技术（静压传动）理论基础的帕斯卡定律“密闭容器中液体压力传递各向相等”是有前提的：液体必须是静止的。然而，如果液体是静止的，就不能传递功率！为了传递功率，液体必须流动！所以，在液压技术中简单套用帕斯卡定律是有违其前提的。

欧拉方程（见 4.9 节）精辟地概括了某一瞬时，液流中一段微元体积，在一维流动的情况下的压力与速度之间的关系。但此方程没有考虑到流体的黏性。而如前已述及的，现代液压——油压，就是依靠油的黏性发展起来的。所以，用欧拉方程算不准现代液压。

纳维 - 斯托克斯方程（见 4.9 节）精辟地描述了黏性可压缩流体的三维的非定常运动，因此理论上也可用以研究涡流了。此方程考虑了流体的黏度，但假定流体的黏度是不随时间和位置变化的常数。而液压技术中目前所使用的所有油液，黏度都会随温度的变化而变化：在回路中，油液每经过一个液阻，压力降低，所损失的能量基本上都转化为了热量，导致油液温度升高，黏度降低。所以，即使看上去那么全面的偏微分方程组，与液压系统的实际工况还是有差距的。

伯努利方程从经典力学的能量守恒出发，得到了流体定常运动下的流速、压力和高度之间的关系：

$$\frac{v_1^2}{2g}+\frac{p_1}{\rho g}+Z_1=\frac{v_2^2}{2g}+\frac{p_2}{\rho g}+Z_2$$

式中 v_1、v_2——液流在流线上点 1 和点 2 的速度；

p_1、p_2——液流在流线上点 1 和点 2 的压力；

g——重力加速度；

ρ——液体密度；

Z_1、Z_2——点 1 和点 2 相对某基准水平面的高度。

该方程从形式上来说，很简洁，可用于油液。但是，好看不好用。因为，从这个公式中为了得到一项，就必须知道其余所有各项。例如，为了求出点 2 的压力，必须知道在点 1 的压力和速度，以及点 2 的速度（Z_1、Z_2，对液压设备而言，很多场合不难知道）。而由于流体的运动常常很复杂，在紊流中，特别是在通流截面面积变化处，如阀口（参见图 4-16a）、阻尼孔等处，基本不可能得到实际速度的解析表达式，也就无从得到压力的解析表达式。

2. 仿真也不保证“真”

如在 4.10 节已提及的，把这些难以得到解析解的（微分）方程组转化为差分方程，即仿真模型，再输入初始参数，利用计算机进行计算，即在前述那些理论公式的基础上，进行仿真，可以得到压力、流量等变化的数值描述。

1）仿真模型。在液压回路中，在绝大多数情况下，液体流动速度较高，处于紊流状态：液体分子团相互碰撞、合并、散开、形成涡流，各行其是。而目前，液压仿真模型还根本达不到模拟分子团的级别，液压仿真只是从宏观统计的角度来研究油液的运动规律。

如果仿真模型不全面，只要忽略了一个因素，那就根本不知道仿真结果与实际工况的差别究竟有多大。

2）参数。仿真计算结果，取决于输入的初始数值。如果初始数据与实际不符，那么计算结果也不会真实。

例如，如前已述及的，油液的弹性模量对系统中的压力变化过程起着至关重要的影响。然而，油液的实际弹性模量不仅受到压力、温度的影响，还受到所含未溶解空气量，以及使用的管道等多种因素的影响。国内大学教材一般给出 1400 ~ 2000MPa，而据 IFAS 的一个测试，约为 1000 ~ 3500MPa（见图 5-1）。

图 5-1 所示为在 IFAS 的实验室里经过抽真空，排除了油液中的气体等精细处理后测得的。而在实际系统工作时，油箱回油口处的汹涌波涛肯定会不断裹挟一些空气

进油液，那油液的实际弹性模量肯定还会低，因为气体受压后体积很容易缩小：体积与压力成反比。

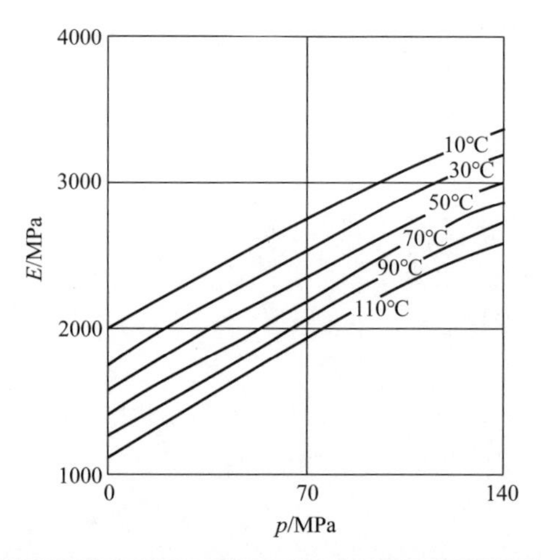

图 5-1　油液的弹性模量（HLP46，油液中没有未溶解的气体）

p—压力　E—弹性模量

另外，现代液压的工作压力常常很高，油液压力增高后，容器，特别是管道，尤其是软管，会膨胀，也就降低了实际弹性模量（见图 5-2）。

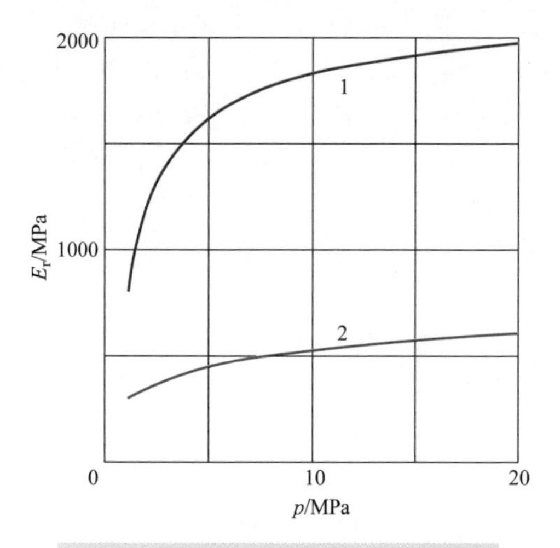

图 5-2　装在管道里的油液测试的弹性模量

1—钢管（外径 30mm，壁厚 4mm，长 3m）

2—高压软管（内径 30mm，长 3m）　E_r—实际弹性模量

如在第 4 章中已述及，影响阀开口变化的阻力大多依赖于实际加工因素，被制造工艺条件所限定，基本不可能靠理论计算来确定。例如：

– 阀芯与阀体间的摩擦力，随阀芯阀孔间隙、几何偏差变化而变化。

– 密封圈的摩擦力，随安装间隙、压力、温度和磨损状况变化而变化。

此外，通过细长孔的流量计算公式也只是在层流时有效；液压介质的黏度随温度压力而变，这就影响到雷诺数，从而影响到流态的确定、液阻的计算；电磁铁的电感及滞环非线性，且随行程而变。

比例电磁铁的电流 - 力特性虽说已经比较规则，但对它的准确度的要求也高得多；因此，要准确了解电比例阀的实际响应时间，就要考虑到电压、线圈温度、线圈电感、电磁力、阀芯质量、弹簧力、液动力、摩擦力等诸多因素的影响。

液压回路中有很多所谓的分布参数，例如，管路中的压力是逐渐降低的，温度是逐渐升高的，黏度也是逐渐下降的，每毫米都不同，但为了简化计算，只能近似取平均值，按集中参数处理。

要仿真，缺一个参数都不行，而在绝大多数的实际应用场合，许多数据，特别是基础元件的参数，例如弹簧的惯量，线匝的圈数，供货商一般都不提供，需要逐一去讨要，这就使得仿真从成本与时间角度都不是很现实。

另外，计算机只能按输入的参数计算，而在实际应用中还经常会出现未曾预料到的工况。计算机不知道这些未曾料到的工况，也就算不出符合实际的结果。

液压元件与系统的仿真，如果作为教学工具，纸上谈兵，从总体上来说，对帮助学生了解认识液压系统中各元件的相互影响，特别是瞬态特性，是有一定作用的。但如果把仿真作为产品研发工具，仿真的目的是为了预测被仿真对象的特性，从而改进优化之，那么，“比较真”是对仿真最基本的要求。

要知道是否“比较真”，就要利用测试来对比验证。

如果对比下来，偏差不大，说明这个仿真模型及这组参数比较接近实际，比较“真”，那就可以用之预测仿真对象的性能，并在此基础上进行优化，缩短研发时间。

如果偏差很大，就说明这个仿真模型还遗漏了一些重要因素。需要根据偏差，研究改进仿真模型和参数，这也可以加深对系统的理解。

测试像数字“1”，仿真像数字“0”。脱离测试，仿真就没有什么价值；和测试结合起来，仿真就可以把测试的价值放大十倍百倍。

测试是基础，在测试基础上搞仿真，才能建起摩天高楼，否则只能是空中楼阁，就是画鬼！

世界流体动力学泰斗巴克教授是液压仿真的倡导者，但他的宗旨是：没有测试条件的不仿真！一定要先创造好测试条件，才开始动手仿真。再对比仿真与测试，来改进仿真模型及参数，直至仿真结果与测试结果相近了，再基于这个仿真模型去探索更佳方案。

现在，那些世界级的流体技术大公司在研发新产品时确实在设计阶段就采用了仿真、有限元分析、流场分析等计算机辅助工具，大大加速了研发进程。但在此之前，他们曾进行了长期的海量的测试，积累了极其丰富的数据和经验。在仿真之后，还和测试结果对照改进。

5.2 只有测试才能抓出液压阀的真实性能

综上所述，单靠理论，是不可能计算出液压阀的真实性能来的。

测试，意味着测量和试验，强调测量。

液压测试就是：在液压系统实际工作时，或在特地设置的试验环境工况下，利用仪器测量液压系统、元件和其中的部件的参数的状况，从而确定它们的特性。

尽管对一些复杂工况，测试所得到的数据还要经过有时相当复杂的分析和处理，但唯有测试才能抓出液压阀的真实性能。

1. 测试是液压技术建立和发展的基础

液压技术就是在测试的基础上建立和发展起来的。以下略举几例。

1）流态与雷诺数。如前所述，开口两侧的压差决定了通过开口的流量。而油液的流态，紊流还是层流，又对流量的大小起着极大的影响。相同的压差，按紊流和层流公式计算，算出的流量常会有几倍之差。而决定流态是紊流还是层流的分界线——雷诺数，就是雷诺在 1883 年经过上万次实验之后才确定的。流态会从层流转为紊流的上临界雷诺数，根据雷诺自己的试验雷诺数约为 12000，后人曾在特别安静的环境中获得过 40000。流态会从紊态恢复为层流的下临界雷诺数，对圆管，雷诺建议为 2300，一般取 2000。对同心环缝为 1100，对滑阀阀口的为 260。等等这些，都不是根据任何理论公式计算出来的，而是通过测试得到的（参见参考文献 [18]）。

目前大学教科书中常见的雷诺数 - 阻力系数图（见图 5-3a）其实是在尼古拉兹（J.Nikuradse 1932）等人在大量试验（见图 5-3b）的基础上拟合出来的。

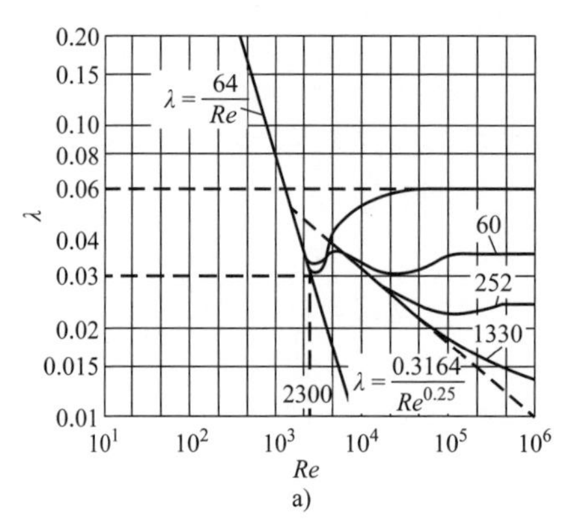

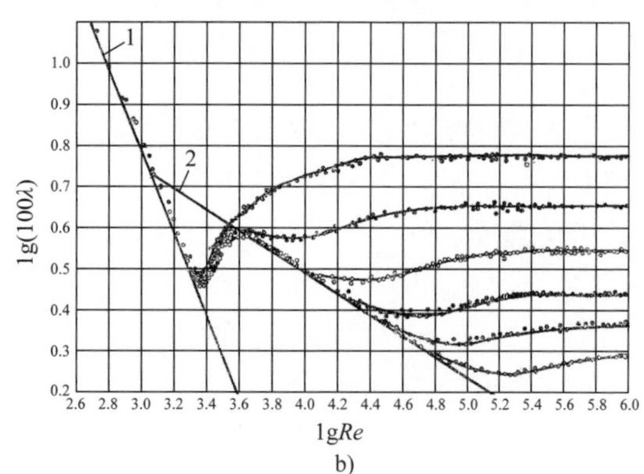

图 5-3 雷诺数 - 阻力系数图

a）拟合图 b）实测

1—层流拟合线 2—紊流拟合线

2）薄壁孔流量公式。在液压技术中被广泛采用的薄壁孔压差 - 流量公式（参见式 3-3），其实是有很多前提的。很多细节对实际的流量系数有很大的影响。图 3-9、图 3-10 所示的孔，细节略有差别，流量系数就会从 0.7 变化至 2 不等，这些都是根据测试才知道的。

在一些教科书中，液压阀开口的流量常会套用上述的薄壁孔的公式来计算。此公式对标准的薄壁圆孔尚且不准，更何况形状要复杂得多的阀开口呢。所以，也必须通过测试来确认。

3）液动力。中国几乎所有大学液压教科书都在重复照搬根据动量变化计算液动力的理论公式。殊不知，路甬祥教授在德国亚琛工大液压气动研究所（IFAS 前身）攻读博士期间（1980—1982）就对液动力随阀芯行程的变化做了认真详尽的研究，把理论计算与测试作了对比（参见图 4-23），发现用动量变化算出的液动力往往大于测试，而且，没有反映液动力随行程增大会下降的趋势。他指出，“采用上述测试方法，在工程上更近于实际情况，与作出大量简化以后进行理论分析的方法相比，能够得到包括许多在数学上难以描述的内部因素综合作用在内的稳态液动力测试曲线”。可惜，过来人四十年前的这番真知灼见迄今仍未得到一些中国教授的足够重视。

2. 测试仪器

管道中的流量，虽然在敞开的出口处还可以观察到，甚至估摸到大小，但准确度很低，在密闭钢管中的就更不用谈了。

而压力则更难以估计。在 1849 年压力表发明前，就曾因为蒸汽机锅炉中的压力无法确定而发生过多次严重事故。

随着液压技术的发展，很多供液压技术使用的测试仪器被研发出来。可以说，没有这些测试仪器，就没有现代液压。

虽然测试仪器也有误差，但误差大小可以通过标定——与更高准确度的测试仪器比较——来确定。现代常用的液压测试仪器的准确度多在 2% ~ 0.1%。所以，测试的可信度要远高于理论计算。

液压测试仪器大体可分直接显示型和记录型。

1）直接显示型，如图 5-4 所示，一般都没有记录能力。

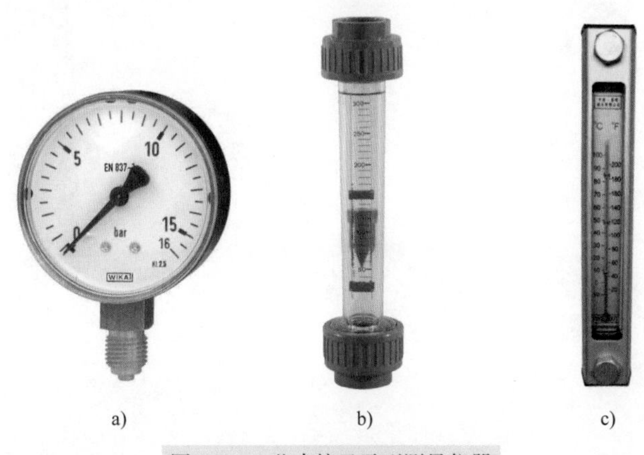

a)　　b)　　c)

图 5-4　一些直接显示型测量仪器

a）压力表　b）浮子型流量计　c）油温计

这类测量仪器的长处：可直读，直观，无中间环节，成本低。因此，不必弃用。

直接显示型测量仪器的不足之处：

- 瞬态变化，如果没有记录，一晃而过，就很难再进一步仔细分析。
- 信息传递，如果靠语言描述，则不精确，口说无凭。
- 拍录像固然可以记录存档传递，但也很难深入分析。
- 瞬态性能差，一般低于 10Hz，不能反映被测量，特别是压力的瞬态变化。

2）记录型。记录型测试仪是六七十年前出现的，最初是模拟型的。在 40 年前，随着数字技术的进步，也都逐步进化为数字型的了，价格也大幅度下降。同时出现了专为液压测试制作的便携式数据采集仪（见图 5-5），各种液压用的压力、流量、温度传感器（见图 5-6）都可以直接与之相连（见图 5-7），使用非常方便，故有“液压万用表”之称。

图 5-5　便携式数据采集仪

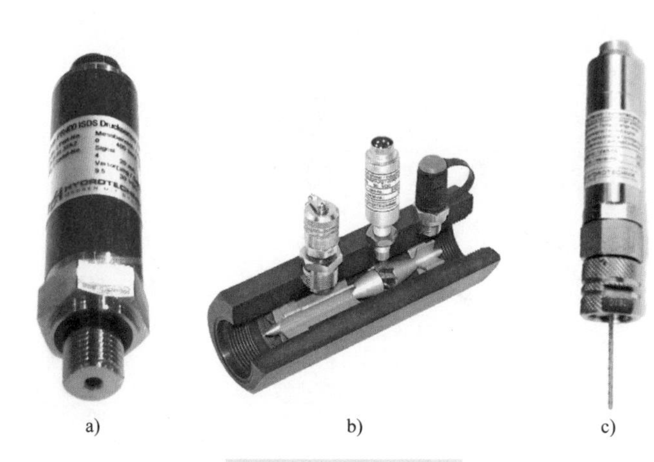

a)　b)　c)

图 5-6　一些测量传感器

a）压力传感器　b）涡轮流量传感器　c）温度传感器

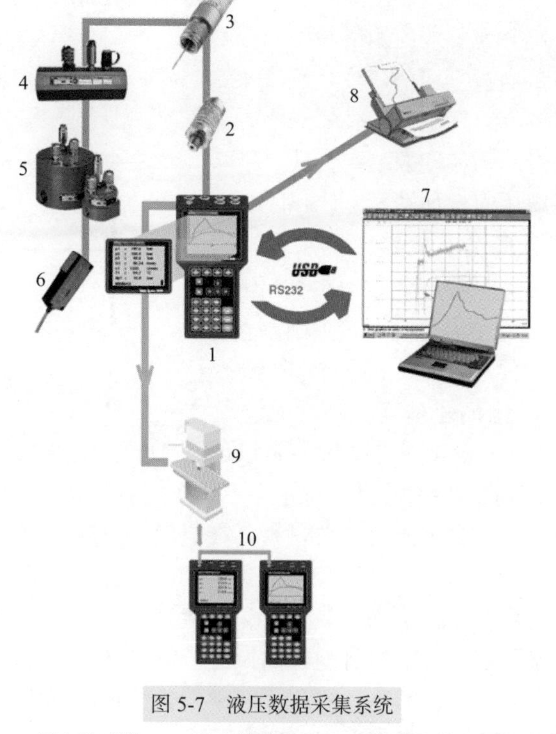

图 5-7 液压数据采集系统

1—数据采集仪 2—压力传感器 3—温度传感器 4—涡轮流量传感器 5—齿轮流量传感器 6—转速传感器 7—便携式计算机 8—打印机 9—台式计算机 10—多台采集仪联合使用

被测量通过传感器转化为电信号，这样变化过程就可以记录下来，处理、显示、传递。

记录型测试仪的长处：

- 记录下来的信息可客观、无损失地，甚至在使用不同语言的地区间传递、交流、分析、探讨。
- 现代压力测量传感器的动态性能已高于5000Hz，足以抓住一般液压元件系统的压力瞬变，然后从容地分析。

另外，如前所述，液压阀的性能大多不能用一两个数字来表述，用曲线才能比较准确地描述。采用记录型测试仪也便于自动记录数据并以曲线方式显示。

5.3 研发性测试

怎么才能知道，一个阀是否满足应用的需求呢？

阀的性能能否满足应用的需求，最终是要通过实际应用才能确认的。但这之前，通过测试，了解应用的需求，然后，对阀进行尽可能接近需求的测试，就能对阀的适用性有所认识。

阀的功能靠其结构来实现，而阀的性能则要靠测试来确定！

对阀的测试，可分为研发性测试和生产性测试。

阀的优良性能是通过全面的研发性测试来达到的，阀的制造质量稳定则是通过认真的生产性测试来确认的。

研发性测试是对样品特性的全面测试。

阀的研发过程应该大致如图 5-8 所示。接到研发任务后，设计师分析要求（任务书），进行必要的计算和方案构思，设计出图样。但智者千虑，也有一失。所以，在样品根据设计图样试制出来以后，要进行全面的性能测试。把测试结果与要求对比，针对差距再改进设计，再试制，再测试，比较改进的效果，如此反复。期间，也可根据情况，补充修改要求，直至样品的性能符合要求。在此过程中，测试都是不可缺少的重要环节。

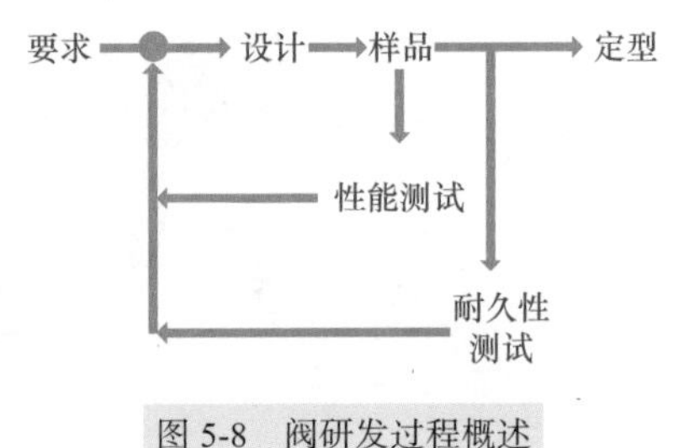

图 5-8 阀研发过程概述

研发性测试，不仅在研发过程中要进行，在研发结束时还要进行，从而对元件设计和制造工艺做一个定型鉴定。这里就牵涉到生产设备与工艺的稳定性。例如，人工焊接与自动焊接的稳定性不同。而自动焊接，每次修改工艺参数后的焊接强度都可能不同，因此，可能都需要再次进行针对性的试验。如果制作工艺不稳定，试验结果就没多大价值。所以，被试件要具备系列生产产品的特性，即采用系列生产的材料、工艺，这样，测试结果才能代表系列生产产品的水平。

一般需要进行以下一些测试。

1. 性能测试

1）稳态性能。如压差 - 流量特性、调节控制性能、密封性（泄漏量）、噪声，等等。

2）瞬态性能。如溢流阀、电比例阀的阶跃响应、流量阀的起动突跳、电磁换向阀的工作范围，等等。

3）耐压性能。液压系统实际工作中，出现短时间超压是经常的。因此，仅在许用压力下进行测试是不够的。一般都应该做静态压力值为许用压力的 125% 的耐压测试。要注意的是，在这个耐压测试后还应再进行一次性能测试。性能基本不变，才能说明此阀能无后遗症地承受这个超压。

4）爆破试验。有的制造厂进行爆破压力测试，即，给部件加压，逐渐升高，直至爆破。爆破压力必须高于额定压力的 3 倍，有的要求高于 4 倍，才认为合格。

爆破试验的原理是这样的：

1）部件爆破，一般意味着，部件受力超过了材料的抗拉极限。

2）钢材、铝材等液压阀常用金属材料的弹性极限一般都不低于抗拉极限（对应爆破压力）的 60%。

3）抗拉极限是额定压力（许用工作压力）的 4 倍（3 倍）以上，就意味着，弹性极限是额定压力的 2.4 倍（1.8 倍）以上。也就是说，即使瞬间压力峰值达到了额定压力的 2.4 倍（1.8 倍），也还是在材料的弹性极限内。那么在瞬间压力峰值消失以后，部件还肯定能恢复原形。

4）这样，就可省去上述的耐压试验后的再次性能测试。

爆破试验适用于筒状或阀块类中空的部件。因为，这时测试了它的抗拉极限。而对于实心部件，例如一些阀芯、衔铁，因为金属材料的抗压能力往往远高于抗拉能力。因此，从四面八方均匀地加 4 倍压力不能说明什么问题。

2. 耐久性测试

耐久性测试，也称寿命测试，疲劳试验。

尽管对材料元件的耐久性已做过很多研究，已有很多理论计算方法，用于复杂形状的有限元计算方法也已相当成熟，但最终还是要通过实际测试来检验。

为确定设计出来的液压阀能否长时间地可靠工作，常需要采用比较接近实际使用工况的长时间运行。

如在 1.5 节中已提及的，用以衡量液压元件可靠性的指标“平均危险失效前时间 MTTFd”，也是要通过模拟实际工况进行耐久试验得到的。

应注意以下几点。

1）对可能的损坏应有所预估。影响液压阀工作耐久性的因素很多，例如，原材料的材质不均匀——杂质、气体含量，阀芯阀体的表面硬度、表面粗糙度、耐磨程度，工作时的润滑状况等；电磁线圈的耐水性、耐热骤冷性，衔铁套筒的耐压冲击等等。

所以，对可能的损坏应有所预估，例如：

- 配合运动副磨损。
- 密封圈磨损失效。
- 弹簧疲劳折断，等等。

这样，在测试前就可以进行有针对性的完整的初始状态记录：

- 配合运动副的实际加工尺寸与形状位置偏差、硬度、表面粗糙度；
- 密封圈槽的实际加工尺寸、配合面的表面粗糙度；
- 弹簧的实际尺寸、刚度、压缩量、供货商，等等。

在测试过程中，每隔一段时间，应再针对性地拆开检查测量，并记录对比，从而获得经验。

油液的污染状况对一些部件的耐久性也会有影响，所以，也需要定期检查控制。

准备得越充分，收获就越多！

2）爆破压力测试所需的时间比耐久性测试短得多，可以较频繁地进行，从而在较短的时间内发现产品的薄弱环节。所以，应该在耐久性试验前进行。

3）测试系统要尽可能简单。因为，在正常情况下，阀的工况——速度、受力，与泵相比，温和得多。因此，现在比较优秀的液压阀，在常规工况下能持续工作几千乃至几万小时，是很常见的。所以，耐久性测试需要的时间很长。这是很烧钱的！因为在测试时，不仅被测阀，而且整个测试系统——泵、加载阀、管道等，都在经受考验。因此，进行测试前要仔细规划，测试系统要尽可能简单！

4）强化试验工况。通常，应该是在耐久性试验的结果可接受之后，才允许投入批量生产。因为，万一其耐久性很差，在短时间内，尤其是在保质期内，大量损坏，那对企业，无论是经济上，还是名誉上，都将是一个灾难。但是，企业领导又都希望，产品能尽快投入市场，取得收益。而因为常规工况的试验非常耗时，所以，常强化试验工况，例如，高压（试验压力为额定压力的 133% 或更高）；大流量；甚至有意添加污染物，等等。

材料学的研究表明，导致材料失效的是载荷强度与载荷变化幅度的综合作用。图 5-9 所示为对一试件进行加载破坏试验的结果。图中横轴为载荷平均强度，纵轴为载荷变化的幅度。

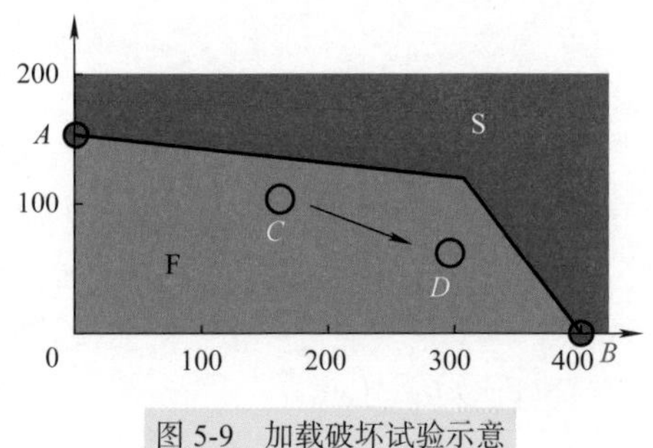

图 5-9 加载破坏试验示意

A—纯交变 *B*—纯静态 *C*—交变较大
D—交变较小 F—持续工作区 S—破坏区

从图 5-9 可以看出，纯交变（*A* 点）能承受的最大载荷（150）比纯静态（*B* 点）能承受的载荷（400）小得多。现实中的工作状态介于两者之间。*D* 点的静载荷比 *C* 点大得多，但由于载荷变化的幅度较小，就也还能承受。所以，试验的压力流量大幅度周期变动：正弦波或矩形波，或高频率冲击可以加速得到试验结果。

强化测试可以缩短需要的试验时间，但其价值也是有限的，因为实际工况千差万别，而测试工况相对单一，所以，耐久性很难直接类比。从这些试验结果定量地估计常规工况下的耐久性，需要很细致的分析和丰富的经验。

5）针对部件的测试。在对整阀进行耐久性测试之前，还应该创造条件，对其中一些重要部件，如阀用弹簧、电磁线圈等单独进行耐久性测试。这种测试，工况单一、针对性强、见效快、代价较低。

6）即使是世界级大企业，也不可能对它的所有阀种都进行耐久性测试。大多是通过类比的方式：材料相同，加工工艺相同，尺寸配合相似，受力相似，则耐久性应该也相似。因此，对每一次测试做好周密的计划、详尽的记录，是很有益的。

7）在那些能提供高水平阀的制造厂里，耐久性测试的第一目的，并非是确定该阀的实际耐久能力，而是为了要找出哪个部件什么部位最先损坏，是薄弱环节，从而改进其设计或材料或制造工艺。不是为了证明好，而是为了发现不好，从而改进！

如果测试的目的就是为了证明好，应付鉴定会，那就很容易流于形式，甚至弄虚作假，找个大人物在鉴定会上说几句就算是达到“国家级水平”。这种事情已经发生过，教训惨痛！

3. 接近应用需求的测试

液压阀，一般而言，是通用件，往往可以用于不同场合。但如果已经有了具体应用，那就应该深入调研：此应用有什么特殊要求，如负载剧变、特殊油液等，从而进行接近应用需求的测试。

4. 模拟应用环境的测试

创造相似的环境，通过测试来考核阀在此环境的性能。如高低温测试、耐腐蚀（盐雾）测试、振动、冲击测试、防爆测试等。

综上所述可见，性能优良的阀不是靠理论计算就能得到的，而是靠反复测试改进出来的。

单靠从好阀制造厂买来的图样肯定是不够的，因为还牵涉到材料、配件（如弹簧）、加工设备、工艺条件等诸多其他因素。

所以，国内很多企业根据样品测绘出来的图样就更不够了。而测试，可以帮助理解被测绘阀的工作方式，了解其已达到的性能。仿造总是有差别的，而通过测试比较产品之间的差距，就便于找出并排除存在的问题。

5. 测试标准

为了总结经验，便于交流比较，人们就制定出了一些标准。

国际标准一般只建议测试方法，不给出应该达到的性能指标。与液压相关的中国国家标准大多是等同或修改采用国际标准。例如关于电调制液压控制阀的 GB/T 15623 是修改采用了“ISO 10770”；关于液压阀压差 - 流量特性测定的 GB/T 8107 是修改采用了 ISO 4411，等等。

在中国的机械行业标准（JB）中（见表 5-1），型式试验大致对应研发性测试，出厂试验大致对应生产性测试。

表 5-1　一些阀的行业测试标准

名称	标准编号
液压溢流阀	JB/T 10374
液压卸荷溢流阀	JB/T 10371
液压减压阀	JB/T 10367
液压顺序阀	JB/T 10370
液压调速阀	JB/T 10366
液压节流阀	JB/T 10368
液压单向阀	JB/T 10364
液压电磁换向阀	JB/T 10365
液压电磁换向座阀	JB/T 10830
液压电液动换向阀和液动换向阀	JB/T 10373
液压手动及滚轮换向阀	JB/T 10369
液压多路换向阀	JB/T 8729
液压二通插装阀	JB/T 10414
液压阀用电磁铁	JB/T 5244

这些标准一般含有以下基本内容：

- 技术术语和符号的说明和规定。
- 试验条件的规定，包括试验用油液的黏度、油温及污染等级等。
- 试验项目和试验方法，包括试验回路、需要考核的性能等，应该达到的指标。
- 测试点的配置和测量准确度等级。

参与制定标准的很多是这方面的行家，有相当丰富的经验；标准中很多内容做过验证性试验；标准公布实施前经过了多次意见征询，层层审核，具有相当的权威性。因此，标准是液压技术人员一定要学习的重要参考资料。但也应该认识到以下几点。

1）标准即然是人制定的，无论是中国人，还是洋人，就可能有错误、欠缺、可改进之处（参见参考文献 [13]4.6 节、5.3 节）。技术在发展，出现标准未预见到的情况是常有的事。标准不断出现新版本，就说明在不断改进，人的认识在不断深化过程中。所以，不应迷信，盲目执行标准。

在德国，工程师都很清楚，标准不是法令，只要自己认为有明确充分的理由，是可以不执行的。

在中国，标准分两类：强制执行的和推荐执行的。液压测试标准全都属于推荐执行的。因此，也是可以根据具体情况选用，不是一定要照搬硬套的。

例如，制定标准的目的之一就是希望在不同试验台测出的结果有可比性。但现行的中国机械行业标准一般规定油黏度在 40℃时为 42 ~ 74mm^2/s，试验温度为 50℃，而欧美公司普遍采用黏度在 40℃时为 29 ~ 35mm^2/s 的油（ISO VG32 号油），试验温度就是 40℃。这个差别就可能影响性能指标的可比性。

2）关于液压元件的试验方法，还有几项国际标准，但关于液压元件的性能指标，没有任何国际标准。JB 中推荐的性能指标，是中国自行拟订的。而因为 JB 是兼顾国内整个行业的状况的，因此，应该达到的指标只能作为最低要求。企业标准应该高于 JB 标准。

3）世界性大公司，基本上是不会执行中国的试验标准的。

目前，中国市场上的高端产品很多来自世界性大公司。

所以，可以逻辑地推论：在中国市场上，很多高端产品基本不执行中国的试验标准！也就是说，不执行中国的试验标准，也是可能成为中国市场上的高端产品的！所以，不要神话中国的试验标准。中国企业想要制造高端产品就应该制定比行业标准更高的试验标准。

5.4 生产性测试

1. 种类

1）针对原材料、外购件的测试。

2）生产过程中针对零部件的测试，主要是加工尺寸，形状位置误差。

3）针对组装完成的液压阀，通常在入成品库前进行，常称出厂检验。

出厂检验是指产品交货前应进行的各项检验，包含了装配与外观的检验和性能的检验。当然，其中最重要的和技术含量最高的是性能检验，出厂产品的性能通过出厂试验来检验。

必须认识到，出厂检验主要是检查性的：只能发现有缺陷的产品，降低不合格品漏出去的概率，并不能保证检验过的产品没有任何缺陷，因为任何检验都不可能100%地查出所有部件所有原料所有加工环节中可能存在所有的问题。

2. 出厂试验的目的

1）设定。例如，根据顾客要求设定溢流阀、减压阀等的压力、流量调节阀的流量等。

2）对某些重要性能的检测，看其是否符合厂标。

出厂检验的工作量很大，理论上讲，而且一些行业标准也建议，如果制造过程非常稳定，一定情况下可以挑选测试项目进行抽检（见本节 7. 接受质量限）。

3）冲洗。尽管所有零部件组装前都应该进行仔细的清洗，但也难免还会有少量污染。所以，必须利用出厂试验的机会，最后再进行一次内部流道的冲洗。因为已是组装完毕了，试验之后，再注意包装密封，就可减少夹带的污染物。

因为清洁对液压阀的正常工作极其重要，所以，尽管对某些性能可以仅仅抽检，但实际上还是应该百分之百地“过油”。

3. 出厂试验的项目

JB 建议了出厂试验应进行的项目（见表 5-2），主要是功能性的，检查能否完成保证的功能。生产厂的具体试验项目应根据具体情况——生产过程、产品的重要性等决定。

表 5-2 一些液压阀出厂试验 JB 建议进行的一些项目

<table>
<tr><th>阀</th><th>标准</th><th colspan="9">出厂试验项目</th></tr>
<tr><td>节流阀</td><td>JB/T 10368</td><td rowspan="4">耐压性（抽试）</td><td>流量调节范围</td><td rowspan="4">内泄漏量</td><td>—</td><td>正向压力损失（抽试）</td><td rowspan="2">反向压力损失（抽试）</td><td>—</td><td>—</td><td rowspan="4">密封性</td></tr>
<tr><td>调速阀</td><td>JB/T 10366</td><td>流量调节范围及最小稳定流量</td><td>进口压力变化的影响</td><td>出口压力变化的影响（抽试）</td><td>—</td><td>—</td></tr>
<tr><td>溢流阀</td><td>JB/T 10374</td><td>调压范围及压力稳定性
压力振摆、压力偏移</td><td>卸荷压力（抽试）</td><td rowspan="2">压力损失（抽试）</td><td>—</td><td>稳态压力 - 流量特性</td><td rowspan="2">动作可靠性</td></tr>
<tr><td>卸荷溢流阀</td><td>JB/T 10371</td><td>调压 - 卸荷特性</td><td>重复精度误差</td><td>—</td><td>保压性</td></tr>
</table>

（续）

<table>
<tr><th>阀</th><th>标准</th><th colspan="9">出厂试验项目</th></tr>
<tr><td>减压阀</td><td>JB/T 10367</td><td rowspan="2">耐压性（抽试）</td><td rowspan="2">调压范围及压力稳定性
压力振摆、压力偏移</td><td>外泄漏量（抽试）</td><td>—</td><td>减压稳定性</td><td rowspan="3">反向压力损失（抽试）</td><td>—</td><td rowspan="2">动作可靠性（抽试）</td><td rowspan="6">密封性</td></tr>
<tr><td>顺序阀</td><td>JB/T 10370</td><td rowspan="6">内泄漏量</td><td>外泄漏量</td><td rowspan="2">正向压力损失（抽试）</td><td>稳态压力-流量特性</td></tr>
<tr><td>单向阀</td><td>JB/T 10364</td><td>耐压性</td><td>开启压力（抽试）</td><td>—</td><td>—</td><td>控制压力（抽试）</td></tr>
<tr><td>电磁换向阀</td><td>JB/T 10365</td><td rowspan="4">耐压性（抽试）</td><td>—</td><td>—</td><td>压力损失（抽试）</td><td>—</td><td>—</td><td rowspan="4">换向性能</td></tr>
<tr><td>电液动和液动换向阀</td><td>JB/T 10373</td><td rowspan="3">滑阀机能</td><td>—</td><td>—</td><td>—</td><td>—</td></tr>
<tr><td>液压手动及滚轮换向阀</td><td>JB/T 10369</td><td>—</td><td rowspan="2">压力损失（抽试）</td><td>—</td><td>—</td></tr>
<tr><td>多路换向阀</td><td>JB/T 8729</td><td>—</td><td>背压性能</td><td>负荷传感</td><td>安全阀补油阀</td></tr>
</table>

一些 JB 中提出，在做出厂试验时还要做耐压试验（抽检）。但这样做的话，设备、能耗代价都较大。如果在型式试验中已经认真地做了耐压试验，又能很好地控制原料的质量，制造过程也很稳定，其实不一定要在出厂试验时再做耐压试验。作者访问过的一些世界性公司也不在出厂试验时做耐压试验。

4. 试验台设计

在设计出厂试验用的试验回路和试验台之前，首先要确定，需要试验产品的生产纲领，估算每个产品试验需要的时间，包括装夹拆卸的时间。因为所有出厂产品一般都需要上试验台，量比较大，因此，要重点关注如何高效率和低成本。例如：

1）装夹方便。

2）试验回路适当综合，尽可能一次装夹完成全部试验。

3）要有足够的安全保护措施。

4）要特别注意工作油液的污染状况。所以，试验台应有多个大容垢能力的过滤器。同时，定期检查记录油液的污染状况（GB/T 14039）。

5）测量仪的准确度相对研发性试验一般可以低些。

5. 试验任务书

出厂试验任务（计划）书中应至少包含以下内容：

1）待试验产品、代号。

2）试验项目。

3）试验回路。

4）试验方法。

5）合格指标。

6. 试验报告

因为量大，为效率考虑，一般仅重要的、性能要求高的元件，如一些伺服阀、由专职机构检查的安全阀，才每个阀单独填写试验报告。

很重要的是，对试验情况要及时做分析，对不合格品的超差情况分类统计，为找出导致缺陷的原因，改进生产管理，降低次品率提供依据。

降低次品率，就是降低成本，也就是增加利润。

只有降低了出厂检验的次品率，才有可能降低交货次品率、早期使用次品率。

7. 抽样检验

因为出厂检验的工件数量很大，一般又是合格品占绝大多数，但又不可能绝对没有次品，所以很多液压阀的 JB 建议根据 GB/T 2828.1《计数抽样检验程序　第 1 部分：按接收质量限（AQL）检索的逐批检验抽样计划》（ISO 2859-1）进行抽样检验。过程大致如下（详见参考文献 [13]2.6 节“出厂试验”及相关标准）。

1）按照批量的大小和一般检查水平确定样本量字码。

2）根据样本量字码确定应该从这批产品中随机抽取的样本数量。

3）进行检验。

4）根据检验结果，参照该标准，决定整批产品是否接收。

5）根据实际检验情况，调整检验状态：正常检验 N、加严检验 T、放宽检验 R、暂停检验 D。

5.5　领悟测试曲线是液压修行不可或缺的环节

1. 测试曲线是液压技术中最重要的表述形式

如前已述及，液压阀的大多数性能都需要用至少是二维曲线表述，如阀的压差 - 流量特性，比例电磁铁的电流 - 电磁力特性等。产品说明书中的性能曲线都应该是来自测试。

对液压阀的液压性能的测试，一般都不能单独进行，而是需要在一个液压回路中进行。所以，实际上也是对一个液压系统进行测试，只是这时测试的目标是被测阀的特性。这时，测试结果也需要用曲线表述。

元件系统的瞬态响应，常是以时间为横轴的曲线。

要考核阀对实际应用的适用性，也是需要对实际液压系统进行测试，根据一堆测试曲线来判断。

主机动作过程中相关参数的变化，也都是以测试曲线的形式表述。

所以，测试曲线是液压技术中最重要的表述形式。从测试曲线中可以了解被测元件系统的很多特性，能读懂的话，就能为改进提供实在的依据。

图 5-10 是一位德国工程师提供的。他根据主机厂设计的挖掘机的参数，选配相应的泵马达和阀，提供给主机厂。主机厂在组装后试车，测试出指定点的压力变化，他在万里之外就根据这些测试曲线来调整优化他们提供的液压元件。

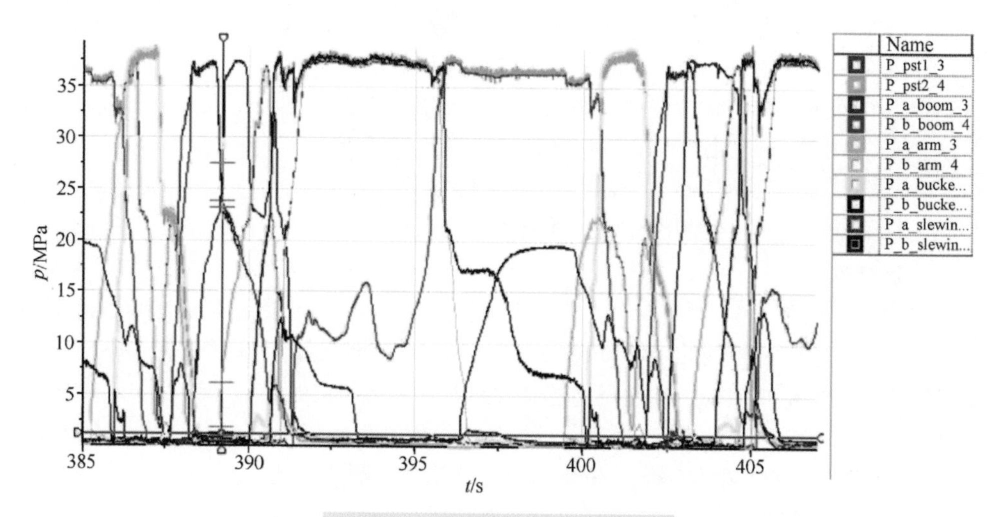

图 5-10　一台挖掘机的压力测试曲线

因为测试曲线综合反映了被测系统的几乎所有的真实信息，所以往往很复杂，不易读懂，需要细致全面的准备工作。

2. 准备是读懂测试曲线的关键

进行液压测试前，除了学习掌握一些测试的基本理论与术语，液压元件、系统的工作原理，相关标准，学习掌握相关测试仪器等以外，还应从以下几个方面进行准备（详见参考文献 [13]）。

（1）规划测试　大体有以下几步。

1）了解分析测试目的。

2）参考已有的标准，确定测试项目。

3）对被测件进行分析。

根据已有的理论和经验，对被测件的结构、工作方式、特性等，进行尽可能深入的分析，从而确定测试的具体内容及要求。

分析越深入，收获就越大。

4）设计测试方案、测试过程。

测试回路的设计、搭建、测量点的选择，都要尽可能减少其他元件特性的影响。

5）准备测试仪器。

（2）预估测试结果　预估液压系统的性能是液压系统设计师必须具有的能力。

根据已有的理论和经验，参考类似产品，在动手实测前尽可能预估可能得到的测试曲线的形态。这非常有利于提高对被测件的理解及为测试的准备，同时，也利于在测试过程中及时发现测量结果中由于疏忽造成的测量异常值。

就像猜谜有助于你提高智力一样，预估也非常有助于你加强逻辑推理能力和加深液压专业的修行，帮助你成为真正的内行。

（3）多做准备　测试，准备工作做得越充分，进行得就会越顺利，所谓事半功倍。冒冒失失、匆匆忙忙开始的测试常以失败而告终：测了一大堆数据，却分析不出什么需要的结果。祖训：磨刀不误砍柴工，是也。

所以，准备是测试成功的关键。准备测试的过程也是提高研发能力的过程。

3. 努力读懂测试曲线，从最简单的开始

《道德经》说，“天下难事，必作于易；天下大事，必作于细”。尽可能利用已有的条件，从简单的开始。

1）先实验室，再现场。现场实际工作环境一般都比实验室恶劣：可能是露天，也可能有风沙泥浆；或者环境危险，需要更为谨慎的安全措施。有时测试现场远离自己的工作单位，陷入通信不畅，孤立无助，或少助的境地，也是常有的事。

现场测试的代价大，可供测试的时间也常常有限制，有些工况不易重现。

所以，要尽可能先在本单位实验室自己的试验台上学习尝试：仪器、方法、测试过程。

有一定能力后，可能的话，参照实际应用，在实验室进行接近实际工况，如加载等的测试。

2）先简后繁。见微知著，一滴水可以折射出太阳的光芒。从简单的液压回路开始，也可以获得对液压系统的深刻认识。

先尽可能测试单一动作，简单工况，并且分别测试，这样得出的测试曲线就比较容易懂。

研读测试曲线时，也是先简后繁，先稳态再瞬态，不急迫的以后再说。

测试的目的，说到底，不是为了一大堆数据和曲线，而是为了从中分析出阀的特性。所以，下功夫去读懂（整理分析）测试曲线是很重要的。

努力去分析测试结果——曲线，才能加深你的液压修行。

液压修行的深浅，不在于知道多少公式，而是看分析测试曲线的能力。

能读懂每一段曲线，才可算是达到了液压修行的高境界。

4. 实例

一个简单的液压回路如图 5-11 所示。

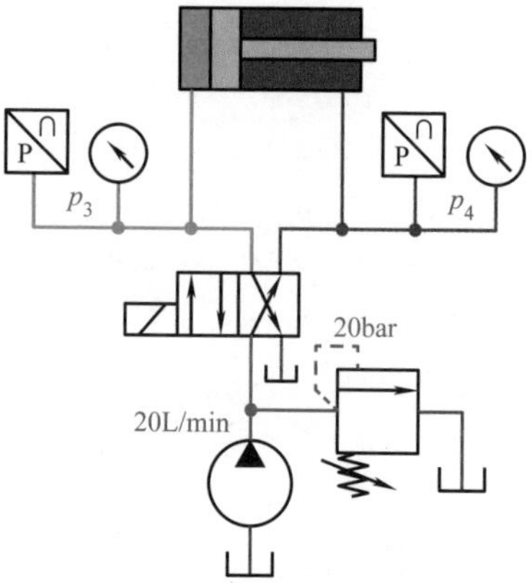

图 5-11　一个简单回路

1）在液压缸的进出口处设置压力传感器记录压力 p_3、p_4。

2）换向阀反复通电断电，使活塞杆伸出缩回，走完全行程，测量记录压力 p_3、p_4 的变化状况（见图 5-12）。

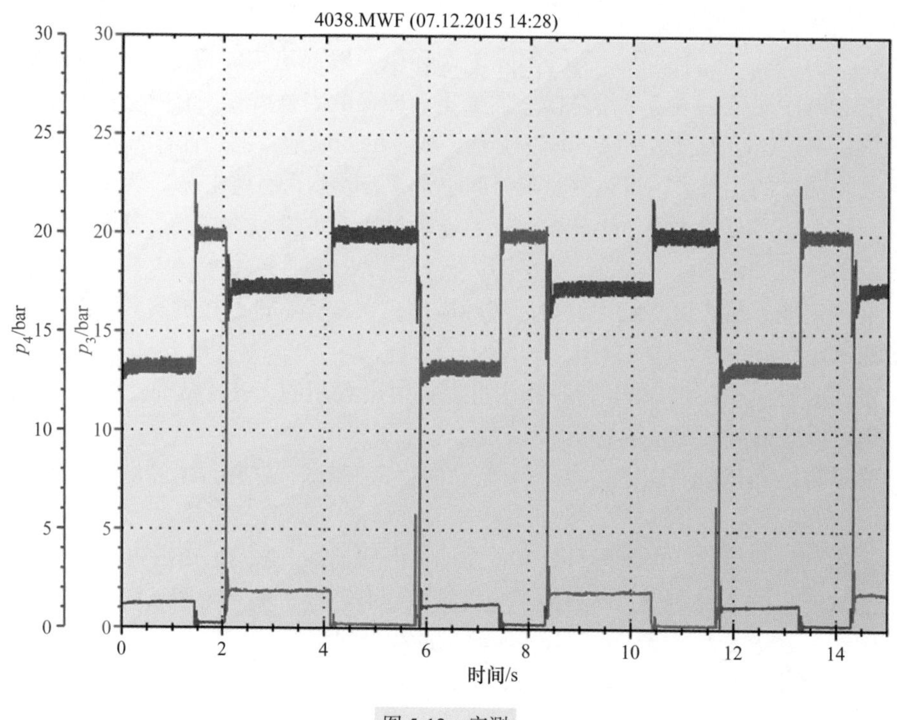

图 5-12　实测

3）稳态分析。先撇开压力尖峰不管，集中注意力，逐一分析压力变化不大的稳态过程。从中识别出，例如

– 曲线哪些阶段对应着伸出、收回过程？识别出后可直接标注到图上（见图5-13）。

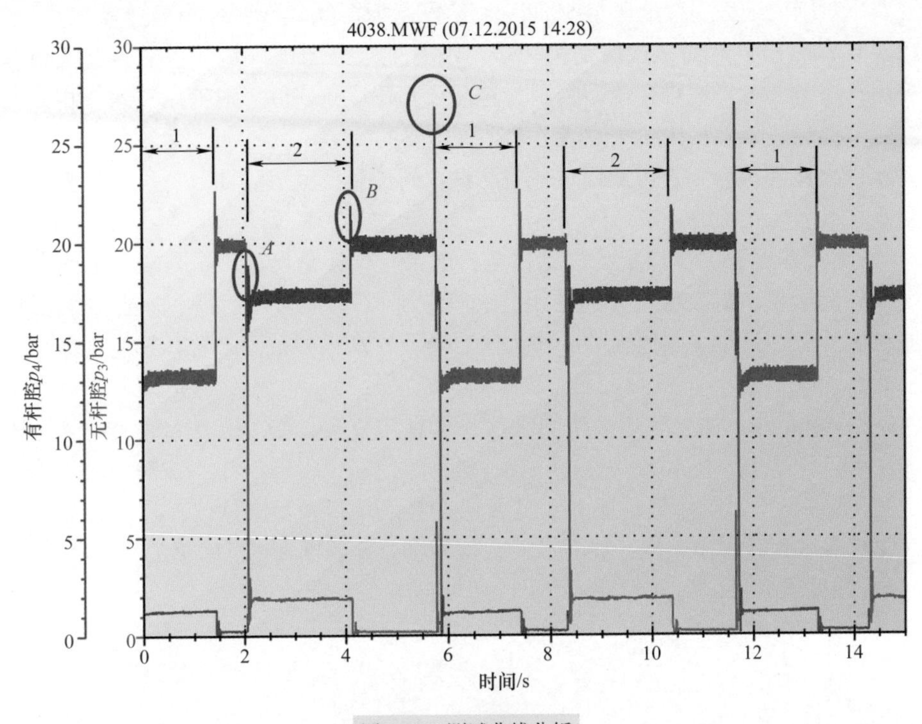

图5-13 测试曲线分析

1—伸出 2—收回 A—液压缸起动冲击 B—溢流阀开启尖峰 C—换向阀切换时的压力冲击

– 这些阶段中由于两腔有效作用面积不同导致的不同工作压力、背压。

– 各段的压力为什么这么高？是什么因素决定的？是否与预估相符？

– 这些阶段延续多长时间？受哪些因素决定？能否与预估相符？通过分析，还可发现，图5-11中标注的20bar，其实，并非溢流阀的开启压力，而是通过流量20L/min时的控制压力。

4）瞬态分析。分析各个压力尖峰，是由什么造成的？能否减小？例如

– 在液压缸起动时由于流量突变，活塞和活塞杆惯量导致的压力尖峰；

– 在活塞运动到达行程终点时溢流阀开启延迟导致的压力尖峰。

通过测试，可以了解元件系统的实际情况，好处多多！

5. 要熟练掌握应用记录型测试仪

作者自1988年到德国后就开始使用记录型测量仪，研读测试曲线辅助我解决了很多很多技术问题。

作者在欧洲所考察过的多个液压元件系统生产厂，从20世纪90年代起，出厂试验与售后服务就都开始使用记录型测试仪了，更不用谈研发了。

现在，由于电子技术的进步，即使德国生产的记录型测试仪（液压万用表），可用于测试常见液压系统的，简单的配置，在中国的售价已不到 2 万元了。所以，仪器购置费用对国内绝大多数液压企业而言，已不是障碍了。

买仪器容易，然而，这仅是第一步。没有记录型测试仪是低水平，有了测试仪不去用，还是低水平。难在使用！因为这需要理论联系实际，对液压技术有相当的修行。能分析测试结果，让曲线说话，才是更重要的。

所以，作者认为，是否使用记录型测试仪，能否读懂测试曲线，可以作为衡量液压企业技术水平高低的一根标杆。

1）无论购置了多少昂贵的加工机床，如果至今还是仅仅靠压力表在工作，还没有记录型测试仪，那就像至今还在用算盘算账那样落后。产品说明书上的性能曲线，不能自己测试，只是复制他人的。作为液压企业，从世界范围来看，只能算是低技术水平的。

2）一个企业，如果有记录型测试仪，也有几个人会用，也有人能大致读懂测试曲线，可以算是中等技术水平的。

3）如果出厂试验、售后服务人员普遍都会使用记录型测试仪，有一批技术“大咖”能就测试曲线做出分析，展开讨论，这种企业才能算真正高水平的。

4）如果能通过仿真再现测试结果，那就是高水平的研究了。

5.6 “工程液压”不该是“公式液压”

丁肇中教授在 1976 年被授予诺贝尔物理学奖，以表彰他通过实验发现了一种新粒子。在获奖演说中丁肇中教授用汉语说：

“‘劳心者治人，劳力者治于人’这种落后的思想，对在发展中国家的青年们有很大的害处。由于这种思想，很多在发展中国家的学生们都倾向于理论的研究，而避免实验工作。事实上，自然科学理论不能离开实验的基础，特别是物理学，是从实验产生的。我希望由于我这次得奖，能够唤起在发展中国家的学生们的兴趣，而注意实验工作的重要性。

实验是自然科学的基础，理论如果没有实验的证明，是没有意义的。当实验推翻了理论后，才可能创建新的理论，但理论不可能推翻实验。”

实验对研究理论的科学尚且如此重要，对于液压，这种需要面向实际，解决实际问题，创造社会效益的实用性技术，更是不应该忽视了。

很可惜，有些大学液压教师，脱离实际，脱离测试，活生生地把“工程液压”搞成“公式液压”了：教科书上有大段的公式，动辄微分偏微分方程，却极少有测试曲线。上课讲公式，考试也都只考公式，考计算，使学生误以为“公式越多越高端”，靠公式就能掌握液压，靠计算就能设计液压系统，太天真了！

液压，面对的是液体！小学生都知道，液体与固体有极大的差别：固体有固定的形状，液体的形状随容器而变。固体的分子都在其平衡位置附近振动，而液体，即使在宏观静止时，其分子都在做大范围无规则的随机运动，即布朗运动。其实，液压技术中用得最多的物理量——压力本身就是液体分子运动导致的撞击力的总和的一个统计性参数。液体，即使静止放置，由于重力，上下层的压力也会不同。而液压，为了传递能量，液体必须运动。而即使是在所谓稳态运动，在看似平稳有序的层流中，流道同一截面上各点的速度都不同，各点的压力也就不同，更别提瞬态及紊流中了。此外，受到外力作用时，液体的体积变化也较固体大得多。所以，液体的不确定性比固体大得多，不应该还用对待固体的思维模式来处理液体。液压中的公式主要是用来分析展示因果关系、影响因子和趋势的，不是真正用来准确计算的！要更注重实际测量！

可惜，还有一些大学的液压实验课还在用170年前发明的压力表，40年前就有的数字测试仪，还不敢用。以至学液压的研究生，面对测试曲线，手足无措，只会摘抄讲义教科书上的叙述，洋洋洒洒，却不能用在中学就已经学过的牛顿定律和帕斯卡定律来解释测试曲线，实在可悲。

这种重理论轻实验的教学思想导致学生毕业到企业和研究单位后，困难甚多，还需要长时间学习才能进入实际工作。误人子弟啊！

个别教液压的教授居然至今都还不会使用液压测试仪。过去，因为穷，大学没钱买液压测试仪器，没有测试条件，现在情况已完全改变了，再不搞测试，就没有理由推托了。

有教液压的教授辩称，我们是培养研究型人才的，所以不必注重实际测试。他大概不敢说，IFAS不是培养研究型人才的吧。然而正是在那里，没有一项研究不和测试紧密相连。每个博士生都有至少一台他专用的试验台。理论研究不和测试结果结合对照，就不能成为一篇论文，即使是作为硕士论文也通不过。

我学习液压技术近50年的体会：公式，能更明确地描述各物理量间相互影响关系、趋势，便于定性分析。但学公式应该服务于液压技术！脱离实际地玩弄公式，不搞清其物理意义，就像无根之树，长不大的！

对于面向实际的液压工程技术人员来说，能掌握揭示液压内在规律的公式，固然是好事。但计算要为分析实际工况服务，从实践出发，计算复杂度逐步提升，根据需要应用！不是不要计算，而是要与测试及加工能力相匹配，够用即可！不要花太多精力在公式上，被烦琐而脱离实际的计算搞迷糊，阻碍了前进。其实，微分形式，只是在需要研究瞬态时才有用。如果连稳态都不能搞清楚，谈何瞬态？？开始学习液压，不涉及高等数学，完全是可以的！

学液压，比纠缠于复杂的公式更重要的是：梳理概念，理解本质，掌握因果关系，了解影响因素和变化趋势。多花精力研究测试曲线，先稳再瞬！

站在机器前，念叨欧拉方程的，不是天才，就是呆子！对工程技术人员来说，接到任务，遇到问题，总是先定性分析。然后再根据一些阀的特性曲线，进一步深入定量分析。

定量分析，也应该先粗后细，逐步深入。比如说，某个参数，先确定应该大体在1到2之间，还是8到9之间？然后，如果需要的话，再进一步去确定，在8.1到8.2之间还是8.8到8.9之间。

尽管液压技术中准确计算是不可能的，但还是应该尽可能地做一些估算，以减少盲目性。为此，我把一些与液压阀相关的计算公式转化成EXCEL表格估算软件“液压阀估算2023”，作为本书的附赠资源，以便利读者应用检验。

要非常非常重视测试，要把测试放在学液压最重要的地位。要把能测试和分析液压系统的压力流量变化过程作为硕士生、助理工程师必须掌握的基本技能。试问，不会使用万用表，能当电工吗？那么，凭什么，当液压助理工程师就可以不会使用液压“万用表”？

培养液压人才，无论是技能型还是研究型的，测试能力都是必不可少的一环。中国高校应该立刻迈出这一步。

本科生应该至少能用记录型测试仪测试分析液压阀的稳态特性，如换向阀的流量压差特性、溢流阀的启闭特性、流量阀的压力流量特性。

研究生应该至少能用记录型测试仪测量分析研究一个简单液压系统的瞬态变化过程。

第 6 章

各有千秋的安装连接形式

从安装连接成系统的形式的角度来看，液压阀大致可分为管式、片式、板式和插装式等几类。

6.1 管式——“五脏俱全”

管式是最早采用的一种安装连接形式，从有液压技术开始就出现了，至今还在继续使用。

管式阀是各种安装连接形式中唯一的一种独立完整的阀：进出端口都带有内螺纹，装上管接头和管道就能和其他液压元件连接使用。

管式阀连接方式有二通口、三通口、或更多通口（见图 6-1）。

a)

b)

图 6-1 管式阀示例

a）溢流阀（Bosch） b）流量阀（博世力士乐）

但随着液压系统日益复杂，一个系统中使用的阀越来越多，管式的不足之处就日益凸显：

– 元件间必须保持相当间隔给连接管道，因此占地大。

– 安装不便，更换更不便，常常需要拆除临近的多根管道和接头。

– 很难做到多次拆装后不漏油。

图 6-2 所示为一个安装在卡车上的液压系统，由多个管式阀通过管道连接组装而成。由于受安装部位面积限制，阀和管道不得不三层安排。其安装与更换之不便，可想而知。

图 6-2　由管式阀组成的液压系统实例（德国 Zoeller-Kipper 公司，1993）

6.2　片式——一片控一组缸

中国常称的多路阀即属片式，主要是为满足移动液压的需求：仅有一台泵，但有多个液压缸要分别驱动。

一般一片控制片控制一个（组）液压缸。多片控制片共用供油和回油，相应的连接口安排在油源片上。油源片常安排在一侧，故也称头片。还有一个一般仅用于封堵油口的尾片（见图 6-3）。各片的进油口和回油口的位置相同，就可使用螺栓紧固在一起。

在控制片较多时，为减少流道压力损失，也有把油源片安排在中间的，这时就需要两片尾片了。也有设置两片油源片，这就不需要尾片了（见图 6-3a）。

阀体多采用铸造，以便形成弯曲流道，减少压力损失（见图 6-4）。为保证耐压和耐久，多用高规格的球墨铸铁或蠕墨铸铁。

也有个别制造厂，采用轧钢块，因为轧制的钢材组织紧密，耐压高得多。但所需要的流道就只能通过钻孔来形成，直线相交，压力损失较大。

片式阀刚发明时只有换向功能。后来，有人想出来，在阀芯上开些节流槽，就成了换向节流阀：不仅能控制液压缸的运动方向，还能节流，即控制液压缸的速度。

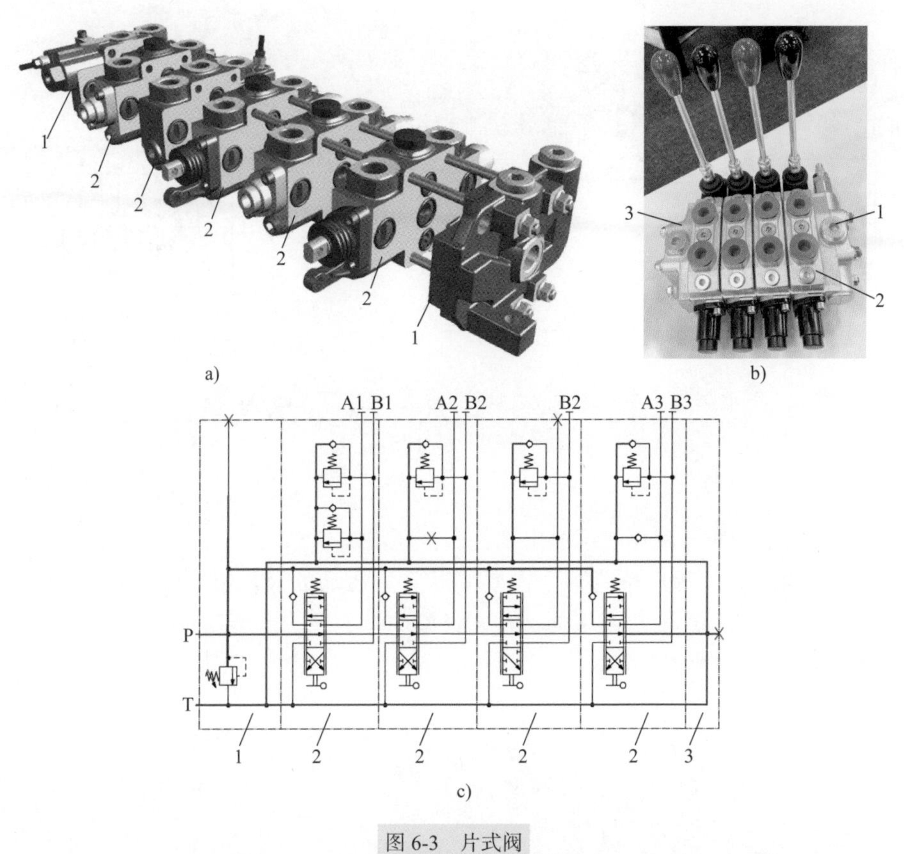

图 6-3 片式阀

a）组成（派克） b）组装完成的片式阀（德 KHK 公司） c）图形符号

1—油源片（头片） 2—控制片 3—尾片

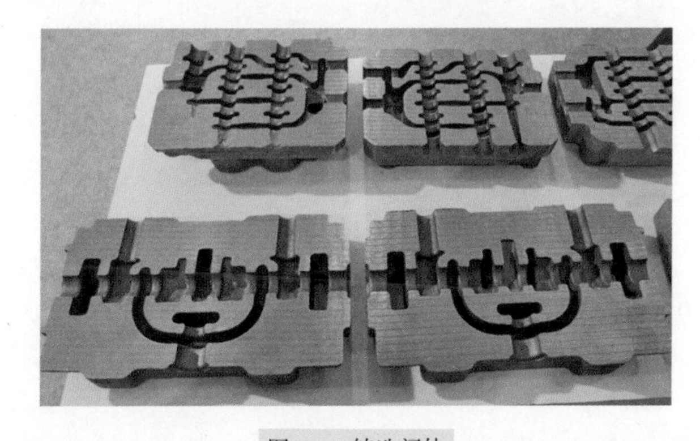

图 6-4 铸造阀体

为保护泵，在油源片里加入了初级溢流阀。为避免过载损坏液压缸，又在控制片里添加了次级溢流阀（见图 6-5）。

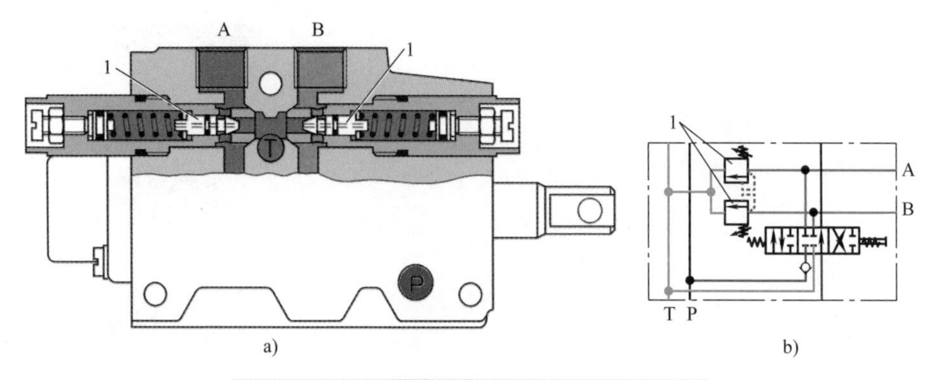

图 6-5　带次级溢流阀的片式阀示例（博世力士乐）

a）控制片　b）图形符号

1—次级溢流阀

之后，有的为防止液压缸两腔出现负压，还添加了补油阀。

在需要由一台（组）泵为多个需要同时独立运动的液压缸供油的场合，为了减少相互争夺流量及负载变化带来的干扰，又添加了前置的定压差元件（压力补偿阀），被称为负载敏感阀（见图 6-6）。

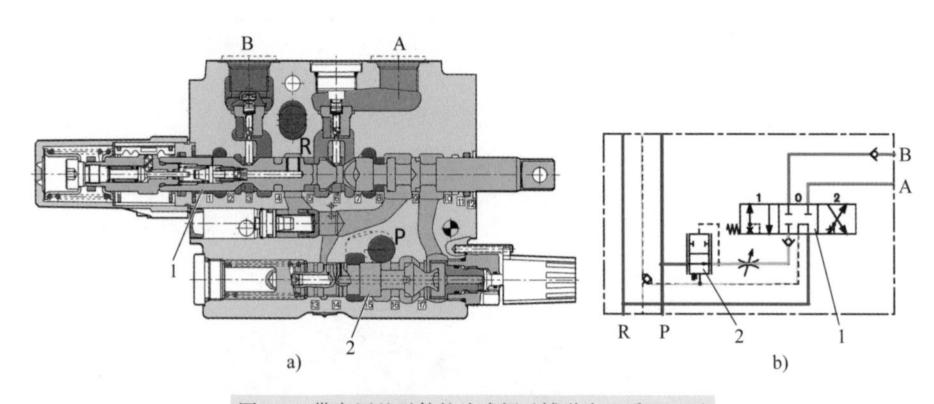

图 6-6　带定压差元件的片式阀（博世力士乐 SB23）

a）结构图　b）图形符号

1—主阀芯　2—定压差元件

之后为了满足挖掘机等机械的需要，在泵流量达到最大（饱和）后还能保证各个缸都能继续同时获得流量，维持匀称的运动，出现了定压差元件后置的——LUDV（见图 6-7，详见参考文献 [12] 第 10 章）。

所有这些控制一组液压缸需要的控制元件基本都集中在控制片上，结构相当紧凑。

操控方式，也从最早的手动逐步发展到液控、电比例控、总线控等多种形式（见图 6-8）。为防万一电控失效，电控一般都还附加应急手动。

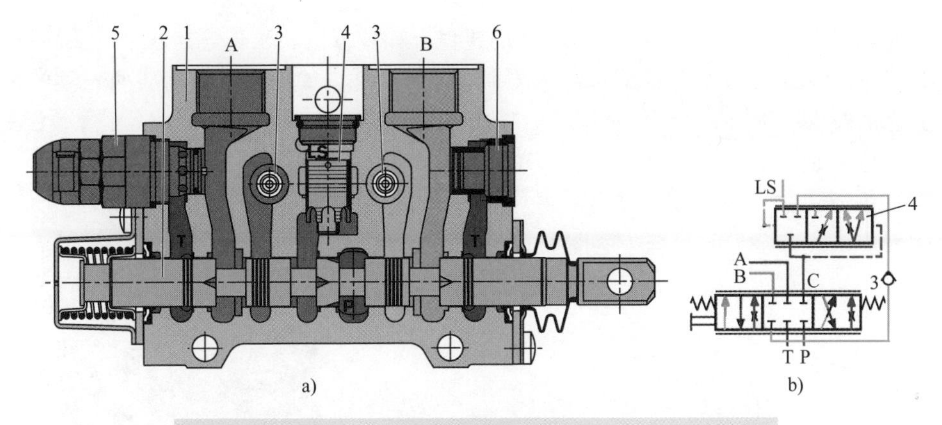

图 6-7 带定压差元件后置的多路阀（博世力士乐 SX-14 多路阀）

a）结构图 b）图形符号

1—阀体 2—主阀芯 3—单向阀 4—定压差元件 5—次级溢流阀 6—堵头

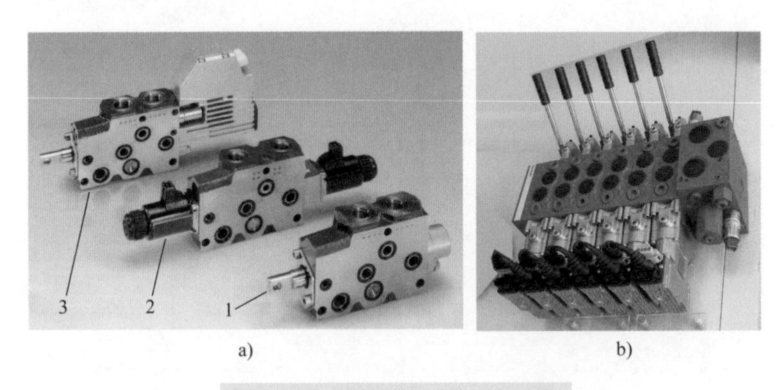

图 6-8 片式阀的操控（博世力士乐）

a）一些不同操控方式的控制片 b）带应急手动的可通过区域总线控制的电比例多路阀

1—手动 2—电比例控 3—带应急手动和控制器的电比例控

片式阀在移动液压设备中被广泛使用（见图 6-9）。考虑到操作习惯，这种安装连接方式还会存在相当长的时间。

图 6-9 多路阀用在移动机械中（博世力士乐）

片式阀的不足之处：因为管道还是连接在阀片上的，因此，要更换某一阀片时，不仅需要松开紧固螺栓，还要拆卸管道，较麻烦，而且污染物很容易乘虚而入。

片式阀的最大优点就是灵活，需要控制几组液压缸就装几片控制片。当然，对于液压缸数量固定，大批量定型生产的机械，如装载机、叉车等，这个灵活性不算什么优点。因为片与片之间比较容易发生泄漏，为此，如果固定只需要两三片的话，一般也常做成一体的。

有些制造厂针对一些大批量生产的主机，即使有多个液压缸，也采用两块或一块专门设计的整体大块来代替多片的组合（见图 6-10）。这就大大减少了可能的泄漏部位，而且也可减小总的外形尺寸。

图 6-10　集成式多路阀（KYB）

此技术需要突破以下几个难点。

1）铸造。铸件浇铸后一般总是从外部开始先冷却固化的，等内部也逐渐冷却开始收缩时，外部常常已经固化了。这样，内部就很容易出现缩孔砂眼。而只要一个阀孔流道出现砂眼，整个块就报废了。块越大，就越容易出现这个问题。

2）机加工的稳定性。只要某一个部位加工超差，同样必须废弃整个块。

3）阀体的硬度与耐磨性。现在阀体大多采用铸铁，而阀芯采用低合金钢。热处理后，阀芯常比阀体硬。结果，集成式片式阀在使用中，由于磨损和污染而引起损伤时，常常是阀块先于阀芯损伤。而更换整个大阀块的费用，肯定要比更换单片阀高得多。

6.3　板式——要另配“鞋子”

板式阀，被用螺栓固定在底板上。管道的连接口不是做在阀上，而是做在底板上（见图 6-11）。因此，阀更换时不必拆卸管道，较管式或片式要方便得多，可以大大节省时间和费用。

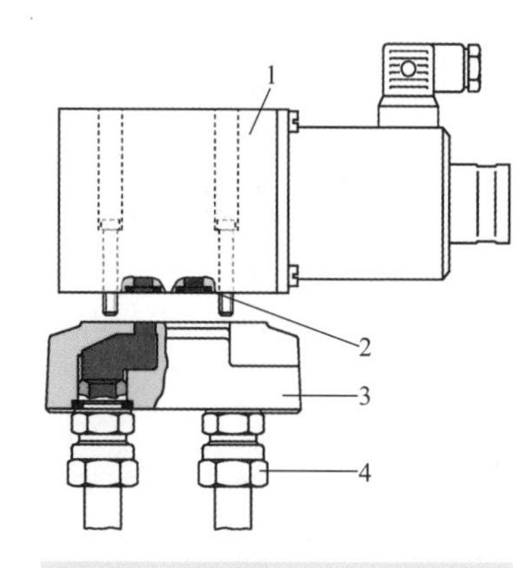

图 6-11　板式连接示意图（BOSCH）

1—板式阀　2—固定螺栓　3—底板　4—管道

板式连接的标准化进展比较顺利：压力阀——安装面采用 ISO 5781 标准、溢流阀——安装面采用 ISO 6264 标准、流量阀——安装面采用 ISO 6263 标准、伺服阀——安装面采用 ISO 10372 标准，特别是换向阀——安装面采用的 ISO 4401（GB/T 2514）标准（见图 6-12）被全世界广泛采用，保证了互换性。对用户而言，板式连接的标准化增加了可选性，但供货商的利润却因此被挤压到了差不多最后一分钱。

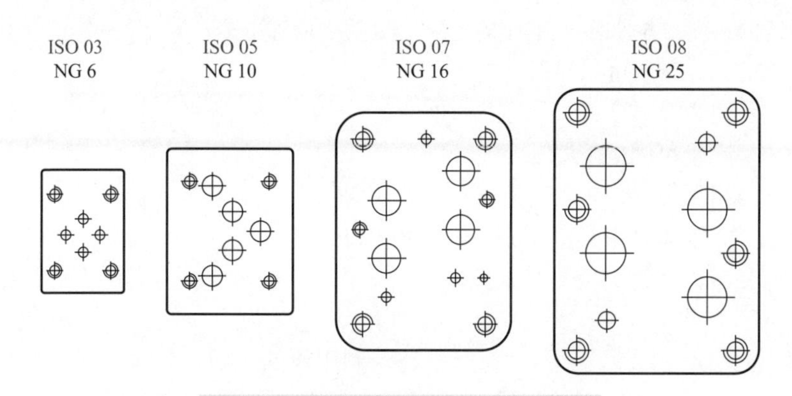

图6-12 板式换向阀的连接孔（ISO 4401）

NG是连接孔的名义尺寸，并非实际尺寸。

板式连接对液压技术发展更为重要的是可以采用油路块：在系统需要多个板式阀时，可装在同一个连接块——油路块上，共用供油和回油，相互间的连接油路做在块内（见图6-13），代替了管路，总体积就小得多了，这为后续发展成集成块打下了基础。

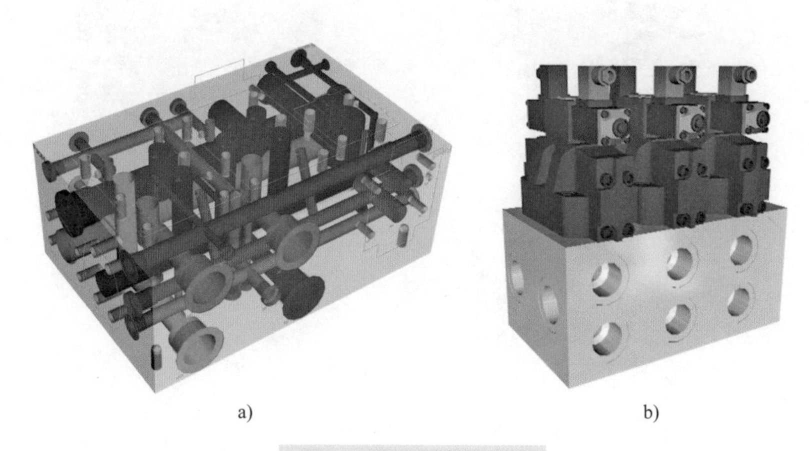

图6-13 板式阀油路块示意

a）内部连接通道示意 b）安装了阀

1）油路块的优点。采用油路块，除了板式阀的优点——阀通过螺栓固定在油路块上，更换阀时不必拆卸管道——被延续外，还因为连接管道和相应的管接头少了，所以

－可能的外泄漏点减少了。

－系统的重量和所占据的空间减少了。

－由于集成在一起，流道短了，压力损失也就减少了。

－系统的抗振性增加了，工作的可靠性也随之增加。

－系统的响应时间可以显著缩短。

－油路块可以预装，缩短了在现场的装配时间，费用降低了，由于现场难免的污染带来的故障率也可因此下降。

－控制阀相对集中，有利于维修。

20世纪90年代以来，由于3D设计软件和数控加工中心的普及，突破了油路块设计和制造技术的瓶颈，为复杂油路块的设计和加工创造了极有利的条件，缩短了交货期，降低了造价。

2）纯板式阀油路块的不足之处。油路块利用块的表面安装阀，块内仅有连接通道，这在复杂系统，有多个阀时，就必须增加块的表面积，也即增大块体。油路块越大，内部的联通孔就越长，而钻深孔的费用是随着孔深，不是线性而是抛物线增加的。

3）叠加式。叠加阀是板式阀向高度的延伸、扩展和集成（见图6-14）。

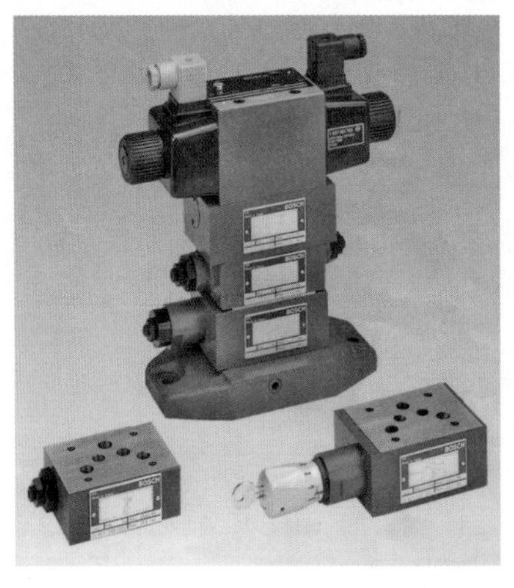

a)

b)

图6-14　叠加阀

a）叠加阀（BOSCH）　b）装叠加阀的油路块

一般，一叠控制一组执行器，可以实现复杂的功能，又非常灵活，易于更换改变。

使用叠加阀，可以在一定程度上缓解纯板式阀油路块体积大、要加工深孔的问题，但其可能的泄漏点增加了。

6.4 插装式——要另配“裤子”

插装式阀被戏称为“没穿裤子”的阀，是因为它们的液压功能部分没带外壳，必须安装在某个块里，才能工作。这时，装阀的块，里面就不是纯油路了，所以应该称为集成块。

插装式的阀与管路接头也是完全分开的（见图 6-15），因此更换很方便，无须拆卸管接头。

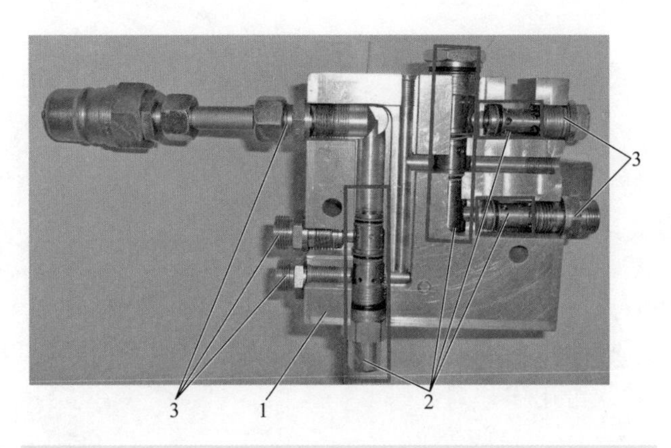

图 6-15　一个剖开了的插装阀集成块（德国 Zoeller-Kipper 公司）

1—集成块　2—插装阀　3—管接头

由于没穿“裤子”，功能部分装在集成块体内，因此，多个插装阀可以挤在一个集成块里，非常紧凑。系统越复杂，这个优点就越突出。相对其他安装连接形式，插装式是最紧凑的（见图 6-16）。

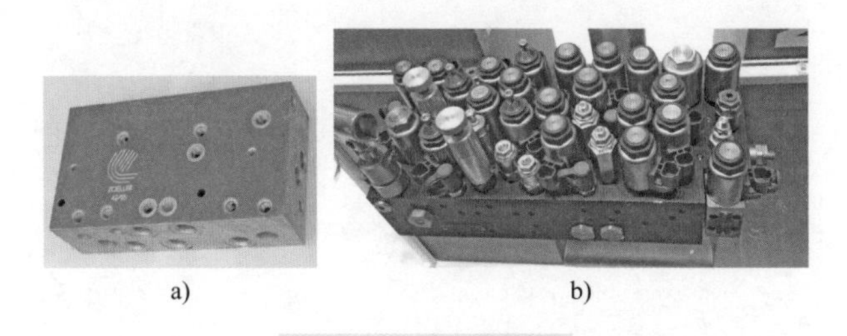

a)　　b)

图 6-16　插装阀集成块

a）德 Zoeller-Kipper 1992　b）德 ARGO-Hytos 2019

图 6-17b 系图 6-2 中的管式元件被图 6-17a 所示的集成块所取代后的情况。

插装式阀主要分滑入式和旋入式这两类。

1. 滑入式

常称盖板式插装阀（见图 6-18），阀体靠盖板压在集成块内，是 20 世纪 70 年代发明的。

a)

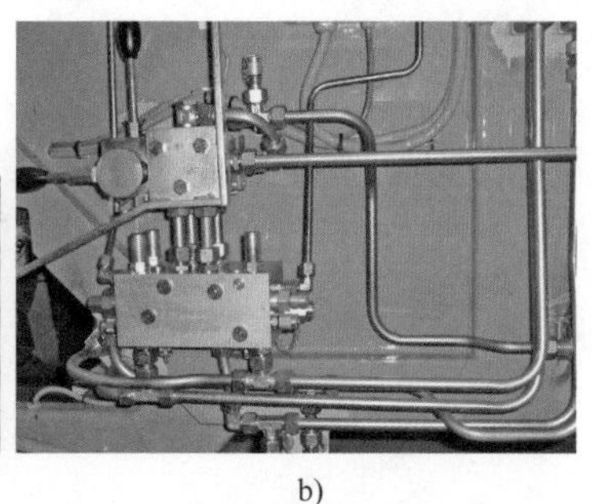

b)

图 6-17　一个插装阀集成块（德 Zoeller-Kipper，1995）

a）装配完整的集成块　b）装在主机上的连接状况

因为盖板可由多个螺栓固定在集成块上，因此，有足够的紧固力把阀体压在集成块体内，这种形式可耐高压。

因为仅能控制两个通口间的一条流道的通断，所以也被称为二通插装阀。

盖板式插装阀既可用作开关阀，也可用作连续阀（溢流阀、节流阀等）。

因为用作开关阀时，仅控制流道通断：或通或断，所以也被称为逻辑阀。

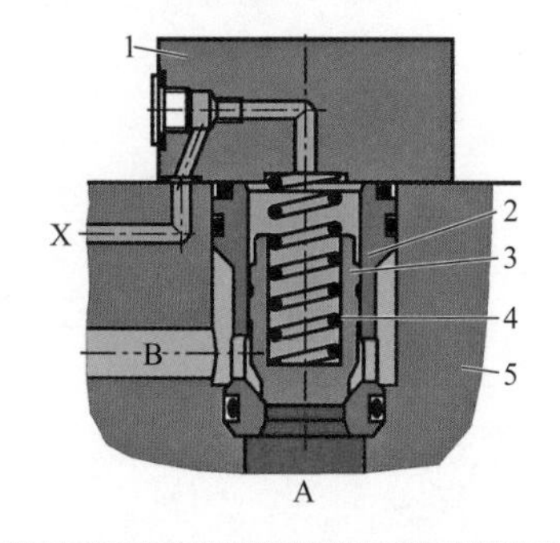

图 6-18　盖板式插装阀（博世力士乐）

1—盖板　2—阀体　3—阀芯　4—弹簧　5—集成块

A、B—进出通道　X—控制通道

因为用作溢流阀时，反正是限制压力，等于消耗压力，开口无须很大，所以，通径 100mm 的可控流量达 7000L/min 以上。

但是，盖板式插装阀一般都还需要靠另外附加的先导控制阀才能工作，听别的阀指挥，所以，也被戏称为“无脑”的阀。

由于功能单一，结构相对简单，阀芯短，容易做得大（见图 6-19）。

图 6-19　通径 25～160mm 的盖板式插装阀（山东泰丰智能 2009）

通径为 250mm 的盖板式插装阀（见图 6-20），可控流量达 10 万 L/min（压差 0.5MPa）以上。据介绍，这么大的流量，已可以满足目前世界上最大的液压系统的需求，如用于海上钻井平台抗海浪时的升降。

图 6-20　一个通径为 250mm 的二通插装阀及盖板（德国 Hydroment 公司，2004）

一般而言，在流量高于 400 ~ 1000L/min 时，盖板式的制造成本就低于板式，所以，通径 25mm 以上的板式阀现在已基本被取代了。

图 6-21 所示为一个用于 120MN 自由锻压机的集成块体，使用通径为 125mm 盖板式插装阀，外形尺寸 1540mm × 1400mm × 995mm。

图 6-21　一个使用通径为 125mm 盖板式插装阀的集成块（山东泰丰智能）

图 6-22 所示为一用于 2500t 锻压机的集成块。

盖板式二通插装阀的标准化进展比较顺利。安装连接尺寸标准 ISO 7368（GB/T 2877）建议了统一的阀孔和盖板连接尺寸，在德国工业标准 DIN 24342（1979）的基础上制定，只经过三年，就通过了。这样，不同生产厂的插阀就可以互换。

图 6-22　一个装配完成的插装阀集成块（山东泰丰智能）

其实，盖板式插装阀还有三通式（详见参考文献 [1]7.4 节），但由于它的应用比二通式要少得多，因此不太为人所知。

2. 旋入式

旋入式插装阀，即螺纹插装阀。其工作原理与其他形式的阀并无本质差别，只是结构不同。主要元件都是轴向排列（见图 6-23）。利用螺纹，拧入集成块或阀块中的安装孔后，就能独立地完成一个或多个液压功能，如溢流、电磁换向、流量控制、液控节流（平衡阀）等。

图 6-23　一些螺纹插装阀示例

随着技术的发展，螺纹插装式还出现了一些变型。

1）图 6-24 所示的阀甚至连部分阀体都省了，把块体当阀体。

2）埋入式（见图 6-25）。阀体完全进入阀块内部，没有暴露在阀块之外的部分。利用自身的螺纹或靠其他元件，如管接头、卡环挡圈等固定。目前仅见单向阀和二通流量调节阀。

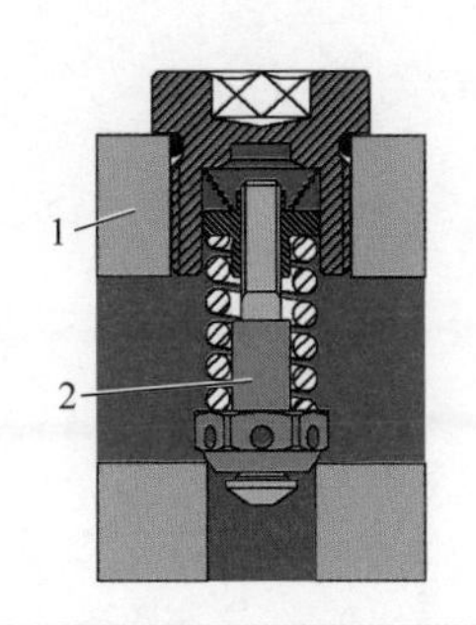

图 6-24　利用块体作阀体（博世力士乐）

1—块体　2—阀芯

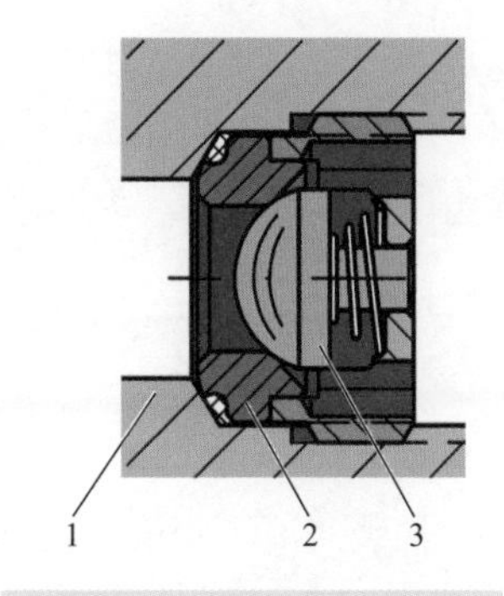

图 6-25　埋入式单向阀（哈威）

1—块体　2—阀体　3—阀芯

3）螺钉固定式（见图 6-26），靠两个小螺钉固定。安装简单。但是，因为小螺钉的抗拉力比普通螺纹插装阀阀体上的大螺纹的要低得多，因此，只能承受低压。

螺钉固定式插装阀被很多电比例先导液控阀采用（详见 7.6 节“减压阀”），反正这种液控阀需要的工作压力不高。

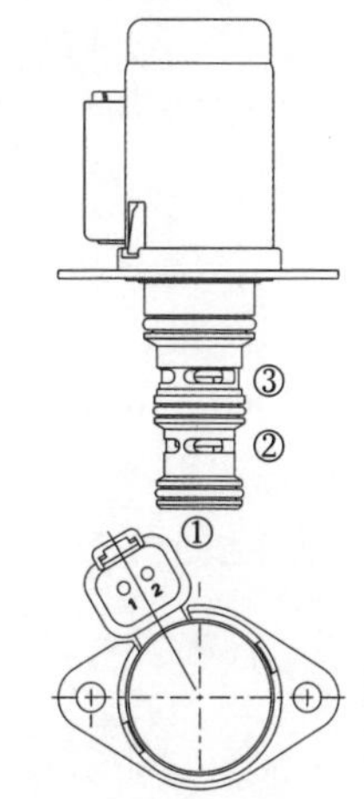

图 6-26　螺钉固定式插装阀

3. 插装式的优点

集成块或阀块，仅为插装阀的外部密封提供耐压外壳，并无其他运动部件。因此，对精度的要求不很高，安装孔使用成形钻铰刀具即可加工，给加工带来很大方便。许多不同功能的阀具有相同的安装孔，减少了加工刀具，也便于更换。

使用插装阀的集成块继承了板式阀油路块的所有优点。由于紧凑、集成块小而轻，降低了系统的初始成本。而由于泄漏可能性小、压力损失小、发热少、可靠性高，整个系统的运营成本也可降低。

现在已出现了一些规模甚大的集成块专业制造厂，年产量几千吨以上。他们在接到用户提供的回路图及技术要求后，可在几天内完成设计和报价。接到用户订单后，从备料、制造，一直到组装、调试的全部过程只要 3、4 个星期。这种集成化交钥匙的方式大大减少了主机厂的精力和费用，已成为当前液压系统设计的首选。

作者不赞成把盖板式插装阀称为第四代液压阀，螺纹插装阀称为第五代液压阀的提法。因为这样容易引起误解。这两种安装连接形式，各有各的适用范围，谁也替代不了谁。更何况，螺纹插装式根本就出现在盖板式之前，酝酿国际标准也是同时开始的。

作者希望在此再次强调：

① 任何分类都是不完善的。因为，在现实中总存在或者会出现介于两类之间的品

种。而这非马非驴往往由于吸取了两类的优点或摒弃了两类的弱点而特别有生命力。

② 分类只是为了梳理现状，以便于学习，只能作为学习的起点，决非学习的终点。决不应僵化死守分类而阻碍创新。

6.5　关于螺纹插装式的发展应用、软肋和对策

1. 发展简史

螺纹插装式液压阀最早在 20 世纪 50 年代初在美国出现，作为溢流阀，装在飞机燃料泵体上，是两端口的。由于轻、结构紧凑，逐渐被农业、采矿、航海和建筑机械等行业采用。但直到 20 世纪 60 年代，还局限于两端口简单的功能，如作为单向阀、溢流阀和二位二通电磁阀，用在中低压小流量的场合。主要生产商是美国 Fluid Control 公司。

1970 年前后，Fluid Control 公司在欧美各地的代理商纷纷独立，建立了自己的研发机构和生产基地，发展自己的产品，如美国的 Modular 公司、升旭、英国的 Sterling hydraulics 公司、瑞士的 Wandfluh 公司、意大利的 Comatrol 公司等。从那时起，螺纹插装式出现了大发展：多端口、多功能。

到了 20 世纪 80 年代，已经出现了全方位供应商，螺纹插装式被市场普遍接受。

在 20 世纪 90 年代，两个技术瓶颈被突破：三维设计软件，数控（集成块）加工中心被普遍应用。

由于螺纹插装阀没有铸件，部件便于大批量自动加工，通用件多，容易组合成不同功能的阀，便于大批量生产，因此生产成本比相同功能的板式阀、管式阀低。同时，经过几十年持续研发改良，螺纹插装阀有了宽广的产品型谱，现在，螺纹插装阀，除了伺服阀外，能实现其他所有液压阀的功能，成为液压阀的主流形式。品种纷繁，已有上万之多。例如，

英国 Integrated Hydraulics 公司 2003 年的产品样本就有约 300 页，260 种基本类型；2007 年的产品样本达到了 489 页。

升旭 2001/2002 年的产品样本就有四百余页，约 280 种基本类型；2009 年的样本被压缩到 201 页，但基本类型增加到约 600 种。

海德福斯 2003 年的产品样本约 900 页，介绍了约 400 大类产品。

这些厂家为顾客提供的特殊设计的品种还数倍于此。

但他们还在不断改进，不断扩展，追求完美，每年有新产品推出，以适应用户特殊需求，调控性能和可靠性也不断提高。因此，获得了广泛的应用。

螺纹插装阀在很大程度上排挤了板式阀、管式阀和叠加阀的应用，对于现代液压，特别是移动设备的液压，已成为不可或缺的了。

应用螺纹插装阀的集成块形式（紧凑液压）已成为液压系统的首选，其增长速度是其他液压元件的 2～3 倍（伊顿公司 2003 年报告）。

由于螺纹插装阀的发展形势看好，进入21世纪以来，各液压巨头纷纷收购螺纹插装阀生产厂。

布赫并购了瑞士的Furtigen公司。

派克先后并购了美国的Waterman Hydraulics公司、Fluid Power Systems公司，还在2005年6月并购了英国的Sterling Hydraulics公司，作为其插装阀系统欧洲总部，管辖位于瑞典和捷克的分部。

博世力士乐在2005年并购意大利Oil-Control集团，就是为了该集团中制造螺纹插装阀的Tarp公司。

伊顿在2006年并购英国Integrated公司。

丹佛斯并购了意大利Comatrol公司。

专注紧凑液压的海德福斯的年销售额：2003年达1.0亿美元，2015年达3.3亿美元，2018年达4.7亿美元。他们的口号是：无妥协地紧凑，顾客化无止境。

螺纹插装阀及阀块2006年全世界销售额约为7.5亿美元，2012年达到15亿美元，2016年达到20亿美元。

2018年，海德福斯的总销售量约为1300万件，贺德克为660万件，升旭为610万件，博世力士乐约为500万件。

2022年7月15日，德国博世力士乐集团宣布并购专业制造螺纹插装阀的世界老大——海德福斯公司。

迄今，世界上已有几百家企业可以提供螺纹插装阀及相应阀块，并为顾客设计专用集成块。当然，能或已经制造过螺纹插装阀的生产厂还要多得多。但是，能做几种与能供应完整型谱完全不是一回事，就像散步与跑马拉松的差别一样大。

这些供货商各有特色，相互学习，相互竞争。目前还没有供货商能够提供所有类型。

2. 应用方式

螺纹插装阀的最大特点是应用灵活，有多种应用方式。

1）可以装入与其配用的单阀块（见图6-27a）或多阀块（见图6-27b），成为管式元件。阀供货商一般都能同时提供这类阀块。

2）也可直接装入马达、泵体（见图6-28），或液压缸接口处，作为控制阀。

图6-29a所示为一螺纹插装阀装入带空心接头的阀块。空心接头既起液压连接，又起机械紧固作用。这样，螺纹插装阀，通常是液控单向阀或电磁开关阀或平衡阀，可直接安装在液压缸接口处（见图6-29b），起防管爆作用，避免负载在连接管道（软管）突然破裂时不受控制地坠落。

3）也可装入带标准板式接口的阀块，作为叠加阀使用（见图6-30）。

4）图6-31所示为一电磁控制多路阀：换向阀阀芯由电磁铁直接驱动，溢流阀为螺纹插装式。

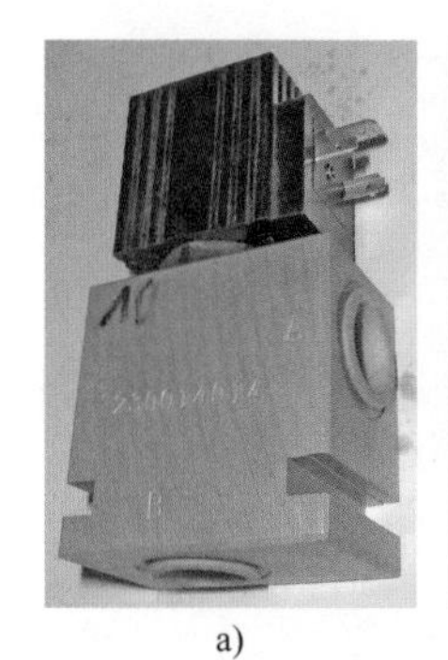

a)　　b)

图 6-27　螺纹插装阀作为管式元件使用

a）单阀块　b）多阀块（升旭）

图 6-28　螺纹插装阀用在轴向柱塞泵中（博世力士乐）

1—螺纹插装阀

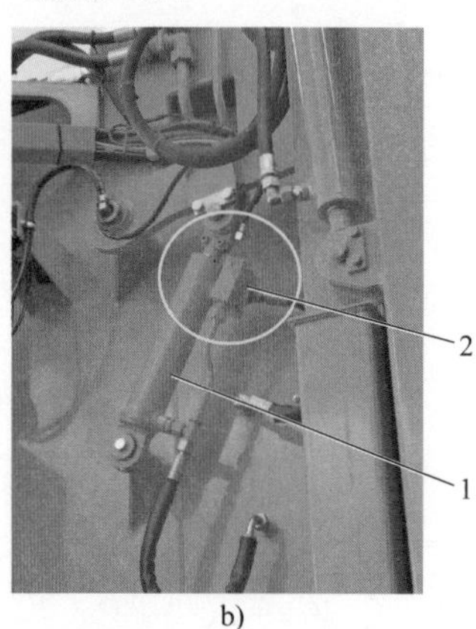

a)　　b)

图 6-29　螺纹插装阀用于液压缸

a）装入带空心接头的阀块　b）阀块直接装在液压缸出口

1—液压缸　2—带螺纹插装阀的阀块

图 6-30　螺纹插装阀作为叠加阀（丹佛斯）

图 6-31　电磁控制多路阀（博世力士乐）

A—螺纹插装溢流阀

图 6-32 所示为一通径 16 的两通道集成式电液控阀：4 个螺纹插装式的电磁阀先导驱动两个三位四通液控换向阀。

图 6-32　两通道集成式电液控阀（博世力士乐）

1—先导驱动用螺纹插装电磁阀　2—螺纹插装式溢流阀

5）也可以装入盖板式插装阀的控制盖板，用作先导控制阀（见图 6-33）。

6）所有国际知名的螺纹插装阀制造公司在提供阀的同时，也都提供多种常用功能组合块（见图 6-34）。

因为这些功能组合块是经过实际使用考验的，已批量生产，因此，对主机厂而言，一般比自己从零开始设计的要可靠些，应该优先考虑。

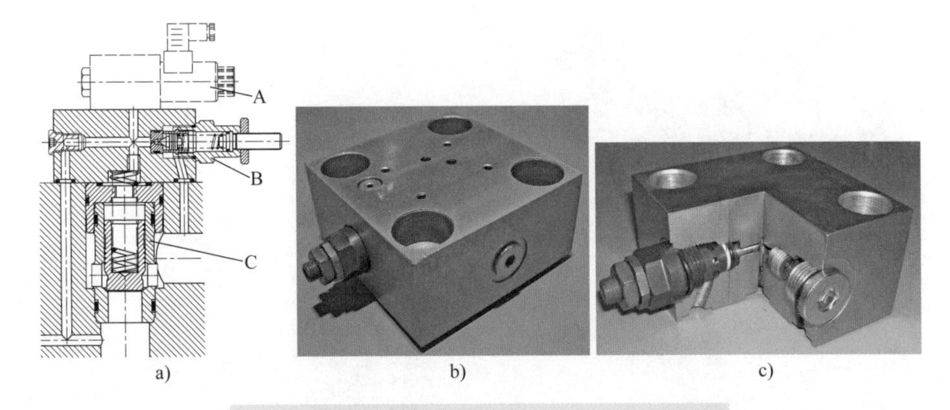

图 6-33　螺纹插装阀作为盖板式插装阀的先导控制阀

a）结构示意　b）装配照片　c）剖开照片

A—板式换向阀　B—螺纹插装式溢流阀　C—盖板式插装阀

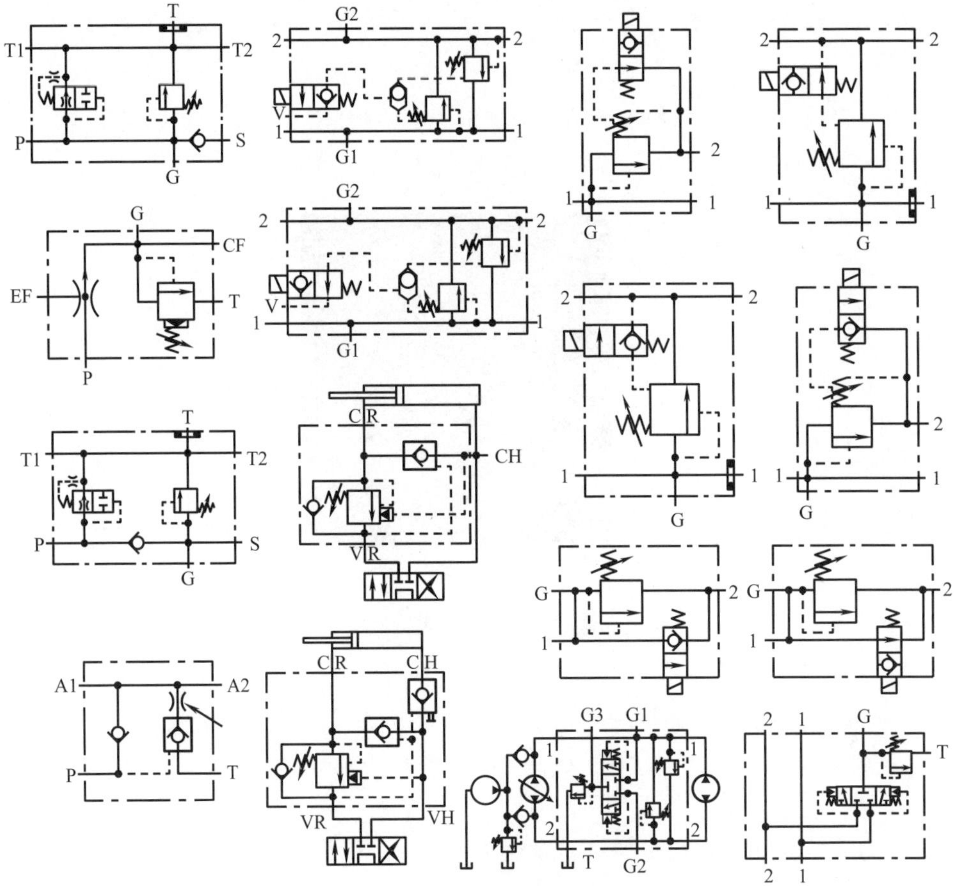

图 6-34　各种功能组合块（升旭 2003）

7）所有国际知名的螺纹插装阀制造公司也都可以根据顾客需要，设计制造专用的螺纹插装阀集成块（见图 6-35）。

因为几乎所有的阀都集中在一个块里，所以，如果在现场不能确定故障是由于哪个阀引起时，可以方便地更换整个集成块，从而缩短因现场修理而造成的停工时间。

3. 螺纹插装式的软肋与对策

尽管螺纹插装式有很多优点，近年来发展非常迅速，但是，必须清醒地认识到，螺纹插装式也是有它不足之处的。

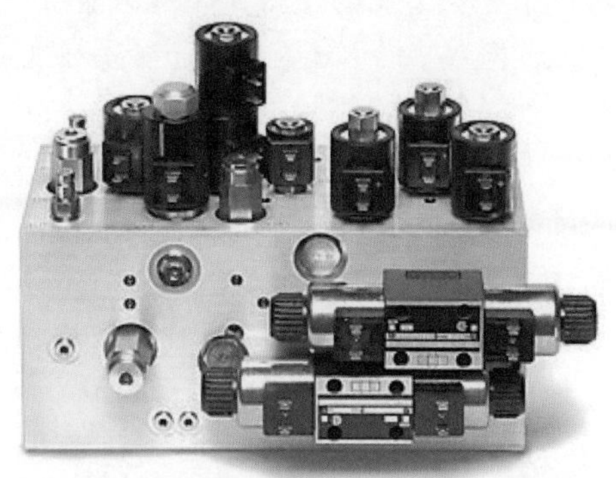

图 6-35　主要使用螺纹插装阀的专用集成块（海德福斯）

（1）无统一的孔型标准　在螺纹插装式诞生初期，还局限于简单的功能，如止回阀、溢流阀和二位二通电磁阀时，只有一种安装孔：3/4"-16 螺纹，二端口。但是，由于螺纹插装式可以有 3 端口、4 端口、5 端口、甚至 6 端口，因此相对盖板式二通插装阀有大得多的变化可能性。到了 20 世纪 70 年代，螺纹插装式大发展，许多公司各自研发自己的螺纹插装式时，就出现了众多的安装孔型。

安装孔不一样，就不能互换。当时，很多制造厂也乐于如此，因为这对他们有好处：一旦用户使用了他们的阀，至少是备件，就不能再使用其他孔型的产品了。

从 1982 年起，在一些大用户，如福特汽车公司和卡特工程机械公司的强力推动下，开始蕴酿制定国际标准，以统一安装孔型，改善互换性，但是，费时 16 年，直到 1998 年，使用米制螺纹的 ISO 7789 标准才勉强获多数通过。该标准的主要倡议者为 Bosch、力士乐、贺德克等公司。提供者有布赫、德 Tries、瑞士 Wandfluh、英 Integrated 等公司。

但仅两年后，12 个美国的螺纹插装阀生产厂就又提出了一个使用 UN 和 UNF 螺纹的国际标准草案 CAD 17209，也得到了不少赞成票。欧洲许多生产厂则反对，一是认为安全问题未得到足够重视，二是反对一个产品两个标准。CAD 17209，作为国际标准没能通过，但又转而申请，成为了美国国家标准 NFPA。自 2008 年起又出现了一个以“TR17209”为名的工作组，要拟定使用 UNF 螺纹孔型的国际标准，至今仍存在。

另一方面，ISO 7789 标准的市场化进展也非常缓慢，世界上至今仍无一家企业推出完整的 ISO 系列阀。

ISO 7789 标准在 2007 年 10 月出了修订版。孔型数没变，尺寸的定义更详细了。出修订版，说明这个标准还有人关心，还没有被抛弃。但是并不保证会使局面有根本性的改善。有一点可以肯定：在全球市场经济下，如果没有用户的强大压力，情况不可能根本改善。

使用UNF螺纹的孔型系列以ICC（Industry Common Cavity 行业通用孔型）为名，获得了一些公司的支持，如海德福斯等。各生产厂的ICC-08、10、16、20孔型基本相似，但有些局部还有差异，个别在互换时会导致漏油。一些生产厂提出的所谓ICC-12孔型，则各不相同。

升旭认为，升旭孔型具有一系列明显的优点，因此，坚持不变，自成一体。升旭的产品曾在世界市场上占有重要地位，力士乐都曾代销过升旭的阀，其他许多公司也设计制造采用升旭孔型的阀，以争夺市场。

一些跨国液压公司，如派克、伊顿、博世力士乐等，在兼并其他螺纹插装阀制造厂时，把它们的孔型系列也都收进来了，并继续生产，以满足老顾客的需要。因此，都没有自己统一的孔型系列。例如，派克公司在它2009年的产品样本上列出了53种阀孔。

所以，现在市场上至少有三个比较知名的孔型系列：ISO 7789、升旭和ICC。还有许多生产厂有自己的系列。正如业内人士所比喻的，“火车已经向四面八方开走了。”再要它们回到一条轨道上来，基本是不可能的了。

对策

由于兼容性差，不同孔型系列的阀基本不能互换。因此选型应该十分慎重。不仅要比价格，更要比性能，比耐久，比供货，比售后服务。

实在不得已，必须更换制造厂时，可以考虑更换整个集成块，同时尽可能保持对外的接口尺寸相同。这样，主机可以不做或少做改动。

（2）流量限制　限于螺纹强度和紧固转矩（最大500N·m），螺纹插装阀的螺纹只做到M42×2mm（ISO 7789：2007），这就限制了阀及通口的尺寸。因此，溢流阀的工作流量只可到800L/min左右。其他螺纹插装式的阀种的名义流量仅达400L/min，甚至更少。三通、四通电磁换向阀则限于电磁铁功率和液动力等，最大流量低于40L/min。

对策：

板式的电磁换向阀，由于阀体内空间较宽裕，铸造的弯曲流道压损较小，6通径的，流量最高可达约90L/min，远大于螺纹插装式。所以，在集成块中，必要的部分可以考虑采用板式阀。有些场合，也可采用螺纹插装式的二通阀。流量需求再大的部位，也可考虑使用盖板式插装阀。总之，可以根据需要混合使用，不必拘泥于某一种形式。

（3）性能局限　由于螺纹插装式起步比传统管式、板式晚，而且受体积和布局限制，因此早期某些性能不如传统管式、板式，如：流量和压力损失、溢流阀的滞回、分流阀的分流精度、流量阀的动态响应性能、耐久性（影响因素很多：热处理，污染等）。如前已述及，螺纹插装式早期的发展是由移动机械的需求推动起来的，它们因为受空间与重量的限制，青睐螺纹插装式，对性能就退而求其次了。

现在，随着螺纹插装阀技术的发展，一些产品的性能已经达到与管式阀、板式阀相近或相同的水平，因此，螺纹插装阀也被用于固定设备的液压。

对策：

选择时某些性能要留有余地。例如电磁阀的最大工作流量，会受温度、电压、压力等因素影响，因此，应选用比实际工作流量大一些的。

作者的经验教训是：多数情况下，不是阀本身的性能不行，而是选型或使用不当。因此，在选用阀的时候，要仔细阅读产品使用说明书，注意弄懂每一个词：适用的油液、流动方向、紧固力矩等。很多中文翻译不准确，要争取读原版，至少是英文版。从失败中学习，争取不在同一个地方跌两次跤！

如果自己没有经验，又缺乏相应的测试手段，那么，请一个螺纹插装阀供应商提供全套回路，不失为一个简单的暂时过渡的途径。

等到自己有了相当的经验，也有相应的测试手段，能够判断问题所在，那么，可以考虑自己设计回路，根据需求，选用不同生产厂的产品，组合在一起。实话实说，没有哪一家厂商生产的所有的阀都是世界最优的。

（4）开发周期较长　要采用螺纹插装阀组成液压系统，一般都要设计制造集成块。而集成块一旦制成，基本上就不能再改动了。要改动回路，常需要重新设计整个集成块。所以，开发周期较使用管式、叠加式元件的要长。

对策：

批量产品才采用螺纹插装式。

另外就是，前期多花功夫。在确定回路前，先用单阀块，用管道连接进行试验，尽可能地多进行多工况试验。确定这些阀适用以后，才设计集成块。集成块设计以后，先小批量试制、试验、改进，完善后才批量投产。这样，可以减少返工，最终还是缩短开发周期的。

（5）制造管理复杂　由于螺纹插装阀被广泛应用，中国也有一些企业将其作为商品来制造，但应该考虑到制造管理螺纹插装阀的特点：技术密集、资金密集、劳动力密集和管理密集。

1）技术密集。如前所述，经过 70 余年的发展，螺纹插装阀现有品种成千上万。

不同的孔型需要不同的设计。固然可以测绘得到，但其中大量技术细节不是靠测绘就可以掌握的，一些还有知识产权保护，不小心的话，就会触雷。

2）资金密集。大量小零件，人工机加工的话，人力费用很高。自动机床，如高精度走心式数控车床等，生产效率很高，但一台动辄几百万，开工率不高的话，投资费用难以收回。

3）劳动力密集。由于品种很多，零件小，每批的数量不多，就给自动化装配出了难题：要准备专用的夹具、工装、程序，成本很高，常常只能人工装配。这就需要有相当数量培训合格的装配工，而且需要培训的内容很多，且要不断更新，否则难以保证装配质量。

4）管理密集。螺纹插装阀的最大难点是产品的规划和组合。因为品种极多，又有大量通用件，光是弹簧，就可能有上百种。

图 6-36 所示为 8 种先导阀，6 种弹簧，18 种不同的先导阀座，16 种不同的阀体，可组成 13824 种性能不同的电磁换向阀。如何运用计算机管理好这些图样、工艺卡、配件、半成品、零件、成品，就不简单。

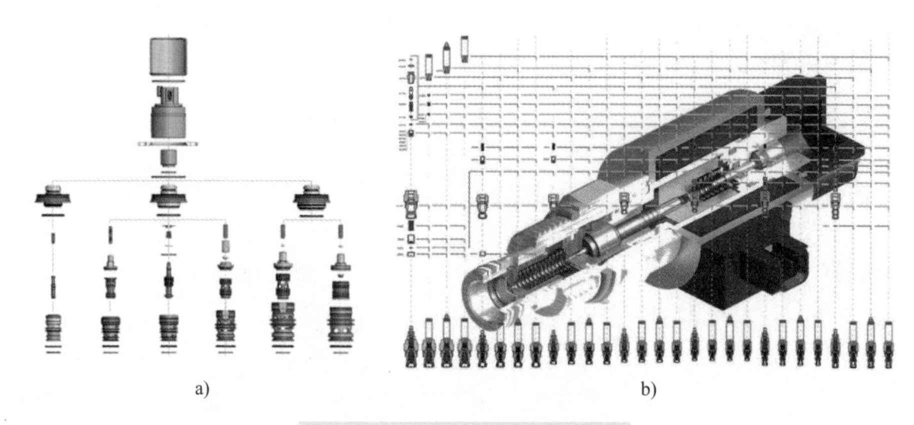

a)　　b)

图 6-36　电磁换向阀的公用件组合

a）不同的组件　b）组成多种不同性能的电磁换向阀

因此，如何充分利用已有的系列库存品，生成多种产品，是极其重要的！如果没有这个规划，将导致零部件太多，库存过大，成本就下不来！

6.6　安装连接形式的应用现状与发展趋势

当今世界错综复杂，液压系统面对的应用也是如此。没有哪一种安装连接形式可以放之四海皆优，独打天下。

鉴于前述的技术及经济原因，今天，在欧美工业国家，液压阀的安装连接形式已大致形成如下格局。

1）应用插装阀的集成块形式已成为首选。

2）大流量的系统，流量大致在 400 至 800L/min 以上，主回路采用盖板式插装阀，控制回路则由板式阀、叠加阀或螺纹插装阀构成。

3）大批量生产的组件，大致几千件以上，往往采用专用阀或专用阀块，其中也应用一些螺纹插装阀。

4）批产量很小的系统，每批才几件，今后需求不明朗时，先用叠加阀试验，也许更经济、灵活，设计生产周期更短。

5）批产量适中的系统，普遍使用专用集成块。其中，流量小的系统，往往全部使用螺纹插装阀。流量大一些的采用板式换向阀加螺纹插装阀。

6）在移动液压中，由于传统习惯，还相当普遍地使用片式阀。换向方式，有手动、液控，现在越来越多采用电控，但还保留手柄，作为故障时的应急干预手段。其他控制则采用螺纹插装阀。

7）只能完成单一功能的纯管式元件的应用已越来越少了。即使由于种种原因，例如，系统某处只需要一个液压阀，那使用管式就较经济，但也往往会使用由螺纹插装阀组成的带管式接口的阀块。

8）板式的流量阀和压力阀的应用越来越少了，被做成叠加式的螺纹插装阀所取代。

具体采用什么形式，关键是哪种形式能更好地满足应用的需求，而不应在乎这种形式出现的先后，所谓第几代！儿子不一定就能超过老子。

第 7 章

五花八门的液压阀

如前已述及，液压技术发展至今已有 200 多年的历史。要搞液压，就需要液压阀。所以，液压阀的研发也有 200 多年了。为满足主机和液压系统的需求，出现了成千上万、五花八门的液压阀。然而，从功能来说，几乎所有的液压阀都可以归于以下四大类十二种，或是从这几种转化，或者由这几种组合而成：

截止阀：含单向阀和梭阀，流道液阻或为很小（关闭），或为很大，以限制液流方向。

换向阀：流道通常由外部操纵变换，液阻为很小，或很大。

压力阀：含溢流阀、减压阀和顺序阀：流道的启闭由阀进口或出口的压力控制。

流量阀：其中，节流阀是由外部操纵的，二通、三通流量调节阀则可以根据压差自动调节，分流集流阀可根据对应流道的流量调节本流道的液阻。它们的本质都是限制流量。

这里特别用限制，不用控制，是因为一般理解，“控制”——可令被控对象随指令高低上下。但液压阀是被动元件，只会消耗，不能无中生有，只能下不能上，不能把低变为高，所以，用限制更为精准！

压力阀和流量调节阀：开口必须随流量或压力而连续调节，节流阀也必须随外部调节而连续改变，液阻连续改变，因此，可归于连续阀。如前已述及，所有液压阀都是通过移动阀芯，改变开口（流道）来完成其任务的。因此，由怎样的操控力来推阀芯，决定了阀的功能。阀芯在操控力和阻力的共同作用下是怎么移动的，就决定了阀的性能。这就是掌握所有阀的关键。

各类阀性能的测试，限于篇幅，只能割爱了，有需要的可参考文献 [11]。

液压阀体上，与油液接触的端口可分为通口和控制口。通口指的是那些可能通过工作流量的端口。控制口指的是那些仅与弹簧腔或阀芯端面腔连通的端口，本质上，只是用于传递压力信息（液动），仅在阀芯移动时才有油液流动。

7.1 单向阀——不准反向

单向阀，也称为止回阀，顾名思义，油液只可单个方向流通。一般由阀体、一根弹簧和一个阀芯组成（见图 7-1a）。一般有两组通口。两组通口的油液压力与弹簧力都作用于阀芯，因此，决定阀芯位置，从而实现流道通断的，就是这两个通口的油液压力和弹簧预紧力。

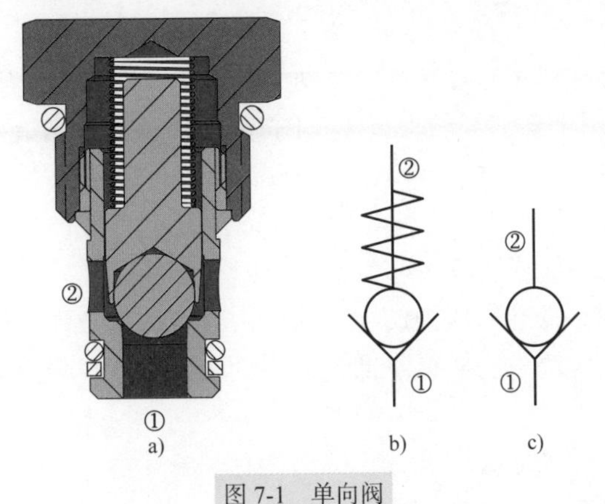

图 7-1　单向阀

a）结构图　b）图形符号，按标准　c）图形符号，没画弹簧

单向阀的图形符号，根据 ISO 1219-1：2006（GB/T 786.1—2009）建议，也可如图 7-1c 所示，不画弹簧，但那是为了偷懒省工，真正不带弹簧的单向阀用得极少。

1. 功能

在通口①与通口②的压力差超过弹簧预紧压力时，推开阀芯，开启流道，液流通过。否则，阀芯就被压在阀座上，关闭流道。属于开关阀。

为了使关闭后泄漏少，一般都用座阀，特别是锥阀，少用滑阀。

一般都带有弹簧。弹簧的作用：

1）克服可能的阻力，尽快关闭。为此，有时选用较硬的弹簧。

2）压紧，以减少泄漏。

3）压力超过一定值以后，流道才开启。

弹簧预紧力一般都超过阀芯的重量，以保证，不论单向阀的安装方向怎样，阀芯都能复位。

2. 应用

单向阀在液压系统中被广泛应用（见图 7-2）。

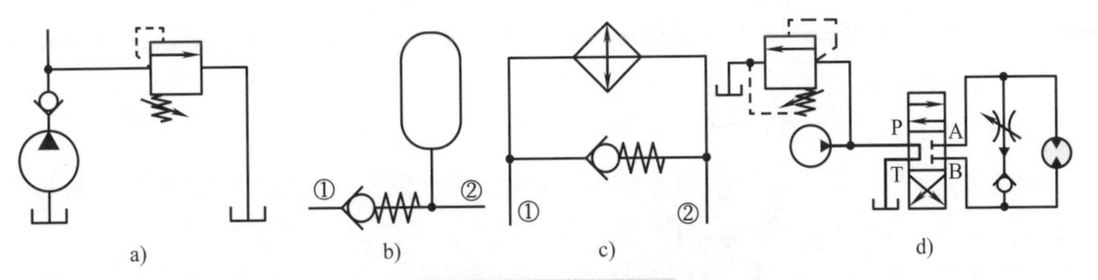

图 7-2　单向阀的应用

a）泵出口　b）用于蓄能器保压　c）保护散热器　d）限速

1）泵出口一般都装单向阀（见图 7-2a），以免管道里的油液，在泵停转时，通过泵中的流道又流回油箱。

用于这种场合时，液阻应尽可能小，因为在泵工作时，全部泵出流量都要流过此阀，是持续耗能的。所以，如果反向微量的泄漏可以容忍的话，可以考虑用弱弹簧。如果该阀能垂直安装，阀芯的重量可以帮助复位关闭流道的话，甚至可以放弃弹簧。

2）单向阀也被用于蓄能器的保压（见图 7-2b）。从通口①给蓄能器补充油液。在口①压力低时，单向阀可以封闭该口，避免反流。这种应用希望泄漏量尽可能小。

3）单向阀也被用于保护散热器（见图 7-2c）。在通口①的压力超过散热器许用压力时开启，旁路泄出一部分油液，以免超压损坏散热器。

这种应用，等同于低开启压力的溢流阀。由弹簧预紧力确定的开启压力是第一重要的。第二要开启速度快，这样可降低压力尖峰。因此，阀芯质量要小，泄漏一点则无伤大雅。

用于保护过滤器时也是这样。

4）图 7-2d 中的单向阀用于在固定的泵流量时，使马达实现双向不同转速。

在换向阀处于下位，P 通 B 时，由于单向阀的关闭功能，全部油液都流向马达。

如果换向阀处于上位，P 通 A，则部分油液通过二通流量阀和单向阀旁路，马达这个方向的转速就会低些。

5）也被装在换向阀的回油口，用作背压阀，使系统回路中的压力始终不低于一最低压力——背压（参见图 7-62），这可提高油液刚性，改善液压缸在负载波动时的运动平稳性。

6）从功能来讲，开启压力较高的单向阀也可当作低开启压力溢流阀用，两者的结构和功能并无本质差别。单向阀，压力超过时就开启流道，所以，与顺序阀也无本质的不同。

3. 性能

优良的单向阀，一般来说，应该具有正向流通阻力小，反向关闭迅速，密封可靠，寿命长等性能。

1）开启压力。根据弹簧预紧力和有效作用面积计算出来的值只是将开未开时的压力。

实际开启压力一般系指阀芯刚开启时进口腔的压力。

什么叫刚开启？海德福斯对其产品给出了可测试的定义——当流量达到 16.4mL/min 时，进口处的压力值。

一般设定在 0～2.5MPa 之间。

2）压差 - 流量特性。在正向流通时，因为需要克服弹簧力以及阀芯阀体间的摩擦力，所以进出口间的压差总高于开启压力。

如果希望流通损失较小，弹簧应该尽可能长而软。这样，在开启后，弹簧被压缩，弹簧力上升就不会太大（参见图 4-45），尤其是用在大流量时。

图 7-3 所示为一单向阀在开启压力不同时的压差 - 流量曲线。

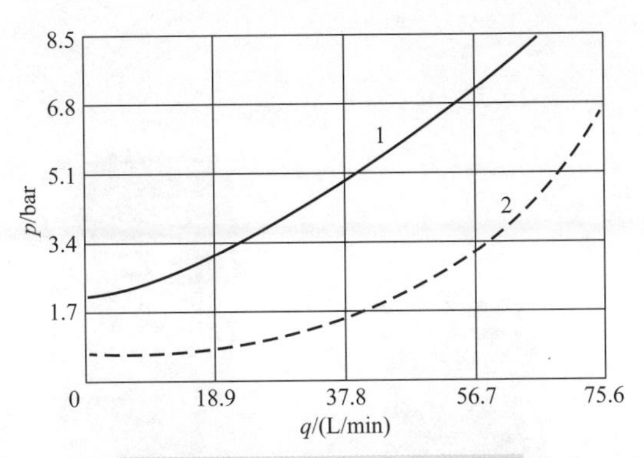

图 7-3　某单向阀的压差 - 流量曲线

1—开启压力 2.1bar　2—开启压力 0.34bar

3）内泄漏。内泄漏就是在反向应该密封时，通过阀芯与阀座之间的密封面的泄漏量。

对单向阀而言，内泄漏一般应该是越小越好。

4. 一些变型

1）阀芯，除球形外，用得更多的是锥形（见图 7-4）。

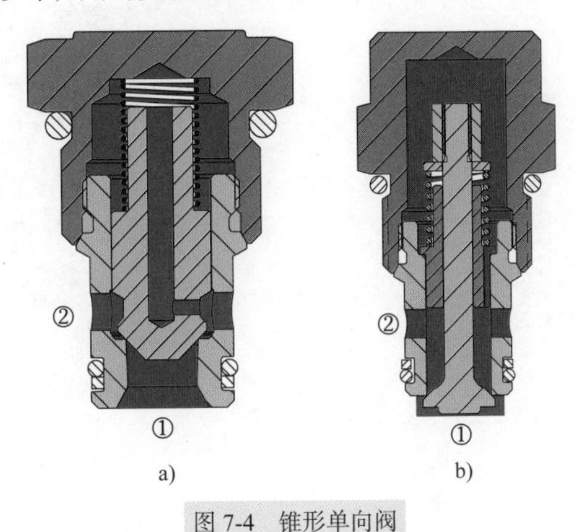

图 7-4　锥形单向阀

a）滑锥型　b）倒锥型

2）埋入型。可安装在集成块里面（见图 7-5），阀体完全进入块内部，没有露在块外的部分，仅利用自身的螺纹或靠其他元件，如管接头、卡环挡圈等固定，深度一般任意。

3）从结构角度来看，有从端面进流的，也有从侧面进流的。这有时可以简化集成块流道的设计，减小压降。

4）带附加功能，如带反向溢流阀型（见图 7-6），可以保压但不会由于比方说油液受热膨胀而超压。可用于比如说行走机械固定平台支撑脚的液压缸。

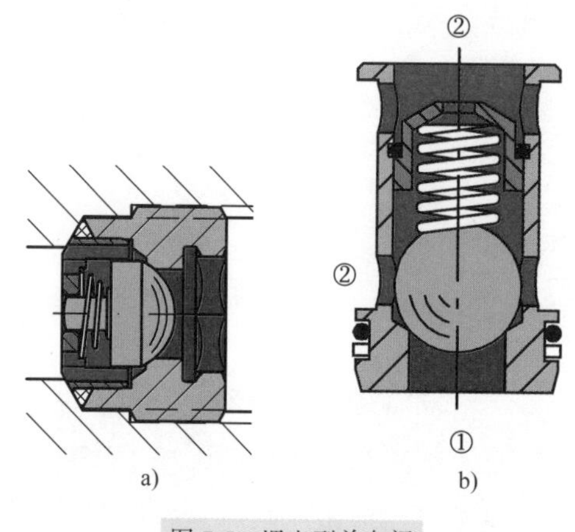

图 7-5　埋入型单向阀

a）螺纹固定型　b）压紧型

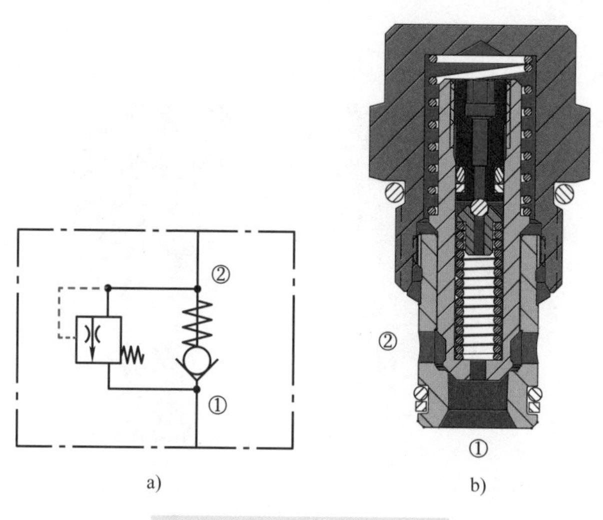

图 7-6　带反向溢流阀的单向阀

a）图形符号　b）剖面

5）塑料阀芯。博世力士乐在 2010 年推出 Z1S 型单向阀（见图 7-7），叠加式，通径 10，测定流量 100L/min，许用压力 350bar。阀芯和弹簧座是工程塑料制的。工作温度：–20 ~ +80℃。阀芯的圆锥角略小于阀体（见图 7-7c），受压后会变形，在 10% 额定压力时就能很好地密封。工作寿命可达 2 千万次。因为阀体是铸铁的，比阀芯硬，所以不会磨损。阀芯即使磨损了，也很容易更换。

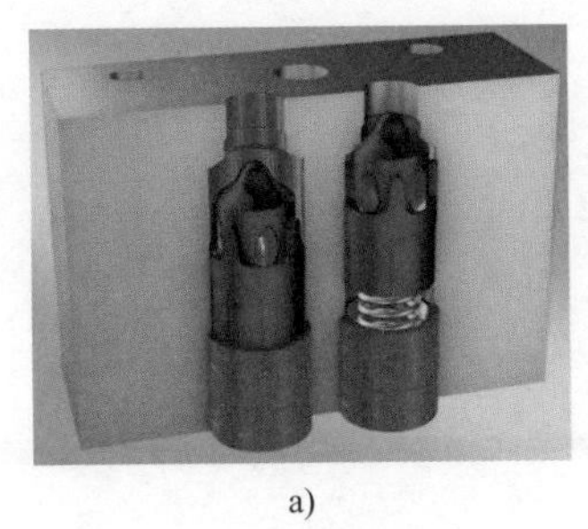
a)

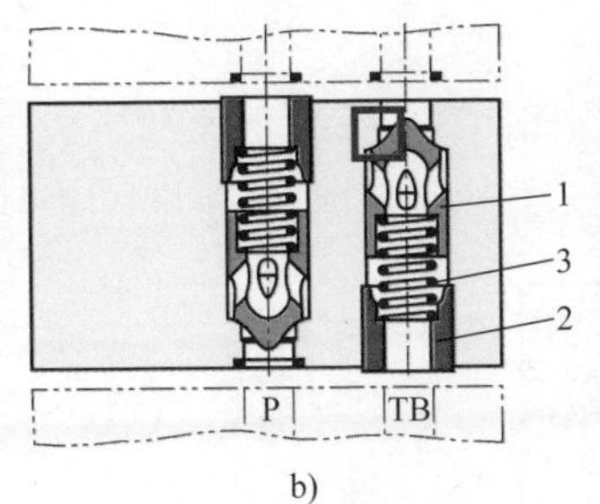

b)

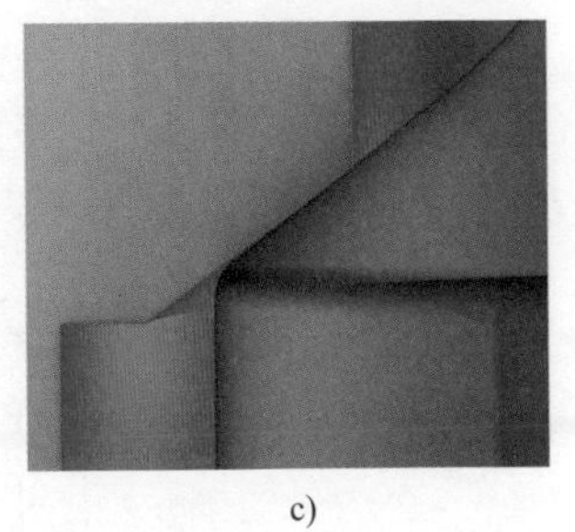
c)

图 7-7　Z1S 型单向阀

a）装配示意　b）结构示意　c）局部放大

1—阀芯　2—弹簧座　3—弹簧

7.2　液控单向阀——不通时还可通融

1. 功能

液控单向阀，属开关阀。一般有两组通口（见图 7-8 中口①和②），一组控制口（图 7-8 中口③）。其阀芯，首先受通口压力限制，仅允许单向流动。是否可反向流动，取决于控制口的压力。

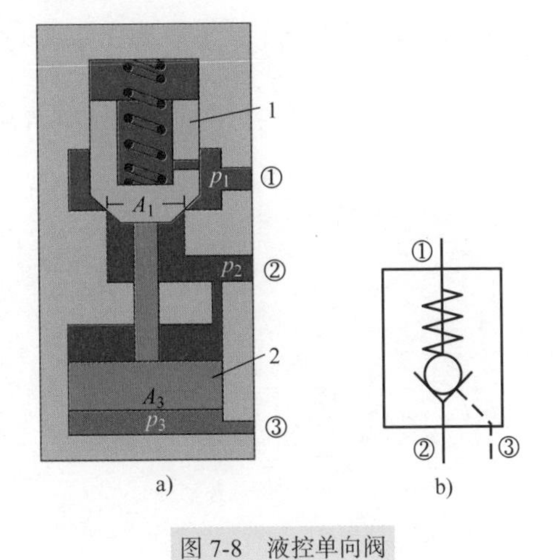

图 7-8　液控单向阀

a）结构示意图（BOSCH）　b）图形符号

1—单向阀　2—控制活塞

因为弹簧预紧力 F_T 是作用于单向阀芯的，反向的有效作用面积为 A_1，所以，弹簧预紧压力 $p_T= F_T/A_1$。

1）如果控制口③的压力 p_3 很低，可以忽略，则它的功能与普通单向阀完全相同：

- 如果通口②与通口①的压力差 $p_2 - p_1$ 高于弹簧预紧压力 p_T，就推动阀芯向上移动，开启流道②→①。

- 否则，弹簧推动阀芯向下运动，关闭流道。

2）如果控制口③的压力 p_3 足够高，可以通过控制活塞将单向阀芯顶开的话，则可实现反向流通①→②。

2. 应用

1）液控单向阀可用于保持一个负载被举升后不下沉（见图 7-9）。因此，有的供货商把液控单向阀和负载保持阀（平衡阀）归为一大类，例如升旭。其实，一般而言，液控单向阀是设计为开关阀来工作，而负载保持阀（平衡阀）是设计为连续阀来工作的，性能有很大差别。

图 7-10 所示为一完整回路。在不希望液压缸移动，即换向阀位于中位时，控制压力端 B 应通油箱，完全卸荷，以保证液控单向阀可靠地关闭。

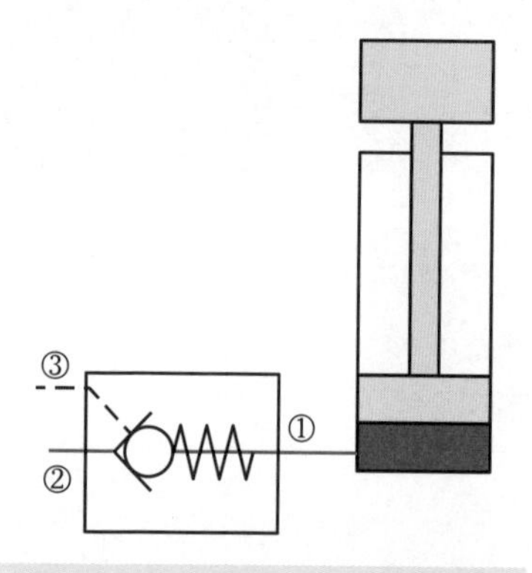

图 7-9　使用液控单向阀防止负载下沉

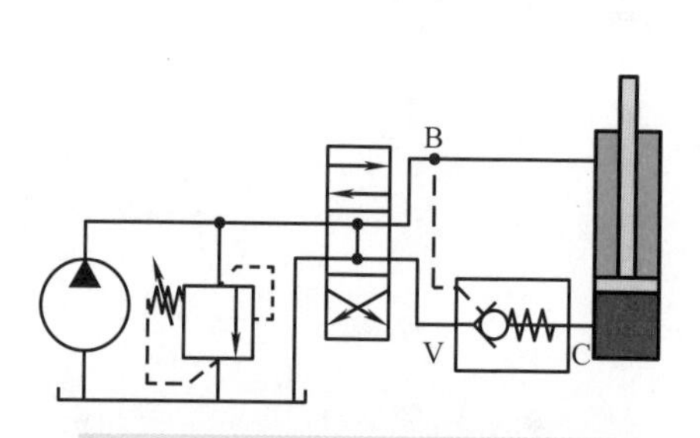

图 7-10　使用液控单向阀的完整回路

为减少连接管道，提高管道破裂时的安全性，在上述应用中，液控单向阀常被装在阀块中，如图 7-11 所示的那样，直接固定在液压缸出口，甚至直接装入液压缸的出口接头里。

2）如果液压缸在换向阀中位时可能会受到外力，且外力可能双向时，要阻止液压缸移动，可以使用双液控单向阀（见图 7-12）。

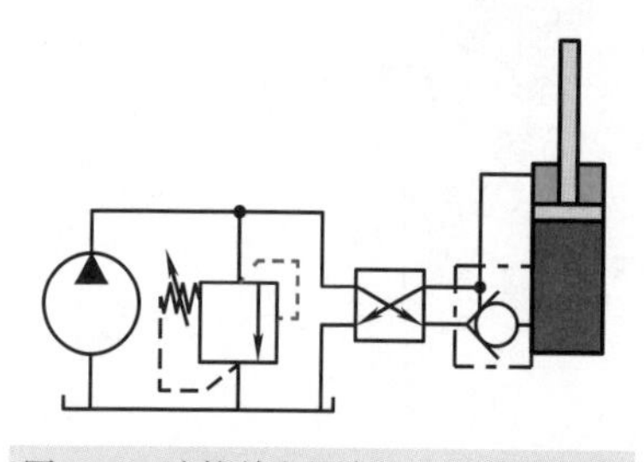
图 7-11　液控单向阀直接与液压缸相连

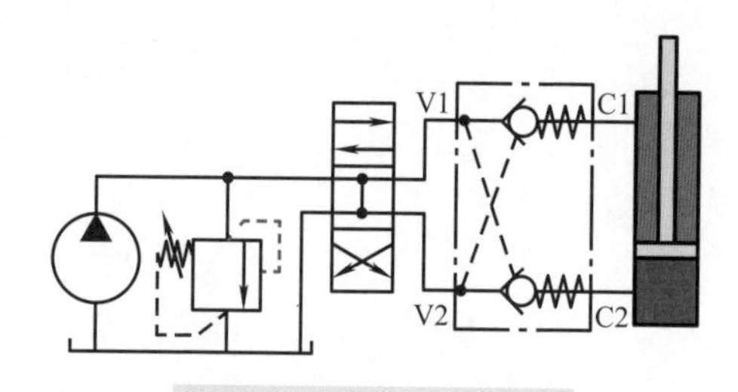

图 7-12　使用双液控单向阀

3）成组的液压缸不宜分别用液控单向阀控制（图 7-13a）。因为这时，负载略低的液压缸出口处的单向阀会先开启，导致全部负载集中到另一个液压缸上，抬高了开启相应液控单向阀需要的压力，导致开口开不大，甚至不能开启，因此，负载会倾斜甚至卡住。如果回路如图 7-13b，就不会有这样的问题。

4）不同于液压缸，光靠液控单向阀不能锁住马达，因为马达都有内泄漏。

3. 工况分析

1）控制比与开启压力。参见图 7-8，控制口③的压力 p_3 对控制活塞的有效作用面积为 A_3，通口①的压力 p_1 对单向阀芯的有效作用面积为 A_1，这两个有效作用面积之比 A_3/A_1 被称作控制比，记作 K_C。通常，A_3 大于 A_1，即 $K_C>1$。

控制比是液控单向阀最重要的一个参数，因为控制比对阀的启闭状态影响很大。

分析如下：

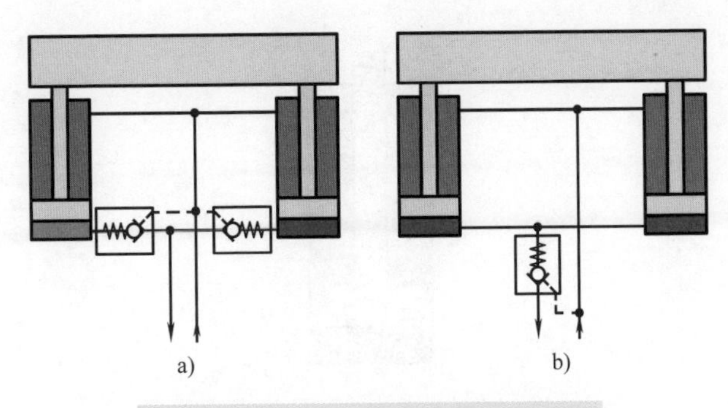

图 7-13 在成组液压缸时使用液控单向阀

a）不能保证同步开启 b）可以工作

忽略摩擦力，那作用在单向阀芯上的力的平衡关系如下：

$$p_3A_3+p_2A_1=F_T+p_1A_1+p_2A_3$$

式中 F_T——弹簧预紧力。

一般通口②的压力 p_2 较小，如果忽略不计的话，则上式可写为

$$p_3A_3=F_T+p_1A_1$$

所以，控制压力开启流道的条件为

$$p_3A_3>F_T+p_1A_1$$

也可写成

$$\begin{aligned}p_3&>(F_T+p_1A_1)/A_3\\&=(F_T/A_1+p_1)/(A_3/A_1)\\&=(p_T+p_1)/K_C\\&=p_T/K_C+p_1/K_C\end{aligned}$$

式中 p_T——弹簧预紧压力。

上式可以表示如图 7-14 所示。图中，区域Ⅰ是流道未开启，区域Ⅱ是流道开启。两区域的分界线即是该单向阀的开启特性线，其斜率即为控制比 K_C。从图中也可以看出，p_1 越高，开启流道所需压力 p_3 也越高。

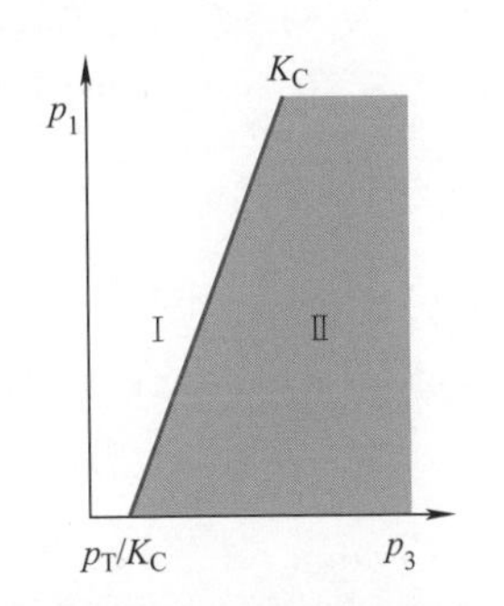

图 7-14 液控单向阀特性线

Ⅰ—流道关闭区 Ⅱ—流道开通区

2）液压缸的负载力与两腔压力关系。作用在液压缸上的负载力会影响液压缸两腔的压力（见图 7-15）。

如果负载力 F_L 与 p_A 对活塞的作用力反向，则可写出，在稳态时，作用在活塞上的力的平衡关系如下

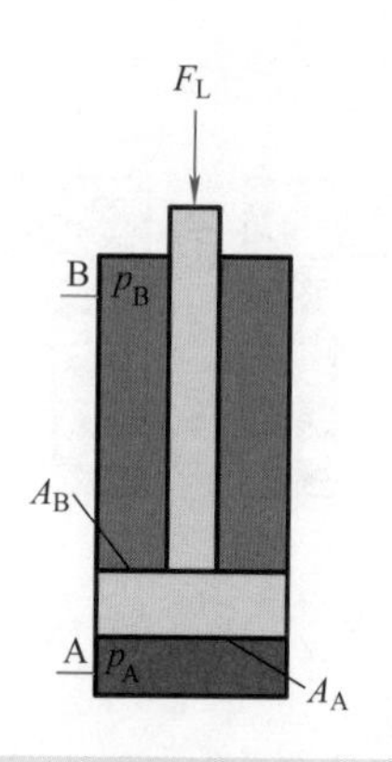

图 7-15 液压缸两腔的作用力示意

$$p_A A_A = p_B A_B + F_L$$

上式可改写为

$$\begin{aligned} p_A &= p_B A_B / A_A + F_L / A_A \\ &= p_B K_A + p_L \end{aligned} \tag{7-1}$$

式中 K_A——液压缸驱动腔与背压腔的作用面积比，即 A_B/A_A；

p_L——由负载力引起的压力，简称为负载压力，等于 F_L/A_A。

式（7-1）可表示为如图 7-16a 所示：即，在稳态时，对于任一个 B 腔压力p'_B，就有一个对应的 A 腔压力p'_A，工况点 G' 总是在一直线上。此直线就是该液压缸的特性线，其斜率就是两腔的面积比 K_A。

$$\tan\alpha = K_A = A_B/A_A$$

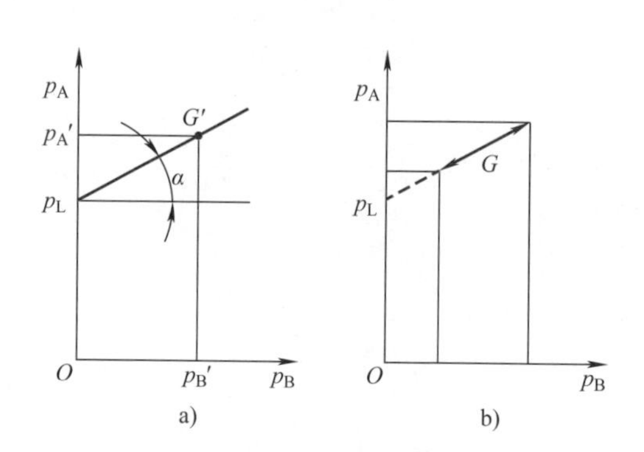

图 7-16 液压缸的两腔压力相互影响

a）液压缸特性线 b）两腔压力相应变化

如果 p_A 改变，p_B 也会相应改变，反之亦然（见图 7-16b）。

如果 p_A、p_B 不能保持在这条特性线上，则作用在活塞上的力不平衡，活塞就会有加（减）速度，直至平衡为止。

液压缸在各种面积比、各种负载力情况下的特性线详见参考文献 [14]1.4 节。

3）液控单向阀与液压缸组合。把液控单向阀与液压缸组合成如图 7-17a，则液控单向阀的通口①的压力 p_1 就是液压缸下腔压力 p_A，液压缸上腔压力 p_B 就是液控单向阀的控制压力 p_3。由此，可得特性线组合如图 7-17b 所示。从图中可以看到：两特征线的交点 G 就是理论开启点；p_L 越高，液压缸面积比 K_A 越大，液控单向阀的控制比 K_C 越小，则开通液控单向阀流道所需的开启压力 p_{3G} 越高。

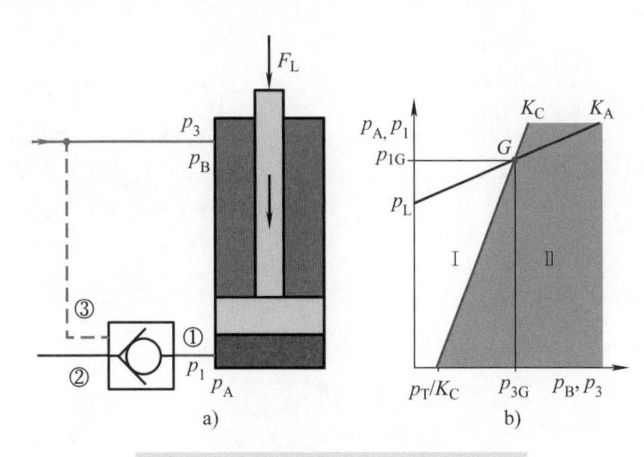

图 7-17　液控单向阀与液压缸组合工况

a）回路　b）特性线组合

Ⅰ—流道关闭区　Ⅱ—流道开通区　G—理论开启点

p_L—负载压力　p_{1G}—单向阀开启时液压缸下腔压力　p_{3G}—单向阀开启压力

如果 $K_C = K_A$，则两特性线平行，如图 7-18 所示，无交点，那就意味着液控单向阀永远不会开启。

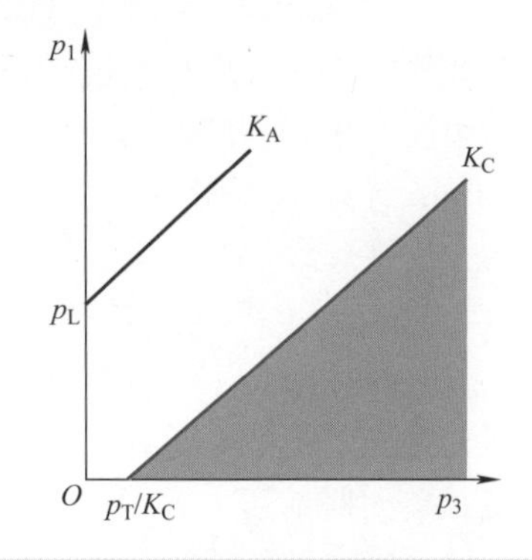

图 7-18　液控单向阀与液压缸的特性线平行

4）高压封闭问题。实际上，即使 $K_C > K_A$，两特性线在理论上会有交点，但如果 K_C 较小，K_A 较大，完全可能出现如图 7-19 所示的情况，交点落在了系统许用压力范围之外。因此，液控单向阀实际上还是不会开启。

普通液控单向阀没有溢流功能，所以，被封闭腔压力无论多高，都不会释放。

在如图 7-20 所示的实际应用中，虽然液压缸升到顶后，主溢流阀会开启溢流。但在液压缸下腔里被封闭住的，不是仅溢流阀的稳态控制压力，还有由于溢流阀压力超调所造成的瞬间压力峰值，超调峰值超过稳态值的 10% 是很常见的。另外，油温上升也会引起压力增高。

这些就都增高了在需要下降时，开启液控单向阀所需要的控制压力 p_3。而且控制压力 p_3 本身也会通过液压缸的上腔和活塞，进一步增高下腔的压力（参见图 7-17a）。

这就导致，为了压力下降，需要的开启压力 p_3 特别高，严重时也会出现打不开的情况。

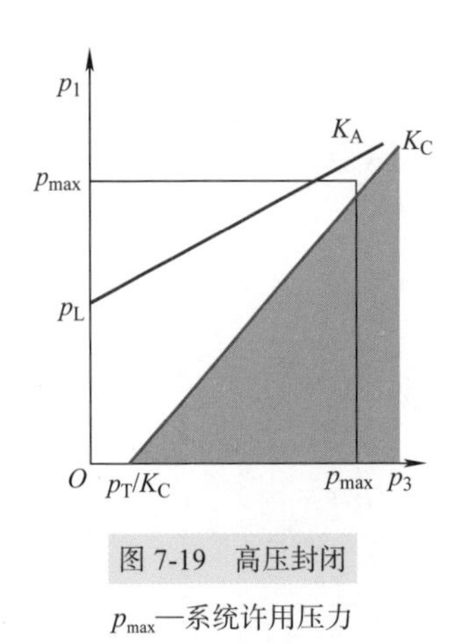

图 7-19　高压封闭

p_{max}—系统许用压力

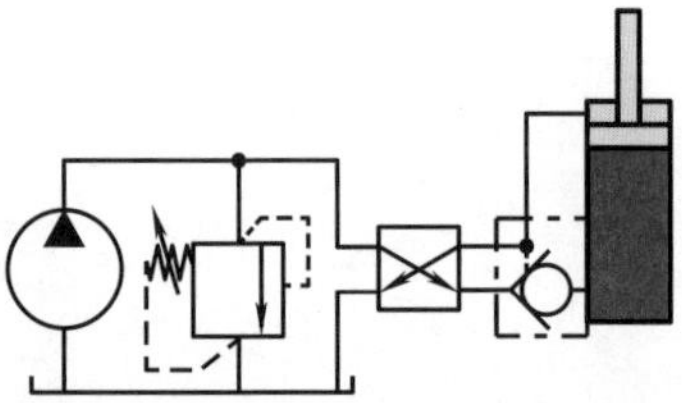

图 7-20　使用普通液控单向阀可能出现高压封闭问题

使用高控制比的液控单向阀可以部分排除这种现象。市场上可购的液控单向阀的控制比 K_C 一般为 1 ~ 4，只有个别可达到 6。因此，在设计时必须仔细估算，留有余地。

4. 在液压缸行程较长，负负载较大的场合

与平衡阀不同，液控单向阀属开关阀，常采用简单的座阀，没考虑在中间状态的使用情况，开则全开，液阻很小。因此，液控单向阀不宜用于液压缸行程较长，负负载较大，或波动较大，因而阀开口需要调控的场合。

这是因为，阀开启后的液阻很小，如果负载 p_L 较高，就会导致流量很大，液压缸下降很快。此时，如果进入上腔的流量不够，不足以维持 p_B 在稳态特性线上（参见图 7-17b），导致 p_3 下降，阀关闭。p_3 重新上升，超过开启压力后，阀重新开启。周而复始，反复开闭，造成强烈振动。

改善措施之一是在 A 口加一个节流，比如说，装一个单向节流阀（见图 7-21），如果其节流的液阻可以维持 p_A 在 p_{1G} 以上水平的话，就可以避免反复开闭的现象。

既使这样，还是可能出现开启突跳。因为，在液控单向阀未开启时，由于没有液流，液控单向阀前压力 p_C 等于液压缸下腔压力 p_A。开启后，p_C 迅速降到几乎为零，流量骤增，导致开启突跳。使用带预卸荷的液控单向阀（参见下文图 7-23）可使突跳获得一定程度改善。

另外，因为节流阀的液阻通常是固定的，没有调节适应能力，因此，在压力波动较大的场合，也还是可能出现振动。

要完全避免这些问题，还是要考虑使用平衡阀。

5. 其他性能

选用液控单向阀时还要注意以下性能指标。

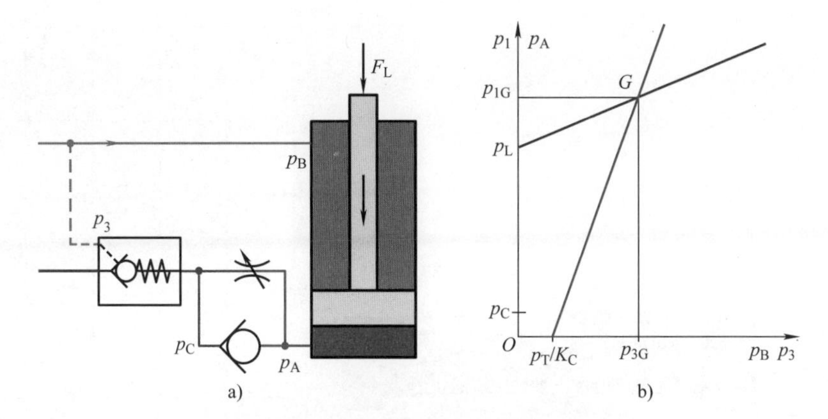

图 7-21　使用单向节流阀来避免高压封闭问题

a）回路　b）特性线组合

1）许用压力，与普通单向阀相同。

2）压差 - 流量特性。液控单向阀的通流有正向和反向两种工况，因此其压差 - 流量特性也有两条曲线（参见下文图 7-23c）。

3）开启压力，即弹簧预紧压力，与普通单向阀相似。

4）内泄漏量，与普通单向阀相似。

6. 一些变型

液控单向阀有球阀与锥阀型（见图 7-22）。

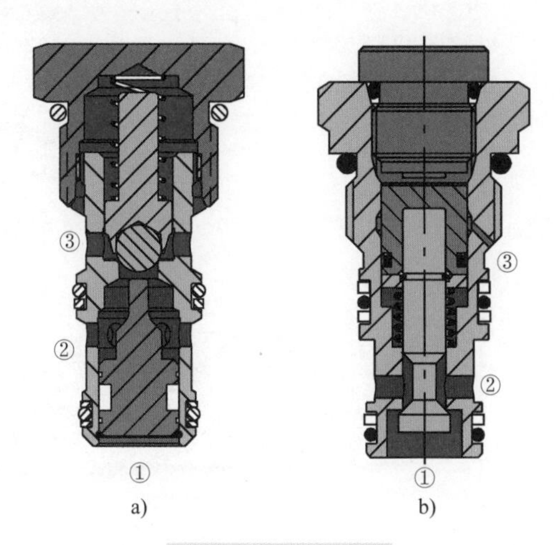

图 7-22　液控单向阀

a）球阀　b）锥阀

1）预卸荷型。图 7-23 所示的阀，控制活塞通过顶杆，会先推开钢球预卸荷，再推开主阀芯，有利于避免开启突跳问题。

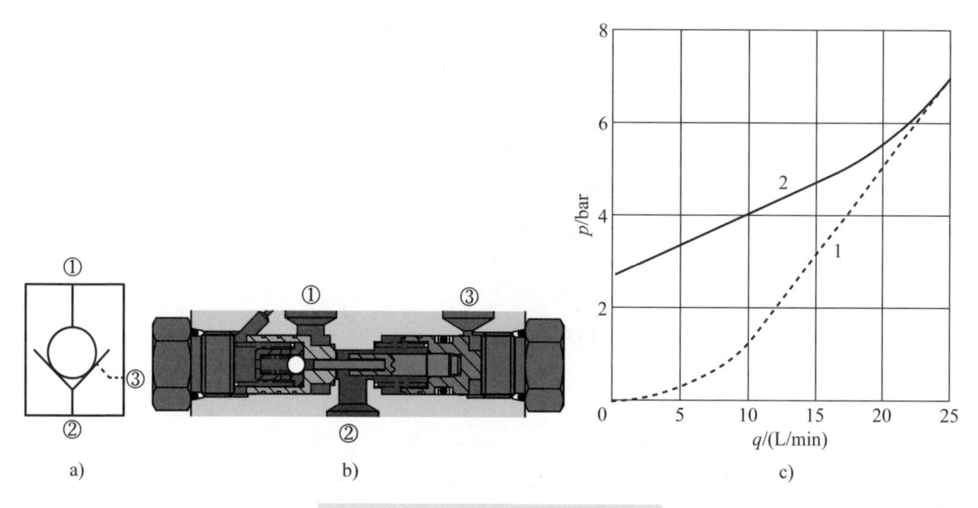

图 7-23　预卸荷型（丹佛斯 4KD25）

a）图形符号　b）结构示意　c）流量压差曲线

1—液控开①→②　2—单向流②→①

2）控制活塞外置型。此种形式的控制活塞不是装在阀体内，而是直接装在阀块中（见图 7-24）。这种结构可以与普通单向阀组合使用，降低成本。但是，阀块这部分的加工粗糙度要很好地处理。否则，控制活塞上的密封圈会很快磨损。

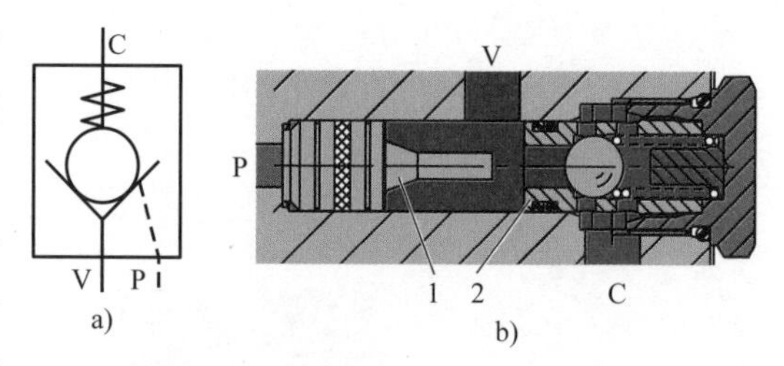

图 7-24　控制活塞外置型（派克 PP02SP）

a）图形符号　b）结构示意

1—控制活塞　2—单向阀

3）双液控开型（见图 7-25）有 4 组通口，可用于控制液压缸两腔。

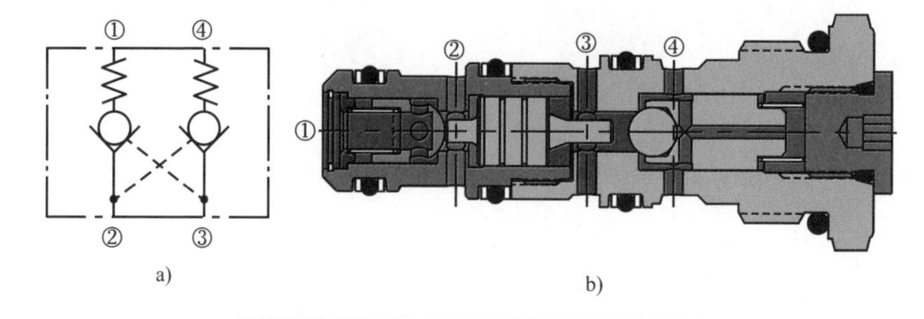

图 7-25　双液控开型单向阀（派克 CPD084P）

a）图形符号　b）结构示意

控制活塞外置型也能实现双液控开（见图 7-26）。

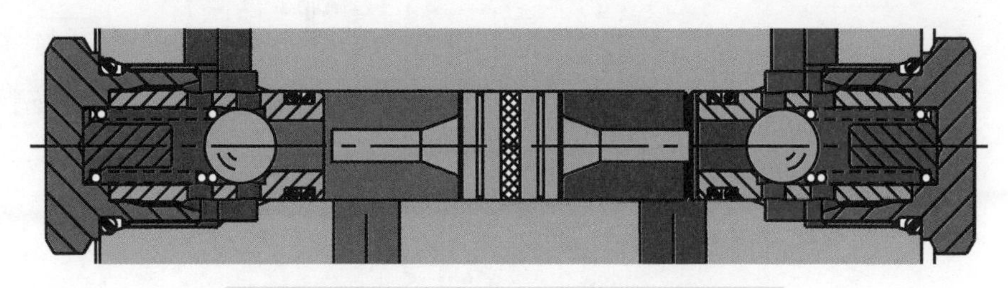

图 7-26　双液控开，控制活塞外置型（派克 PP02DP）

4）液控关型：在阀口③无控制压力时，如同普通单向阀；在阀口③有控制压力时，可以关闭流道，双向不通（见图 7-27）。

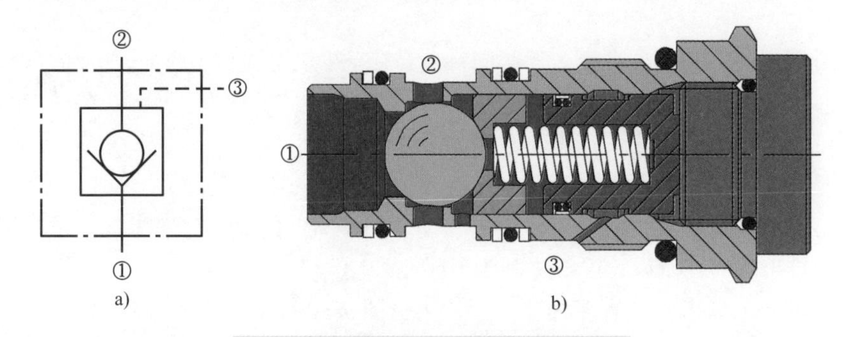

图 7-27　液控关型单向阀（派克 D5A040）

a）图形符号　b）结构示意

液控关型可用于实现差动回路（见图 7-28）。

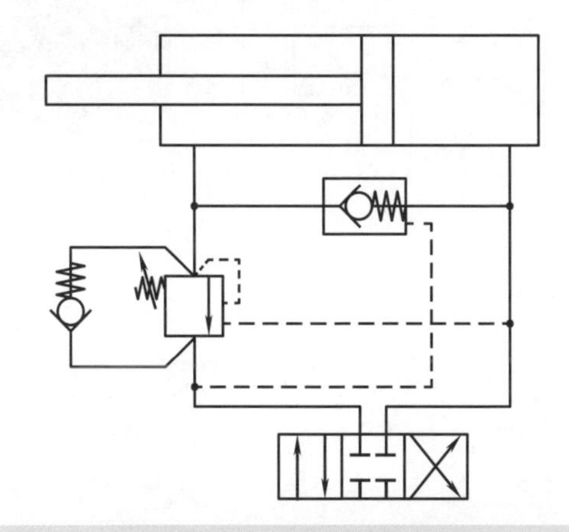

图 7-28　使用液控关型单向阀实现差动回路（派克）

5）液控开关型（见图 7-29）有两个控制口（③和④），可通过外部控制压力来实现开启和关闭。

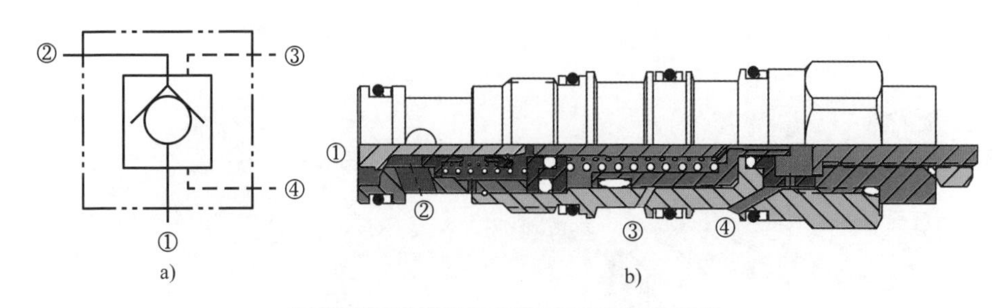

图 7-29 液控开关型单向阀（升旭 CVCV）

a）图形符号 b）结构示意

7.3 梭阀——只有一个能出头

这类阀属开关阀，种类很多，共同特点：有至少三个通口：两个进口和一个出口。决定阀芯位置，从而流道通断的是这两个进口的压力。稳态时，只有一个进口与出口相通。可分为高压通和低压通两种类型。

1. 低压通

阀芯在两个进口压力的对抗作用下移动，使压力低的那个口通出口。常被用于闭式回路中排出热油，所以，以下称其为“排热油阀”。

排热油阀的图形符号有多种表示形式（见图 7-30）。图形符号 2（图 7-30b）画了 3 个状态，但用虚线隔开，表示中间是过渡状态。

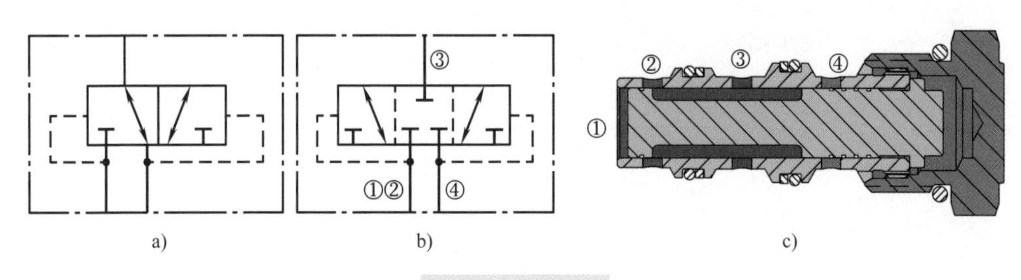

图 7-30 排热油阀

a）图形符号 1 b）图形符号 2 c）结构示意（海德福斯 HS10-42S）

图 7-31 所示的闭式回路中，辅助泵 P2 从油箱汲取冷油，通过单向阀进入闭式回路中压力低的那一侧，也即马达的回油侧，通常较热的一侧。排热油阀 V3 可以使低压的一侧与溢流阀 V2 相连。溢流阀 V2，因为设定压力低于 V1，就会开启，排出热油。溢流阀 V1，只作为安全阀，保护泵 P2。

因为需要持续排出一定量的热油，因此，对该阀的压差流量特性有一定的要求，而响应是否灵敏就不那么重要了。

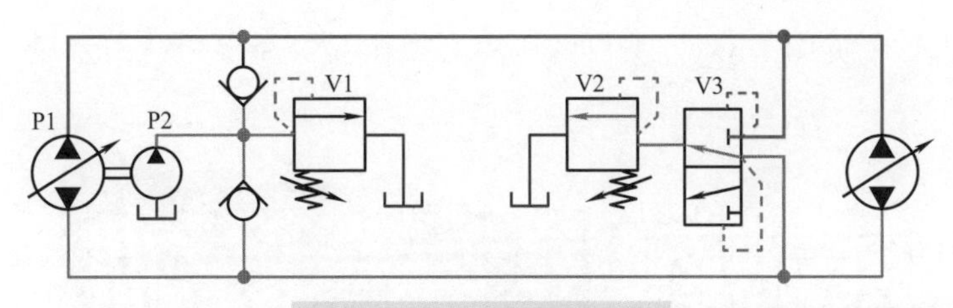

图 7-31　在闭式回路中排热油

2. 高压通

阀芯在进口压力的作用下移动，使压力高的那个进口与出口相通，很像墙头草，哪边压力高，就给哪边让出通道。以下，梭阀专指这种类型。

图 7-32a 所示为 ISO 1219-1:2006 推荐的图形符号。有的生产厂用图 7-32a 来表示球阀芯，用图 7-32b 来表示滑阀，开口比 7-32a 的大。也有用图 7-32c 来表示滑阀的。

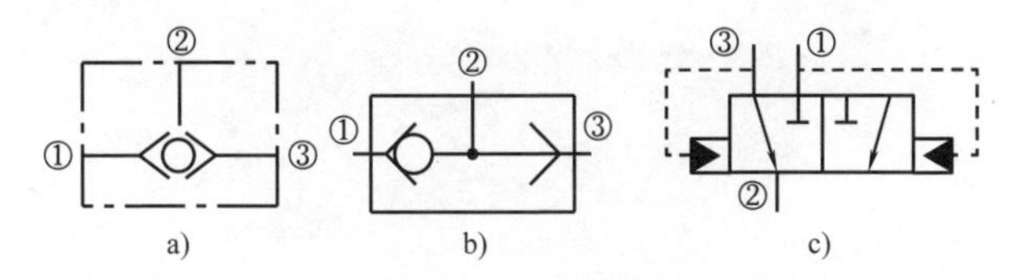

图 7-32　梭阀的图形符号

（1）类型

1）阀芯有球形、锥形和滑阀（见图 7-33）。

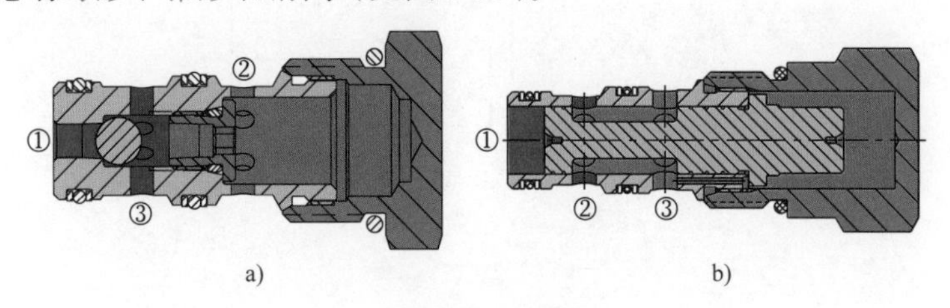

图 7-33　梭阀

a）球阀芯　b）滑阀芯（海德福斯 K04D3）

2）梭阀大多不带弹簧。图 7-34 所示的带弹簧，其功能类似两个单向阀组合（见下文应用 1）

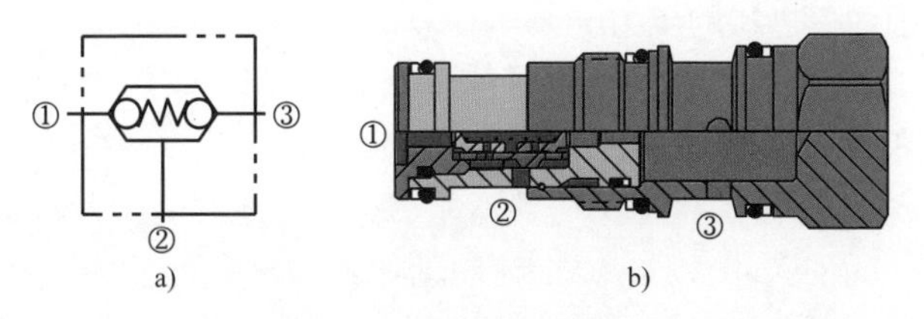

图 7-34　带弹簧型梭阀

a）图形符号　b）结构示意（升旭 CDAD）

3）偏置型（见图 7-35），①口的压力必须比③口高出弹簧预紧压力才能通出口②。

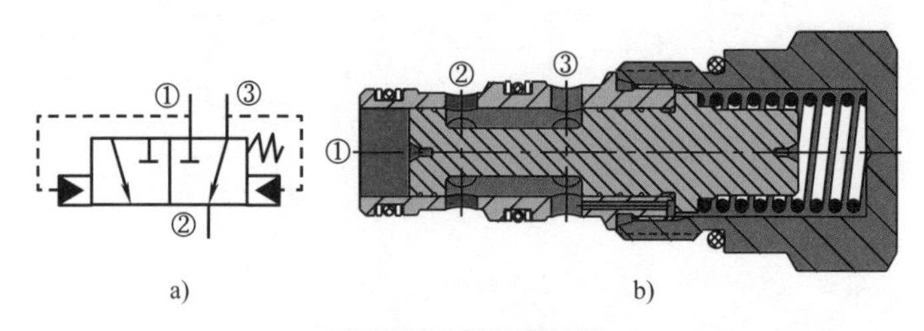

图 7-35 偏置型梭阀

a）图形符号 b）结构示意（海德福斯 K04B3）

4）从安装方式来说，常见的是旋入型，也有埋入型（见图 7-36）。

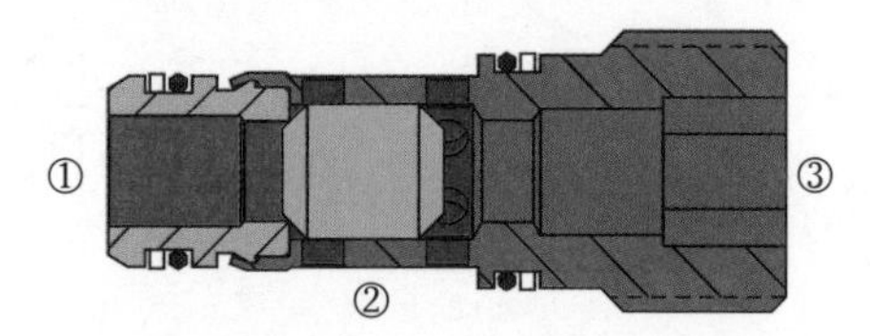

图 7-36 埋入型梭阀（派克 K2A005）

5）梭阀也有三个，甚至四个进口的（见图 7-37）。

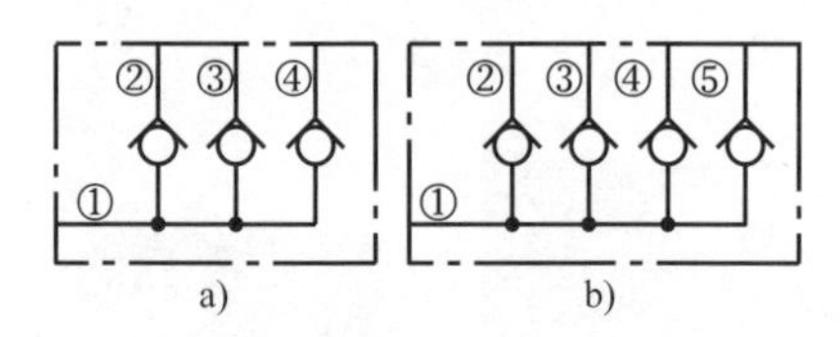

图 7-37 多进口型梭阀

a）三进口型 b）四进口型

（2）应用

1）从图形符号看，梭阀有点像两个单向阀的组合（见图 7-38）。

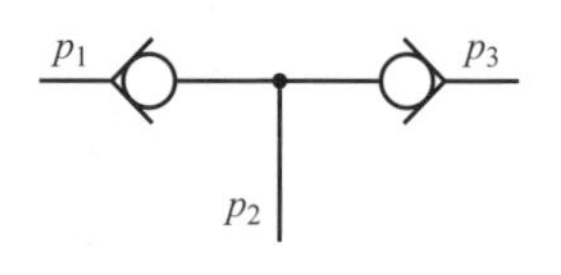

图 7-38 两个单向阀的组合

但普通梭阀只有一个阀芯，总有一个口通，出口压力就不会同时高于两个进口的压力。

而使用两个单向阀的组合，因为有两个阀芯，可以同时把两个进口都封住。如果出口没有流量的话，那么当 p_1 和 p_3 都下降后，p_2 可能还是维持原值，高于 p_1 和 p_3 的压力，就不能及时正确地传递压力 p_1 和 p_3 的状况。

2）在图 7-39 的回路中，梭阀 V1 使制动始终与马达两侧中高压的那一侧相连。如果这个压力超过制动弹簧的压力，则松开制动，马达可以转动。在三位四通换向阀处于中位，马达两侧都无压力时，制动在弹簧的作用下锁紧。

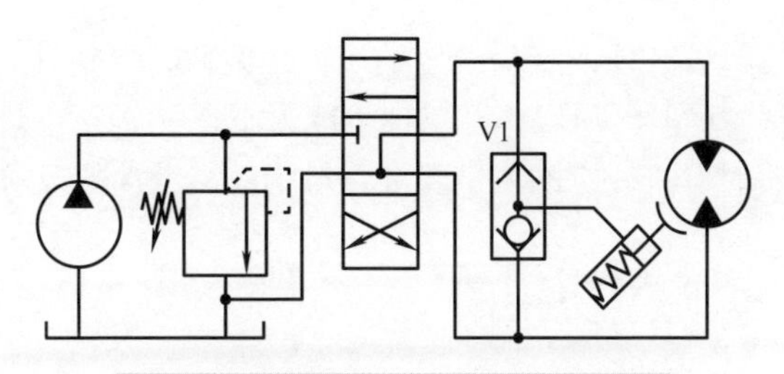

图 7-39　梭阀应用在制动回路中（派克）

3）图 7-40 示意了一个用于驱动起重机的马达卷扬筒的回路。由于起重机卷扬筒对可靠性的要求更高，该回路中增设了一个液控二位三通阀 V2，这样，只有当驱动压力既高于阀 V2 的弹簧预紧压力，也高于制动弹簧压力时，制动才会松开。

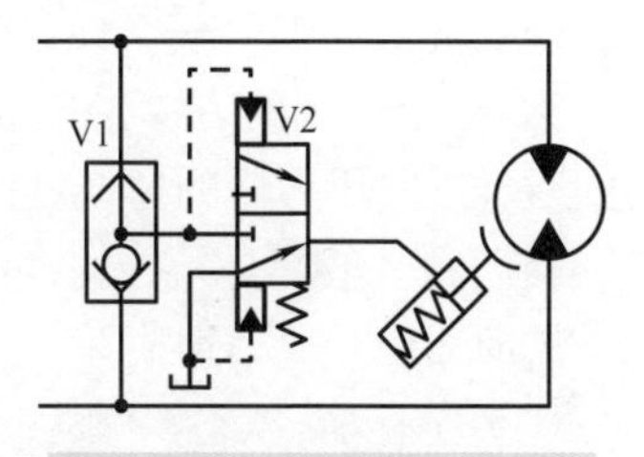

图 7-40　带偏置弹簧的制动阀

4）梭阀在负载敏感回路中用得很多：用于从多个负载压力中选出最高者，传给变量泵的排量控制机构，作为维持泵出口压力的依据。因此，几乎每片负载敏感阀都要配一个梭阀。图 7-41 所示为一驱动 4 个执行器的实例。负载 A4 和 B4 的压力信号要经过 5 个梭阀（S4、S3、S2、S1、S0）才传到负载压力口 LS1，很容易发生响应迟钝问题。

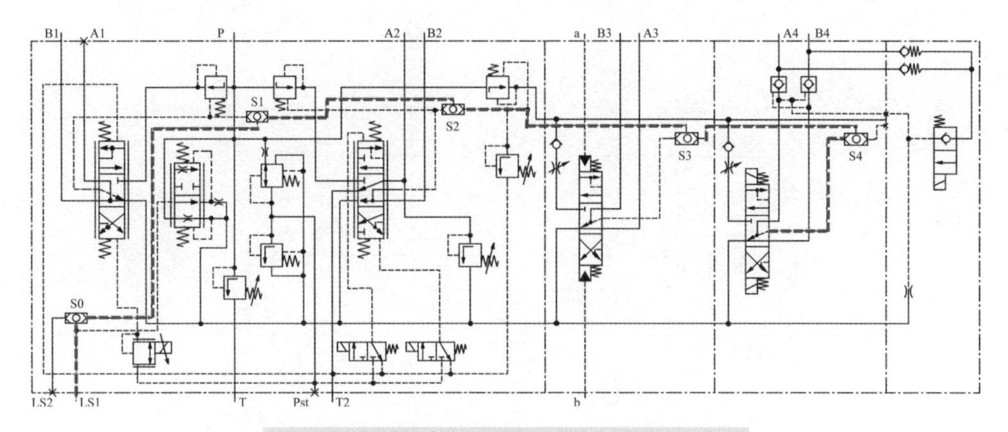

图 7-41　梭阀应用在负载敏感回路中（博世力士乐）

常见的挖掘机回路要驱动 7 到 8 个执行器，有 7、8 片多路阀，就需要使用 8、9 个普通二进口的梭阀。有报道称，如果使用多进口的梭阀，可以改善由于多个普通二进口梭阀串联引起的响应迟钝的问题。

（3）特性　选用梭阀时，一般都要注意许用压力、压差 - 流量特性及内泄漏。

在不同的应用场合，要求有所不同。

例如，用于负载敏感回路的梭阀，响应灵敏是第一重要的，因此，阀芯应尽可能轻。另外，虽然从理论上来说，只是传递压力信号，没有流量，但实际使用中，还是多少需要通过一些流量，才能改变后续腔的压力。因此，要估计到相应流量带来的压降，特别是多个梭阀串联时。所以，开口也不能太小。

而用在制动回路时，有一定的流量要求，对响应灵敏性的要求就不那么高。

7.4 换向阀——流道切换阀

“换向阀”，实际上切换的不是方向，而是流道：通过操纵力，克服阻力，移动阀芯，改变流道状况——关闭某个流道（使开口变为零），开启某个流道（使开口从零变大）。至于液流的方向，还取决于流道两端——通口间的压力差，油液总是从压力高的通口流向压力低的通口。但以下的介绍中，还是从习惯，将该种阀称为换向阀。

换向阀一般都是外控的，由操作者根据需要，直接地手动、机动、电控，或间接地，借助液动、气动切换。

1. 关于性能

（1）压差 - 流量特性　换向阀属开关型，即，正常情况下不持续停留在中间位置，切换都在短时间（一般 10 ~ 100ms）内完成。正常工作时，流道就只有断和通两种状态，其压差 - 流量特性就如同固定节流口，大体如一条抛物线。

换向阀常有多条不同的流道，而这些流道的形状大小都不同，从而液阻也可能不相同。因此，要完整表述一个换向阀的压差 - 流量特性，有时需要多条曲线，例如图 7-42 所示。

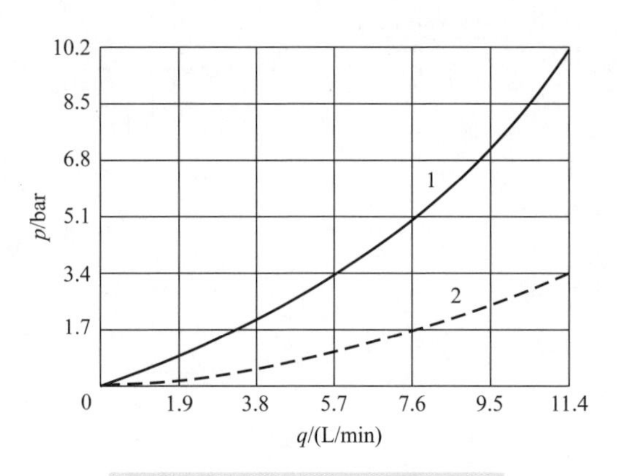

图 7-42　某换向阀的压差 - 流量曲线

1—通口③→②　2—通口④→①

当然，作为换向阀，通常总希望能通过尽可能大的流量；或者说，进出口向的压降尽可能的小。而所谓名义流量，指的是：在进出口处于某一压差时，能通过的流量。因为不同压差下通过的流量会不同，因此，不能简单地根据名义流量进行不同产品的通流能力的比较，必须在相同的测定压差下才有意义。有些产品样本干脆不给出名义流量，而是让使用者自己去查压差 - 流量曲线。

此外，能否可靠地切换，也要去查给出的工作范围曲线。对此，名义流量也不承担什么责任。

（2）工作范围　各通口的许用压力，除个别阀的T口较低外，一般都相同。但是，是否在此压力下能可靠地切换，还要看工作范围曲线。

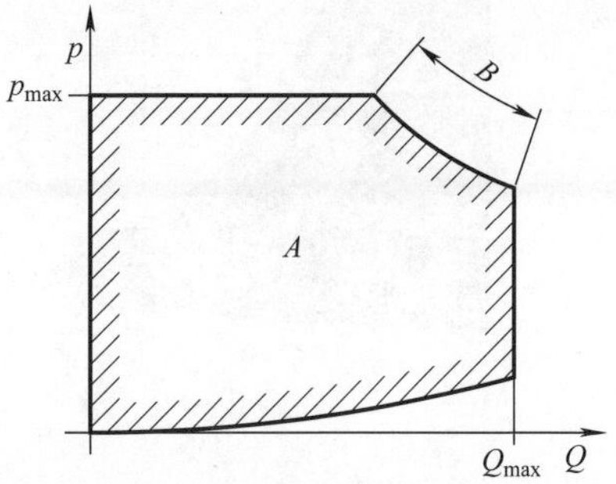

图7-43　工作范围曲线示意（GB/T 8106—87）

A—工作范围　B—转换阈

工作范围曲线（见图7-43）用以表述换向阀在该范围内，可以可靠地从某一工作位置切换到另一希望的工作位置。如果实际工作参数（压力、流量）超过此范围，则由于驱动力不足以克服阻力，切换速度可能减慢，甚至根本无法切换。

换向阀最重要的任务就是在工作中切换流道，这也就意味着，需要在某一流道已经有流量时，移动阀芯，关闭该流道，开启另一流道。这时，阻碍阀芯移动的除了可以预估的弹簧力、静压力等，还有就是随阀芯位移而变的压差与流量所决定的液动力（见4.2节），问题主要是这个小捣乱引起的。

如果这时阀芯是用人力推动的，不应该有问题。因为，可能的阻力，略有经验的设计师在设计时都应该已经考虑到了——推动手柄或脚踏板按杠杆原理设计，正常时只要操作者花二三分力即可推动，阻力偶尔增大的话，把“吃奶的力气”使出来总是可以推动的。

这个问题一般也不会发生在机动阀。

这个问题一般也不会发生液动——先导辅助驱动：即使工作压力高达30～40MPa的高压阀，先导压力一般最高也只要2～3MPa就足够了。

这个问题仅发生在直动的电磁阀！

原因在于：为了降低成本，控制体积，减少发热，常用的电磁铁，设计时通常都已经考虑到使用其最大推力，没留多大余地。尤其是现在普遍采用的直流电磁铁，没有了交流电磁铁所具有的所谓“吃奶力气”——“闭合不了时电流陡增，拼一把”。

如在4.2节中已述及的，液动力只在某一个开口量时达到最大。所以就会出现在某些工况——转换阈——既非阀的最大许用流量，也非阀的最高许用压力时，阀芯切换不了了。这种情况，通常用工作范围来表述（见图7-44）。

ISO 6403：1988，或参考其制定的GB 8106—87建议：测定时反复切换10次，如果有两次切换有困难，就认为已超出工作范围，要降低流量或压力再试。JB/T 10365—2014建议“应均能换向和复位”“重复上述试验不少于3次，绘出工作范围图”。

当然，阀芯移动时摩擦力也会起阻碍作用，这还和油液污染度有关。制造厂给出的工作范围曲线一般都是在实验室条件下测出来的：较清洁的矿物油，油温40°，黏度 32mm²/s，输入电压为额定电压的 90%。有实力的厂家会把条件定得更苛刻些。

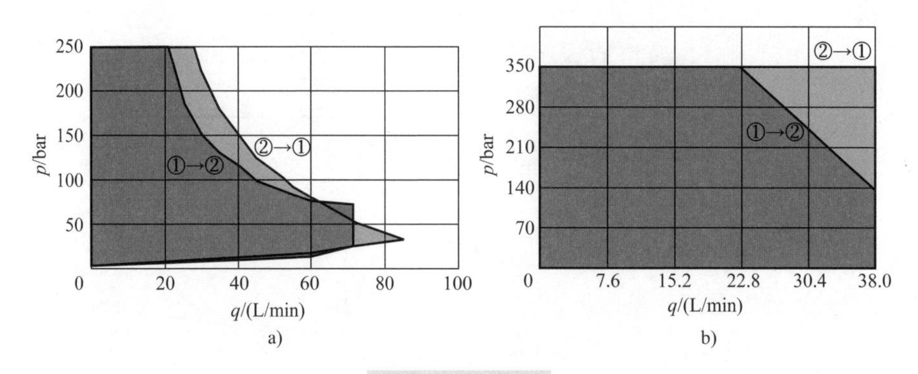

图 7-44　工作范围

a）升旭 DTDA 型　b）派克 GS0427 型

有些产品，如果只是简单地给出一个最大允许流量（一般高于名义流量）和许用压力，没有给出工作范围图，那就必须通过测试来核查，在最大允许流量和许用压力组合时是否还能可靠地切换。

在实际工作条件波动较大时，应选得保守些。

（3）切换过程中的连通状况　选用换向阀时，在某些应用场合下，还要注意阀在切换过程中的连通状况。

若此阀在切换过程中，P 口会被短时间封闭，即开口是所谓“正覆盖”（见图 7-45a），则此时泵出的油必须经溢流阀溢出，形成瞬间高压。而若此高压超过阀的工作范围，阀芯就可能被卡住，“进退两难”。选用开口“负覆盖”型阀（见图 7-45b）就不会有这个问题。

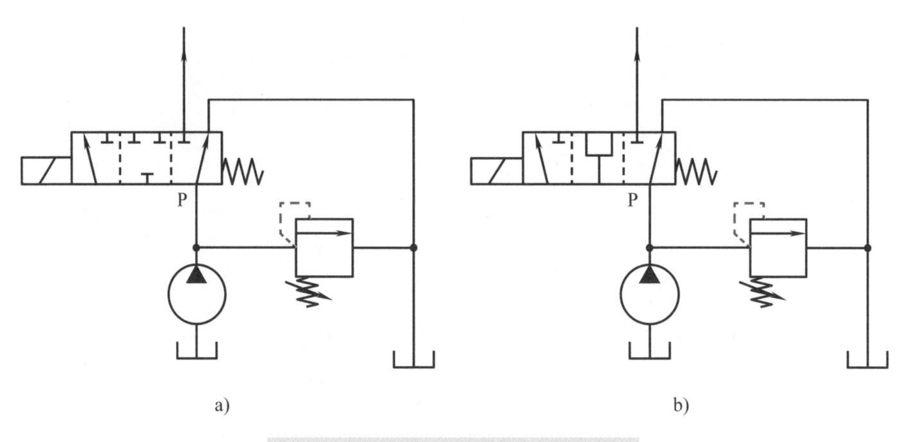

图 7-45　换向阀切换过程中的连通状况

a）开口“正覆盖”　b）开口“负覆盖”

2. 类型

各种连接安装方式的换向阀都有。但管式仅用于很简单的回路，因此现在很少见了。

在移动设备中，因为习惯传承，大多采用片式，并进一步发展成了换向节流阀，兼带节流功能，以调控液压缸运动速度。

螺纹插装式因为体积限制，可通过流量较小。

板式用得最普遍，一是因为测定流量较螺纹插装式的大，二是因为标准化做得及时，因此互换性好，价格通过竞争，也压到了很低。

（1）命名　换向阀种类很多，一般按阀芯的工作位置数和阀体上的通口数命名，如二位三通，表示阀芯有两个工作位置，阀体上有三个通口。

工作位置数，电磁换向阀一般有二位、三位，极个别有四位。手动或机动的，原理上可以实现更多位。

通口数有二通、三通、四通等。一般主流量最多是四通。五通和六通，如有的话，往往是控制压力。

二通阀，其实只能开启或关闭流道，不能切换方向，但习惯上也被归入换向阀。

换向阀多为滑阀芯，因此，会有泄漏。

滑锥式的换向阀可以基本无泄漏，主要是二通（见图 7-46）。

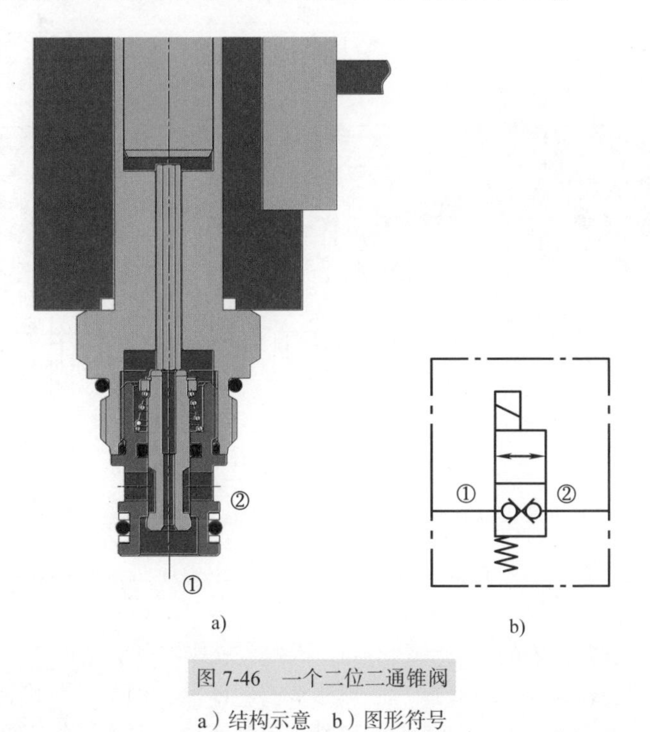

图 7-46　一个二位二通锥阀

a）结构示意　b）图形符号

其中，三位四通型换向阀是最普遍应用的，因为可直接用于控制双作用液压缸的运动（见图 7-47）。

（2）中位机能　三位四通阀，大多都是通口 A 和 B 分别通液压缸两腔，P 口通泵出口，T 口通油箱。因此，两个工作位，多是：P 通 A，B 通 T，或反之。

中位机能，指的是三位四通阀在不工作时的流道状况。

为了满足各种不同的实际应用的需求，研发出了多种中位机能（见图 7-48）。

例如，M 型，A 口和 B 口都封住，可以减少液压缸受负载力导致的移动；P 通 T，使泵出的油液可以直接回油箱，减少能量损失。

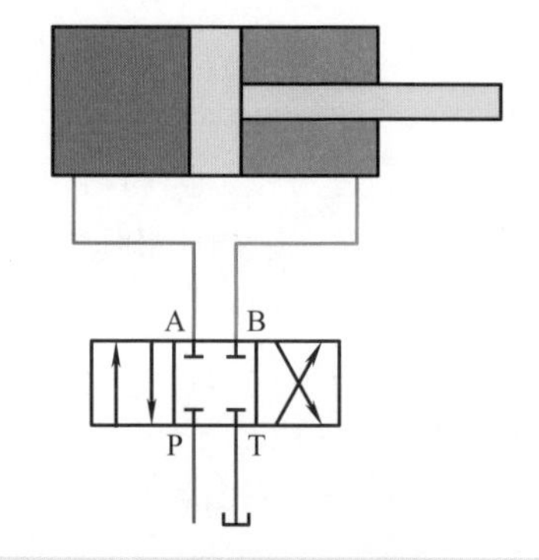

图 7-47　三位四通型换向阀控制双作用液压缸

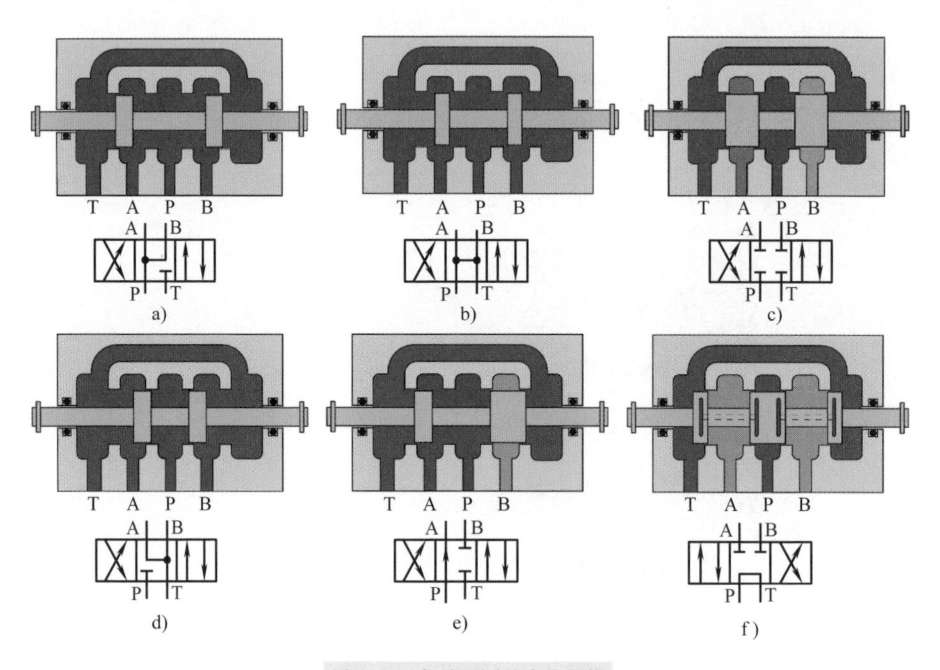

图 7-48　各种不同的中位机能

a）P 型　b）H 型　c）O 型　d）Y 型　e）C 型　f）M 型

P 型、H 型和 Y 型，A 和 B 口都通 T，一般用于液压缸出口由液控单向阀或平衡阀封住，作为控制压力的另一侧需要失压，以避免误开启。

不同的中位机能需要的阀芯形状不同，因此也就影响了它们的压差 - 流量特性。

（3）锥阀芯实现无泄漏　滑阀芯一般多少有些泄漏，用锥阀芯代替的话，可以实现无泄漏。但因为一个锥阀芯最多只能控制三通，要控制四通，需要两段阀芯组合工作，结构相对复杂些（见图 7-49e）。图形符号中虚线隔开的是过渡状态。

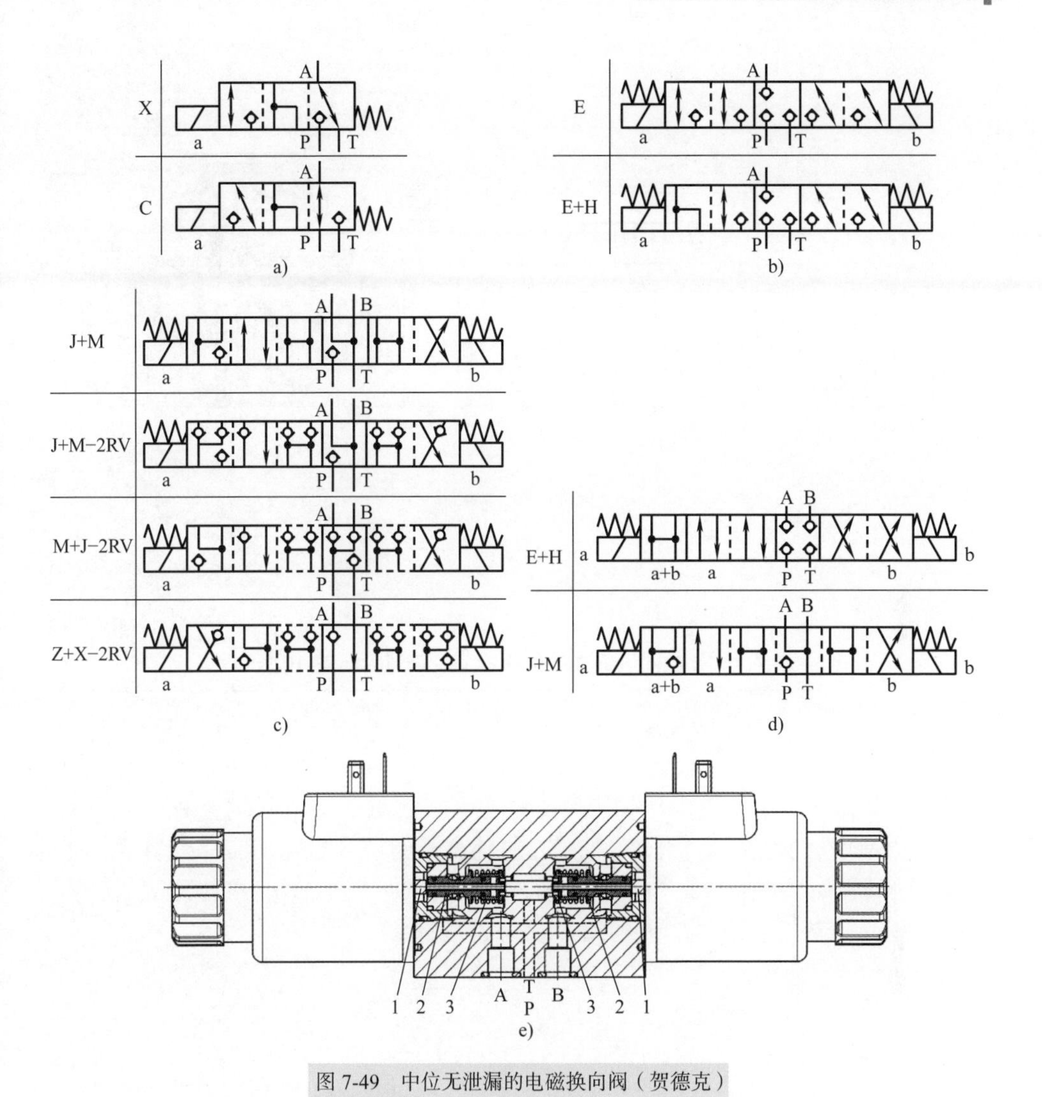

图 7-49 中位无泄漏的电磁换向阀（贺德克）

a）二位三通 b）三位三通 c）三位四通 d）四位四通 e）四位四通结构示意

1—推杆 2—锥阀芯 3—锥阀套

（4）电液换向阀 普通板式电磁换向阀的测定流量，通径为 6mm 的，一般为 60L/min，最高达 90L/min，通径为 10mm 的一般只有 120L/min。

如果需要的工作流量较大，又希望压力损失较小，就必须采用较大通径的阀。而大流量高压，液动力会大，需要的驱动力也会增加。因此，如果还要直接驱动的话，就需要很大的电磁铁，成本高，工作时发热也多。所以，通径 16mm 及以上的换向阀就都采用一个电磁换向阀做先导级，主级为液控换向阀，常称电液换向阀（见图 7-50），测定流量可大得多（见表 7-1）。

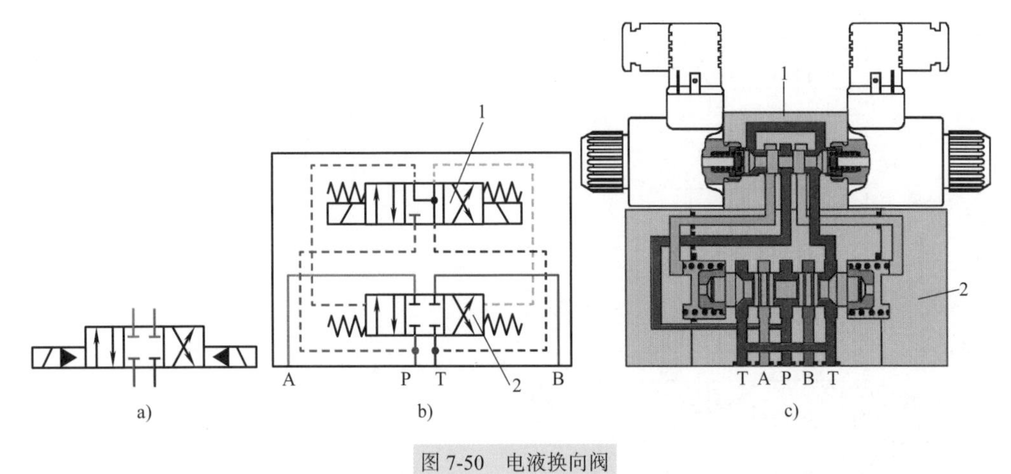

图 7-50 电液换向阀

a）简化图形符号 b）详细图形符号 c）结构示意

1—先导级 2—主级

表 7-1 三位四通板式换向阀的测定流量（压差 10bar）

NG/mm	6	10	16	25	32
测定流量 /（L/min）	60	120	250	600	1000

给一个静止的液压缸突然加入一个流量，液压缸起动时必定会有突跳，不平稳。电磁换向阀的切换时间很短，对液压缸而言，就是“突然”。而采用先导控制的电液换向阀，如果在先导级与主级间插入节流孔（见图 7-51），或单向节流阀（见图 7-52），可以适当延长主级切换时间，减小液压缸的起动突跳。

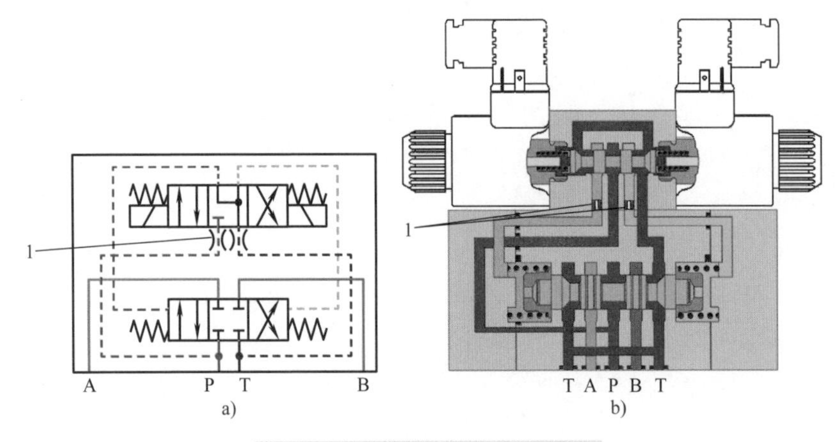

图 7-51 用节流孔延长主级切换时间

a）图形符号 b）外形

1—节流孔

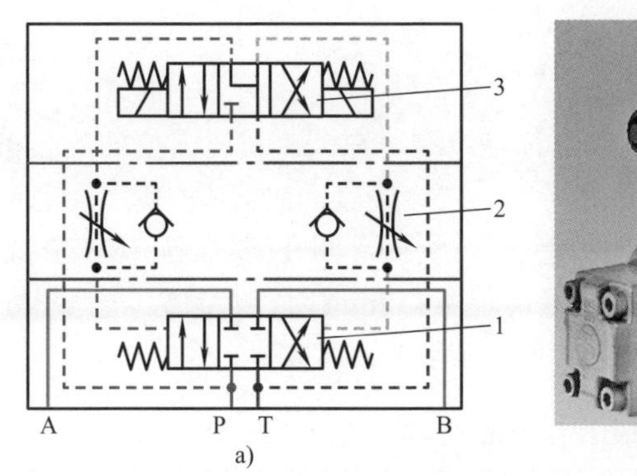

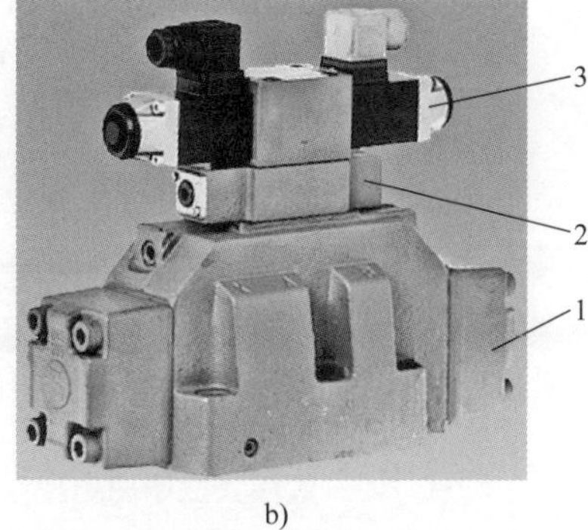

图 7-52 用单向节流阀延长主级切换时间

a）图形符号 b）外形

1—主级 2—单向节流阀 3—先导级

（5）盖板式二通插装阀

1）结构与工作原理。在6.4节中提及的盖板式插装阀，有两个通口，一个控制口，也可用于控制流道的通断（见图7-53），本节以下简称其为二通阀。

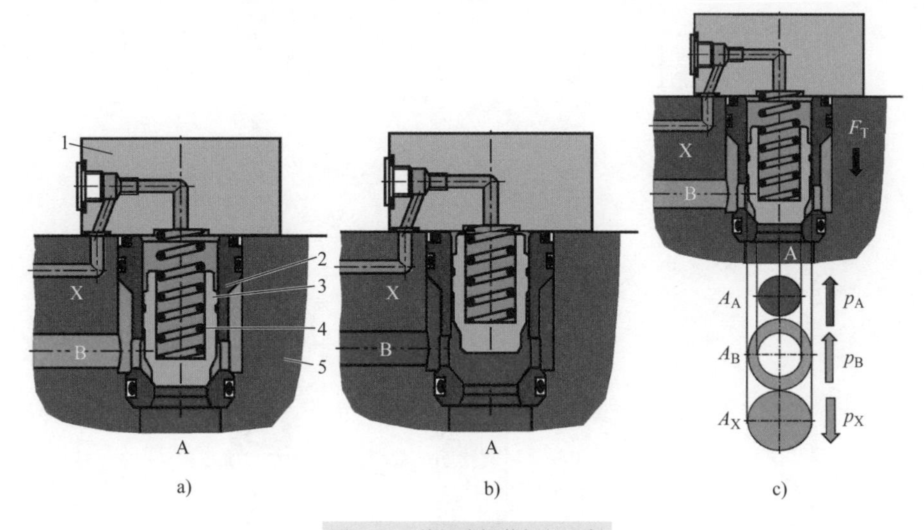

图 7-53 盖板式插装阀的通断

a）A-B不通 b）A-B通 c）决定通断的受力状况

1—盖板 2—阀体 3—阀芯 4—弹簧 5—集成块 A、B—进出通口 X—控制压力口

阀芯的位置取决于受到的力（见图7-53c）：

- 往下的有弹簧力 F_T，控制口压力 p_X。
- 往上的有A口的压力 p_A 和B口的压力 p_B。

在 $p_AA_A + p_BA_B > p_XA_X + F_T$ 时，阀芯被往上推起，开通流道A-B；否则，阀芯被

压在阀体上，关闭流道。

所以，开启关闭不仅取决于阀芯的尺寸，还取决于各通口压力和弹簧力。

2）工作流量。常见的板式换向阀，都是滑阀，在大流量时需要的阀芯粗且长。而长的滑阀芯和阀体内长孔都不容易高精度加工，所以，加工成本随通径急剧上升。而盖板式插装阀，由于功能单一，结构相对简单，阀芯阀孔短，因此比较易加工，容易做得大（见表 7-2），一般而言，在流量高于 400L/min 时，其制造成本就低于板式换向阀。所以，板式阀通径 25mm 以上的现在已基本被取代了。

表 7-2　盖板式二通阀用作换向阀的测定流量（压差 10bar）

NG/mm	16	25	32	40	50	63	80	100	125
测定流量 /（L/min）	320	800	1300	1600	2300	3600	6400	9600	16000

3）一些应用方式。如在 6.4 节中已提及，二通阀是种“无脑”的阀，通断要听先导阀的指挥。与不同的先导阀组合，可实现多种不同的功能（见图 7-54、图 7-55）。

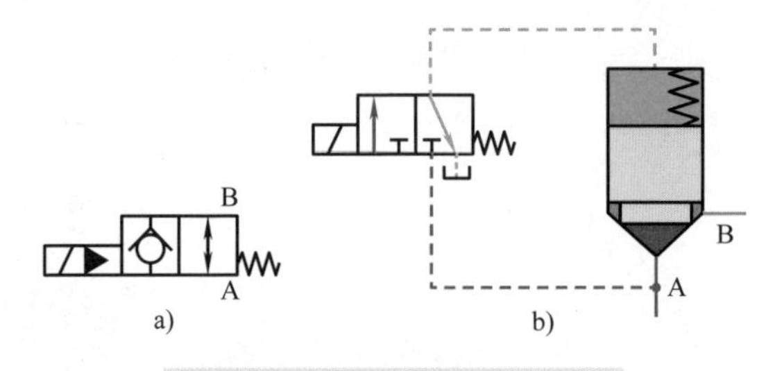

图 7-54　二通阀实现二位二通功能

a）简化图形符号　b）二通阀实现

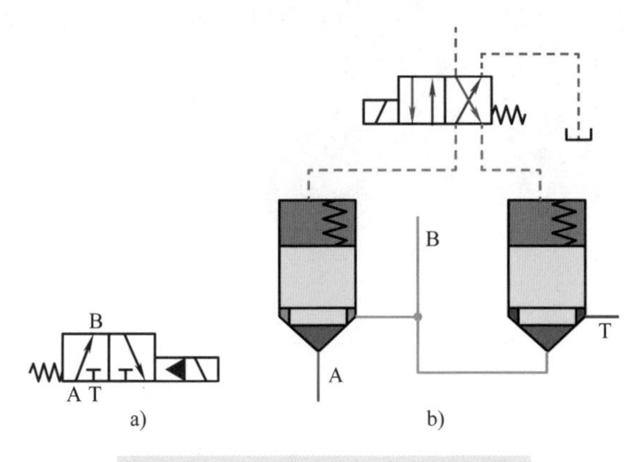

图 7-55　两个二通阀实现二位三通功能

a）简化图形符号　b）二通阀实现

4）二通代替四通。二通阀组合在一起，原理上也能替代三位四通阀，调控液压缸运动（见图 7-56）。

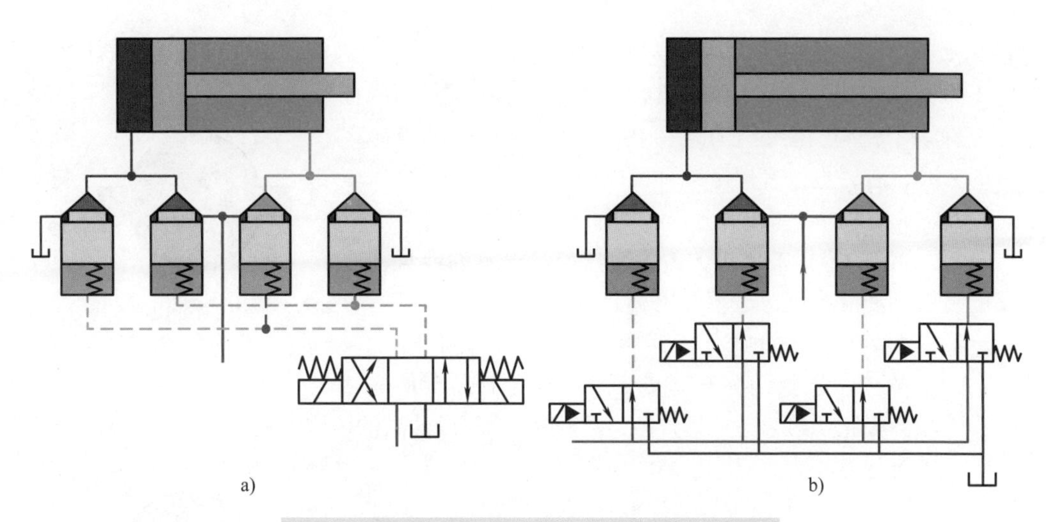

图 7-56　利用二通阀组合替代三位四通阀调控液压缸

a）用一个三位四通阀做先导阀　b）用四个二位三通阀做先导阀

图 7-56a 所示是利用一个三位四通阀为先导阀，同时调控四个二通阀的控制压力。但三位四通阀只有三种工况，所以，二通阀组合原理上也只有三种工况。三位四通阀的中位机能决定了二通阀在液压缸不运动时的通断状况。

但由于各个二通阀阀芯的位移，如图 7-53c 所示，不仅受控制压力影响，还受各通口压力等其他因素影响，因此它们的通断过程不一定会完全同步。因此，就可能出现“憋压”（背压腔还未接通油箱，驱动腔已接通泵口）和“路路通”（泵口同时通液压缸两腔等）等非正常工况，导致液压缸的非期望运动。

解决这些问题的常规做法，就是改变弹簧刚度和预紧量，改变阀芯形状（作用面积比），在控制腔出口加阻尼孔等。这时往往要靠凑，反复尝试。

但如果每个二通阀单独配一个二位三通电磁阀作为先导（见图 7-56b），都能独立实现通或断，那 4 个二通阀就能组合出 16 种不同的工况，从而也能实现不同的中位机能。进一步利用电控，在控制程序中加入可调的定时器，根据具体情况设置参数，就可灵活调节切换顺序，避免“憋压”“路路通”等不正常工况。

5）两个三通代替一个四通。用两个三通阀，也能替代一个三位四通阀，调控液压缸运动，具有更大的灵活性适应性，详见参考文献 [12]14.3 节“执行器进出口独立控制”。

7.5　溢流阀——压力超了就开闸放油

1. 密闭容腔内油液压力上升的原因

液压系统是靠油液的压力工作的，因此，从泵出口，经过控制阀，到执行器，必须是密闭的，并且耐压。但，众所周知，任何容器的耐压能力，大致取决于容器壁的材料强度与厚度，都是有限的。一旦容腔内油液的压力超出容器的耐压能力，就会使容器发生永久性的损伤，甚至导致后果严重的次生灾害。因此，如何保证密闭容腔中的压力不超过某个限定值，是所有液压系统都必须面对的任务。

在一个充满油液的密闭容腔内（见图 7-57），油液压力的上升，有，也只有以下三种可能的原因。

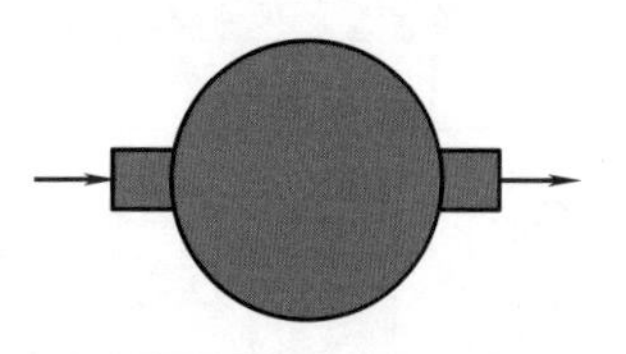

图 7-57　密闭容腔内油液压力上升的原因

1）进入的油液体积大于出去的油液体积。

2）容器的容积被压小，因为容器内是充满油液且密闭的，所以油液体积也被相应压小。

3）油液变热，如果不受容器限制的话，体积会膨胀。油液的热胀系数约为 0.0007/K，即温度上升 50K 的话，体积会膨胀 3.5%。但因为容器容积不变，所以油液的体积不能增加。

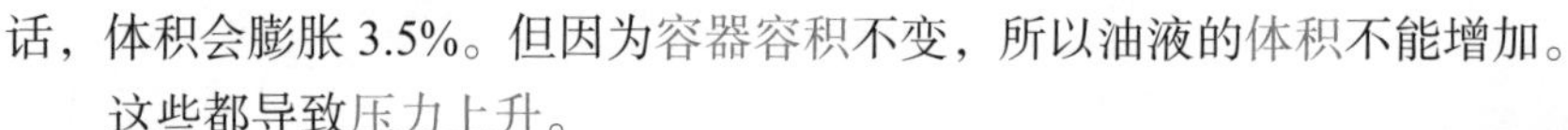

这些都导致压力上升。

针对原因 1），可以设置一个液压阀（见图 7-58），即常称的减压阀，它可以在它的出口的压力，也即腔内压力，超过限定值时关闭，阻止油液继续流入。但它不能阻止由于上述原因 2）及 3）引起的压力上升。所以需要一个液压阀，在腔内压力超过限定值时开启放油，这就是常称的溢流阀。

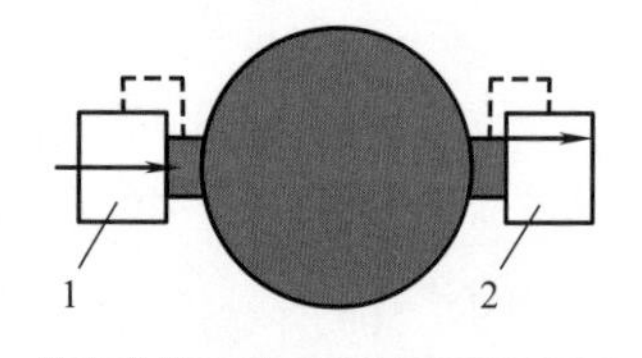

图 7-58　限制油液压力的措施

1—减压阀　2—溢流阀

溢流阀一般有两个通口：进口与出口。出口多接油箱回油，因此稳态时的压力一般很低。弹簧腔多与出口相连，极个别通过独立的控制口通油箱。阀芯受到进口、出口、弹簧腔的压力和弹簧力（见图 7-59）。在出口和弹簧腔的压力可忽略不计时，只要进口压力超过预设的弹簧力，阀芯就举升，开启放油的流道：通过释放油液来限制阀进口处的压力。

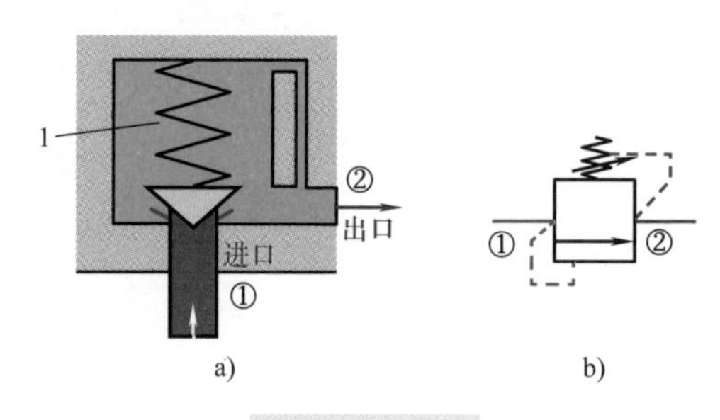

图 7-59　溢流阀

a）原理示意（开启状态）　b）图形符号

1—弹簧

由于溢流阀原理上能防止任何原因引起的压力超限，所以，几乎所有液压系统都设置了溢流阀。溢流阀属于必不可缺的阀种。

2. 应用

液压系统，以换向阀为分界（见图 7-60）：泵口一侧，称为初级，也称为主级；

液压缸一侧，称为次级。

溢流阀，用于不同部位，有不同的需求。

（1）用于主级

1）作为稳压阀。此时也常被称为恒压阀。其实，限制压力才是它的实际使命：把泵口或其它部分的压力持续限制在某个期望的水平。在这种工况时，溢流阀一般是常开的，持续有油液通过。

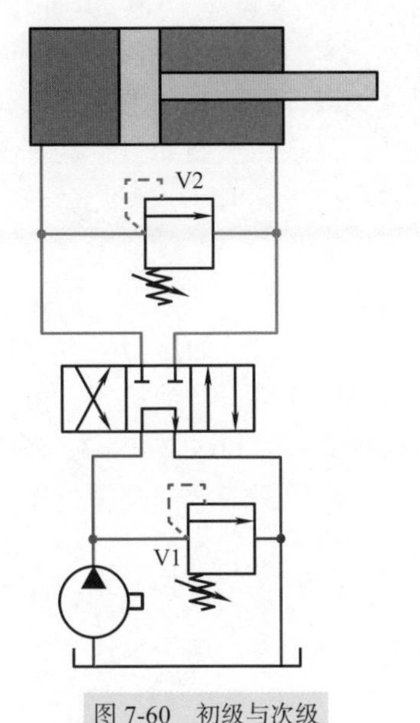

图 7-60　初级与次级

V1—初级溢流阀　V2—次级溢流阀

例如，在进出口节流调速回路中（见图 7-61a、b），流量阀其实不能对流量做什么，它只能调控液阻而已。这时，溢流阀就做了流量阀的后盾，“好，你去干，多余的流量我来给你处理掉”，通过溢出多余的流量，保持恒压，来支持流量阀，调控进出液压缸的流量，从而调控液压缸的速度。

由于泵有一定的持续流量，所以要保证，在需要时，泵的全部流量都能通过溢流阀流出，在任何情况下压力都不至于超过限定值太多，也就是希望控制压力变化小。

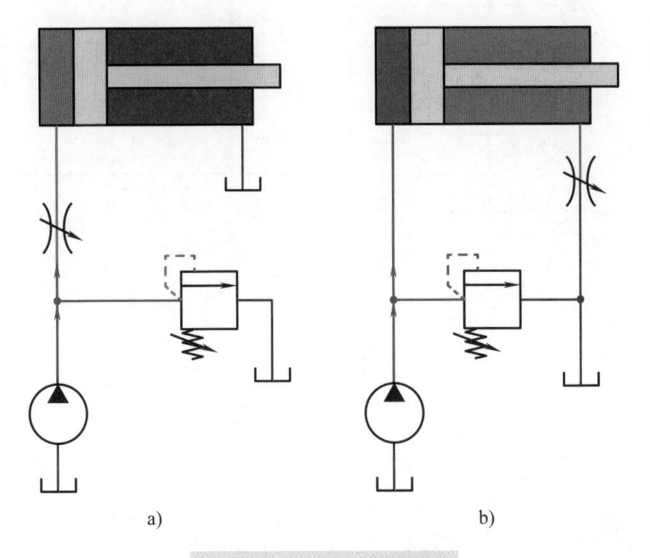

图 7-61　各种节流调速回路

a）进口节流　b）出口节流

因为持续有流量通过，所以，需要阀的开口处耐冲刷。

因为是常开的，所以，对阀响应快速要求不高。

溢流阀也被用在回油路（见图 7-62 中 V1），造成背压，此时也常被称为背压阀。因为在低压时，特别是油液中混有空气时，油液的弹性模量很低。背压可提高油液弹性模量，在负载压力变化时体积变化就较小，有利于提高运动稳定性。

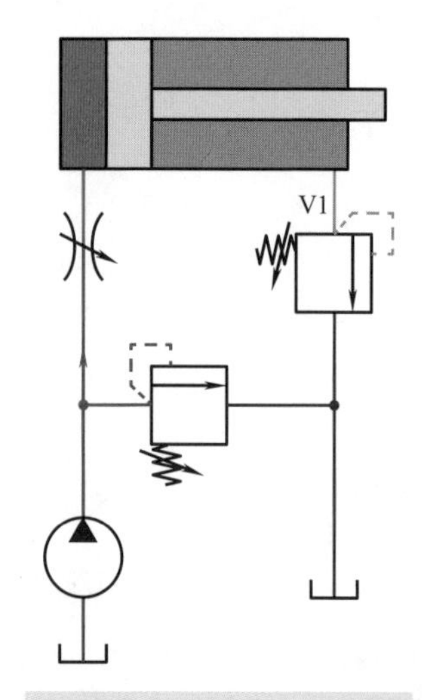

图 7-62　溢流阀用于建立背压

2）作为安全阀

– 限制泵口的压力，以避免驱动泵的原动机，如电动机、柴油机等，由于泵的负载过大而停机（憋车）（见图 7-63、图 7-64 中 V1）。

– 在旁路节流回路（见图 7-65）中，泵的全部流量通过旁路节流口排出导致的最高旁路压力，就是泵口最高压力，此压力不应该超过泵的许用压力，这是液压系统设计师应该考虑到的。在这里溢流阀只是起安全保险，防意外作用的。

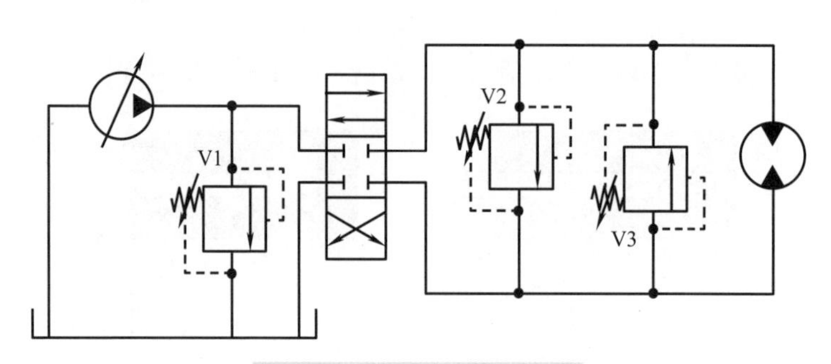

图 7-63　泵 - 马达回路（升旭）

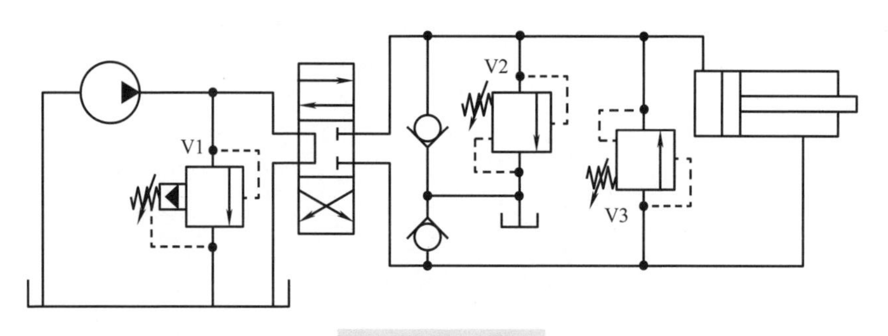

图 7-64　泵 - 缸回路

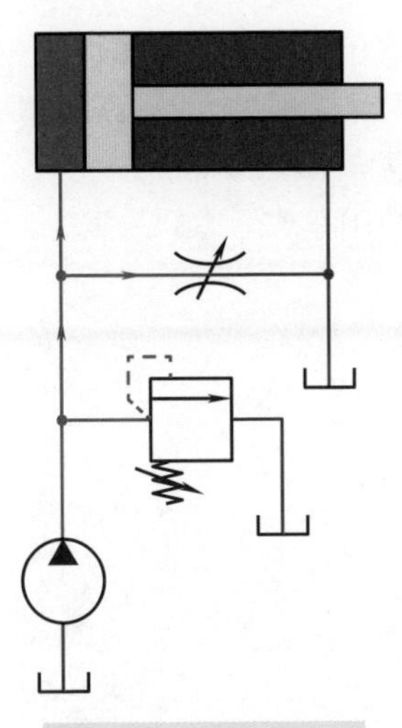

图 7-65　旁路节流回路

– 在恒压泵回路（见图 7-66）中，泵口压力由泵的排量机构努力维持在设定值 p_P，一般不会超出很多。因此，溢流阀也只起安全保护作用，其设定压力 p_Y 应该高于 p_P 约 2～3MPa。

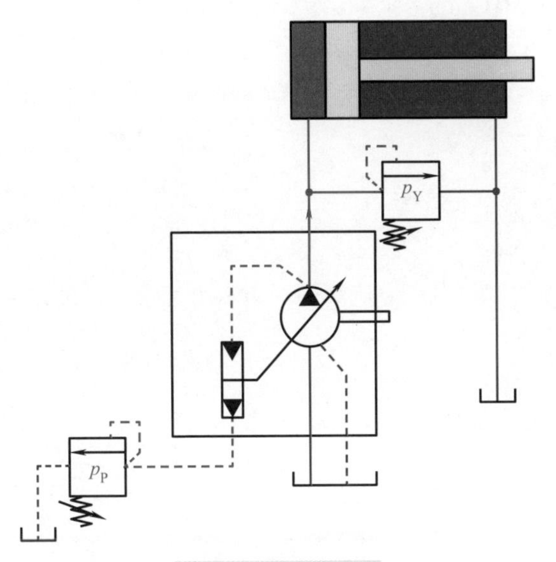

图 7-66　恒压泵回路

在这些工况中，溢流阀是常闭的，只在万一需要时才短时间开启“放油”。一般通过流量不大，但特别希望溢流阀能快速响应（开启）。而一旦超压消失，又希望能尽快关闭，也即关闭压力要高。需要迅速响应。因为经常开启关闭，所以，需要阀芯阀体耐冲击。

（2）用于次级　主级溢流阀用于保护泵，次级溢流阀则是用于保护液压缸。

次级溢流阀的开启压力设定值应高于主级溢流阀。

1）安全阀。例如，在液压缸受到过大的负载力时，或者，带大惯量负载的液压缸，在加速或制动可能产生过大的惯性力时，溢流阀开启限压，以免液压缸、相连接或被推动的部件损坏（图 7-64 中阀 V2、V3）。据介绍，在快速甩动时，挖掘机的斗杆缸内压力可能达到 100MPa。

在这类应用中，同样希望溢流阀能快速开启，快速关闭。

2）热保护阀。如图 7-67 所示，液压缸内活塞已移到行程终点，通口又被换向阀封住，油液在温度升高发生热膨胀时无路可走，就会导致压力上升。开启溢流阀放油，就可保护液压缸，避免高压损坏。

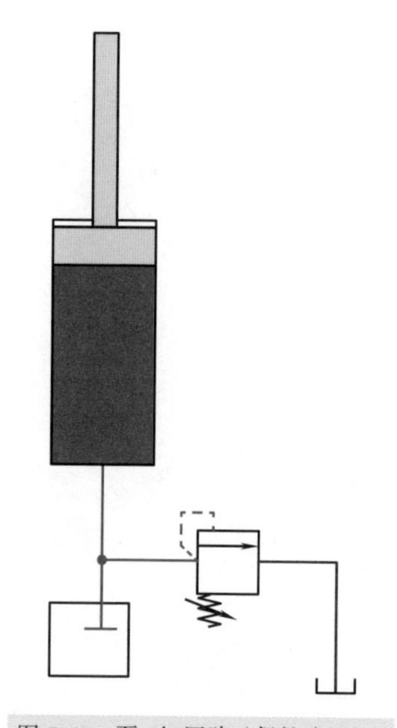

图 7-67　泵 - 缸回路（保护液压缸）

因为温升通常都比较慢，因此，温升导致的油液膨胀也比较缓慢。举例来说，一个液压缸的活塞直径为 150mm，行程为 1000mm 时，无杆腔的容积约为 18L。如果温升速度为 1K/min，则因为温升 1K 会导致油液体积增加约 0.07%，因此，可以估算出，热膨胀引起的流量约为 0.01L/min。换句话说，只要通过热溢流阀的流量不低于 0.01L/min，就能维持腔内压力不超过阀的设定压力。这就是为什么，热溢流阀一般只需要用很小流量的就够了。

3. 稳态性能

溢流阀的稳态性能主要通过流量 - 压力特性来反映。

（1）流量 - 压力特性

1）开启压力与控制压力。溢流阀的开启压力通常是通过弹簧预紧力，或比例电磁铁的电磁力来设定的。

溢流阀的任务是通过“放油”来限制压力，因此，只要压力超过了设定压力就必须“放油”，无论通过的流量大小。所以，理想的溢流阀，在进口压力低于设定的开启压力时，不开启；仅当进口压力高于设定的开启压力时才开启放油，而且不管通过的流量多少，都努力恒定地维持在开启压力。

但实际情况往往并非如此。溢流阀实际限制住的进口压力，习惯称控制压力，常常会随着通过阀的流量的变化而改变，如图 7-68 所示。

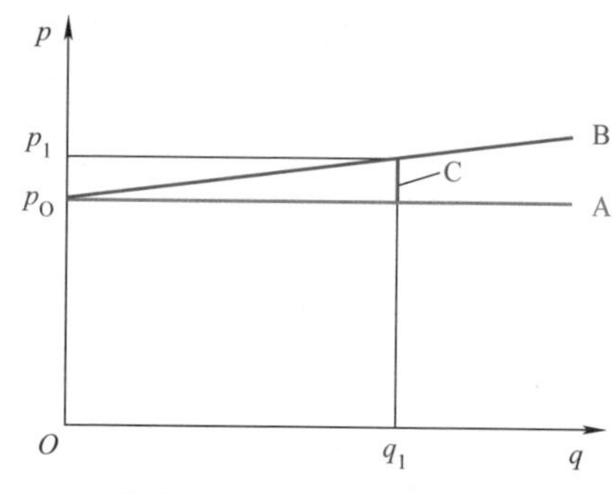

图 7-68　流量 - 压力特性示意

p—溢流阀进口压力　q—通过溢流阀的流量
p_O—开启压力　p_1—流量 q_1 时的控制压力
A—理想性能　B—实际性能　C—调压偏差

在某个流量 q_1 时，控制压力 p_1 与开启压力 p_O 之差，被称作流量 q_1 时的调压偏差，也有人称之为静态压力超调。这些可以从产品说明书中所提供的性能曲线看出。

压差 - 流量比（见图 7-69）可用于比较不同阀的调压偏差。

$$压差\text{-}流量比 = \frac{p_2 - p_1}{q_2 - q_1}$$

2）调压偏差带来的影响。因为泵排出的流量都有流量脉动 Δq，在溢流阀进口就造成了压力波动。溢流阀的调压偏差大，控制压力的波动 Δp 就会较大（见图 7-70）。

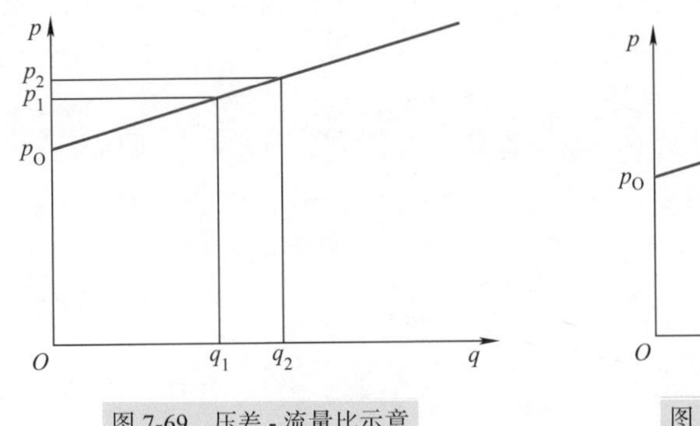

图 7-69　压差 - 流量比示意

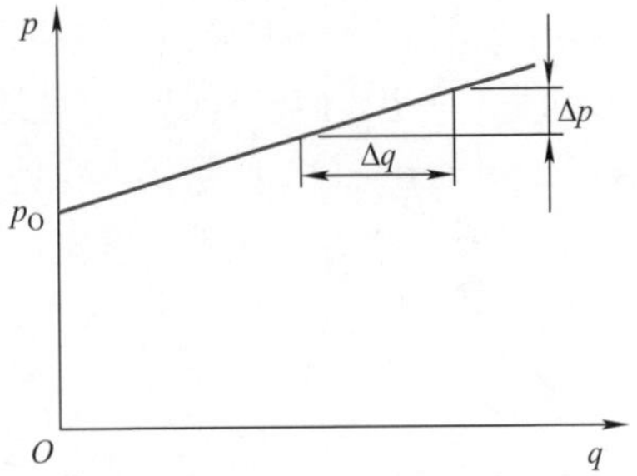

图 7-70　流量脉动导致压力波动

溢流阀的控制压力一般都会设计在接近系统中其他部件，如泵、缸、管道和其他阀的许用压力，以尽可能地利用各部件，充分发挥系统的最大能力。如果调压偏差大，就意味着在远低于最高控制压力时，就开启了溢流。这意味着流量和能量的损失，甚至产生噪声，一般而言，是不希望的。

但在有些应用，如图 7-71 所示的例子中，如果要举升的负载 L 是变化的。基于某些考虑，不仅要求在 L 达到最大值 L_{max} 时举升动作完全停止，而且希望在 L 接近 L_{max} 的某个值，比如说 L_1 时，举升就开始放缓。在这种场合下，大的调压偏差就不仅是完全可以接受的，甚至还是所追求的。

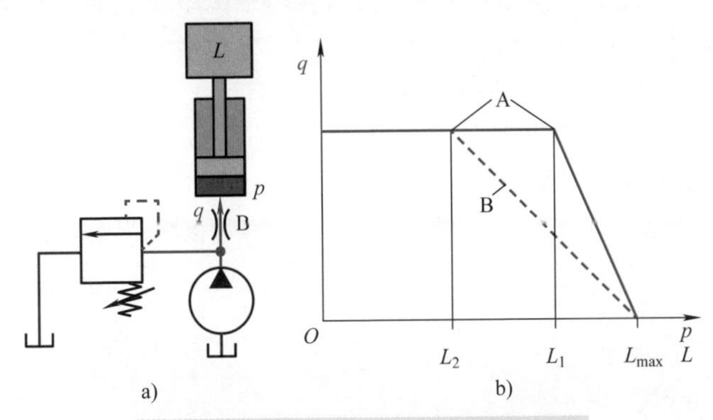

图 7-71　调压偏差对液压缸运动速度的影响

a）系统示意　b）负载压力 - 流量特性

A—溢流阀开启　B—附加节流口　L—负载

此时，如果需要的话，还可以在进油处增加一节流口 B。这可以使举升速度在更小的负载 L_2 时，就开始放慢。收小节流口 B，可使这段曲线变得更平坦。

3）设定压力。开启压力是理论上常用的术语，指的是将开未开的压力。但是，将开未开的状态实际上是几乎无法测定的，总是需要在有一定流量时才能确认阀已开。

因为溢流阀一般都具有调压偏差，控制压力在不同流量时常是不同的。所以，一般在设定时，采用在某一预定流量下的控制压力，作为设定压力。

因为，在什么流量时设定压力，无统一标准，各个生产厂不同：有的取为 0.1L/min，也有取 0.95L/min，15L/min，或者 50L/min。所以，液压系统设计师应该根据自己系统的实际工作流量和这时允许的最高控制压力，来确定相应设定压力。在订购已设定的溢流阀时，一定要向供货商了解，是在什么流量下设定的。

4）影响调压偏差的因素。主要是弹簧力和液动力。

① 弹簧力。图 7-72 解释了在流量增大时，阀芯位移 x 和控制压力 p 发生的变化。

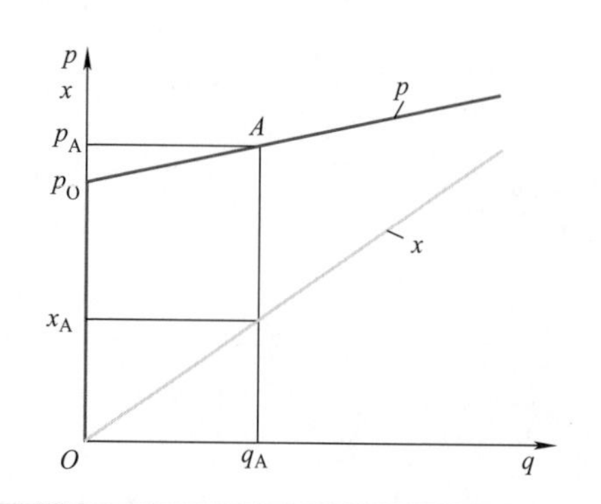

图 7-72　阀芯位移及控制压力相对流量的变化（IFAS）

p—溢流阀进口压力　p_O—开启压力　x—阀芯位移　q—溢出的流量　A—某一工作点
q_A—在 A 点时溢出的流量　p_A—在 q_A 时的控制压力　x_A—在 q_A 时的阀芯位移

当溢流阀进口压力低于开启压力 p_O 时，阀是关闭的，阀芯位移 x 为零。

在阀开启后，随着溢出流量的增大，阀芯位移 x 也增大，弹簧压缩量也因此相应增大，导致弹簧力增大，从而控制压力增高。

图 7-73 所示为一个溢流阀使用不同刚度的弹簧时的流量 - 压力特性实测曲线，弹簧刚度的影响明显可见。

弹簧力的影响随开启压力的提高而减小，这可通过以下粗略的分析来理解。

因为

$$q = CA\sqrt{p}$$

式中　q——溢出的流量；
C——流量系数；
A——阀口流通面积；
p——进口压力。

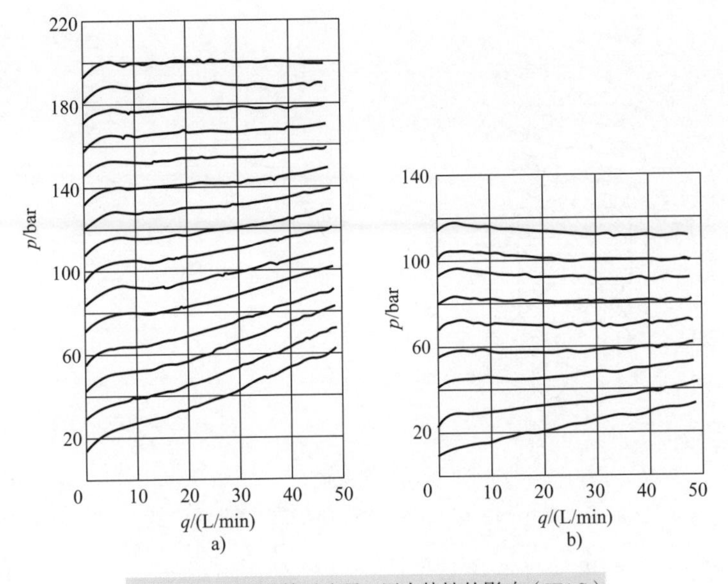

图 7-73　不同弹簧对流量 - 压力特性的影响（IFAS）

a）弹簧刚度 656N/cm　b）弹簧刚度 225N/cm

而

$$A = x\pi D$$

式中　x——阀芯位移；

D——压力作用孔直径。

所以

$$q = Cx\pi D\sqrt{p}$$

所以

$$x = \frac{q}{C\pi D\sqrt{p}}$$

所以

$$\Delta x = \frac{\Delta q}{C\pi D\sqrt{p}}$$

从这个等式可以看出，流量增加 Δq 引起的阀芯位移增加 Δx，在压力 p 高时比较小。因此，弹簧力增加也较小，从而压力增加较小。因此，压力 - 流量曲线较平坦。

如果减小作用孔的直径 D，可以降低弹簧力，避免使用粗大的弹簧，但这样用于克服摩擦力的弹簧力就小了，关闭就慢了。

② 液动力。如在 4.2 节中已述及，随着流量增大，液动力也会增大，而液动力的方向总是趋于使阀口关闭，与弹簧力同向，因此，液动力也趋向于使调压偏差变大。

有的溢流阀改变了结构，利用液流的反冲力来降低调压偏差（见图 7-74），得到了较好的效果。

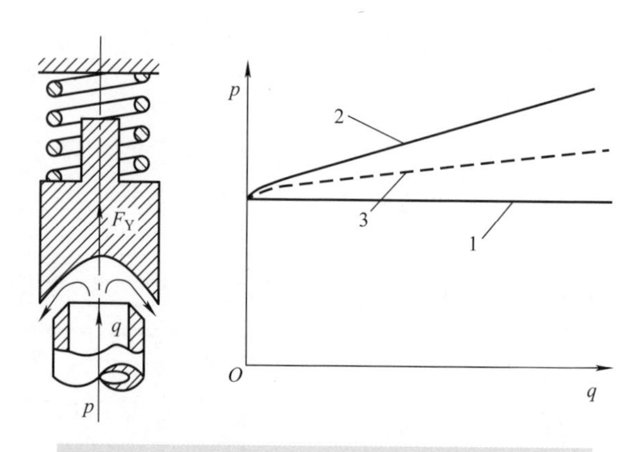

图 7-74　利用液流反冲改善流量 - 压力特性（BOSCH）

F_Y—液流冲击力　1—理想特性　2—没有液流反冲　3—带液流反冲

要注意的是，如果特性曲线呈下降形态，在某些应用情况下。会引起系统不稳定。

（2）全流量和名义流量

1）全流量特性。如在 3.3 节已提及，阀开口的增大，总是有一定限制的，到了一定的开度后，开口就不会再增大，成了一个固定节流口。阀口全开后的流量 - 压力特性简称全流量特性（见图 7-75）。这时，对应一个流量就有一个最低控制压力：无论弹簧如何调节，控制压力（出口压力）都不会低于这个压力。流量增大，控制压力会随之上升。溢流阀失去调压特性。这个现象在设定压力较低时容易观察到。

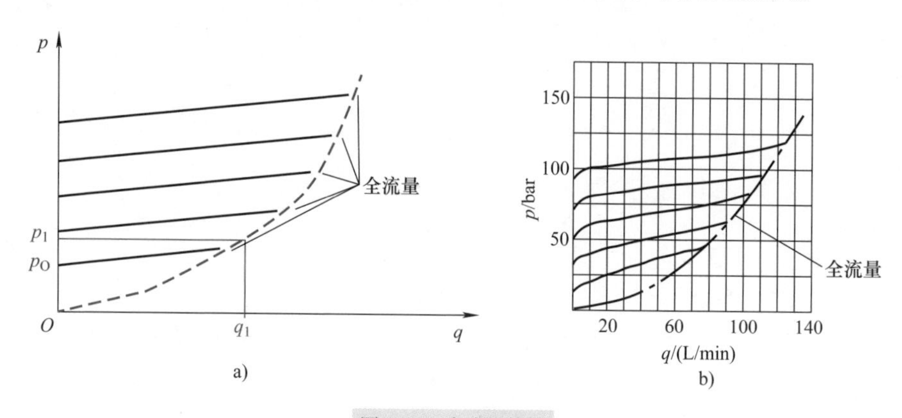

图 7-75　全流量特性

a）示意　b）产品说明书（派克 DDPB-1C-10-SL）

p_O—某设定压力　p_1—q_1 时的最低控制压力

另外，有些阀在弹簧预紧力很低时不能稳定工作，这也限定了该阀的最低工作压力。

2）名义流量。有些产品样本中给出一个名义流量，也被称作公称流量。其实，对溢流阀而言，名义流量仅供参考而已，实际意义并不大。因为对溢流阀而言，开启之后，压力越高，通过流量就越大，并没有一个什么固定允许通过的流量。

如何确定名义流量，各生产厂不同。例如，升旭给出的名义流量约比最低调节压力时的全流量大一倍，同时又给出比名义流量大一倍以上的压力 - 流量曲线。海德福斯有时根本不给出名义流量，只给出压力 - 流量曲线。

定义不同，就很难比较。因此，使用者应该根据自己的实际需要——工作流量及可容忍的调压偏差，来选用适当的溢流阀。

对于同一系列的产品，选择名义流量远大于实际使用流量的阀，通常调压偏差较小，但阀芯的体积可能大些，瞬态响应一般会差一些，泄漏也可能大一些。

（3）滞回　溢流阀的压力流量实测曲线中常见到，流量下降曲线与流量上升曲线不重合（见图 7-76），即有滞回。这是因为，在流量减小时，液动力会随之减小（参见 4.2 节中外流型锥阀），换句话说，压力稍低，还能维持阀芯处于开启状态。滑锥型阀芯与阀体之间不可避免有摩擦；有的阀还附加胶圈，利用摩擦力来减少阀芯振动。这些也都会阻碍阀芯关闭，导致控制压力降低。

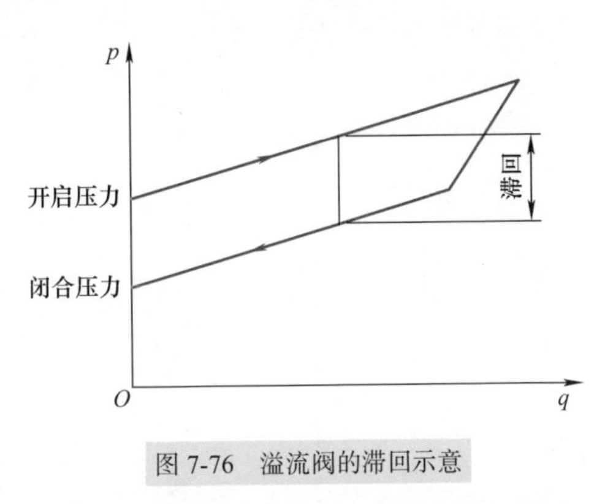

图 7-76　溢流阀的滞回示意

因此，闭合压力总比开启压力小一些，这个差值与开启压力之比被用作衡量滞回的指标，约为 75% ~ 90%，一般越高越好。该性能也被称作启闭特性。

图 7-77 所示为某个溢流阀的实测曲线。

在流量波动时，阀芯由于滞回不能及时反应，就会导致较大的压力波动（见图 7-78）。因此，在用作稳压阀时，通常都希望调压偏差小些，滞回也小些。

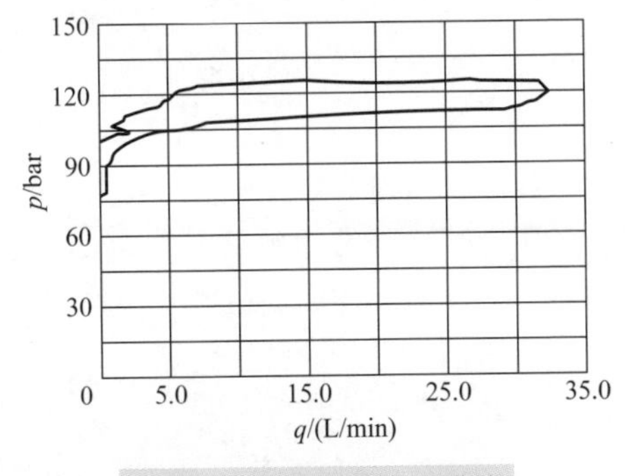

图 7-77　某溢流阀的实测曲线

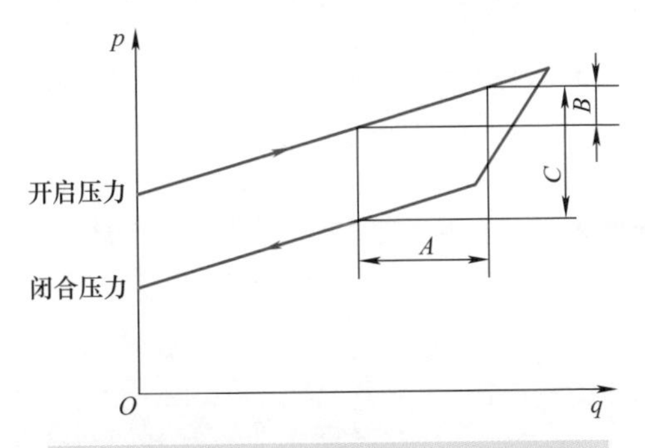

图 7-78　溢流阀的滞回对系统压力波动的影响

A—流量波动　B—无滞回时的压力波动
C—有滞回时的压力波动

但是，在用作安全阀时，有时较大的滞回甚至是优点：平时不开，一旦开启后，则大量溢出，直至系统压力明显低于设定压力后再关闭。压力保险阀是一个极端的例子。

其实，一般溢流阀的流量 - 压力特性都有滞回，无须讳言。但几乎所有产品样本里的性能曲线都有意印得很小，滞回就被略去，很可惜地被“合理美化”了。

过去有些资料使用图 7-79 所示的方式来表述溢流阀的启闭性能。这种表述方式不能直观地反映出溢流阀的滞回性能，不应该再继续使用。

图 7-80 概括了溢流阀的流量 - 压力特性。可分为 4 个区域。其中：

区域 A 中，1 是开启压力，2 是闭合压力。

区域 B 是初始开启性能，由锥阀芯工作面的结构角度、液动力等因素决定。

区域 C 中曲线的上升斜率主要由弹簧刚度决定，也受阀芯形状与摩擦力影响。

区域 D，全流量区，弹簧已经不能再被压缩，溢流阀成了一个固定节流口。

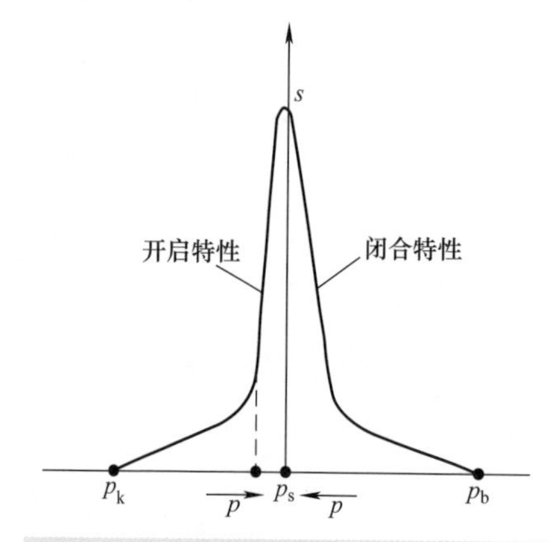

图 7-79 不应该再使用的启闭性能表述方式

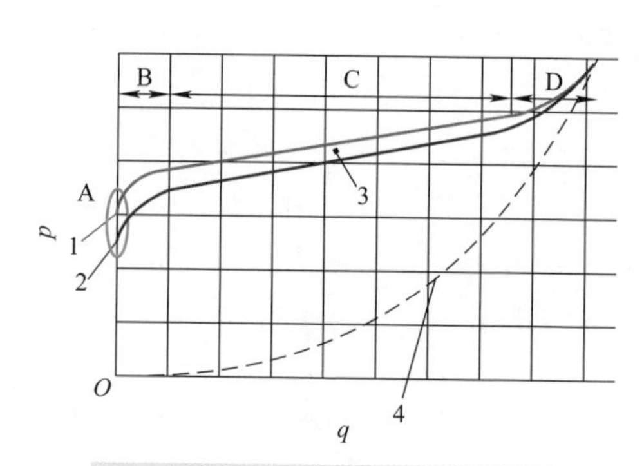

图 7-80 流量 - 压力特性分析（伊顿）

1—开启压力 2—闭合压力
3—滞回 4—固定节流孔性能（全流量）

4. 瞬态性能

溢流阀的瞬态性能可以从多个角度来考察：超调、响应时间、稳定时间等。

（1）超调

1）超调的原因。使用普通溢流阀，在系统压力未达到阀的开启压力，也即进口压力未超过弹簧预紧压力时，阀芯不动。直到进口压力超过弹簧的预紧压力，阀芯被顶开后，才开始溢流。但是，阀芯需要一定的时间才能运动到需要的位置，因此，在此期间，系统压力继续上升，造成瞬间的压力超调（见图 7-81）。对比可见，先导型的压力超调比直动型的高。

2）超调的后果。因为交变载荷对材料耐久性的危害较静载荷更甚（参见图 5-9），所以，如果载荷变化的幅度较低，材料就可以承受一个较大的载荷。因此，降低压力超调对提高系统中各部件的耐久性是十分重要的。

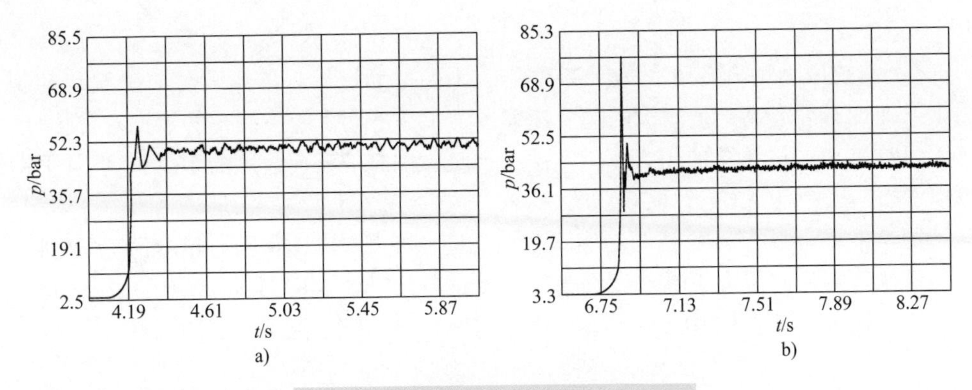

图 7-81　溢流阀的瞬态响应曲线（丹佛斯）

a）直动型　b）先导型

3）影响超调的因素。超调主要由两个因素决定：

– 系统压力的上升速度。

– 溢流阀的响应时间。

超调大致为两者之乘积：系统压力的上升速度越高，溢流阀的响应时间越长，超调就越大。

而系统压力的上升速度又取决于输入流量、油液的弹性模量和系统容积，大致如式（4-12）所表述：

$$\mathrm{d}p/\mathrm{d}t = qE/V$$

式中　q——输入流量；

E——油液的弹性模量；

V——系统容积。

假如一个系统的输入流量为 100L/min，该系统中被溢流阀所保护部分的容积为 2L，油液的弹性模量按 1400MPa 估算，则该系统的压力上升速度为

$$100\mathrm{L/min} \times 1400\mathrm{MPa}/2\mathrm{L} = \text{约 } 1\mathrm{MPa/ms}。$$

增大容腔、使用软管或蓄能器，都可以降低系统压力的上升速度。

溢流阀的响应时间一般约为 2 ~ 20ms。若按 10ms 计算的话，则该系统管路中的压力峰值就要超过开启压力约 10MPa。这无论对泵、阀还是管路，都是一个不可忽视的冲击。

影响溢流阀响应时间的因素很多：阀芯及弹簧的惯量、摩擦力、开口、为保持开启稳定而加入的阻尼等。制造厂通常以降低内阻尼、减少滑阀的开口覆盖量来缩短响应时间，但稳定性也可能相应降低。

理论上来说，锥阀较滑阀快一些，直动式比先导式快一些（参见图 7-75，图 7-77）。

（2）测试标准分析　虽说 ISO 6403：1988（GB 8105—87）给出了测试方法与条件，但一些国际知名的制造厂都不执行此标准，因为其中有些条件不容易实现，有

些定义值得商榷。

1）系统压力上升速度。为了减少测试系统对测试结果的影响，测试系统的压力上升速度必须远高于被测阀的响应速度。为了在不同系统下测得的数据有可比性，ISO 6403 要求测试系统的压力上升速度必须是被测阀的响应速度的 10 倍。但从下例可以看出，这一点并不容易实现。

图 7-82 所示为某一溢流阀的实测曲线。从中可以看出，在压力超过稳态压力后，即溢流阀开启后的压力上升速度约为 8MPa/ms。按 ISO 6403 要求，测试系统的压力上升速度就必须超过 80MPa/ms。

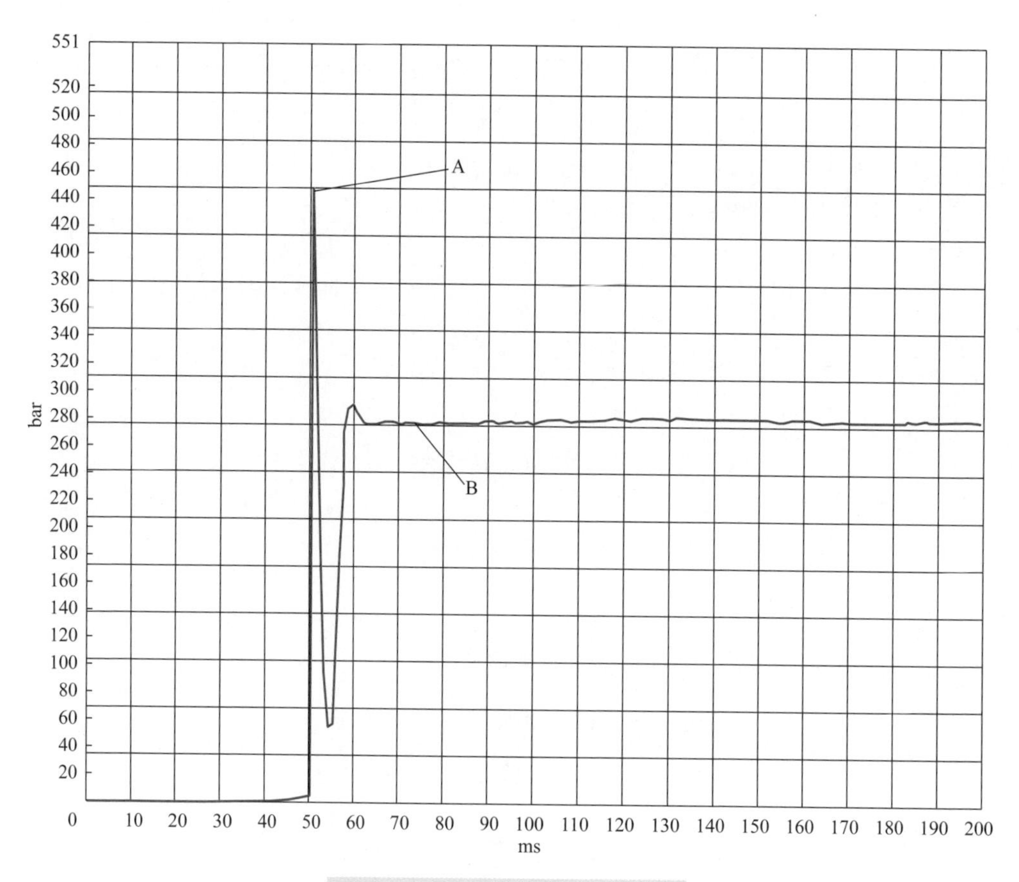

图 7-82 一溢流阀的实测曲线（升旭）

A—超调 B—稳态压力

因为，系统压力上升速度 = 输入流量 × 油液的弹性模量 / 系统容积；所以，测试系统容积应该小于输入流量 × 油液的弹性模量 / 要求的测试系统压力上升速度。输入流量为 100L/min，油液的弹性模量为 1400MPa 时，测试系统容积必须小于

$$100\text{L/min}\times1400\text{MPa}/(80\text{MPa/ms})\approx0.03\text{L}=30\text{mL}。$$

这一容积指从泵的出口，经出口管道，到被测阀的进口，包含安全阀及旁路阀的分支管道的全部容积。如采用内径为15mm的管道的话，所有管道总长不超过15cm。这是很难实现的。

妥协的办法是：被测阀、安全阀及旁路阀等要尽可能地靠近泵出口，旁路阀的关闭时间也尽可能地短。然后在同一测试系统下比较不同的阀。

用户在自己的系统上，使用快速响应的压力传感器测试，是最反映实际情况的。

2）被测阀响应时间分析。GB/T 8105—87（参考ISO 6403制定）给出了各项指标的定义（见图7-83）。

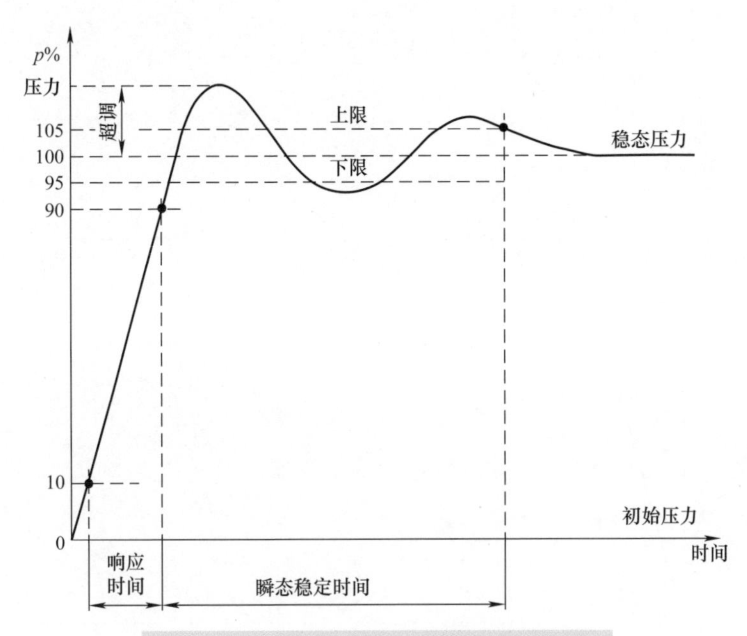

图7-83　GB/T 8105—87对溢流阀响应时间的定义

其中，关于响应时间的定义值得商榷。图7-84所示为压力升高及溢流阀开启的过程。图中，曲线p是测试系统压力即被测溢流阀进口的压力，曲线x是溢流阀阀芯的位移。在溢流阀进口压力达到溢流阀的开启压力p_s之前，溢流阀根本不会开启，因此，时间t_1仅反映了测试系统的瞬态响应性能，与溢流阀的响应性能根本无关。压力上升速度在t_1后较t_1前要低，因为溢流阀开启了。

即使考虑到被测溢流阀有较大的调压偏差，即，通过较大测试流量时的稳态压力要明显高于开启压力p_K（见图7-85）。则，当测试系统压力达到溢流阀的开启压力点（A）之前，溢流阀是完全关闭的。而由于溢流阀芯的惯性，溢流通道直到某个时间点B才被完全开启。那也只有从A到B才真正是被测阀的响应时间。只是，这个时间点B可以纯理论地定义，却很难实际确定，除非安装了阀芯位移传感器。

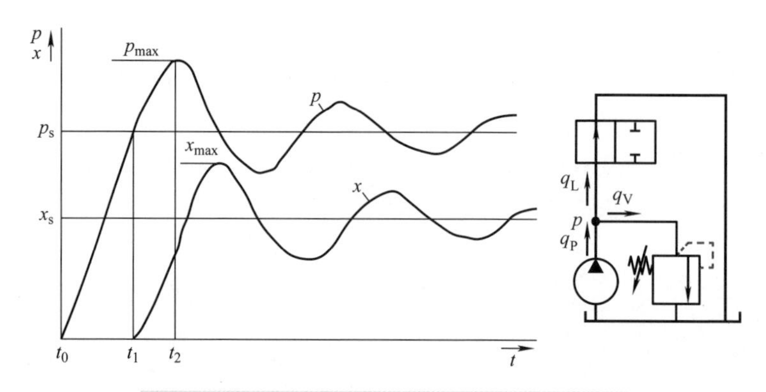

图 7-84　系统压力升高及溢流阀开启的过程（IFAS）

p—系统压力　x—溢流阀开口　p_s—开启压力　x_s—开口稳态值

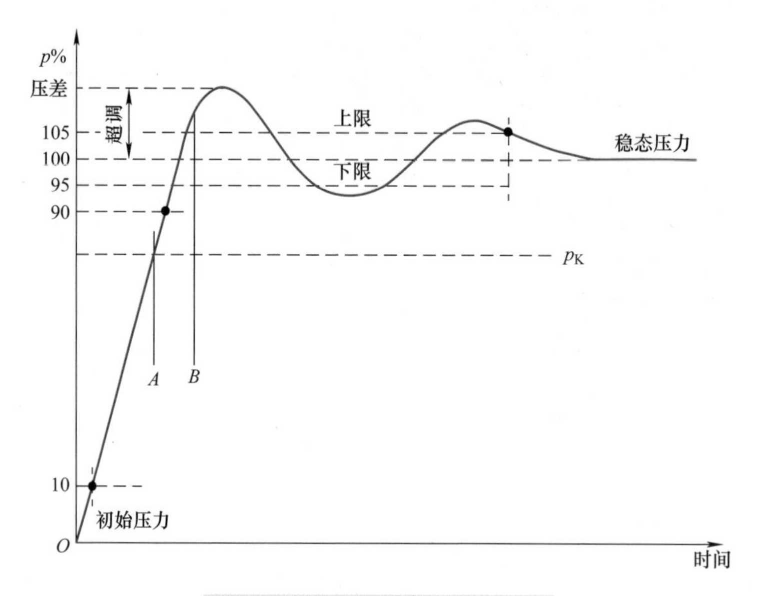

图 7-85　考虑调压偏差时的响应时间

p_K—开启压力

一些制造厂在产品样本中给出了平均响应时间，但却没有或不愿告知，是根据什么标准，在怎样的条件下测得的。

也许，可以考虑用超调和系统压力上升速度一起来衡量溢流阀的响应性能，因为超调比较容易确定，抑制超调也是溢流阀的最终目的。如果在测试台上测不到超调，则说明测试系统的压力上升速度较低。

对于溢流阀制造厂来说，他们不知道出厂的阀将用于怎样的系统，因此，必须要给出一些普遍适用的指标，所以就会遇到上述问题。

但对于用户而言，他知道这个溢流阀将用于某一具体系统，那测试就简单得多了。用户可以根据实际系统可能有的容积 - 压力上升速度来搭建测试系统，以实际系统使用的换向阀来加载，就可以得到在此实际系统中可能出现的超调，从而研究相应对策。

（3）开启后的稳定性　溢流阀在开启后一般都有相当大的噪声。这是因为高压油液通过窄小的缝隙，以高速冲出，必然伴随着的涡流和气蚀所造成的。噪声很难完全避免，只是，有的噪声尖锐刺耳，有的噪声低沉混沌，这也与出口流道的形状有关。

哪些噪声可以接受，要视应用而定。用作常开的稳压阀时，当然希望噪声越低越好。但若用作安全阀，并且希望同时起报警的作用，则尖锐刺耳也许就是一个优点了。

有的溢流阀，在开启后由于不稳定，噪声高达 90dB 以上，根本无法忍受。其可能的原因是，调压弹簧太软，或阻尼太小。这样，在压力升高，推开阀芯时，阀芯由于惯性过冲，开口过大，导致压力下降过多，然后阀芯又回复，关小开口，引起压力再度升高。周而复始，阀芯一直停不到一个稳定的位置。

油温较高时，由于黏度下降，阻尼作用会减弱，也会对稳定性带来不利的影响。

有些尚未用过的溢流阀，其弹簧腔内还含有空气，阻尼作用很差，也容易出现不稳定状态。如果预先让油液充满弹簧腔，在开启时能产生阻尼，利于进入稳定状态。

如在 4.9 节中已提及，阀芯的惯量和弹簧的刚度决定了阀的固有频率，如果这个频率与系统中执行器或其他阀的固有频率相近，就容易发生谐振，一般应设法使之尽可能错开。

总体上来说，不稳定是不能接受的，应由供货商负责无偿更换。

阀制造厂在研发时，应在整个压力调节范围、流量范围、许用油温范围内，对不同工况的组合，做广泛的测试。

在某些应用场合，可以选用带较大阻尼的阀，以获得较好的稳定性，例如，下文提及的“增强阻尼型”阀。

5. 其他性能

在选用溢流阀时，除以上所述，还要注意以下性能指标。

（1）调压范围　调压范围通常是指在该范围内调节时，控制压力（阀进口处的压力）能平稳上升下降，无突跳，波动幅度很小。

各供货商提供的阀的调压范围差别很大。如派克，有的阀的调压范围可以从 0.5MPa 到 42MPa。有的供货商，从 0.35MPa 到 42MPa，分七档。

调压范围大的阀，固然有其长处：可以用少量品种覆盖较广的需求。但也有其不足之处：为了实现大的压力调节范围，需要采用较长的调压弹簧，从而导致较大的外形尺寸；或者使用较硬的调压弹簧，从而导致较大的调压偏差（参见图 7-73），因此不易精细调节。

阀供货商给出的调压范围，通常是指在某个流量下，在出口压力几乎为零时，可达到的调节范围。但若用户使用的流量或出口压力与之不同，这个调压范围就可能不完全适用了。

（2）最高设定压力与许用的持续工作压力　有产品说明书上声明：最高设定压力可到 42MPa，进口最高工作压力短时间也允许 42MPa，但许用的持续工作压力只可到 35MPa。

这种阀用作安全阀时，由于进口处出现极高压力一般都是短时间的：一放油，压力就会下跌，所以，最高可以设定到 42MPa。

但用作稳压阀时，因为进口处的高压一般都是持续的，所以，设定压力必须低于 35MPa。

还要注意的是出口的许用压力，因为它不一定等同于进口的许用压力。若出口直接接油箱，不会有问题。但若该阀用作次级，即在执行器与换向阀之间，如图 7-86 中，那在活塞杆受到拉力时，阀的出口就可能会有很高的压力。

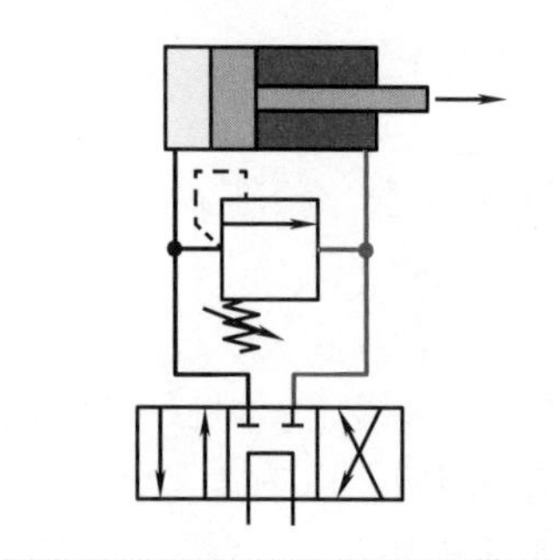
图 7-86　溢流阀出口也可能会有很高的压力

（3）内泄漏　溢流阀的内泄漏可以分为以下两种情况。

1）溢流通道已开启，在进口压力下降，但还高于给出的闭合压力时，由于滞回，尚未关闭。这时的泄漏，即使不希望，但无法避免，还是属于“正常”的。特别是在低温时，油液黏度较高，导致阻力较大，从而关闭困难，尤其是在弹簧较软、设定压力较低时。唯一的改善出路是去选用滞回较小、闭合压力较高的产品。

2）进口压力已经降低到给出的闭合压力以下，溢流通道应该是关闭了。产品样本上给出的，在例如说 80% 开启压力时的内泄漏，指的就是这种情况。因为滑阀型阀芯泄漏不可避免，而大多数先导式溢流阀的主阀恰恰是滑阀，总有泄漏。如果希望无泄漏，就应选择锥阀型。

若该阀装在泵口附近，用作保护泵，因为泵持续提供流量，则少量泄漏，在多数情况下，还是可以容忍的。

但若用在液压缸一侧，用作安全阀（见图 7-87），同时又希望，在停止供油时，负载长时间停在一个位置，不能因外力而移动。这时，溢流阀的内泄漏量就是一个很重要的性能指标了。

（4）耐久性　在溢流阀开口处，高压油液以高速冲出，全部压力能先转化为动能，最终再转化为热能（10MPa 压降全部转化为动能后，液流速度可达到约 60m/s，转化为热能后使油温升高 5.7℃）。此时，一般都伴有严重的气蚀：油液蒸气被压缩爆炸，产生与在柴油发动机活塞缸内类似的情况，即所谓“微柴油燃烧（mini-Diesel）”现象，局部温度会超过 1500°C。在升旭德国子公司的实验室里，作者曾亲眼见到从一个溢流阀（在 8MPa，100L/min 流量时）的各流出孔喷出米粒大小的蓝色火焰（阀块为有机玻璃）。

图 7-88 所示为一铝制溢流阀阀块在持续工作 2000h 后被击穿。

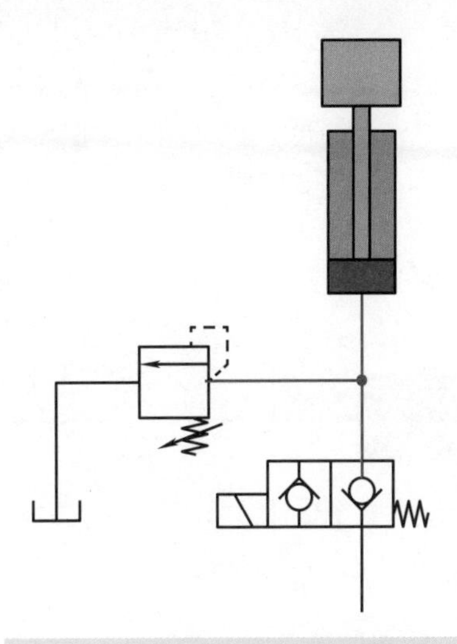

图 7-87　溢流阀的泄漏会导致负载下降

图 7-88　溢流阀阀块被气蚀损坏

此外，溢流阀在一些工作中，频繁地开启关闭，阀芯快速撞击阀座。因此，开口处附近的材料能否长期耐受气蚀和关闭时的撞击，就成为决定溢流阀工作耐久性的重要因素。现在溢流阀一般都做表面硬化处理，有的阀，据报道，通过改进出口处的流道形状，可以减少气蚀的发生。

以目前的技术水平，一些产品可达到开启关闭 1 百万 ~ 2 百万次，精制的甚至可以达到 1 千万次。

若用作很少开启的安全阀，工作寿命也许不是一个大问题。但若用作持续开启的稳压阀，则不能掉以轻心。只是耐久性的测定耗时耗钱，供货商一般也不在产品样本中给出，系统设计师往往只能根据该阀在其他应用的经验来类比推测。

（5）抗污染性　先导型的主阀芯上常有一个 1mm 上下的差压孔，容易被堵塞，因此，抗污染性比直动型差。因此，有安全标准要求，在主系统中，至少要有一个直动型溢流阀。

（6）调压机构及安全保护措施　溢流阀作为安全阀来说，防止被乱调，是极其重要的。为此，生产厂也提供了多种相应保护措施。详见参考文献 [11] 第 15 章。

6. 一些变型

液压技术已有 200 多岁，溢流阀也出现了很多变型，这些变型可以从不同的角度来分类（详见参考文献 [11]2.2 ~ 2.9 节）。

（1）根据阀芯结构

1）球阀型，结构简单，造价低，但仅适用于小流量。

2）锥阀型，可通过较大流量，泄漏少、响应快、寿命长，应用最为广泛。

3）滑阀型，可通过的流量更大，但调压范围较小。

4）差动型，可以避免高压时使用粗弹簧。

5）滑锥阀型，可通过的流量最大，几无上限，在盖板式结构中普遍应用。

（2）根据动作型式

1）直动型（见图 7-89），响应较快、超调较小，泄漏低、较抗污染，但调压偏差较大，即控制压力随流量的波动较大，适宜作安全阀，例如在图 7-65、图 7-66 所示回路中的溢流阀。

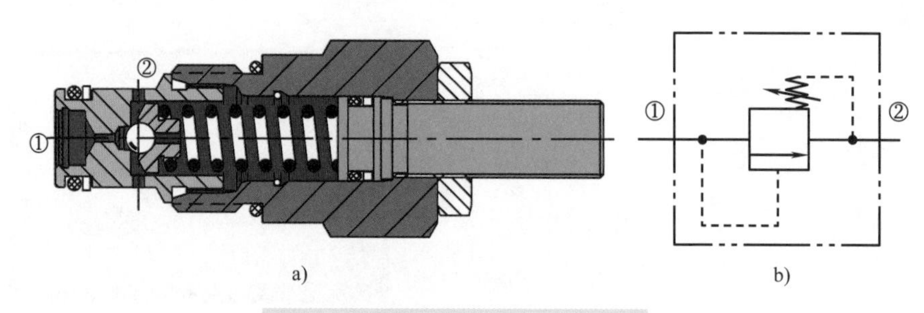

图 7-89　直动型溢流阀（派克 A02A2）

a）结构　b）图形符号

2）先导型（见图 7-90）的调压偏差较小，用于要求控制压力较精准的场合，允许较大的工作流量，但响应稍慢。适用于在定量泵节流回路中作为稳压阀（参见图 7-61）：一般需要持续的流量供应和稳定的压力控制，少量内泄漏影响不大。

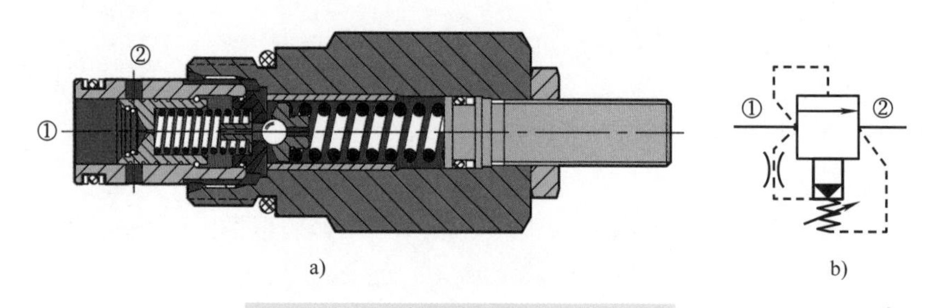

图 7-90　先导型溢流阀（派克 A04G2EA）

a）结构　b）图形符号

3）软溢流型（见图 7-91），在进口的压力尚未达到设定值时就能提前开启溢流，可以避免超调（详见参考文献 [11]2.2.7 节）。

（3）根据功能　溢流阀有多种功能变型（见图 7-92）。

1）普通型。

2）压力保险型：开启后就不关闭，直到进口压力降为零后才关闭。不适用于要求负载保持的回路。

3）带反向单向阀型，因为一般溢流阀反向都不通。

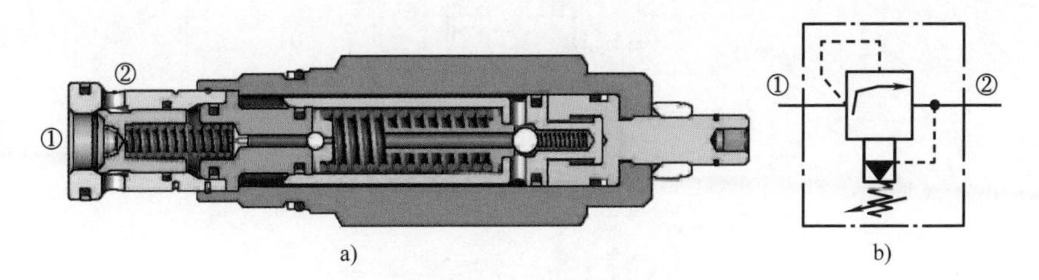

图 7-91　软溢流阀（升旭 RPGT）

a）结构　b）图形符号

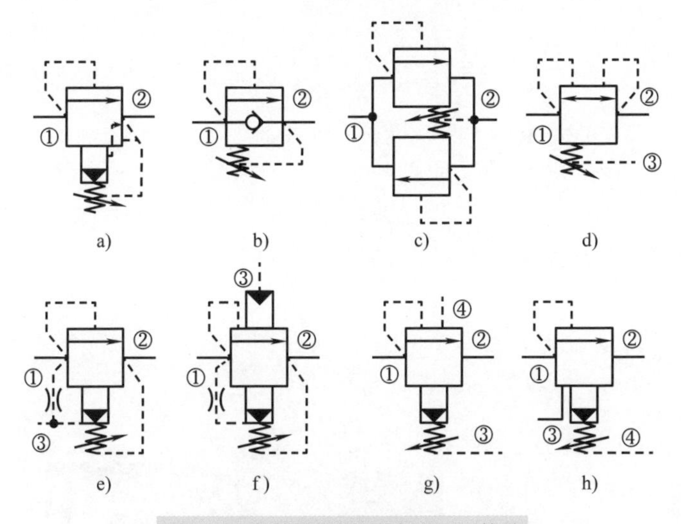

图 7-92　各种功能的溢流阀的图形符号

a）压力保险型　b）带反向单向阀型　c）、d）双向型　e）失压开启型
f）加压开启型　g）卸荷加压开启型　h）卸荷开启型

4）双向型。在闭式回路中，执行器两侧一般都应设置溢流阀，或一个双向溢流阀，以防止某一侧压力过高。

5）可外控型。由阀外部控制，例如液控。有失压开启型溢流阀、加压开启型溢流阀、卸荷加压开启型溢流阀、卸荷开启型溢流阀等。

从连通方式来看，普通型都是两通口的，三通口和四通口的皆为可外控型。

（4）根据开启压力设定方式　除了普通型都是通过螺杆设定以外，还有以下 3 种设定方式（见图 7-93）：

1）气控比例型。

2）电控开关型。

3）电控比例型。

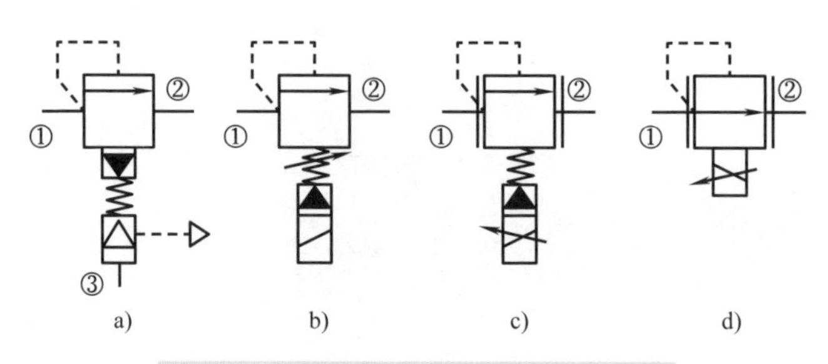

图 7-93　各种控制方式的溢流阀的图形符号

a）气控比例型　b）电控开关型　c）、d）电控比例型

此外，还有一些特种溢流阀，如，增强阻尼型溢流阀等，详见参考文献 [11] 第 2 章。

7.6　减压阀——压力超了就关门

减压阀，其英文根据 ISO 5598《流体传动系统及元件　术语》建议，是 Pressure-reducting valve。但有一些国际知名液压阀供货商使用 Pressure regulator，直译是“压力调节阀”。

1. 基本结构与工作原理

（1）减压阀

1）结构。普通减压阀，也称二通减压阀（见图 7-94），一般都有三个端口：口①为油液出口，即限压口，口②为油液进口。

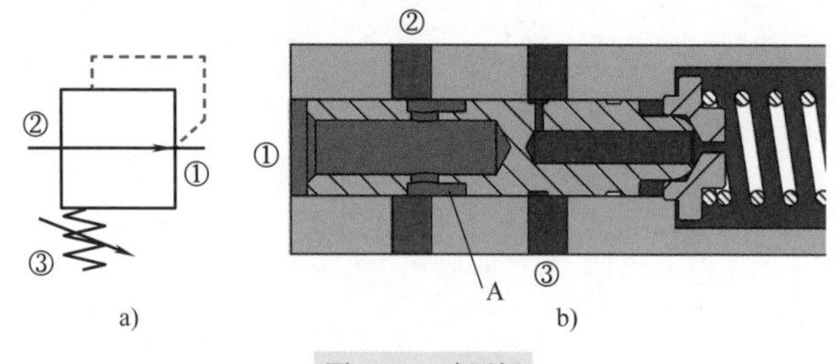

图 7-94　减压阀

a）图形符号　b）基本结构

A—轴向通流槽

口③是控制口，通弹簧腔。决定阀芯位置的主要是出口和弹簧腔的压力和弹簧力。因为弹簧腔中的油液的压力作用于阀芯，会影响限压值，因此通常都应该直接连通油箱。

2）工作原理。在限压口压力未超过设定值——弹簧预紧压力时，进口经过阀芯上的轴向通流槽与限压口通，允许液流通过。

限压口压力在超过设定值后，会克服弹簧预紧力，推动阀芯向右运动，开始关闭流道，减少，乃至停止液流——不准加油，希望借此能限制限压口压力。所以，减压阀，本质上属于压力限制阀——在提供流量时注意压力不超限。

一般而言，减压阀算是个常开阀，开口只有在达到设定值之后才关闭。

如已提及，所有液压阀都只是一个“能改变开口的装置”，在限压口压力没达到设定压力时，减压阀所能做的，不过就是把开口尽量开大，仅此而已！因此，如图7-95所示，如果进口压力p_i低于减压阀的设定压力p_s（区域Ⅰ），那限压口压力p_O也不可能高。直到进口压力p_i超过设定压力p_s（区域Ⅱ），开口x才开始关小。

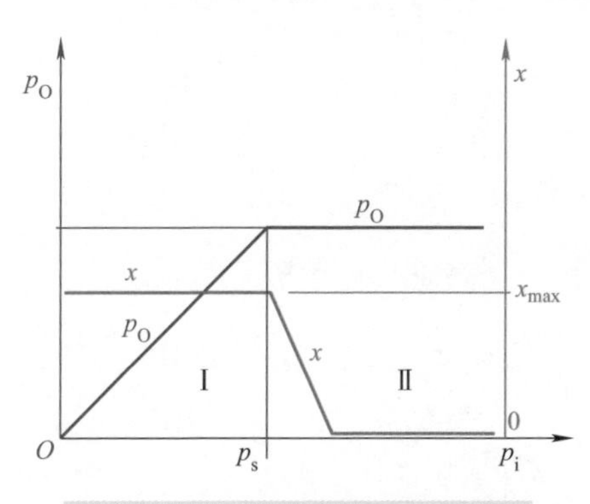

图7-95　限压口压力受进口压力限制

p_i—进口压力　p_O—限压口压力　p_s—设定压力　x—开口　x_{max}—最大开口

设定值除了通过弹簧预紧外，也可通过比例电磁铁设定。

（2）减压溢流阀　上述普通减压阀一般只关闭通往限压口的流道，不准加油，但不能防止限压口的压力由于其他原因，如，内泄漏、油液受热膨胀、负载力增加、负载振动等而继续上升。

而减压溢流阀，也称三通减压阀，在关闭限压口之后，还可通过其溢流功能——“放油”来阻止限压口腔压力上升。

其结构可以与普通减压阀相似，只是阀芯上的轴向通流槽长一些，阀芯允许的位移大一些：在进口关闭后，还可开启通回油口③的流道。口③就也成为一个通口，而不仅仅是控制口。图7-96上半部所示为限压口①的压力尚未达到设定压力，限压口①经过阀芯上的轴向通流槽与口②相通。下半部为限压口①的压力超过设定压力，推动阀芯向右后，限压口①经过轴向通流槽与口③相通，即处于溢流状态。

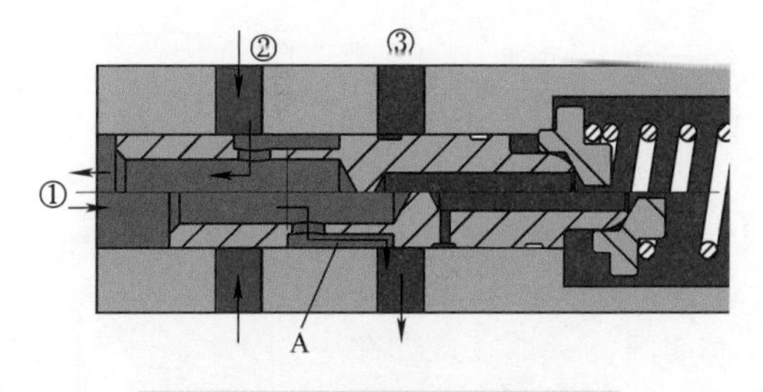

图7-96　减压溢流阀工作原理示意

A—轴向通流槽

阀体中通回油口的流道也应大一些，因为这时，通过回油口的不仅是弹簧腔的油液，而且也可能有从限压口来的油液。

常见图形符号如图 7-97 所示。

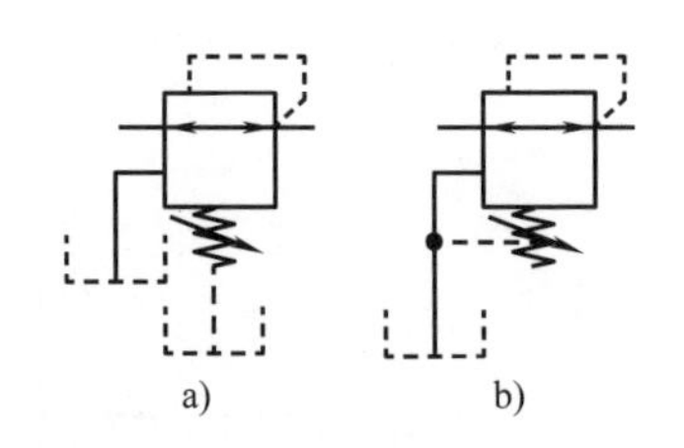

图 7-97　减压溢流阀的图形符号

a）弹簧腔与溢流口分开　b）弹簧腔与溢流口相通

2. 应用例

减压阀最初是为以下这些应用而研发的：

1）夹紧。在夹紧回路中，系统压力可能由于其他部分的负载升得很高，但不希望夹紧缸里的压力也那么高，以至损坏工件（见图 7-98）。

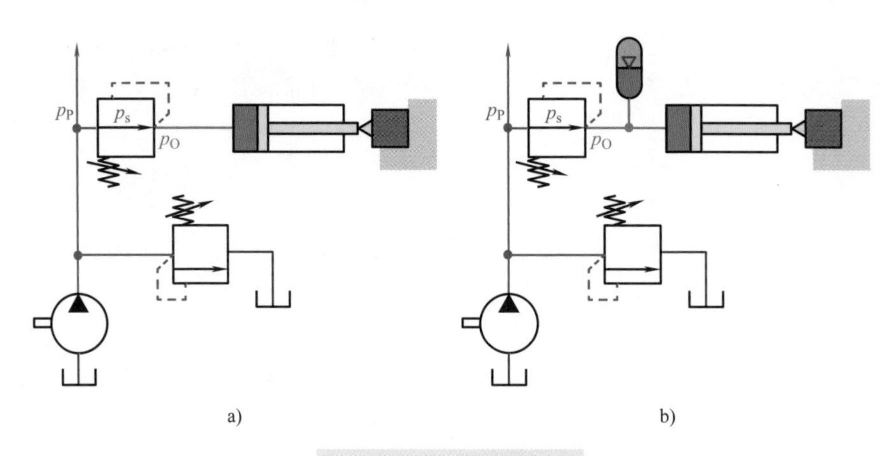

图 7-98　用于夹紧回路示意

a）不带蓄能器　b）带蓄能器保压

在夹紧缸的压力，也即减压阀限压口压力 p_O 还没有达到设定压力 p_s 时，减压阀全开。

在夹紧液压缸的压力 p_O 达到设定压力 p_s 后，减压阀关闭。这样，系统压力 p_P 上升时，夹紧缸压力不会随之上升。

但是，如果减压阀有泄漏，那在该回路中，夹紧缸中的压力 p_O 还是可能因此而超过设定值缓慢上升。

另一方面，夹紧压力 p_O 也可能会因为夹紧缸中的泄漏而逐渐下降。一旦低于阀

的设定压力 p_s，阀又会开启。如果此时回路失压，即系统压力 p_P 低于设定压力 p_s 了，就不能持续保持夹紧了。所以，最好采取相应的辅助保压措施，例如加上蓄能器，如图 7-98b 所示。

2）限制松开制动的最高压力。在图 7-99 所示回路中，如果减压阀的出口压力 p_O 低于减压阀的设定压力 p_s，则减压阀全开。如果这时马达一腔的压力 p_P 高于 p_O，油液就通过减压阀流向制动，超过制动弹簧的预紧压力后松开制动。因此，松开制动所需要的压力应低于减压阀的设定压力 p_s。如果马达一腔的压力 p_P 超过减压阀的设定压力 p_s，减压阀就会关闭，以保护制动。

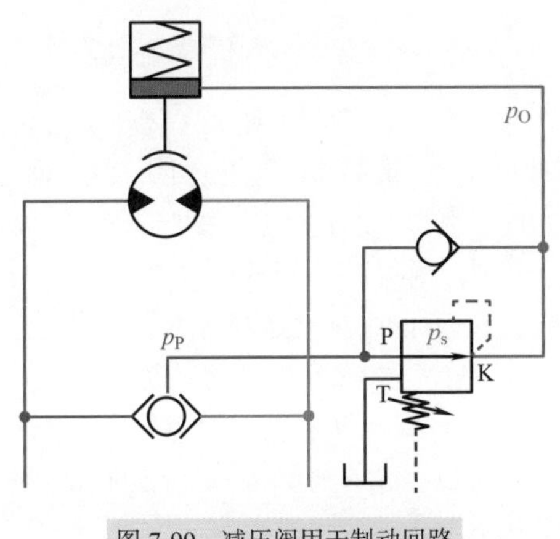

图 7-99　减压阀用于制动回路

3）限制后续部分回路的工作压力。图 7-100 所示回路中，减压阀限制了限压口后各路的驱动压力。

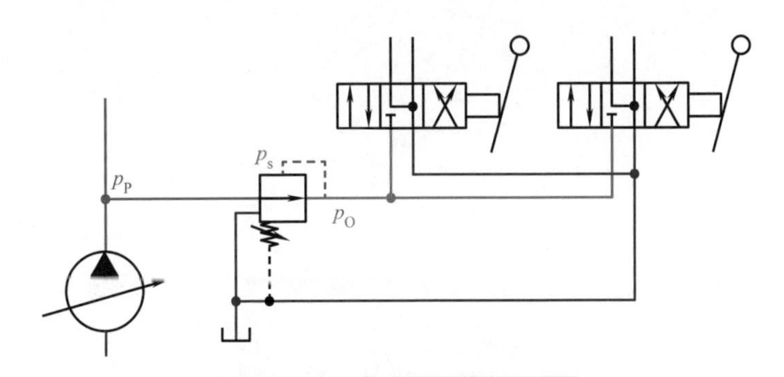

图 7-100　减压阀用于多路驱动回路

4）限制马达的工作压力。在图 7-101 所示回路中，减压阀 V1 限制了马达双向的工作压力，减压阀 V2 作为二级控制阀，进一步限制马达某一方向的工作压力，因此，其设定值低于 V1 时才有存在价值。减压溢流阀 V3 则限制了液压缸无杆腔的工作压力。

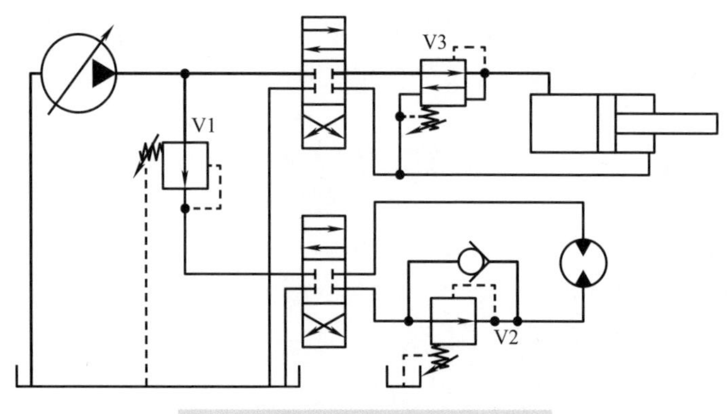

图 7-101 减压阀的应用示意（升旭）

虽然减压阀一般是个常开阀，但反向可能会关闭。如果要避免关闭，可以让弹簧腔带压（不直接通油箱），如 V3，或另接一个单向阀旁路，如 V2。

在图 7-98 和图 7-99 的应用中，通过减压阀的流量都比较小，是短时间的。而在图 7-100 和图 7-101 的应用中，通过减压阀的流量就可能比较大，特别是图 7-101 中的 V2，需要持续的流量供应，方能维持马达的持续旋转。

5）限制先导液控压力。在需要较大流量的系统中，主阀需要通径较大，（电磁铁）直接的驱动力不够时，常采用先导液控。但先导液控压力一般 2 ~ 3MPa 就足够了，远低于系统工作压力，所以，常在先导液控回路的进口端，设置一减压阀，限制先导液控的供油压力，少受系统压力变化的影响。

3. 稳态特性

减压阀的稳态特性主要从以下几方面考察。

（1）压差 - 流量特性　该特性反映了在液流从进口到限压口，即所谓减压功能，在全开时，不同流量所引起的压降。

因为是全开，开口固定不变，所以特性曲线通常如一抛物线（见图 7-102）。

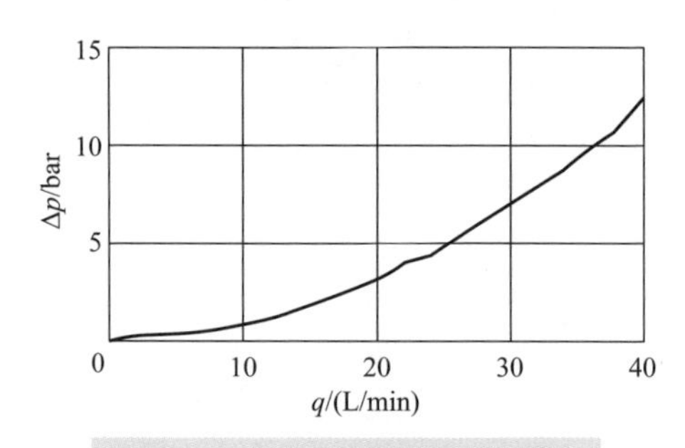

图 7-102 某减压阀的压差 - 流量特性

（2）限压口压力 - 流量特性

1）减压阀。图 7-103 所示为在进口压力 p_2 不变时，通过减压阀的流量 q 与减压阀开口 x 随限压口压力 p_1 而变的状况。

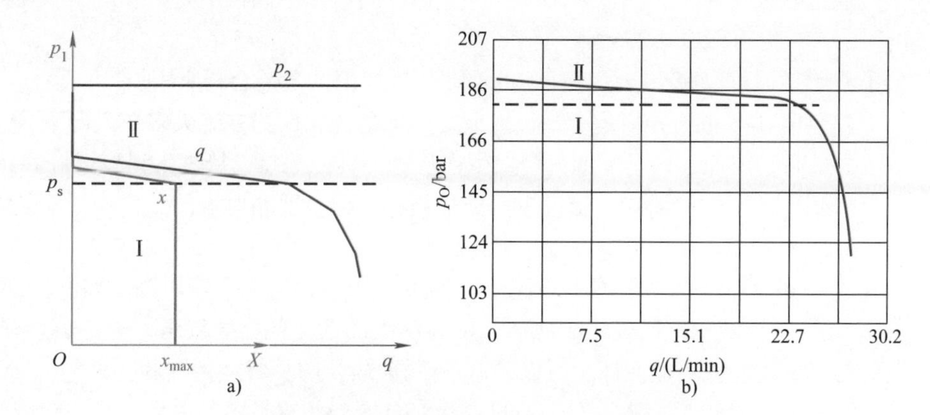

图 7-103　减压阀的限压口压力 - 流量特性

a）理论分析　b）某产品样本

Ⅰ—全流量区　Ⅱ—限压口压力超过设定压力

区域Ⅰ：限压口压力 p_1 低于设定压力 p_s，开口 x 达到最大 x_{max}，即所谓全流量区，流量 q 仅取决于压差 p_2-p_1。限压口压力 p_1 越低，流量越大。

区域Ⅱ：限压口压力 p_1 超过设定压力 p_s，开口 x 开始关小，流量 q 也随之减少。限压口压力 p_1 越高，开口 x 越小，流量 q 越小。当限压口压力 p_1 高于 p_s 一定值，开口完全关闭，流量（不计泄漏）也降为零。

2）减压溢流阀。限压口压力 - 流量特性应分两种工况考察（见图 7-104）:

- 油液从进口流向限压口，即减压功能时（区域Ⅰ）。
- 油液从限压口流向出口，即溢流功能时（区域Ⅱ）。

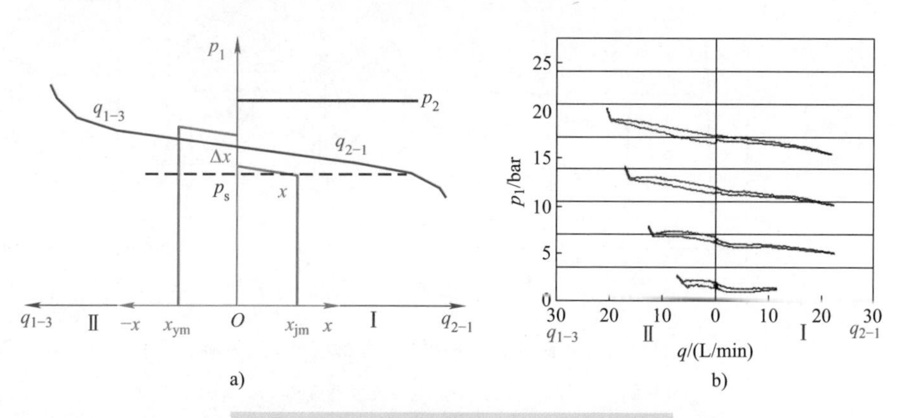

图 7-104　减压溢流阀的限压口压力 - 流量特性

a）理论分析　b）某产品在不同设定值时的流量实测（升旭）

Ⅰ—减压区　Ⅱ—溢流区　p_1—限压口压力　p_2—进口压力　p_s—设定压力　x—开口

x_{jm}—减压时最大开口量　x_{ym}—溢流时最大开口量　Δx—覆盖量

q_{2-1}—从进口到限压口的流量　q_{1-3}—从限压口到出口的流量

开口通常有一个小的覆盖区（Δx）——进口关闭后，回油口不立刻开启——在此范围内限压口压力可能有小波动。

减小覆盖量，可以减小限压口压力的波动幅度，但内泄漏会相应增加。

（3）内泄漏　减压阀大多是滑阀，内泄漏不可避免。因为在绝大多数工况下，总是进口压力最高，因此，内泄漏就只会发生在从进口到回油口，从进口到限压口。

从进口到回油口的内泄漏，虽说也是能量损失，但只要相对泵的工作流量不是太大，在一般情况下，不会给工作直接带来大影响。

但从进口到限压口的内泄漏就不同了。如果限压口联通一个液压缸（如图 7-98、图 7-101 所示），在液压缸已经走到底后，内泄漏大的话，就会导致压力进一步上升。原本期望的限压功能就不能保证。所以，这个泄漏量也还是要注意控制的。

减压溢流阀一般也都有内泄漏，但只要相对泵的工作流量不是太大，在一般情况下不成问题。因为，从进口到限压口的内泄漏，现在可以通过溢流功能流出，不会形成高压。

4. 瞬态特性

对于减压阀，通常总希望不管进口压力如何波动，都能够保持限压口压力恒定。但实际上进口压力的波动肯定会对限压口压力带来影响，因为阀芯需要时间来移动到相应的位置。

图 7-105 所示为几个不同类型的减压阀，在进口压力突升时，限压口压力的瞬态响应状况。

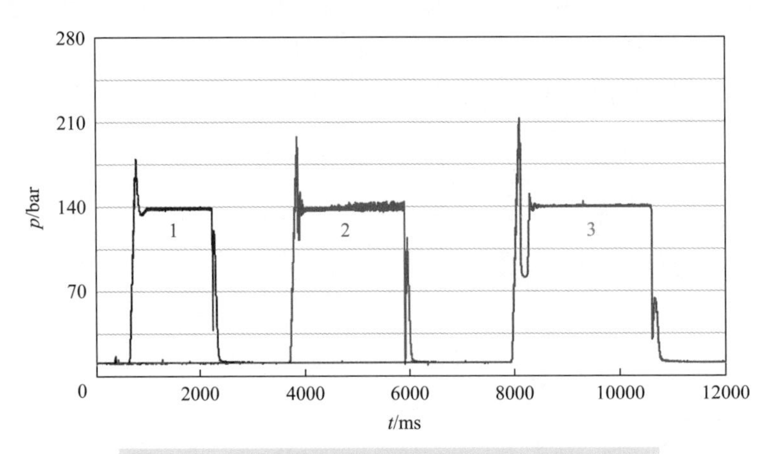

图 7-105　三个不同类型的减压阀的瞬态响应实测（升旭）

1—直动型减压阀　2—先导型减压阀　3—减压溢流阀　p—限压口压力

在进口压力突升时，最初，限压口压力会跟着上升，接着，推动阀芯，关闭进口到限压口的流道。

从实测曲线可以看出，先导型的超调较直动型的大。这是因为，先导型的要等到先导阀开启，有一定先导液流，造成压差后，才能推动主阀芯，关闭主流道，需要的时间长些，因此超调较大。

另外，减压溢流阀的阀芯在关闭进油流道时容易有过冲，又开启了回油流道，因此，压力振荡较大。而普通减压阀，则由于没有回油流道，压力振荡就几乎没有。

5. 一些变型

目前市场所见到的减压阀，除前面介绍的直动型外，还有先导型、气控比例型等。随着液压系统电控的发展，电比例型的应用也越来越多了。

1）先导型减压阀。用于流量需求较大的场合。如图7-106所示：先导阀是溢流阀，进口②的油液经过轴向通流槽A进入主阀芯内部，经过差压孔B作用于先导阀芯3（球阀）。

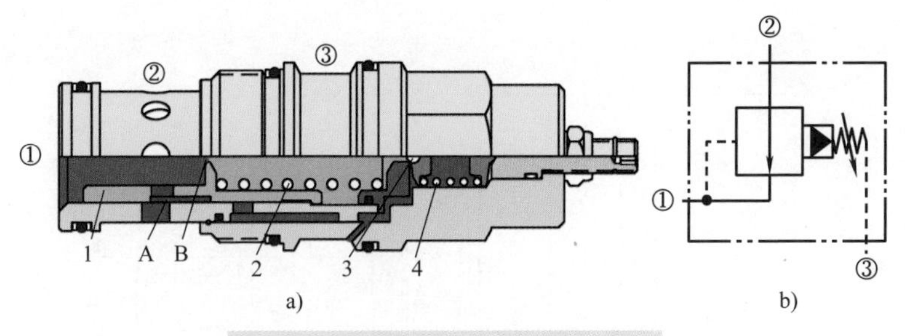

图7-106 先导型减压阀（升旭PBDB）

a）剖面图 b）图形符号

1—主阀芯 2—主弹簧 3—先导阀芯 4—先导弹簧

A—轴向通流槽 B—差压孔

如果此压力低于先导弹簧压力（设定压力），则不能推开先导阀芯，就没有先导液流，主阀芯两侧液压力平衡，在主弹簧的作用下，停在左位。流道②→①通。

如果此压力高于先导阀的设定压力，就推开先导阀芯，形成先导液流。先导液流通过差压孔形成的压差作用于主阀芯，如果此压差超过主弹簧的预紧压力，就推主阀芯向右，关闭流道②→①。

2）直动型电比例减压溢流阀。电比例减压溢流阀可以电控设定限压值，需要调控的是作用给阀芯的力。

图7-107所示为直动型，衔铁直接和阀芯相连，把电磁力直接传递给阀芯。

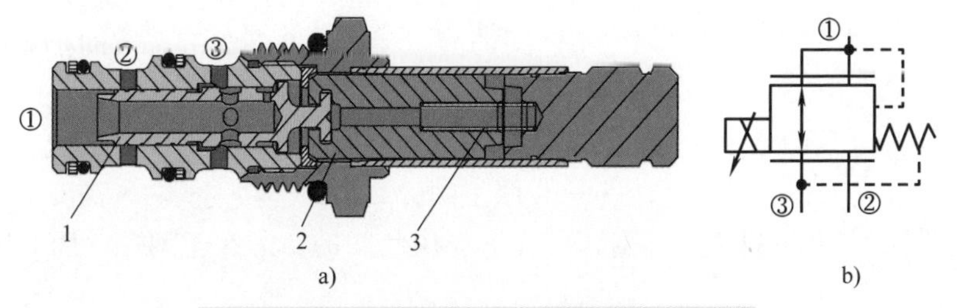

图7-107 电比例减压溢流阀（丹佛斯EPRV2-8）

a）剖面图 b）图形符号

1—阀芯 2—衔铁 3—弹簧

出口①的油液对阀芯的合力往左。

在断电时，套筒内的弹簧使衔铁停在左位，阀芯也停在左位，这是限压为零的状态：口②→①不通，流道①→③通。

线圈通电后，衔铁受电磁力作用，拉阀芯往右，关闭流道①→③，开启流道②→①。电磁力代替非电控型内的弹簧力，确定限压值。

当口①压力超过电磁力时，推阀芯往左，关小乃至切断流道②→①。如果口①压力还继续升高，则推阀芯继续往左，进入溢流状态：使口①通回油口③。

电流越大，电磁力越大，限压值越高（见图 7-108a）。

如果使线圈电流阶跃（见图 7-108b），限压口压力约在 40ms 后上升，约 250ms 后进入稳态。

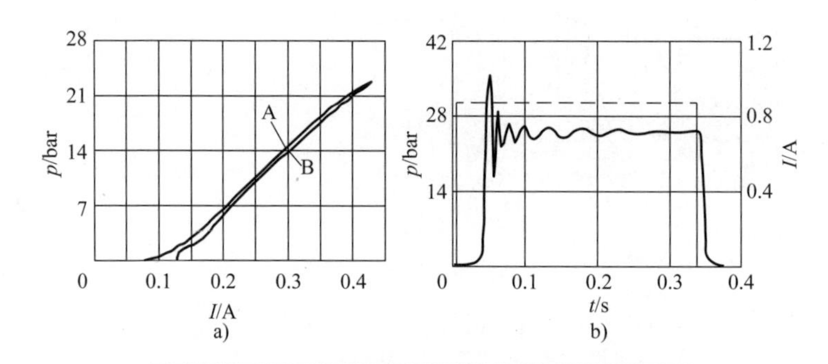

图 7-108　电比例减压溢流阀性能（丹佛斯 EPRV2-8）

a）输入电流 - 限压口压力特性　b）限压口压力阶跃响应特性

A—电流下降　B—电流上升　*I*—电流　*p*—限压口压力

由于电比例减压阀调控限压值非常方便，因此，应用的主要目的已从经典型的（在提供流量时）被动性地限制压力，变为主动性地提供压力了，此时，称之为压力调节阀就名副其实了。

3）用在液压手柄中。挖掘机中用于控制液压缸马达运动的多路阀（换向节流阀）迄今为止绝大多数采用液压手柄调控。每个液压手柄含两组四个先导控制阀，也被称为减压阀（见图 7-109a），由此，操作者可以单手同时调控两个多路阀。

从剖视图看，这其实也可算是节流阀：手柄推动阀芯，改变小孔 1 相对 P 腔和 T 腔的位置，也即改变了出口与 P、T 腔间的液阻。在从 P 到 T 有持续的小液流时也就改变了出口的压力。

因为出口连接的是（多路阀）主阀芯的端面，所以，调控时需要的流量极小。液压手柄在这里注重的是调控压力——克服主阀弹簧力，移动主阀芯，需要的是出口压力能随手柄角度柔和圆滑地改变，因此，应用此阀的目的在于调控，而非限制出口压力。

现在出口压力不是一个固定值，只是进口压力的一部分，因此，也可以把它看作是分压阀。

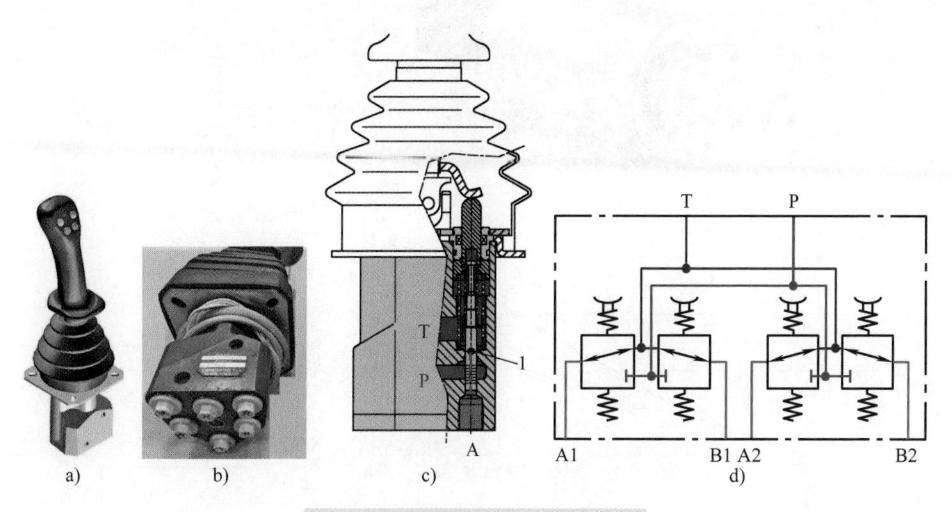

图 7-109　含四个减压阀的液压手柄

a）外形　b）底部　c）剖面　d）图形符号

1—阀芯上的小孔　A1、B1、A2、B2—出口分别通多路阀阀芯两端，作为控制压力

因为作为先导压力推动主阀芯，不需要很高的压力，所以，油源一般都还通过另外一个减压阀，压力限制在约 2 ~ 3MPa，才连接到液压手柄的进口。

4）作为片式阀的电比例控先导阀。从 21 世纪初起，一些工程机械制造厂开始推出电控型工程机械：代替上述液控手柄，操作者用电控手柄给出电指令，主阀上相应采用电比例减压阀作为先导控制阀（见图 7-110）。

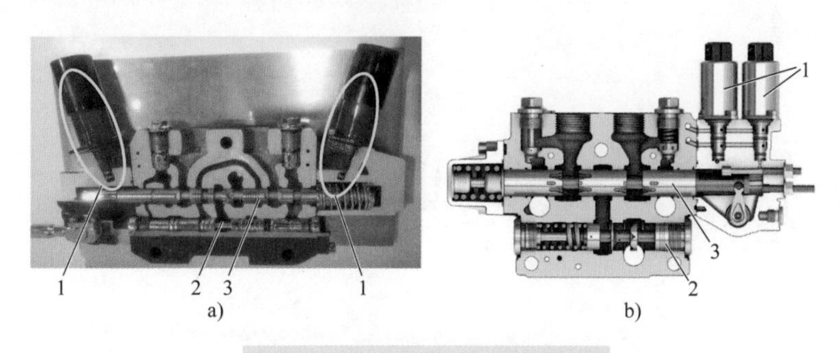

图 7-110　电比例控片式换向节流阀

a）丹佛斯　b）贺德克

1—电比例减压阀　2—定压差元件　3—主阀芯

为调控换向节流阀主阀芯的位移，这里注重的是压力——克服主阀弹簧力，移动主阀芯，所以，这里对电比例减压阀（见图 7-111）关心的是电流 - 压力特性是否圆滑柔和，滞环多大，瞬态响应是否及时。尽管名称还叫减压阀，但图形符号已大不同了。

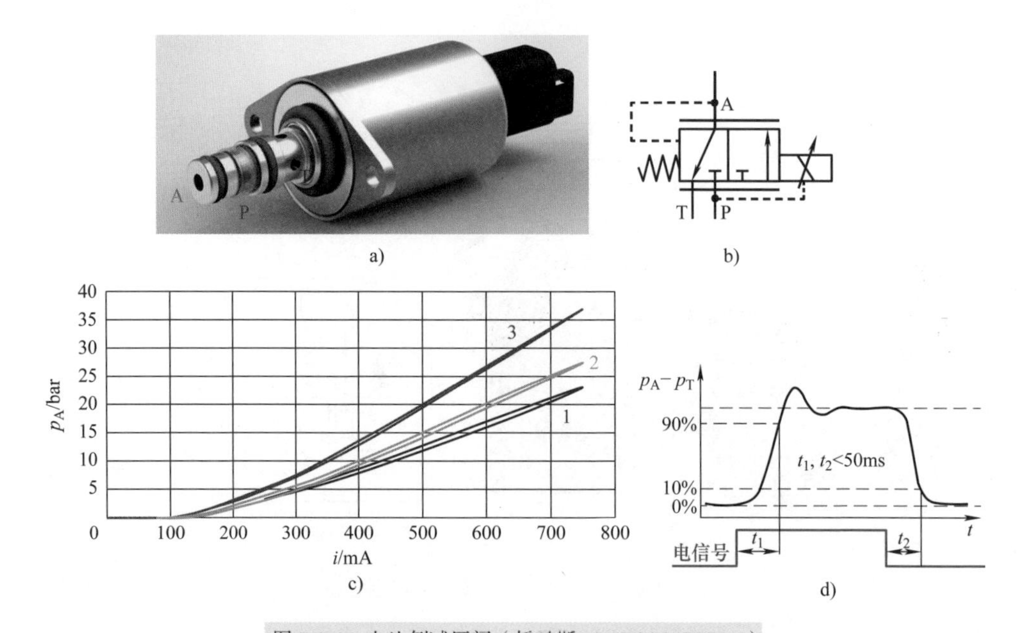

图 7-111　电比例减压阀（托马斯 PPCD04-NGPPRV）

a）外形　b）图形符号　c）电流 - 压力特性（滞环 < 2%）　d）瞬态响应

1—p_P = 20bar　2—p_P = 25bar　3—p_P = 32bar

从图 7-111c 可以看到，此阀有约 120mA 的死区。作为开环的控制阀，这个问题不大，甚至可以是优点——防误动作。

5）用于较大流量的电比例减压阀。电比例减压阀也被用于电控液压离合器。由于液压离合器需要的油液量比液控阀芯大得多，为此，托马斯研发了相应的较大流量的电比例减压阀（见图 7-112）。这时，还要关心其流量 - 压差特性了（见图 7-112e）。

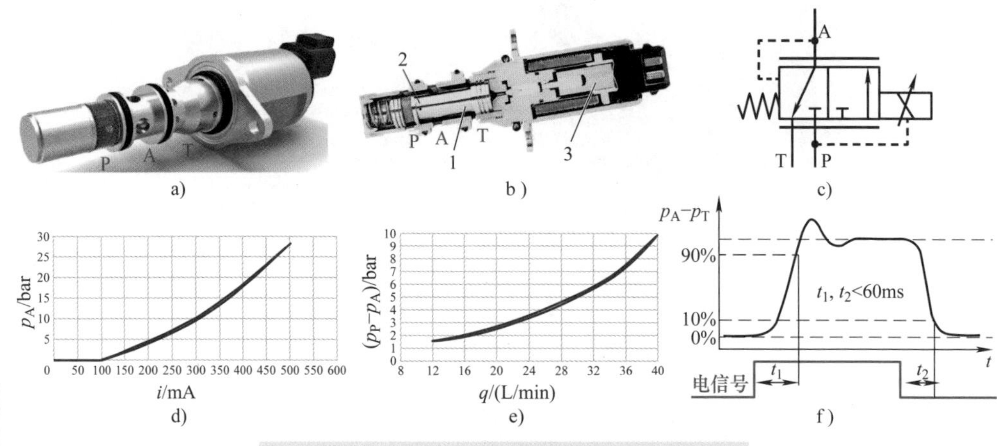

图 7-112　电比例减压阀（托马斯 PPCP09-HFPPRV）

a）外形　b）剖面　c）图形符号　d）电流 - 压力　e）全开时的流量 - 压差　f）瞬态响应

1—阀芯　2—压力平衡孔　3—衔铁

7.7 顺序阀——压力超了就变流道

顺序阀的本质就是流道根据压力切换：控制压力作用于阀芯，一旦超过设定压力，就改变开口，开启或关闭流道。

顺序阀一般至少有两个通口：进口、出口（见图 7-113）。

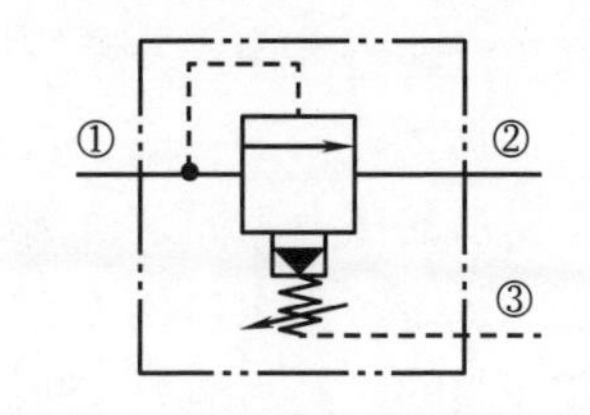

图 7-113 典型顺序阀的图形符号

顺序阀的弹簧腔一般都不接出口，而是有单独的端口，以免开启压力受出口压力影响。

1. 应用

1）实现两个单作用缸的顺序工作。图 7-114 所示的顺序阀可以实现：只有在缸 C1 的无杆腔的压力超过顺序阀的开启压力后，才开启去往缸 C2 的流道。

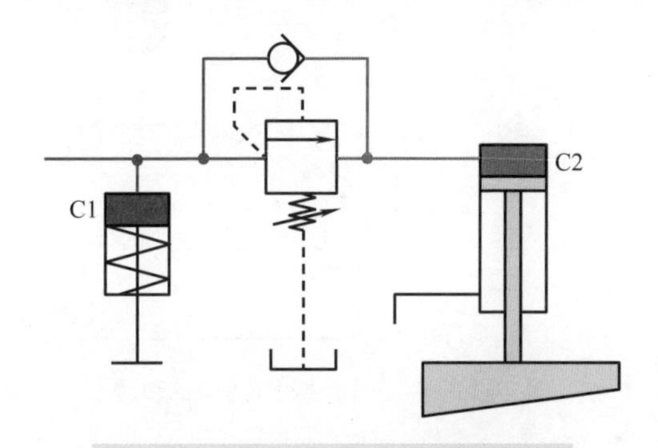

图 7-114 实现两个单作用缸的顺序工作

2）实现两个双作用缸的顺序工作。图 7-115 所示为三位四通换向阀切换至上位，即 P 通 A、B 通 T 时，顺序阀 V2 可以使油液先去缸 C1，只有在缸 C1 无杆腔的压力超过顺序阀 V2 的开启压力后，才开启去缸 C2 的流道。

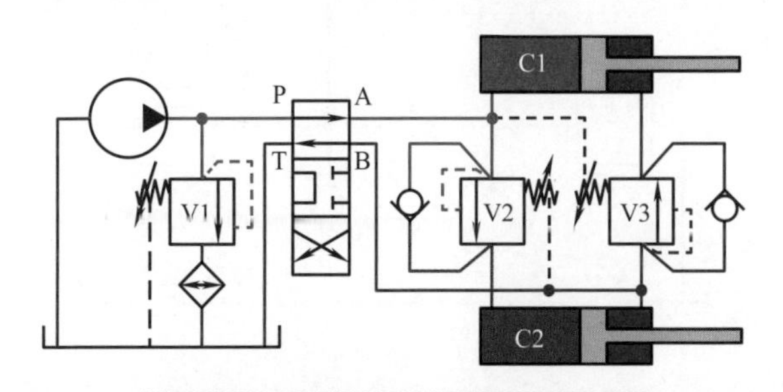

图 7-115 实现两个双作用缸的顺序工作

当换向阀切换至下位，即 P 通 B、A 通 T 时，顺序阀 V3 可以使油液先去缸 C2 的有杆腔。直到缸 C2 有杆腔的压力超过顺序阀 V3 的开启压力后，去缸 C1 有杆腔的流道才开启。

这样，一般而言，就可以实现“C1 先伸出 -C2 再伸出；C2 先缩回 -C1 再缩回”的顺序动作。当然，要使伸缩顺序免受各缸的负载压力影响，还需要顺序阀的设定压力高于负载压力。

普通溢流阀的弹簧腔都与出口相连，因此，出口的压力直接影响阀的开启压力。如果出口的压力不固定，例如，带散热器，或至油箱的管道较长且偏细，但又希望开启压力稳定不受出口压力影响时，可用顺序阀代替溢流阀（参见图 7-115 阀 V1）。因为顺序阀的弹簧腔都单独回油箱。

3）把部分系统的压力保持在一个特定的水平。图 7-116 中顺序阀用于控制一个绞车的制动：油液优先进入制动部分，开启制动，只有当开启制动的压力 p_k 高于顺序阀的设定压力 p_s 时，顺序阀才开启通往绞车系统的流道。

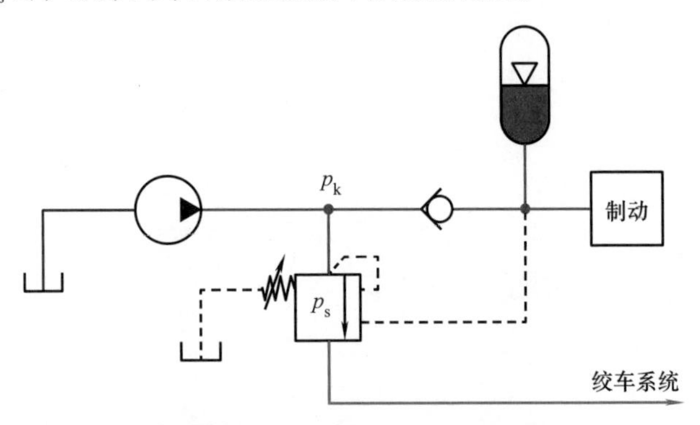

图 7-116　顺序阀用于绞车系统的制动

4）卸荷。在双泵回路（见图 7-117）中，顺序阀 V1 不是由阀进口的压力，而是由系统中其他部分的压力控制，即外控顺序阀。因为出口通油箱，此时也常被称为卸荷阀、外控溢流阀。

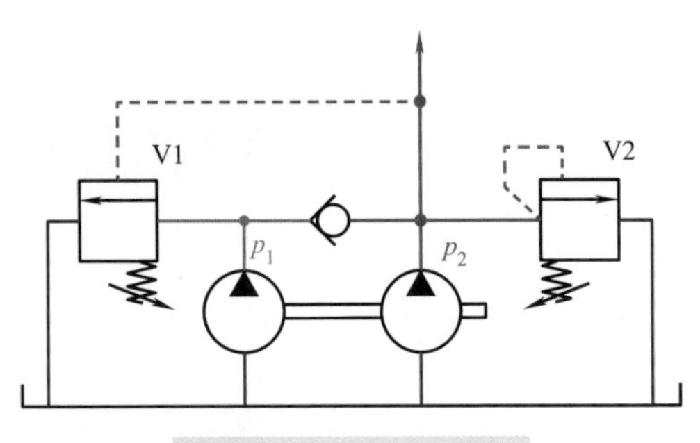

图 7-117　高低压双泵回路

2. 一些变型

为满足不同应用的需要，随着螺纹插装阀技术的发展，顺序阀出现了很多变型。

自从一些大公司把三通口型液控阀也归入顺序阀后，现代的顺序阀已大大地突破了原来的功能范围。现在，一般把所有由压力控制开启或关闭或换向，但不属于溢流阀或液控换向阀的都归为顺序阀。顺序阀与液控换向阀之间已无截然分界，唯一的不同可能在于，顺序阀的控制压力一般都可调，且较高。以下从功能角度将顺序阀的变型分为二通常闭型、二通常开型和三通型，分别进行介绍。

为配合不同流量的需求，一般小流量使用直动型，大流量使用先导型。

（1）二通常闭型顺序阀　在控制压力低于设定压力时，流道处于关闭状态。这种阀有以下几种类型。

1）与溢流阀相似，也有保险型（见图 7-118a）：一旦进口压力超过设定压力，主流道就会开启，并且保持在开启状态，直到进口压力完全消失。

2）外控型：控制压力取自阀以外其他控制油路，因此，是否开启，不受顺序阀进口压力影响。有两种变型：

a）卸荷型（见图 7-118b），出口一般直通油箱，弹簧腔与出口相通，可以通过外控口加压开启流道，释放进口压力。

b）加压开启型（见图 7-118c），弹簧腔有独立端口③，与进出口不相通：可以通过端口④加压开通流道，可双向流动，也可通过端口③加压阻碍开启。

3）与溢流阀相似，也有带反向单向阀型（见图 7-118d）。

4）与溢流阀相似，也有气控比例型（见图 7-118e）。

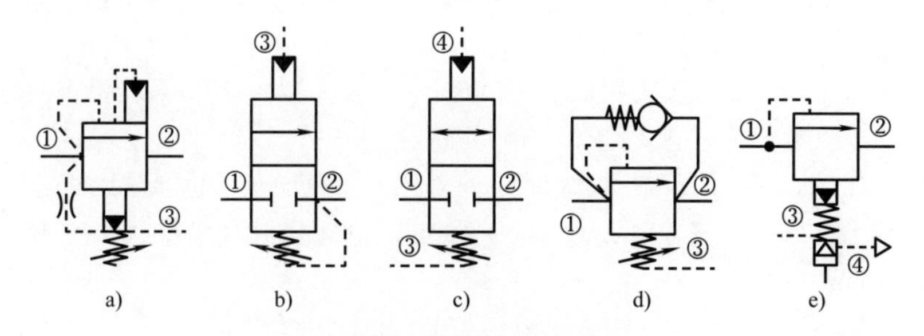

图 7-118　二通常闭型顺序阀

a）保险型　b）外控，卸荷型　c）外控，加压开启型
d）带反向单向阀型　e）气控比例型

（2）二通常开型顺序阀　在控制压力低于设定压力时，流道处于开通状态，有以下几种类型。

1）加压关闭型（见图 7-119a）：可以通过端口③加压关闭，弹簧腔与出口②相通。

2）加压卸荷关闭型（见图 7-119b）：可以通过端口④加压关闭流道，弹簧腔与出口不相通，所以，也可通过端口③加压阻碍关闭。

（3）三通型顺序阀　三通型顺序阀有以下几种类型（见图 7-120）：

1）普通型。

2）保险型。

3）加压切换型。

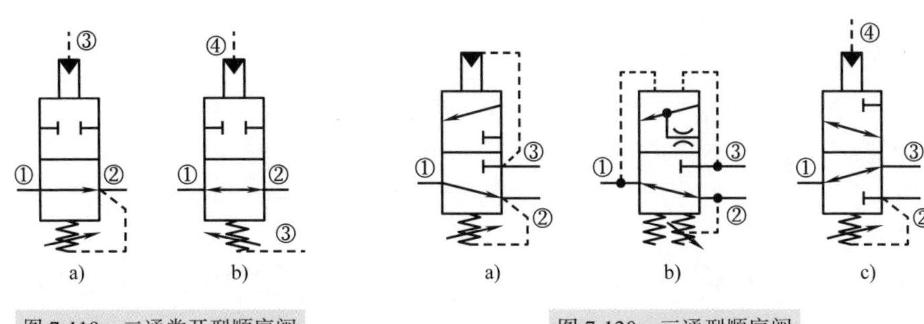

图 7-119　二通常开型顺序阀

a）加压关闭型　b）加压卸荷关闭型

图 7-120　三通型顺序阀

a）普通型　b）保险型　c）加压切换型

以上介绍的这些顺序阀的阀芯有锥阀和滑阀等不同形式。

3. 性能

顺序阀的类型很多，因此，其性能表现形式也不同。

（1）稳态特性　顺序阀的稳态特性主要从以下两方面来考察。

1）阀口开启特性。顺序阀在用于保证两个液压缸的顺序动作（参见图 7-115）时，一般而言，在控制压力低于设定压力时，不开启；一旦控制压力高于设定压力时立刻开启；开启后，就像普通开关阀，阀口尽可能开大，以减少压力损失（见图 7-121 特性线 1）。

但如果后续缸的负载压力很低，阀口全开后流量很大，超过泵能提供的，控制压力就会下降，使顺序阀流道又关闭，导致振荡。

另外，如果后续缸的负载惯量很大，突然给一个大流量，也会导致冲击。

在这些场合下就应该考虑采用连续型的阀芯（见图 7-121 特性线 2），开口仅渐渐地部分地开启。

如果后续液压缸行程很短，一下就到头了，采用开关型阀芯，问题就不大。

2）全流量特性。顺序阀全开后，如同一个固定液阻，因此，这时的压差 - 流量特性为全流量特性，其曲线大致如图 7-122 所示。借此可以预估压力损失。

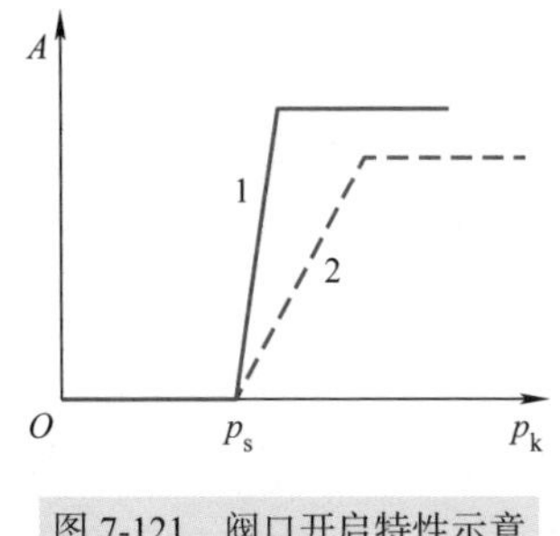

图 7-121　阀口开启特性示意

1—开关型（软弹簧，全圆周开口）　2—连续型（阀芯带槽）

A—开口面积　p_k—控制压力　p_s—设定压力

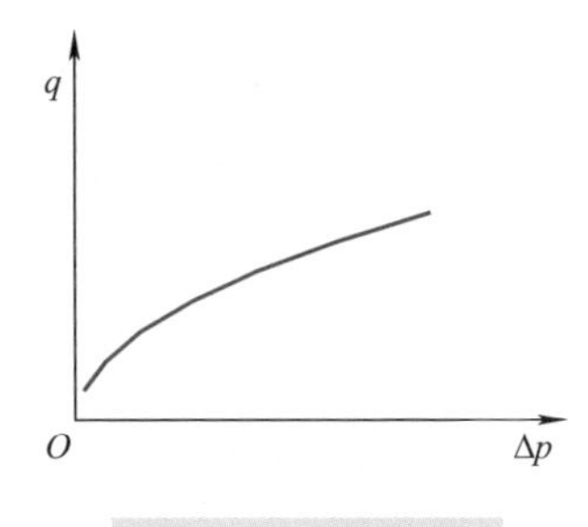

图 7-122　全流量特性

（2）瞬态特性　顺序阀开启切换时同样会由于阀芯惯量，造成超调和振荡等，类似溢流阀。

（3）其他特性　以下特性对实际应用而言，也是不可忽视的，在选用时要注意。

1）许用压力。与溢流阀不同，顺序阀设计为用于出口有压力的场合，因此出口也需要耐压。

2）内泄漏。在流道未开启时，应该基本无泄漏。但滑阀难免会有泄漏，因此，具体有多少内泄漏，是否可以接受，应预先针对应用的需求检查。

3）调压机构及安全保护措施。顺序阀虽然通常不是安全阀，但若被调乱，也会影响系统正常工作，甚至出安全事故。为此，制造厂也提供多种保护措施供选用。

7.8　节流阀——可调的固定液阻

如前已提及，液压是靠传递力和运动“谋生”的。传递运动必须靠加油和放油来实现，传递力也离不开加油和放油。所以，调控加油和放油的量（流量），就是液压最重要的任务。为此，研发出了节流阀和流量调节阀。

节流阀，名为节流，但本质上，也只能改变开口大小，从而改变液阻，至于流量变不变，怎么变，还取决于开口两侧的压差！

常说的节流阀，一般指的是单流道开口可调阀，开口从阀外部调节，如手动、机动或电控等。

手动节流阀，由于调整不方便，一般在系统工作时不再调节，因此其功能就像一个固定液阻，没有滞后，也不会带来超调和振荡，瞬态性能绝佳。从这个角度出发，手动节流阀用在液压元件性能试验台上模拟负载，有时比溢流阀更适宜。

在实际液压系统中典型的手动单流道节流阀用得很少。

在工程机械中被大量使用的多路阀，本质上也是节流阀，不过是双通道、带换向功能，即换向节流阀，详见参考文献 [12]4.4.2 节“多通道节流阀”。

1. 性能

对于节流阀，通常有如下期望：

1）在小流量，即流速很低时，不易堵塞。

2）有较大的调节范围。调节范围，理论上说，是在某一给定压差下能通过的最大流量与最小流量之比。但怎么才算是最小流量？这本身是需要说明定义的！

3）开口随调节逐渐改变，没有突变，特别是在小开口时。

4）少受油液黏度影响。

如在 3.2 节中已述及，小锥角，可以获得较大的调节范围。所以，早期的节流阀大多有一个角度很小的锥形阀芯（见图 7-123b），这就是为什么，在欧美节流阀又常被称为针阀。之后，为了在小流量时获得更精细的调节，在阀芯上附加了开有细槽的圆柱段（见图 7-123c），之后又出现了切口形阀芯（见图 7-123d），因为在小开口时，它的湿周（有效截面的周长）比同样通流面积的锥形的要短得多，因此不易堵塞，可控的最小流量也小得多。为了减小油液黏度对流量的影响，有些制造厂把节流口做成接近薄刃口，用锐棱边节流。

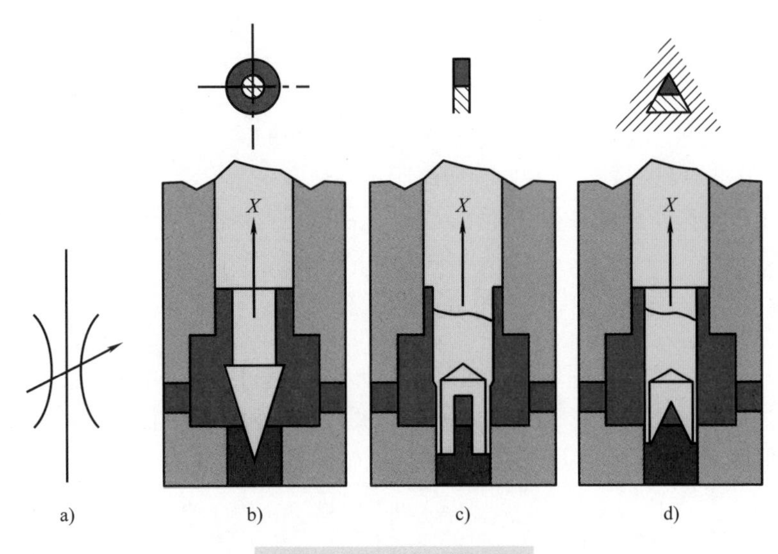

图 7-123　节流阀阀芯的发展

a）图形符号　b）锥形阀芯　c）附加圆柱段阀芯　d）切口形阀芯

2. 一些变型

（1）从功能角度分　除了上述可双向节流的普通节流阀外，还有单向节流阀：正向流入时有节流作用，反向流入时，节流口完全开启，无节流作用。单向节流阀可分两类（见图 7-124）：节流口固定和节流口可调。

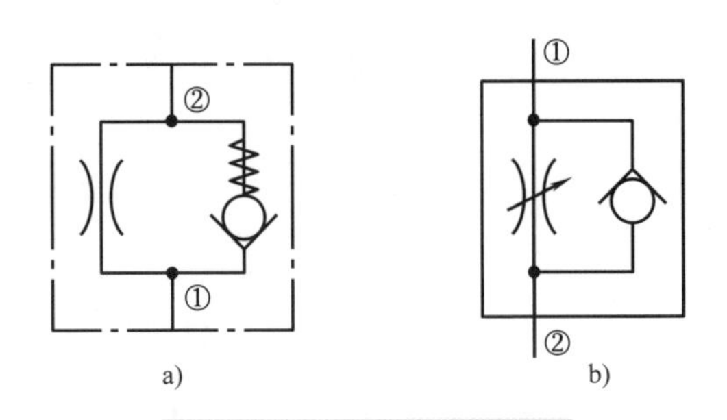

图 7-124　单向节流阀图形符号

a）节流口固定型　b）GB/T 786.1—2021 节流口可调型

（2）从调节方式分　相对于手动调节的，电比例调节的节流阀用得更多些。

电比例节流阀需要调控的是阀芯的位移，而比例电磁铁输出的是力，因此需要通过弹簧将电磁力转化成阀芯的位移（参见 4.6 节）。

由于电磁铁输出的力相对油液压力往往太小，因此，如何做到油液对阀芯的静压力尽可能地平衡，减小液动力的影响，对电比例节流阀是第一重要的。

图7-125所示的阀，号称大流量工业伺服阀，本质上是一个做成盖板插装式的电比例双向节流阀，以一个通径为6mm的带位置传感器的电比例换向节流阀作为先导阀，调控作用于主阀芯的压力。主阀芯也带位置反馈，可以利用反馈克服包括液动力在内的各种干扰，因此可快速准确调控。通径可达63mm，甚至更高，可调控流量达几千L/min，被用于快速液压机、瓷砖压机等。

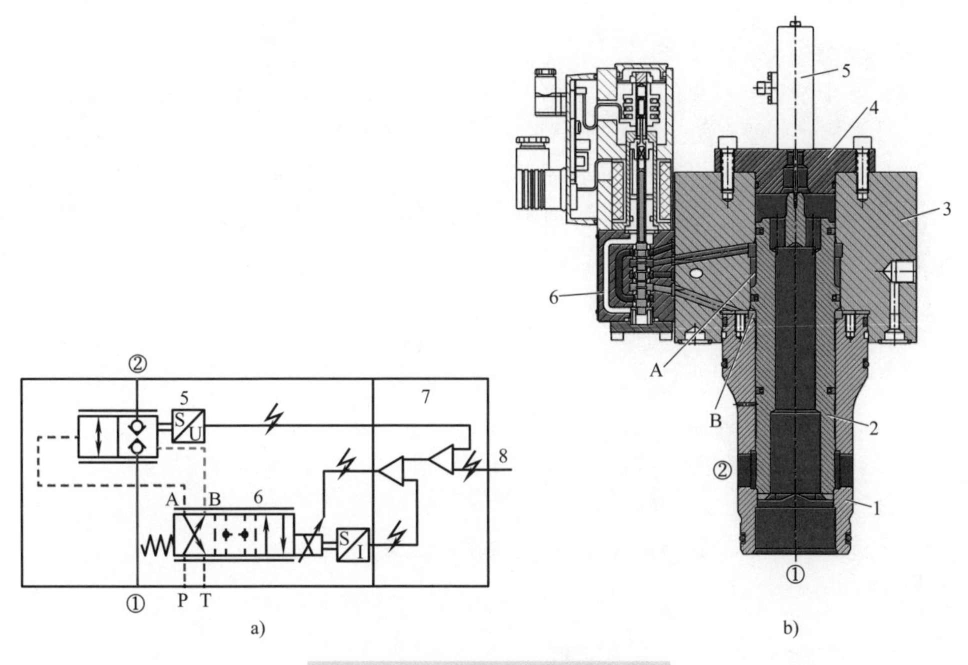

图7-125　电比例盖板式大流量节流阀

a）图形符号　b）阀结构示意

1—主阀套　2—主阀芯　3—盖板　4—阀盖　5—主阀芯位移传感器

6—先导阀　7—控制器　8—指令信号

7.9　定压差元件——努力维持控制压力之差为定值

如前已提及，节流阀，名为节流，但本质上，只能改变开口，从而改变液阻，至于流量变不变，变多少，还取决于开口两侧的压差！在用于调控液压缸运动速度时，负载力在液压缸里产生的负载压力是由负载决定的，这是液压技术的衣食父母，液压机械的操作者是做不了主的。希望液压缸运动速度不随负载压力而变，加入定压差元件就是一种常见措施。

定压差元件的英文名称是Pressure Compensator，被译为压力补偿阀，其实，它只会消耗压力，不能“补偿”压力。这个名称也没有反映出这种元件最重要的功能：对控制压力之差的变化做出反应，调节开口，消耗压力，尽力维持控制压力之差为一固定值，所以，本书称它为定压差元件。不称它为阀，是因为它一般都是与其他节流口组合使用，只是阀的一部分，即使有极少数定压元件独立做成阀，也是配其他元件一起使用的。

定压差元件不仅是下文要介绍的二通、三通流量调节阀中不可或缺的，而且也在移动液压中大量应用的负载敏感多路阀中被采用，构成负载敏感回路，以减少负载压力变化带来的干扰。

1. 基本结构与工作原理

（1）基本结构　常见的定压差元件的基本结构大致如图 7-126 所示，由阀体、弹簧、阀芯组成。一般有两个控制口（①、②），两个通口（③、④）。

定压差元件的阀芯一般是滑阀，两端的有效作用面积相同。

两个控制压力 p_1、p_2 分别作用于阀芯两端。与无弹簧腔相通的控制口①为高压端口，与弹簧腔相通的控制口②为低压端口。

阀芯控制一条流道③ - ④，阀芯相对阀体的位置决定了流道开口的大小。

应用在流量调节阀中时，某一个控制压力与流道一侧相连。

（2）工作原理　阀芯受到高低压端口的控制压力 p_1、p_2 和弹簧力等的作用。在这些力平衡时，这两个控制压力之间的差，即 p_1-p_2，基本等于弹簧压力——一个由弹簧刚度、弹簧压缩量和阀芯端面面积决定的基本恒定值，以下简称定压差，以 Δp_D 表示，一般设计时取为 1.2 ~ 2MPa。

定压差元件中各参数的相互作用示意如图 7-127 所示。

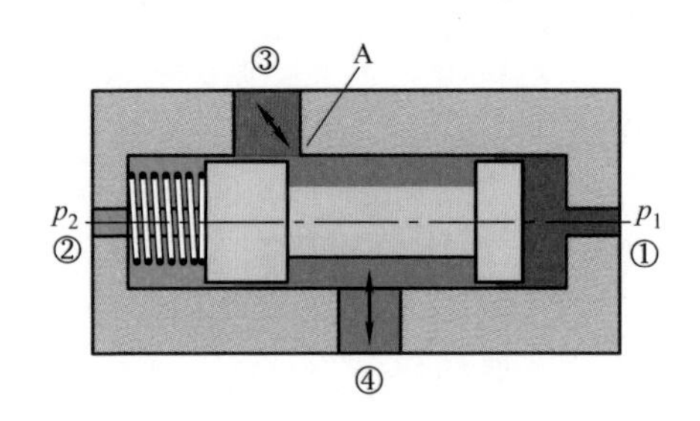

图 7-126　定压差元件结构示意

①—高压端口　②—低压端口

p_1、p_2—控制压力　A—所控制的开口

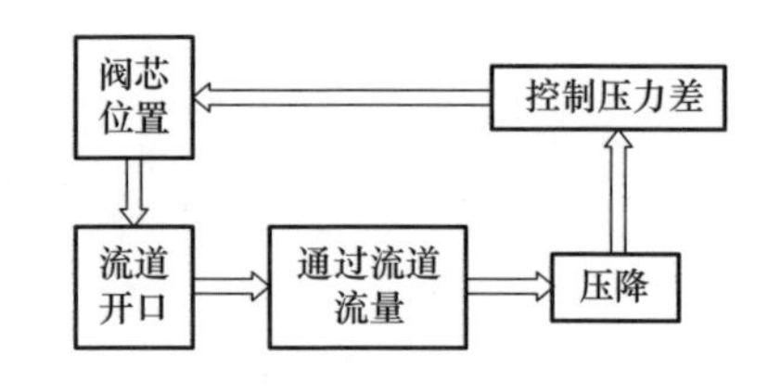

图 7-127　定压差元件中各参数的相互作用示意

阀芯相对阀体的位置决定了流道开口的大小。流道开口大小影响了通过流道的流量。

流量通过流道，就有压降。由于流道一端与一个控制压力端相通，所以压降会影响控制压力差 p_1-p_2。

控制压力差改变了，阀芯就会相应移动，改变位置，直至力平衡：控制压力差等于定压差 Δp_D，或到某个极限位置。

2. 稳态特性

（1）恒压差特性　定压差元件的功能是适应控制压力差的变化，停在控制压力差与定压差 Δp_D 相平衡的位置。但定压差 Δp_D 实际上会受弹簧力和液动力的影响，不是一个完全恒定值。反映 Δp_D 不恒定的特性被称为恒压差特性。

1）弹簧力。定压差阀芯的位置不是固定的，随控制压力差而变。阀芯位置改变，就会导致弹簧的压缩量改变，因此，弹簧力会改变。

图 7-128 所示分别示意了阀芯被压在左极限和右极限时的状况。

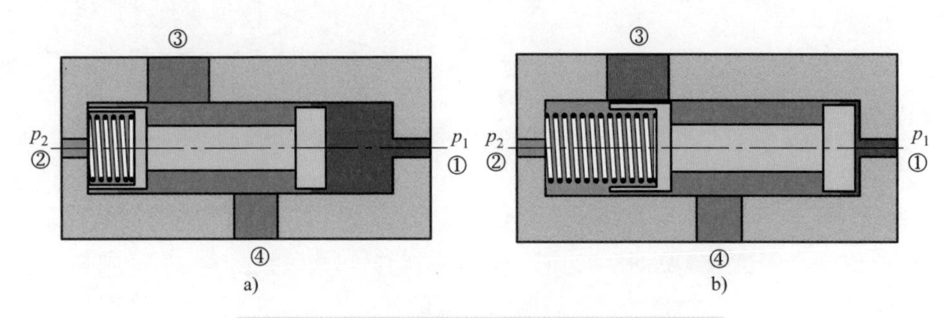

图 7-128　阀芯被控制压力差和弹簧力压在极限位置

a）阀芯被压在左极限　b）阀芯被压在右极限

阀芯被压在右极限时，弹簧最伸展，弹簧压缩量 L_0 最小，弹簧力最小，定压差最小。若弹簧刚度为 G，阀芯端面有效作用面积为 A，则最小定压差

$$\Delta p_{min} = GL_0/A$$

阀芯被压在左极限时，弹簧压缩量 L_m 最大，弹簧力最大，定压差最大，最大定压差

$$\Delta p_{max} = GL_m/A$$

图 7-129 示意了：在控制压力差 p_1-p_2 低于 Δp_{min}，即处于区域Ⅰ时，阀芯被弹簧力压在右极限；在控制压力差 p_1-p_2 高于 Δp_{max}，即处于区域Ⅱ时，阀芯被压在左极限。在区域Ⅰ和Ⅱ时，阀芯都不能调控流道开口。

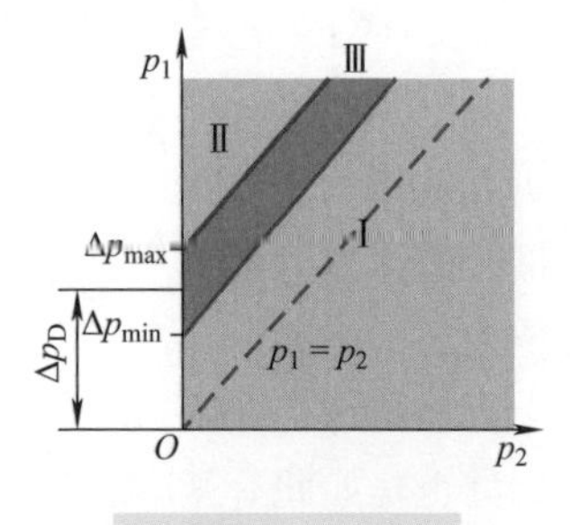

图 7-129　可调控区

Ⅰ—阀芯被压在右极限　Ⅱ—阀芯被压在左极限

Ⅲ—阀芯浮动，可调控区

Δp_{min}—最小定压差　Δp_{max}—最大定压差

只有当控制压力差 p_1-p_2 处于区域Ⅲ，即

$$\Delta p_{min} < p_1-p_2 < \Delta p_{max}$$

对阀芯的作用力可以与弹簧力平衡，才可调控流道开口。

一般就取它们的平均值（$\Delta p_{min}+\Delta p_{max}$）/2 为定压差 Δp_D。

2）液动力。如果流道③ - ④有流量通过，就会有液动力作用于阀芯。如在 4.2 节中已述及，液动力，总是趋于关闭开口的方向，与开口两侧的压差及通过流量成正比。这也会影响平衡时的控制压力差。

（2）压差 - 流量特性　定压差元件中的流道开口是可变的，没有一个固定的压差 - 流量关系。通常用流道全开时的压差 - 流量特性曲线，来反映该元件的通流能力（见图 7-130）。

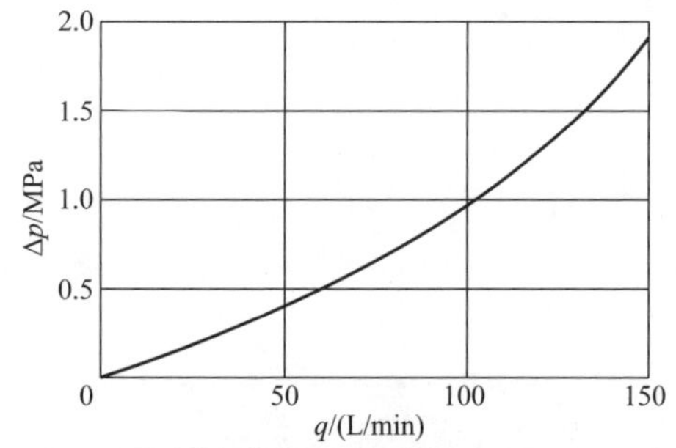

图 7-130　某个定压差元件的压差 - 流量特性曲线

Δp—流道进出口间的压差

3. 瞬态特性

（1）响应过程　定压差元件的阀芯从非平衡位置移至平衡位置，总需要一定的时间，所以，有一个瞬态响应过程。

例如，在不工作时，准确地说，当控制压力差低于最小定压差 Δp_{min} 时，阀芯被弹簧力压在右极限位置（见图 7-131a）。只有在控制压力差超过 Δp_{min} 后，阀芯才在控制压力差的作用下，开始移动，开启调控流道的开口（见图 7-131b）。这需要一定的时间，一般约为几十 ms。在这段时间内，不能实现期望的调控。

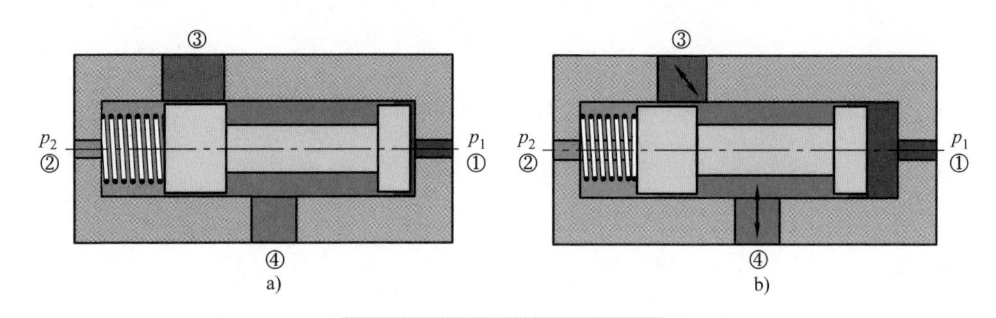

图 7-131　定压差元件的开启过程

a）无控制压力差时　b）有控制压力差后

因为在作用力不平衡时，阀芯移动的加速度 =（弹簧力 +/− 控制压力 − 摩擦力）/ 阀芯惯量。而摩擦力多少总有，所以，弹簧力越大，克服摩擦力，趋于平衡位置的加速度就越大。

（2）固有频率　如在 4.9 节中已述及，惯量与弹力的组合，构成一个振动系统。定压差元件也是如此。其固有频率，由定压差阀芯的惯量和弹簧的刚度决定。如果这个频率与系统中其他阀的固有频率相近，就容易发生谐振，一般应设法使之尽可能错开。

（3）阻尼　控制压力有波动，就会引起阀芯位置波动。而阀芯位置的波动又会引起开口的波动，从而影响通过流量。

为了减少控制压力波动对阀芯位置的影响，可以在两控制压力端口设置阻尼孔。阻尼孔越小，阻尼作用越大，但一定程度上延长了响应时间（详见 4.1 节）。

7.10　二通流量阀——靠定压差元件消耗压力来限制流量

1. 结构与工作原理

二通流量阀，也称二通流量调节阀，由一个定压差元件和一个流量感应口串联而成（见图 7-132）。

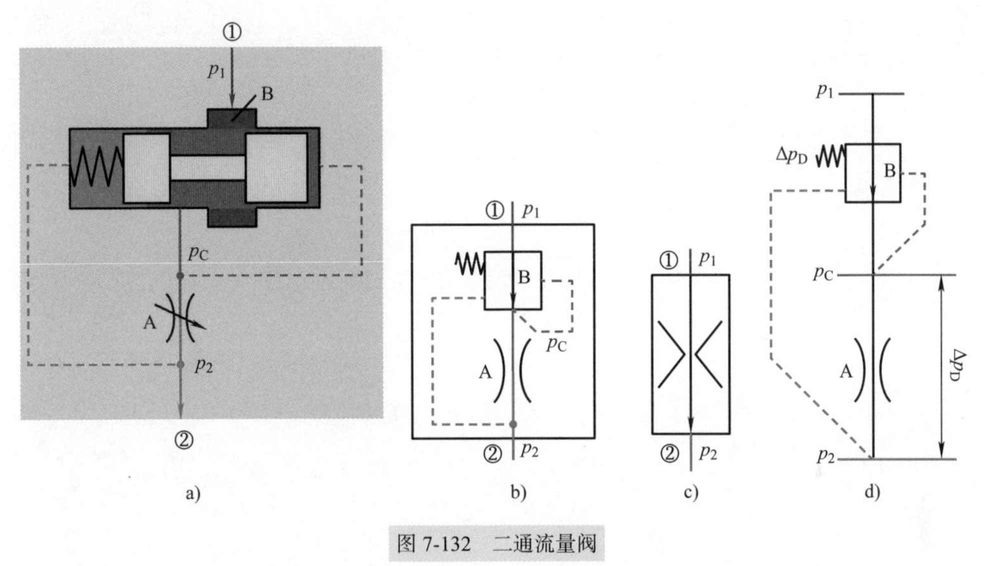

图 7-132　二通流量阀

a）结构示意　b）详细图形符号　c）简化图形符号　d）压降过程
A—流量感应口　B—定压差口

流量感应口，也即限制流量的节流口，通常是预设定的，不随阀进出口压力 p_1、p_2 变化。

流量感应口两侧的压力 p_C、p_2 被引入定压差阀芯两端，作为控制压力。

定压差口，也即定压差阀芯控制的节流口。

定压差阀芯在控制压力差 p_C　p_2 和由弹簧力确定的定压差 Δp_D（还有液动力）的作用下寻求平衡。

如果流量感应口两侧的压差 p_C-p_2，也即控制压力差，能够等于定压差 Δp_D，则阀芯能够停在非极限位置，通过流量感应口的流量，也就可以大致保持恒定，不受阀进出口压力 p_1、p_2 的影响。

二通流量阀本质上就是靠定压差口把多余的压力消耗掉，直到流量感应口两端的压差等于定压差 Δp_D，从而限制通过的流量，不随阀进出口压力变化而变化。

图 7-132d 示意了压力从二通流量阀进口开始下降的过程；进口压力 p_1 通过定压差口降为 p_C，再通过流量感应口降为 p_2。由于定压差口 B 的节流作用，p_C-p_2，也就是流量感应口两端的压差，维持定值，即定压差元件的设定值 Δp_D。定压差口消耗掉的压力，等于阀进出口压差 $p_1-p_2-\Delta p_D$。

如果阀进口压力 p_1 升高，导致定压差口后的压力 p_C 升高，p_C 就会作用于定压差阀芯，关小定压差口，使 p_C 降低，直至 p_C-p_2 恢复到定压差 Δp_D。

阀出口压力 p_2 升高引起的变化也可依此类推。

改变流量感应口的大小，即可改变阀的通流量，即设定流量 q_s。

2. 应用

1）用于旁路。二通流量阀不仅可用在进出口限制流量，也可用在旁路，以控制执行器的速度（见图 7-133）。

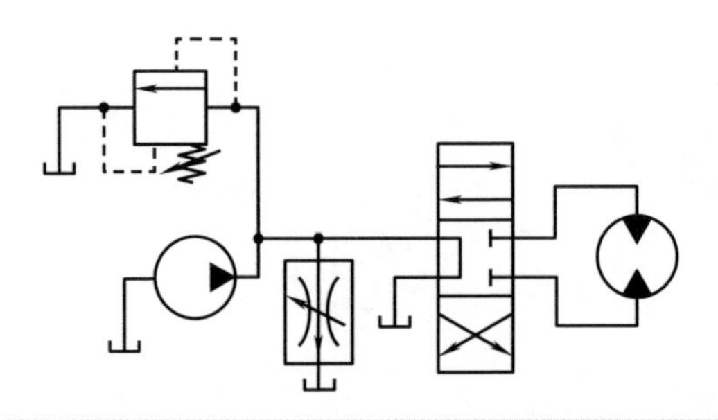

图 7-133　使用二通流量阀旁路控制马达的速度（升旭）

因为不设在主回路，所产生的压力损失不会额外增加泵的负担，所以，较节能。

也可用于实现执行器正反向不同速度（见图 7-134）。

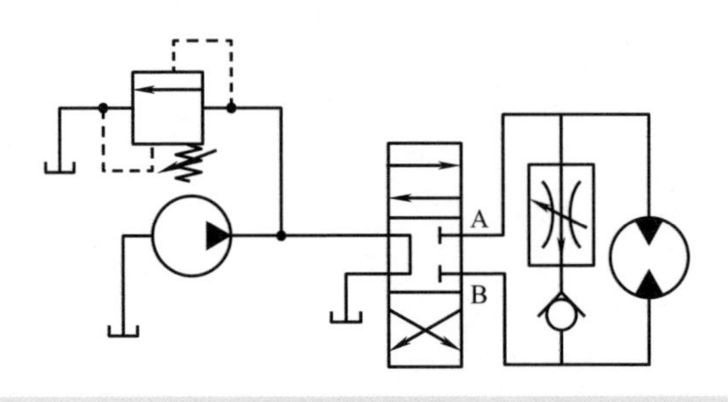

图 7-134　使用二通流量阀旁路实现马达正反向不同速度（升旭）

2）二通流量阀并联。把多个二通流量阀并联，用换向阀切换，就可以实现流量的有级变换。

在图 7-135 中，如果二位二通换向阀处于右位，则流量 q_2 回油箱，流向执行器的流量 $q_s=q_1$；如果换向阀处于左位，则流向执行器的流量 $q_s=q_1+q_2$，前提是，泵输出的流量 $q_0>q_1+q_2$。

如果在此回路中，两个二通流量阀的规格相同，则可能因为它们的固有频率相近而出现谐振。如果使用图 7-136 所示的回路，就不会有此问题。因为该回路中，不同时使用两个二通流量阀。如果换向阀处于上位，则流向执行器的流量 $q_s = q_1$；如果换向阀处于下位，则 $q_s = q_2$。

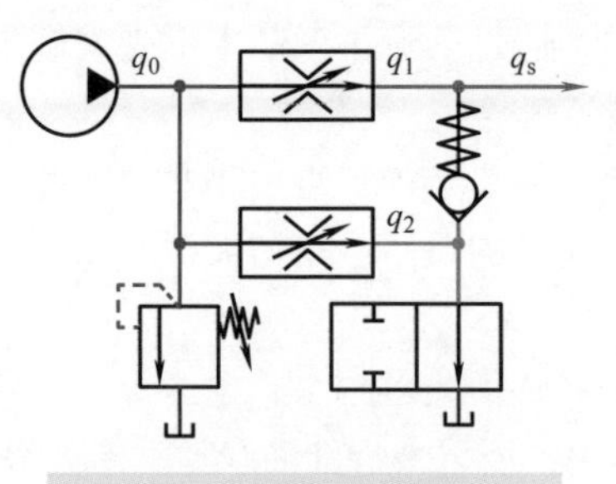

图 7-135　二通流量阀并联（一）

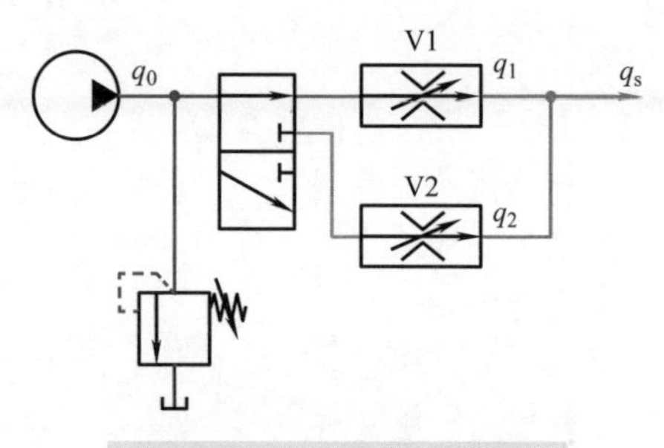

图 7-136　二通流量阀并联（二）

3）二通流量阀串联。两个二通流量阀串联（见图 7-137）也可以切换流量，前提是：$q_0 > q_1 > q_2$。

如果换向阀处于上位，则 $q_s = q_1$。

如果换向阀处于下位，则 $q_s = q_2$。此时，只有流量 q_2 通过阀 V1，其定压差口开到最大。

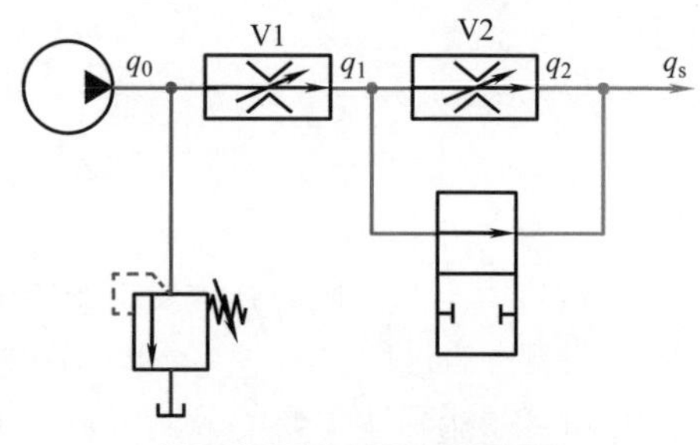

图 7-137　二通流量阀串联

3. 稳态性能

二通流量阀的稳态性能主要通过其压差 - 流量性能反映（见图 7-138）。可分为两个区域。

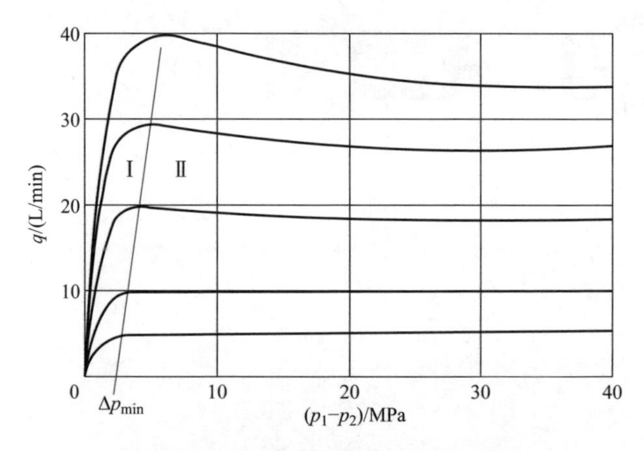

图 7-138　某个二通流量阀的压差 - 流量性能

Δp_{min}—最小定压差

1）区域Ⅰ：压差过低区。当阀进出口的压差 p_1-p_2 低于定压差元件的最小定压差 Δp_{min}，也称起调压力时，定压差口全开，没有调控作用。整个阀宛如两个固定节流口串联而成的节流阀，没有保持流量恒定的功能。

2）区域Ⅱ：正常工作区。阀进出口间的压差高于 Δp_{min} 时，定压差口部分关闭，可以发挥消耗压力、保持恒定压差的作用。这样，通过的流量就基本不受阀进出口间的压差影响，维持在设定流量 q_s。

更深入来看，阀进出口间的压差增大后，定压差口必须关得更小些。因此，弹簧压力会增大，导致流量感应口两侧的压差变大，通过的流量会稍增大，所以，性能曲线呈上升态势。

另一方面，阀进出口间的压差越大，定压差口必须关得越小，定压差阀芯受到的液动力就越大，这又有减小压差、减小流量的作用，所以，性能曲线呈下降态势。

所以，压差 - 流量性能曲线的斜率是由弹簧力和液动力共同决定的。一般而言，在低设定流量时是上升的，在高设定流量时是下降的。

从以上分析可以看出，实际上，二通流量阀所能做到的也仅仅是改变液阻，限制通过的流量而已。

4. 瞬态性能

1）流量初始突跳。一般二通流量阀在刚开始通流时，流量会突跳。这是因为，在二通流量阀进口或出口关闭、没有流量通过时，流量感应口两端压力相等（见图 7-139a），$p_2=p_C$。阀芯在弹簧力的作用下右移，定压差口开到最大。在进口和出口开启，有流量通过后，$p_C>p_2$，开始克服弹簧力推动定压差阀芯，但定压差阀芯需要一段时间，才能到达需要的节流位置（见图 7-139b）。在此期间，通过的流量就会大于设定值（见图 7-139c）。

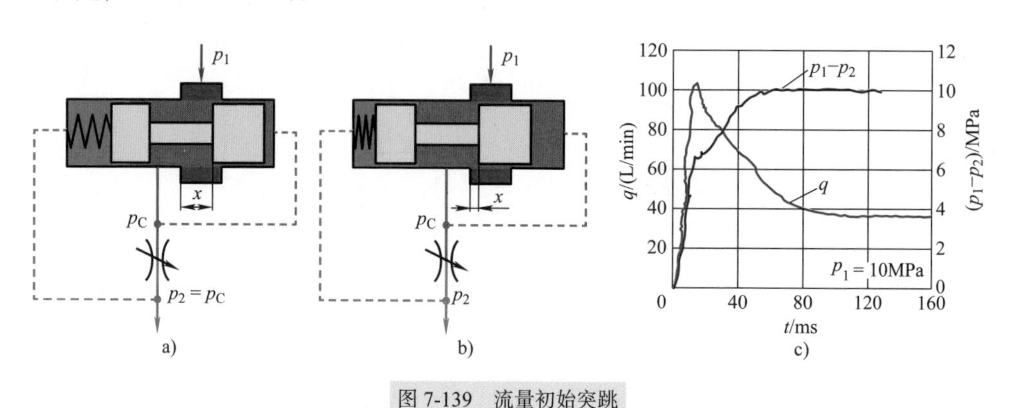

图 7-139　流量初始突跳

a）无流量时　b）有流量　c）一个实测（IFAS）

x—定压差阀芯位移

为了进一步揭示在此过程中各相关物理量的变化情况，在 IFAS 还对另一个二通流量阀进行了实测和仿真（见图 7-140）。

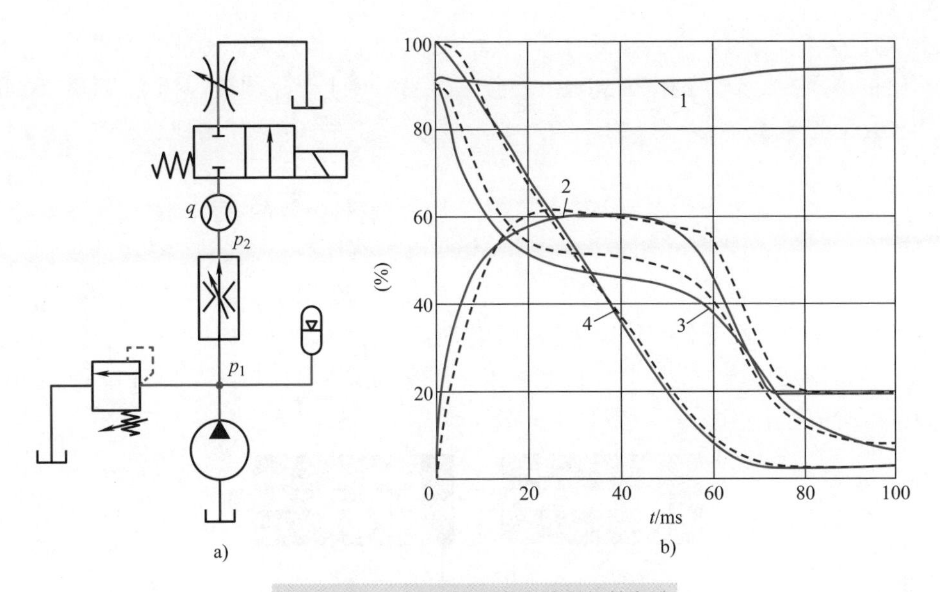

图 7-140　一个二通流量阀的流量初始突跳

a）测试回路　b）实测和仿真对比

- - 实测　——仿真

1—进口压力 p_1/p_{max}　2—通过流量 q/q_{max}　3—出口压力 p_2/p_{max}

4—阀芯行程 x/x_{max}　p_{max} = 10MPa

2）固有频率。二通流量阀中含有的定压差元件的固有频率决定了阀的固有频率。

5. 一些变型

1）定压差元件前置与后置。从原理上来说，定压差口不仅可以如图 7-132 所示，置于流量感应口之前，也可以置于其后（见图 7-141）。

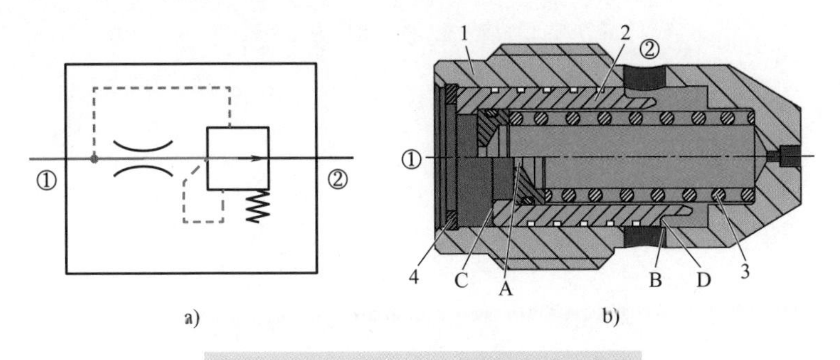

图 7-141　一个定压差口后置的二通流量阀

a）图形符号　b）剖面图

1—阀体　2—定压差阀芯　3—弹簧　4—挡圈

A—流量感应口　B—定压差口　C、D—定压差元件的两端面

图 7-141b 中阀的上半部示意了无流量通过时的状态，下半部示意了有流量通过，定压差阀芯已移至工作位置的状态。

定压差口前置与后置，对阀的稳态性能没有影响，但对瞬态性能会有影响。因为进口①的压力变化会立刻作用到定压差阀芯的端面 C 上（见图 7-141b），而出口②的压力变化，先要经过定压差口 B，在弹簧腔建立压力后，才会作用到定压差阀芯端面 D 上。因此，响应就会慢一些。

板式的二通流量阀，多为定压差口前置型，螺纹插装式的多为后置型，详见参考文献 [11]6.2 节。

二通流量阀在回路中的位置与定压差口在阀中的位置也会影响系统的瞬态性能。如果希望负载压力的变化能较快地作用于定压差元件，从而较快地引起响应的话，那在二通流量阀用作进口节流时，最好采用定压差口前置型（见图 7-142a），而在用作出口节流时最好采用后置型（见图 7-142b）。

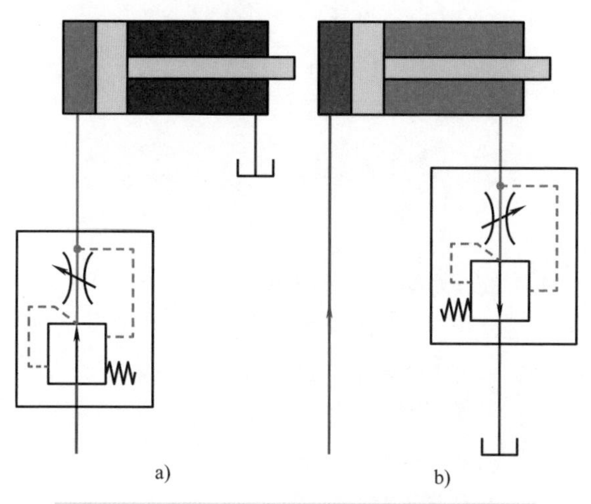

图 7-142　定压差元件的位置对系统动性能的影响

a）定压差元件前置型　b）定压差元件后置型

2）流量设定。如前已述及，通过开口的流量主要取决于开口面积和压差

$$q = kA\sqrt{\Delta p}$$

所以，要调节设定流量，除了如上所述，改变流量感应口的面积 A 外，也可以调节弹簧力，从而改变定压差 Δp_D（见图 7-143）。只是由于受阀体积及弹簧长度的限制，可调节的范围小些，市售的一般在设定值 ±30% 以内。

二通流量阀也有电比例型，用电磁力代替（部分）弹簧力，改变电流即可改变压差，从而改变流量，详见下节与参考文献 [11]6.3.6 节。

3）压差反向。在压差反向（②→①）时（参见图 7-132a），由于 $p_C < p_2$，定压差阀芯会在弹簧力的作用下，移向并停留在右极限位置，定压差口全开，成为一个固定节流口，不起调控作用。整个阀就宛如由两个固定节流口串联而成的节流阀。若要减少反向流通的压力损失，可使用带反向单向阀的二通流量阀（见图 7-144）。

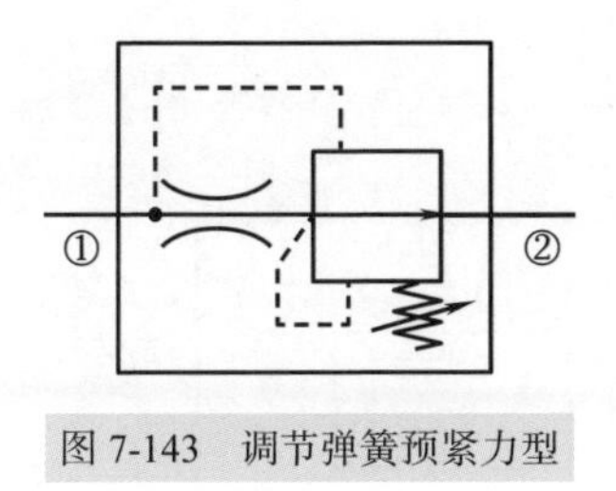

图 7-143　调节弹簧预紧力型

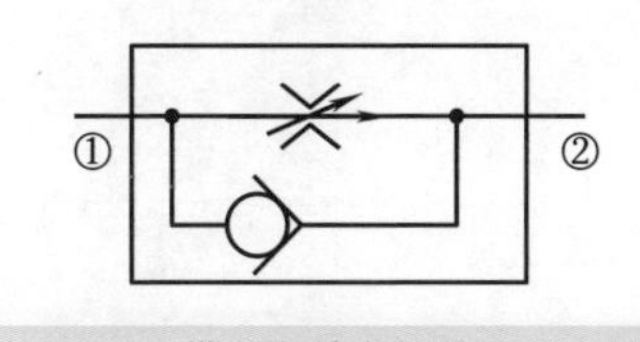

图 7-144　带反向单向阀的二通流量阀

7.11　三通流量阀——有旁路才有恒流

1. 结构与工作原理

三通流量阀，也称三通流量调节阀，有三个通口，由一个定压差元件和一个限制流量的流量感应口并联而成（见图 7-145）。

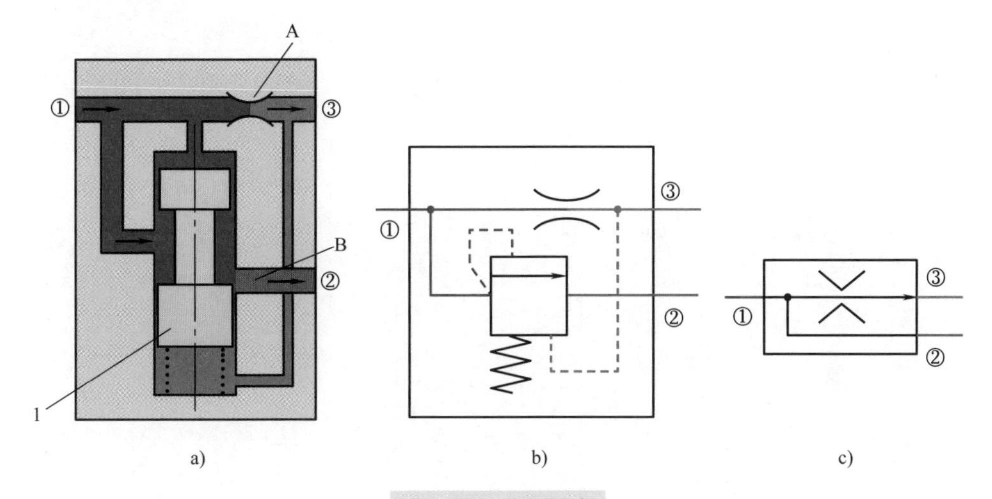

图 7-145　三通流量阀

a）结构原理　b）详细图形符号　c）简化图形符号

①—进口　②—旁路口　③—优先口

1—定压差阀芯　A—流量感应口　B—旁路节流口

流量感应口 A 限制了通往优先口③的流量。

受定压差阀芯调控的旁路节流口 B，其大小随流量感应口 A 两侧的压差而变，把多余的流量从旁路口②旁路掉，努力使流量感应口两侧的压差保持恒定，从而使通往优先口③的流量保持恒定。

结构如图 7-145a 所示的板式三通流量阀，业内常称为溢流节流阀。

螺纹插装式的三通流量阀，结构如图 7-146 所示。与溢流节流阀不同，其定压差阀芯不仅控制着旁路通道的旁路节流口 B，还同时控制着优先通道的优先节流口 C。

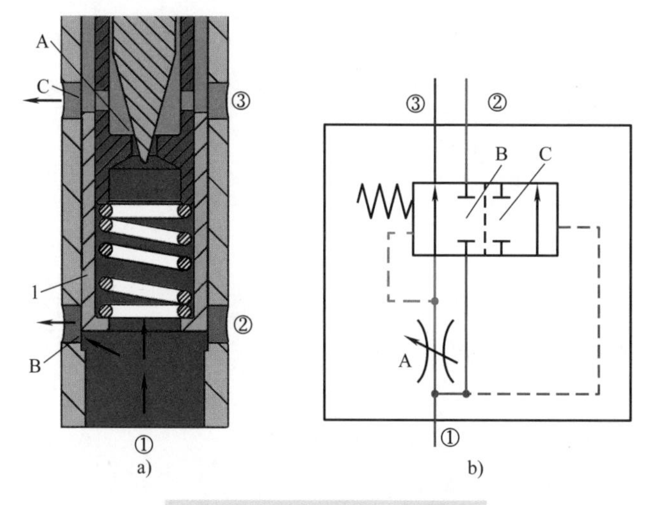

图 7-146　螺纹插装式三通流量阀

a）结构原理　b）详细图形符号

①—进口　②—旁路口　③—优先口

1—定压差阀芯　A—流量感应口　B—旁路节流口　C—优先节流口

板式和螺纹插装式的三通流量阀的结构不同，导致了功能的差别：螺纹插装式的三通流量阀的旁路口可以接另一个执行器，而溢流节流阀的旁路口，一般都要通回油，因为其压力 p_2 不能高于优先口的压力 p_3。原因如下（见图 7-147）：

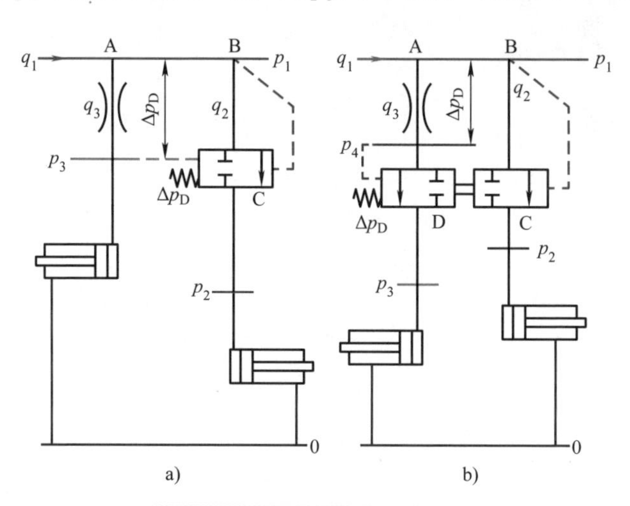

图 7-147　三通流量阀的压降过程

a）溢流节流阀　b）螺纹插装式

A—优先通道　B—旁路通道　C—旁路节流口　D—优先节流口　Δp_D—定压差

为了保持优先口流量 q_3 恒定，进口压力 p_1 必须也只能比优先口压力 p_3 高固定的 Δp_D（由弹簧压力决定的定压差），而进口压力 p_1 总是等于旁路口压力 p_2 加上多余流

量 q_2 通过旁路节流口 C 造成的压差。

对于溢流节流阀（见图 7-147a）：定压差阀芯在优先口压力 p_3、弹簧力和进口压力 p_1 的作用下移动。

如果旁路口压力 p_2 低，导致进口压力 p_1 降低，定压差阀芯就会通过关小旁路节流口 C，来升高进口压力 p_1，使之比 p_3 高固定的 Δp_D。

如果旁路口压力 p_2 高，导致进口压力 p_1 升高，定压差阀芯就会把旁路节流口 C 开大，来降低进口压力 p_1，使之比 p_3 高固定的 Δp_D。

但如果旁路口压力 p_2 很高，定压差阀芯把旁路节流口 C 开到最大后，进口压力 p_1 还是比 $p_3+\Delta p_D$ 高的话，那就是 p_1-p_3 大于 Δp_D，优先口流量就会超过期望值，不能保持恒定了。

而对于螺纹插装式（见图 7-147b）：定压差阀芯在控制旁路节流口 C 时，还能同时控制优先节流口 D。如果 p_2 很高，虽然 p_1 会随之升高，但定压差阀芯在开大旁路节流口 C 时，也会同时关小优先节流口 D，这样就能升高 p_4，从而使流量感应口 A 两侧的压差 p_1-p_4 继续保持恒定，从而能保持优先口流量恒定。所以，其旁路口②既可以直接回油箱，也可以接第二个执行器（见图 7-148）。

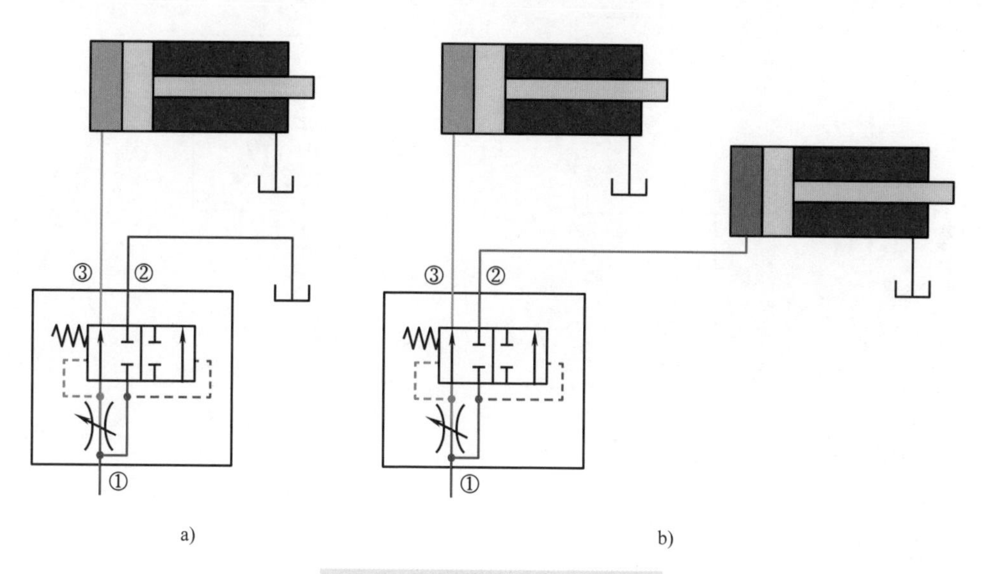

图 7-148　螺纹插装式的二通流量阀

a）单执行器　b）双执行器

要注意：在优先口负载压力突升时，定压差阀芯应该把旁路节流口关小，但可能会由于惯性过冲，甚至短时间把旁路节流口完全关闭。如果旁路接第二个执行器，第二个执行器就可能短时间得不到压力油。

如果把此阀的定压差阀芯做得较短，使得定压差阀芯移动时，优先节流口 C 不受影响，则其功能就等同于传统的溢流节流阀。

现在螺纹插装式的三通流量阀技术已很成熟，已被普遍应用，所以以下如无特别指明，指的都是螺纹插装式三通流量阀。

2. 应用

一些装载机的液压助力转向需要恒定的流量，而泵通常与发动机相连，在发动机不同转速时输出的流量是不同的。一般就采用三通流量阀，让优先口的恒定流量供转向用，多余的流量通过旁路口供其他执行器。

三通流量阀被用于限制流量，但因为本身已经含有旁路，所以，只能设置在执行器进口（参见图 7-148）。如果设置在执行器的出口，或作为旁路（见图 7-149），就起不到限制执行器工作流量的作用，无论是螺纹插装式还是板式。

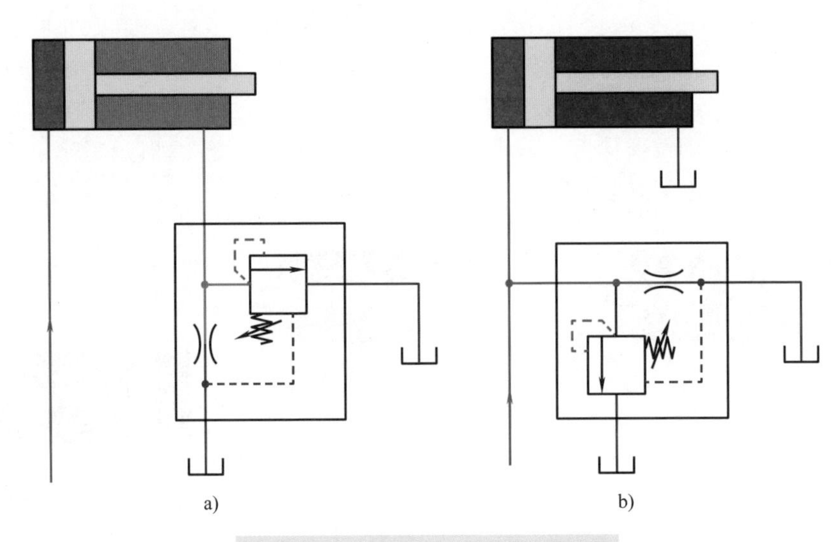

图 7-149　三通流量阀不能调节工作流量

a）设置在执行器出口　b）设置在旁路

三通流量阀可以与换向阀配合，实现流量有级变换

1）用一个三通流量阀可以实现两级流量控制。控制回路如图 7-150 所示，如果换向阀处于右位，则只有设定的优先流量 q_1 流向执行器 A；如果换向阀处于左位，则泵输出的全部流量 q_P 流向执行器 A。

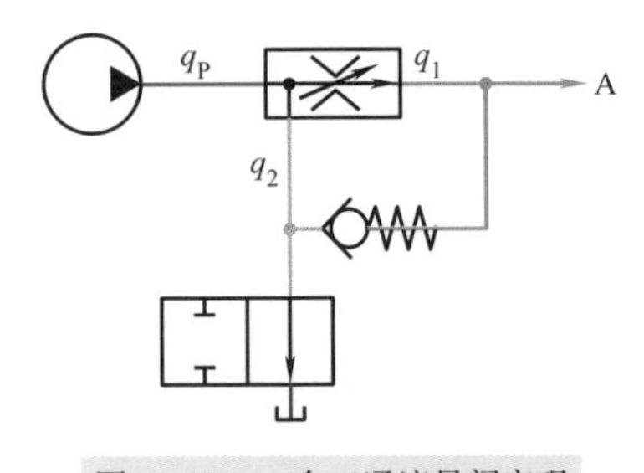

图 7-150　一个三通流量阀实现两级流量控制回路

2）两个三通流量阀回路。两个三通流量阀并联，如图 7-151 所示，是无法正常工作的。

两个三通流量阀串联成图 7-152 所示的回路，是可以正常工作的，只要泵流量 q_P 大于两个阀的输出流量之和 q_1+q_2 即可。

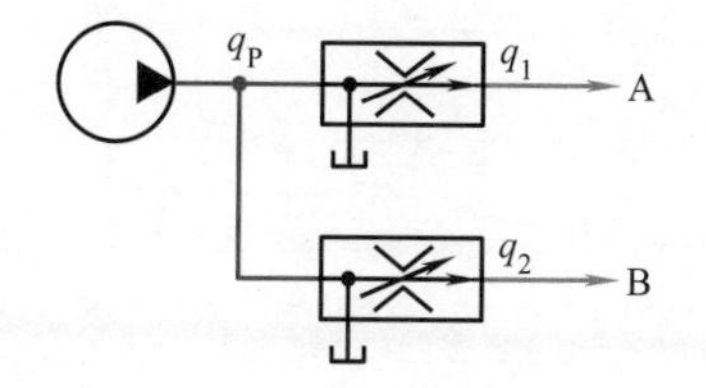

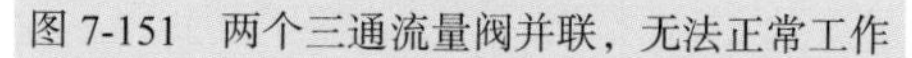
图 7-151　两个三通流量阀并联，无法正常工作

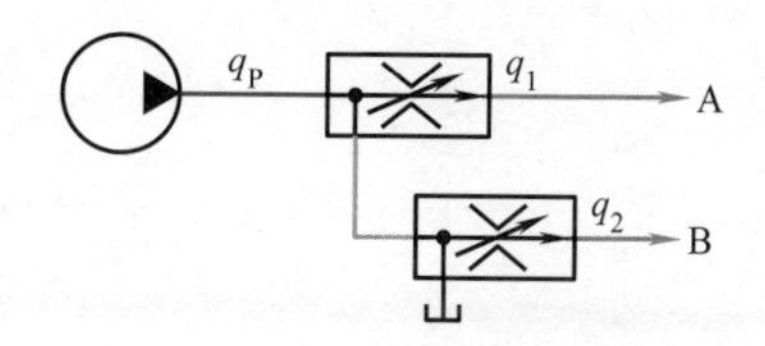

图 7-152　两个三通流量阀串联

因此，可以把两个三通流量阀串联，构成图 7-153 所示的回路，实现两级流量控制。

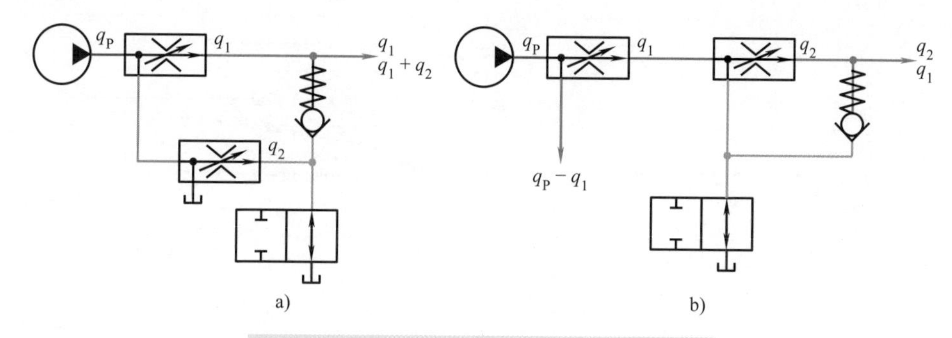

图 7-153　两个三通流量阀串联实现两级流量控制

a）旁路口 - 进口　b）优先口 - 进口

只是这些回路的压力损失要比单个阀高一些，因为通到执行器去的流量要两次经过液阻。

因为三通流量阀的定压差元件能同时调节优先节流口，所以，如果在阀块上旁路口②通道不开或堵住，三通流量阀也可当作二通流量阀使用。

3. 性能

（1）稳态性能　使用三通流量阀的目的，是为优先口提供一个恒定的流量。但实际通过优先口的流量不仅会受进口流量的影响，而且也会受优先口压力 p_3，以及旁路口压力 p_2 的影响。由于 p_2 完全可能超过 p_3，所以压差 - 流量特性由两部分组成（见图 7-154）：区域Ⅰ：优先口压力 p_3 高于旁路口 p_2；区域Ⅱ：旁路口压力 p_2 高于优先口 p_3。

从图 7-154 可看出，当进口流量远大于设定的优先口流量时（曲线 3），此阀的恒流量特性变差：优先口流量会随优先口 - 旁路口压差而显著上升。

（2）瞬态特性　在进口或出口关闭，没有流量通过时，定压差阀芯在弹簧力的作用下，移至极限位置（参见图 7-145a），关闭旁路口。在进口和出口都开启后，由于定压差阀芯需要一段时间才能移动到力平衡位置，即恰当的流量限制位置，所以，也会像二通流量阀一样，出现短时间流量突跳现象。

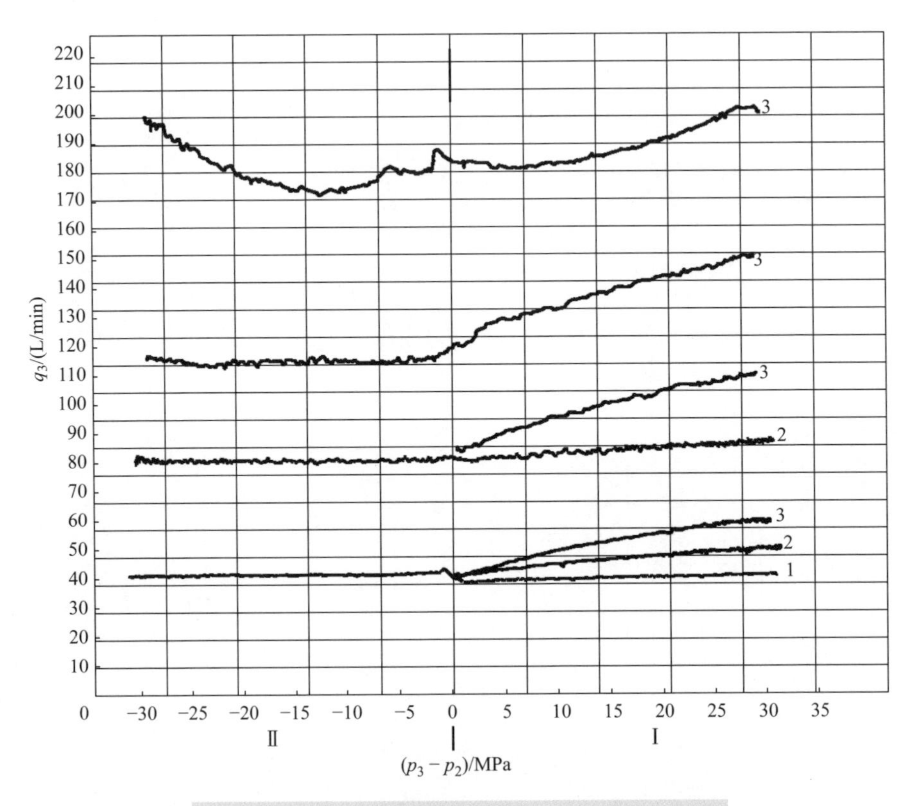

图 7-154 一个三通流量阀实测的压差 - 流量特性（升旭）

1—进口流量 60L/min 2—进口流量 120L/min 3—进口流量 240L/min

因为螺纹插装式三通流量阀的定压差阀芯同时控制着旁路通道的节流口 B 和优先通道的附加节流口 C，所以，它对进出口压力变化的响应特性要优于板式的溢流节流阀。

4. 一些变型

除了流量感应口可调外，三通流量阀也有通过定压差弹簧调节型（见图 7-155），也即流量感应口两侧的压差可调，同样也可以调节设定流量。

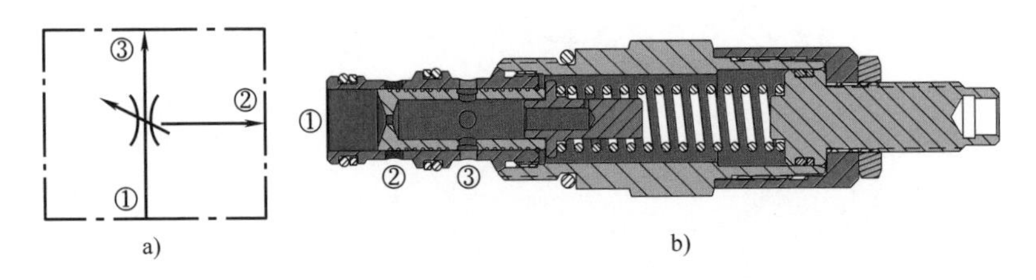

图 7-155 流量通过定压差弹簧调节型（海德福斯 FR10-30A）

a）图形符号 b）剖面图

①—进口 ②—旁路口 ③—优先口

此外，还有外控卸荷型（见图 7-156）。

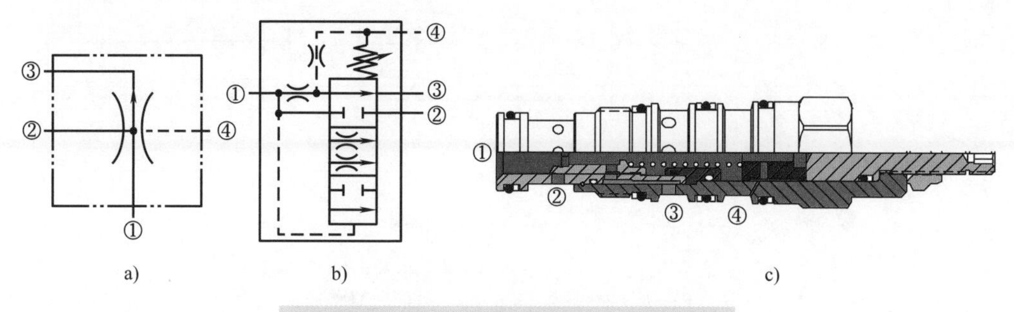

图 7-156　外控卸荷型三通流量阀（升旭 FVCA）

a）简化符号　b）详细符号　c）剖面图

如果关闭控制口④，则如同普通三通流量阀。

如果让控制口④通油箱，并且，通口①的压力高于 1MPa，流过流量感应口产生的压差足以克服弹簧压力，就可推动阀芯向右，开启通道①→②，则几乎所有的油液都会从旁路口②流走。

特别值得关注的是电比例型。图 7-157 所示的为一直动型。常闭。衔铁通过推杆推动调节杆，调节流量感应口。

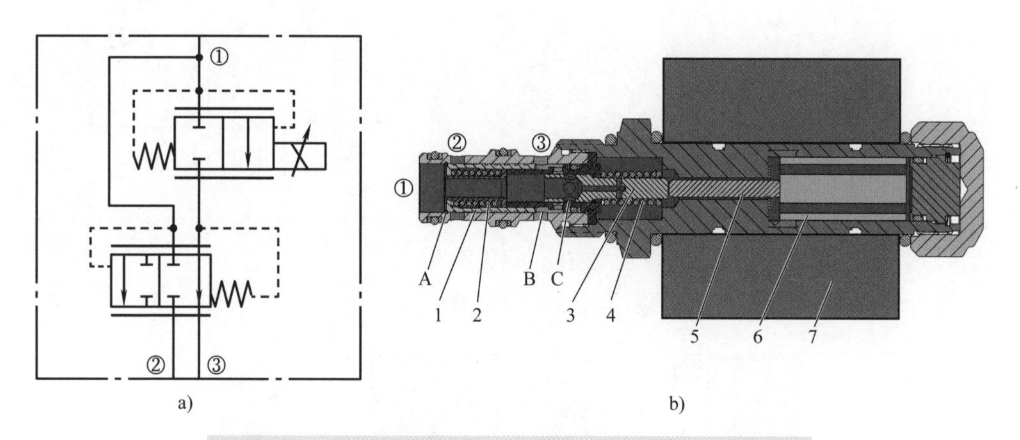

图 7-157　一个直动型电比例三通流量阀（海德福斯 PV70-30 型）

a）图形符号　b）简略结构

①—进口　②—旁路口　③—优先口

1—定压差阀芯　2—定压差弹簧　3—调节杆　4—调节杆复位弹簧　5—推杆　6—衔铁　7—线圈

A—旁路节流口　B—优先节流口　C—流量感应口

输入电流越大，流量感应口开得越大，优先口输出流量越大（见图 7-158a）。

如果阀块上不开旁路通道，此阀也可以用作二通流量阀（见图 7-158c）。

三通流量阀还有其他一些变型，详见参考文献 [11]6.3.4 ~ 7 节。

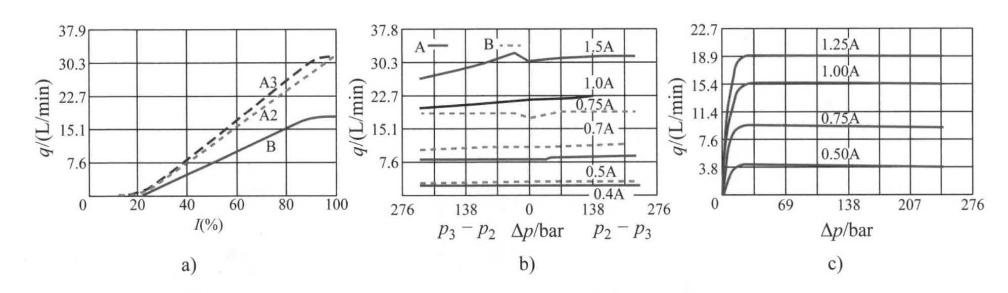

图 7-158 一个直动型电比例三通流量阀的性能曲线（海德福斯 PV70-30 型）

a）电流 - 流量特性 b）作为三通阀，不同电流的压差 - 流量特性

c）作为二通阀，不同电流的压差 - 流量特性

A2—A 型二通口 A3—A 型三通口 B—B 型

7.12 分流集流阀——只求同进退，不求同死生

1. 概述

如所周知，液压回路中，油液总是流向压力低的地方。在使用一个油源同时供多个液压缸时，就要注意这个问题。

如果两个液压缸相互间有约束（见图 7-159），负载力会与速度自行匹配：运动快的液压缸将承受更大的负载力，这样就会自动放慢速度，保持同步。那可以直接并联。

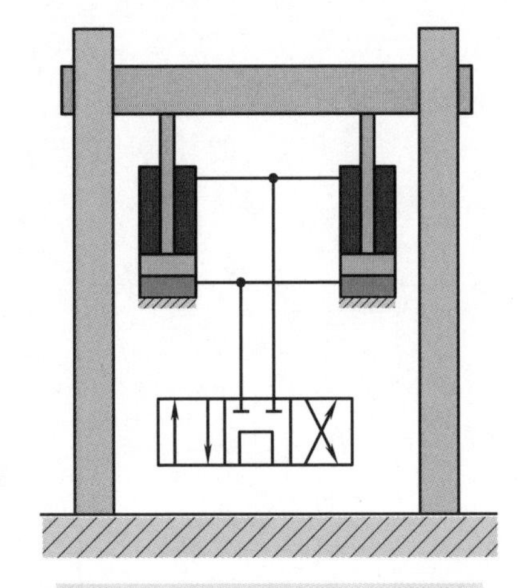

图 7-159 通过负载实现的自动同步

如果两个互不约束的液压缸直接与一个油源相连（见图 7-160），这两个液压缸就可能有不同的速度：一个液压缸可以得到（或流出）较多的油液，而另一个可能根本得不到（不流出）油液。

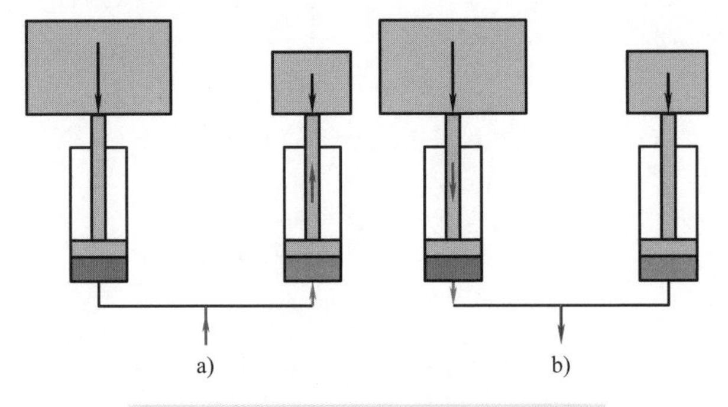

图 7-160 两个互不约束的液压缸直接相连

a）加油 b）放油

如果希望两个液压缸有相同的伸出收回速度，即同步，有多种实现方法。

1）采用伺服系统。给各个液压缸都装上位置传感器，反馈其当前位置，用控制器通过电比例换向节流阀相应调控进出各个液压缸的油液量。缸径不同也可，缸数也不限，最灵活。缺点：成本较高。

2）分流集流缸。在液压缸尺寸相同的条件下，需要使进出的油液量相同。

可以把两个几何尺寸完全相同的液压缸的缸体和活塞杆分别固定连接在一起，作为分流集流缸使用：一腔与流量源相连，另一腔分别接驱动液压缸（见图 7-161）。因为正常的液压缸比较容易做到无内泄漏，因此，无论负载压力怎么不同，两缸流出（流入）的油液量总是相同的。所以，可以得到相当准确的分流（集流）。缺点：占地较大；终点补偿功能要另加。

3）（分流集流）泵 - 马达。排量完全相同的泵 - 马达同轴转动的话（见图 7-162），理论上输出（输入）的油液量也是相同的。但泵 - 马达多少总还是有随负载压力而变的内泄漏：两侧负载压力不同，内泄漏就会不同，输出的流量就会不同。所以，采用齿轮泵 - 马达的话，分流集流准确度约 3%。采用径向柱塞泵 - 马达的话，准确度可达 0.5%。采用泵 - 马达分流 / 集流的优点：占地较小；缸数不限，缺点：成本较高。

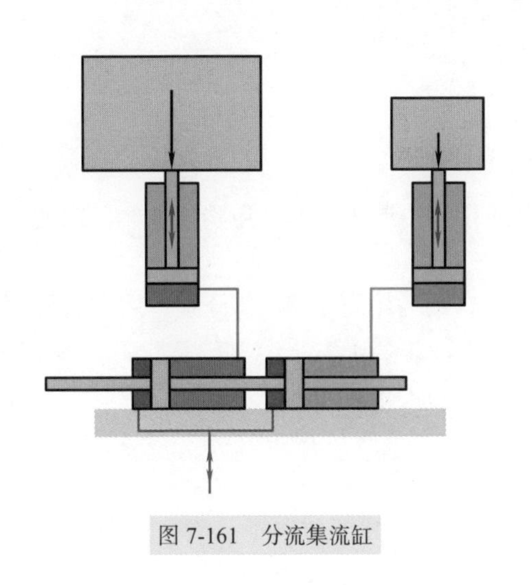

图 7-161　分流集流缸

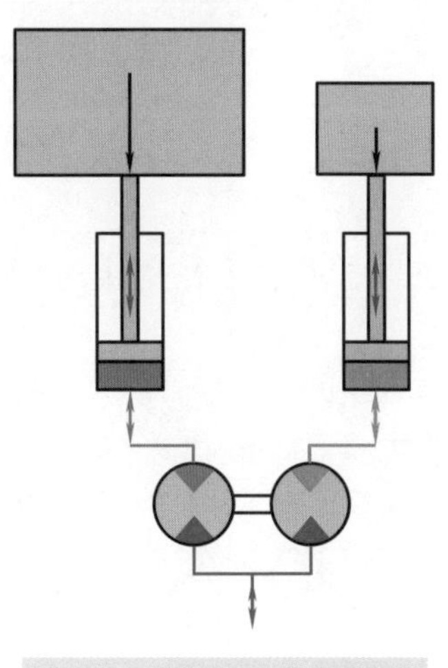

图 7-162　用泵 - 马达分流集流

4）采用分流集流阀。分流集流阀是分流阀、集流阀和分流 / 集流阀的总称（见图 7-163）。虽然准确度不如泵 - 马达，但成本低得多。

2. 结构与工作原理

（1）分流阀　分流阀的结构大体如图 7-164a 所示：由一个阀体，一个阀芯组成。阀芯主要只受到两腔压力 p_A 和 p_B 的作用，没有外来的操控力。

一般有三组通口。通口③进油，通口②和通口④分别通液压缸。

有 4 组节流口，其中两组固定（A_1，B_1），两组可变（A_2，B_2）。

固定节流口 A_1 和 B_1 是在阀芯上加工出来的孔，几乎完全相同。

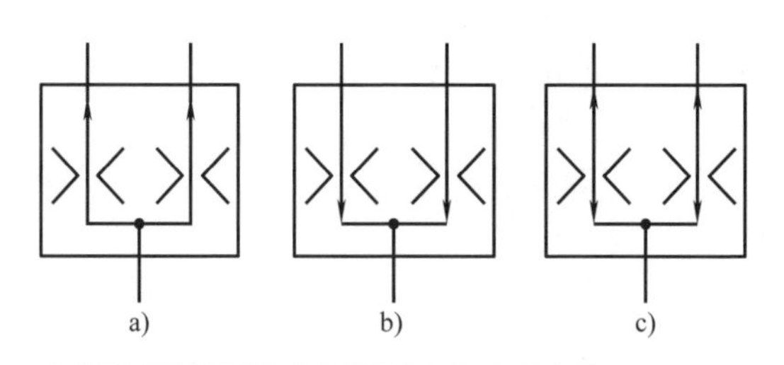

图 7-163　ISO 1219-1（GB/T 786.1）推荐的图形符号

a）分流阀　b）集流阀　c）分流 / 集流阀

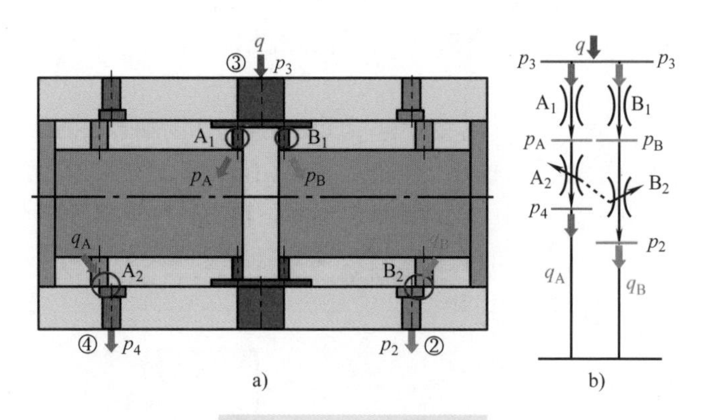

图 7-164　分流阀工作原理

a）结构示意　b）压降过程

可变节流口 A_2 和 B_2 是由阀芯和阀体上的孔错位形成的，会随阀芯在阀体内的移动而改变。

从进口经过固定节流口 A_1 和 B_1 的流量所导致的压力 p_A 和 p_B 分别作用在阀芯两侧。不管负载压力 p_4 和 p_2 的差别有多大，只要阀芯处于力平衡，就意味着 $p_A = p_B$。这样，固定节流口 A_1 和 B_1 两侧的压差 p_3-p_A 和 p_3-p_B 就相同（见图 7-164b），通过这两个节流口的流量就相同。不同的压差 p_A-p_4 和 p_B-p_2 由可变节流口 A_2 和 B_2 消耗掉。

如果右侧的负载压力 p_2 较低，因而流量 q_B 较大，则通过固定节流口 B_1 时造成的压降 p_3-p_B 较大，则 p_B 会较低，作用在阀芯上向左的力就较小，阀芯就会向右移动，从而关小节流口 B_2，降低流量 q_B，直至 p_A、p_B 相同。反之亦然。

图 7-165 所示为一分流阀实例。

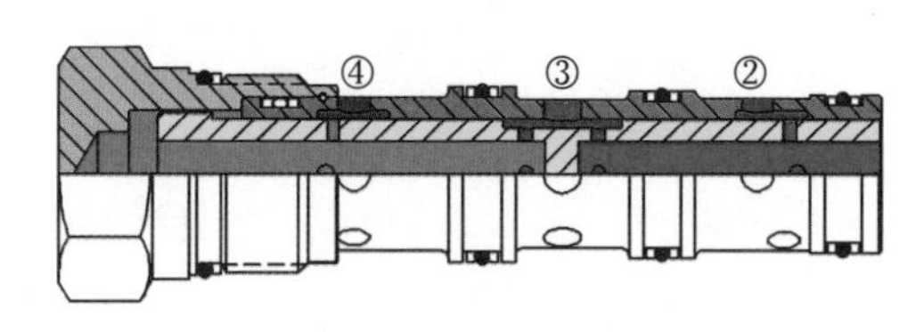

图 7-165　分流阀（升旭 FSDD）

要注意的是，分流阀是通过节流来分配总流量 q 的，使去两个液压缸的流量 q_A、q_B 基本相同，它并没有调控总流量 q 的功能。要调控总流量 q，还需要通过附加的节流阀或其他机构。

（2）集流阀　集流阀结构与分流阀相似（见图 7-166a），也有 4 组节流口，其中两组固定（A_1、B_1），两组可变（A_2、B_2）。阀芯也主要只受到两腔压力 p_A 和 p_B 的作用，没有外来的操控力。

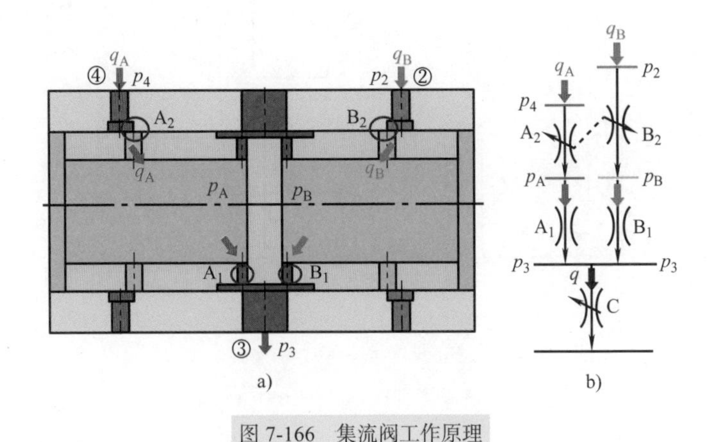

图 7-166　集流阀工作原理

a）结构示意　b）压降过程

A_1、B_1—固定节流口　A_2、B_2—可变节流口　C—节流阀

通口②和通口④分别通液压缸，通口③出油。

不管负载压力 p_4 和 p_2 的差别如何，只要阀芯处于力平衡，就意味着 $p_A = p_B$。这样，固定节流口 A_1 和 B_1 两侧的压差 $p_A - p_3$ 和 $p_B - p_3$ 就相同（见图 7-166b），通过这两个节流口的流量就相同。不同的压差 $p_4 - p_A$ 和 $p_2 - p_B$ 由可变节流口 A_2 和 B_2 消耗掉。

如果左侧的负载压力 p_4 较低，因而流量 q_A 较小，则 q_A 通过固定节流口 A_1 造成的压降 $p_A - p_3$ 较小，则 p_A 会较高，作用在阀芯上向右的力就较大，阀芯就会向右移动，从而关小节流口 A_2，降低流量 q_B，直至 p_A、p_B 相同。反之亦然。

同样，集流阀通过出口节流的方法使两个液压缸排出的流量基本相当，只是分配而已，也没有调控总流量的功能。要调控总流量，还需要通过附加的机构，比如说图 7-166b 中的节流阀 C。

（3）分流 / 集流阀　分流 / 集流阀兼有分流和集流的功能（见图 7-167），可分别进行输出分流和输入集流。

在分流时，阀芯往两端移动时，要关小可变节流口。而在集流时，阀芯往两端移动，要开大可变节流口。因此，用相同的阀体和一个阀芯，不能完成分流和集流的任务。

图 7-168 所示的分流 / 集流阀聪明地解决了这个问题：把阀芯分成两段，但又相互通过挂钩钩住，或通过销轴宽松地连住；分流时，由于口③压力高于口②和④，就把两段阀芯推开；集流时，由于口②和④压力高于口③，就把两段阀芯又推到一起。

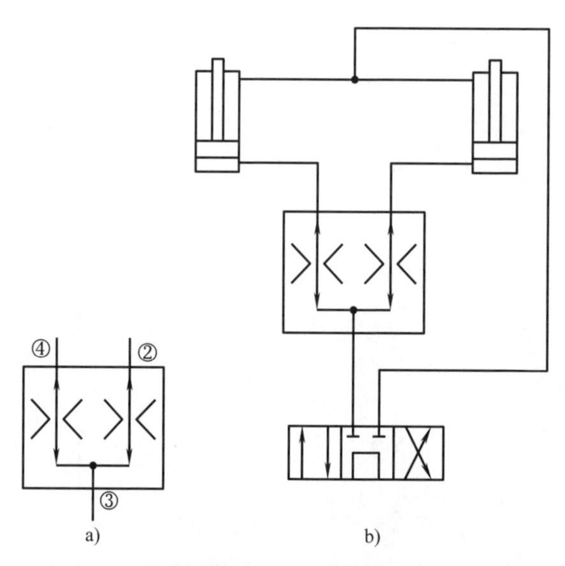

图 7-167　分流 / 集流阀作为进口节流和出口节流

a）图形符号　b）应用回路

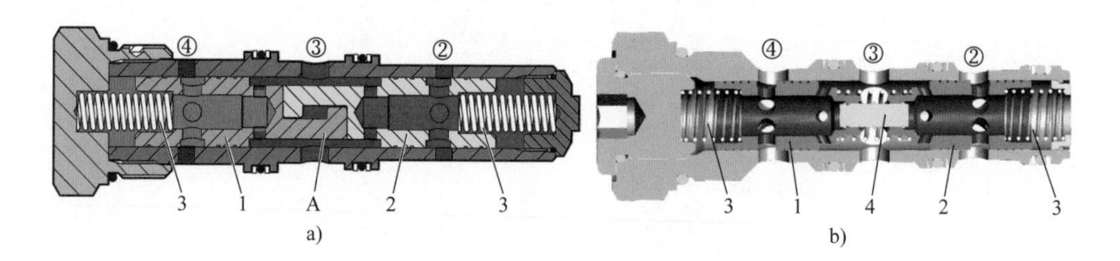

图 7-168　分流 / 集流阀

a）挂钩型　b）销轴型

1—左阀芯　2—右阀芯　3—对中弹簧　4—销轴　A—挂钩

实际应用的分流 / 集流阀的两端，多数都装有带预紧力的对中弹簧。这样，在进出口关闭，无液流时，阀芯能自动回到中位。这种结构带来的缺点是，会略微降低分流 / 集流的准确度。

此外，固定节流口一般就是若干个分布在阀芯圆周上直径相同的小孔。如两侧数目相同，分流（集流）比例就是 1 : 1，或说 50% : 50%。如果一侧 6 个，另一侧 4 个，则分流比例就是 60% : 40%。据此，很容易做出不同分流比例的阀。

3. 应用与变型

（1）驱动液压缸　多数分流 / 集流阀在中位时，两个出口之间会通过固定节流口和可变节流口相互连通。如果这会带来误动作的话，可采用中位关闭型分流 / 集流阀（见图 7-169）来避免误动作。

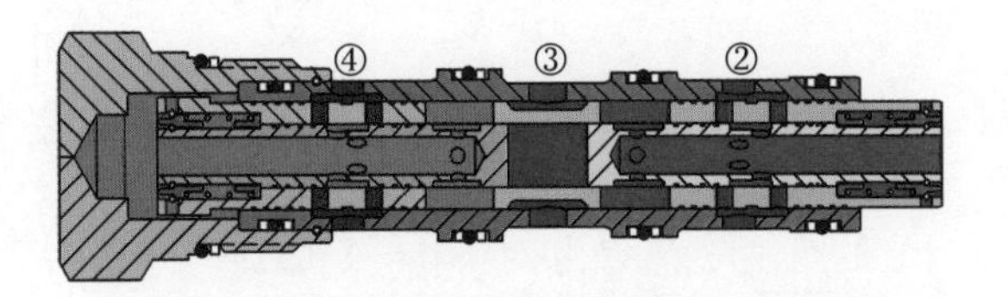

图 7-169　中位关闭型分流 / 集流阀（升旭 FSDA）

如果两个液压缸相互间不是刚性连结的，那么走得快的液压缸走到头后，对应的这一路不再有流量通过，分流阀阀芯会把另一路也关闭卡死，导致另一个液压缸走不到头。

因此，必须采取适当的措施，在一个液压缸行程结束时，让另一个还能继续行走，来消除误差，恢复同步，此即所谓"不求同生死"！否则，它们之间的位置差会随着每个行程而迭加，越来越严重，对此有如下改善措施：

1）加装溢流阀。分流阀两侧分别加装溢流阀（见图 7-170）。这样，在一个液压缸走到头后，油液可继续从溢流阀流出，分流阀也就不会关闭另一路了。

2）如果液压缸之间刚性连结，那么走得快的液压缸就会拉动走得慢的液压缸，就可能产生负压和气蚀。因此除了加装溢流阀外，还应加装补油阀（见图 7-171）。

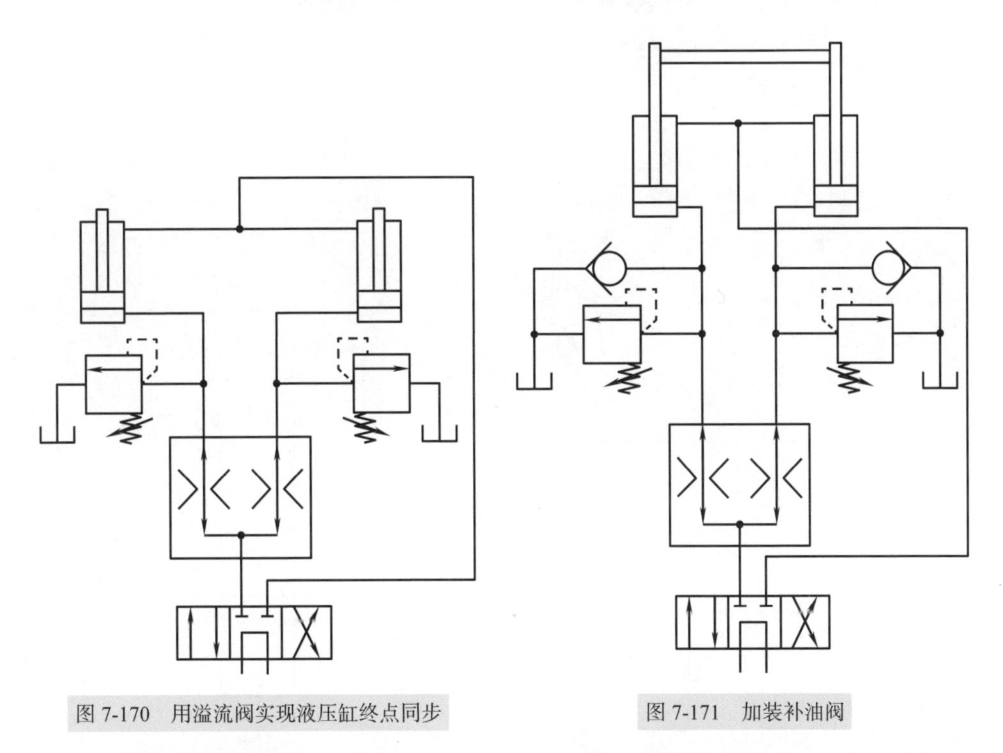

图 7-170　用溢流阀实现液压缸终点同步

图 7-171　加装补油阀

3）带液压缸终点补偿型分流 / 集流阀。也称液压缸同步型分流阀。这类阀，有的是在两个出口之间加一个小的节流口（见图 7-172），这样，在一侧到头后，会有一股小流量，通过节流口流向另一侧，以帮助同步。不过，这种措施也会降低分流 / 集流的准确度。

有的阀，通过限制阀芯行程不让通口完全关死。

也有的阀，阀芯上的可变节流口由两排孔组成，也可使通口不会完全关死。

（2）驱动马达　分流集流阀应用在马达驱动回路时，大多用于驱动行走机械。需要有分流阀把流量均匀地分到两个分别与车轮相连的马达中去，以免在某一车轮打滑时，取走了全部流量。

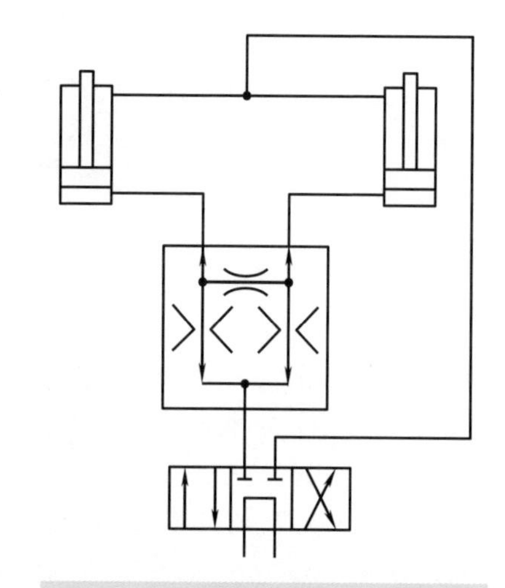

图 7-172　用小节流口互连的液压缸终点补偿型分流 / 集流阀

这种驱动方式有以下一些特点。

1）行走机械都有驾驶系统控制方向，因此，分流 / 集流有少量偏差，一般可以接受。但如果马达的轴相互之间刚性连接，通过例如刚性轴连接，在分流有误差时，会引起气蚀。因此，在分流阀的出口要安装补油阀。

2）在车辆转弯时，内外轮的转速应该不同。一般采用外加节流孔的方法：图 7-173a 为一个节流孔在出口之间，图 7-173b 为两个节流孔分别在出口与进口之间。这样，可以减少压降。也有些阀直接带此功能。

3）车辆下坡时，需要制动。原本驱动用的马达，实际上成了泵。集流阀和相应的节流阀就起出口节流作用（见图 7-174）。如果由于地面不平，一些车轮腾空不转，相连接的泵不转，不输出油液，那么，集流阀就会把其他通口也锁住，负载就会集中到那个（些）接触地面还能转动的车轮所带动的泵上，压力成倍增长。因此，在集流阀的进口要安装溢流阀。

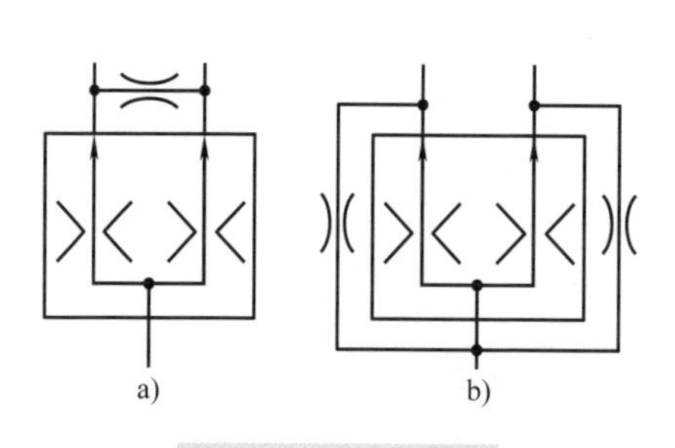

图 7-173　附加节流孔

a）单节流孔　b）双节流孔

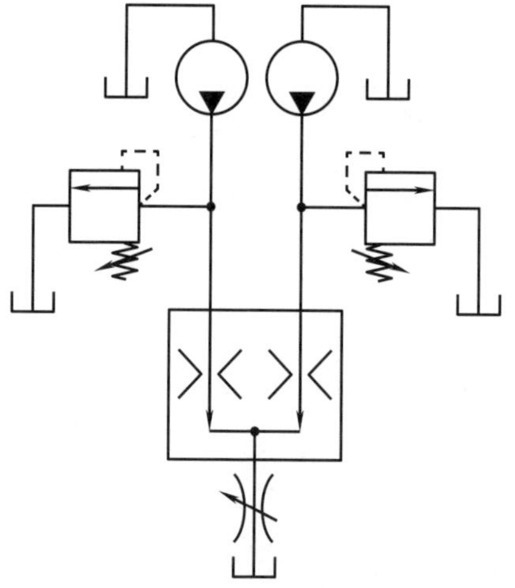

图 7-174　车辆下坡

也可考虑使用防马达空转型分流 / 集流阀。如图 7-175 所示，阀芯已经移到右极限位置，封住了②的常规出口，防马达空转小孔可允许少量油液通过，避免完全封住。

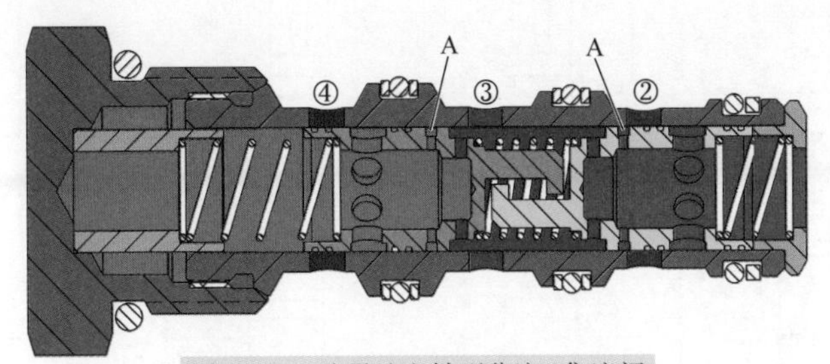

图 7-175　防马达空转型分流 / 集流阀

A—防马达空转小孔

总之，应用分流集流阀应该进行全面的分析。考虑在各种条件下，整个系统的性能受到的影响，采取相应的措施。否则，安装分流集流阀所带来的问题可能比所解决的问题更多。

（3）作辅助流量源　普通分流阀也可用作辅助流量源，把一个流量源变成两个流量源，从而驱动两个液压缸分别独立运动（见图 7-176）。

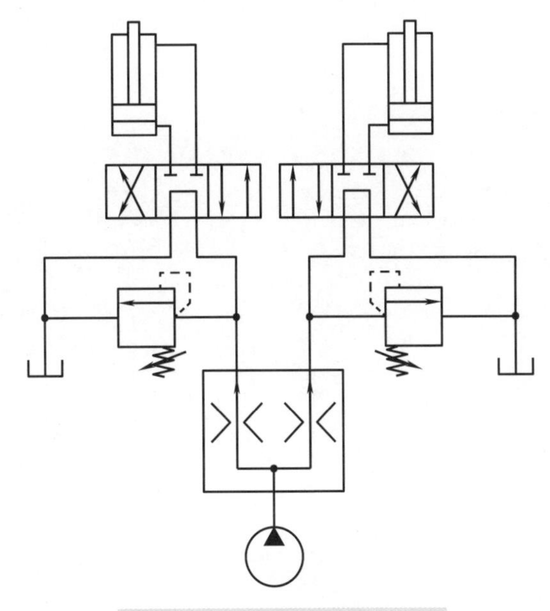

图 7-176　作为辅助流量源，1 变 2

在这样的应用中，每一路单独的溢流阀也是不可缺少的。否则，在某一个液压缸走到底，换向阀尚未切换，导致分流阀的这个出口的无流量时，分流阀会把另一个出口也关闭。

分流阀也可以串联使用，从而把一个流量源变成 4 个流量源（见图 7-177）。只是压力损耗会相应迭加，分流误差也会增加。

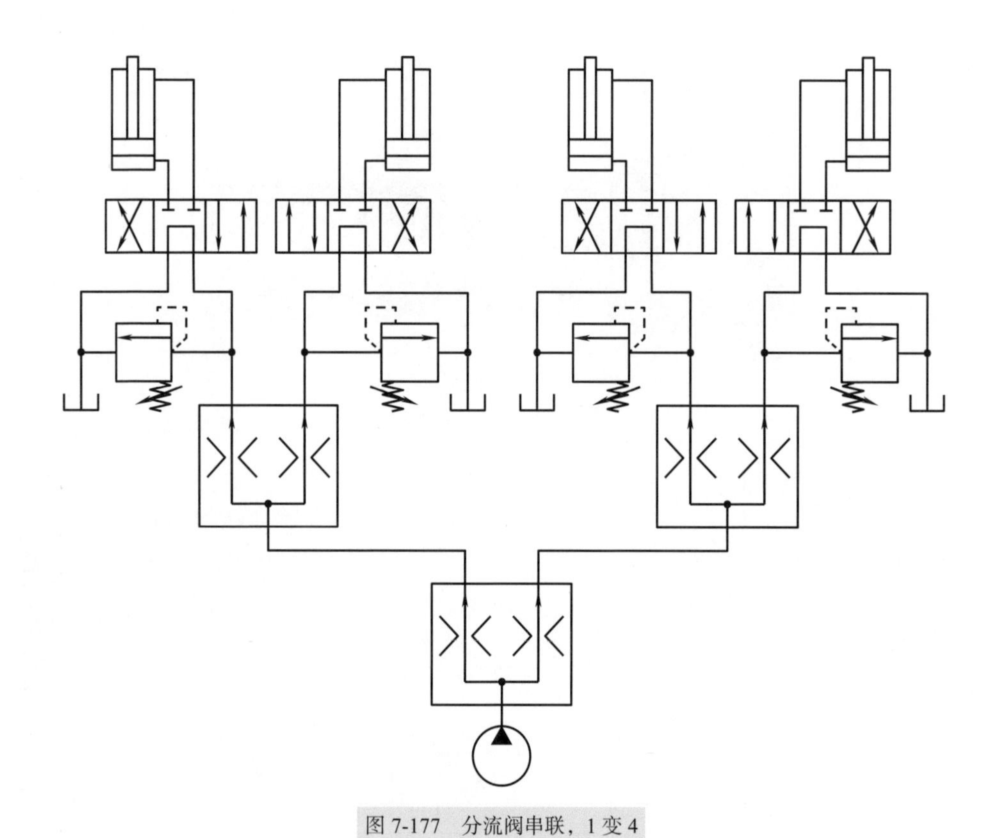
图 7-177　分流阀串联，1 变 4

（4）分流集流阀可旁路回路　有的应用场合，不需要分流集流阀持续工作，可考虑采用可旁路的分流集流回路（见图 7-178）。

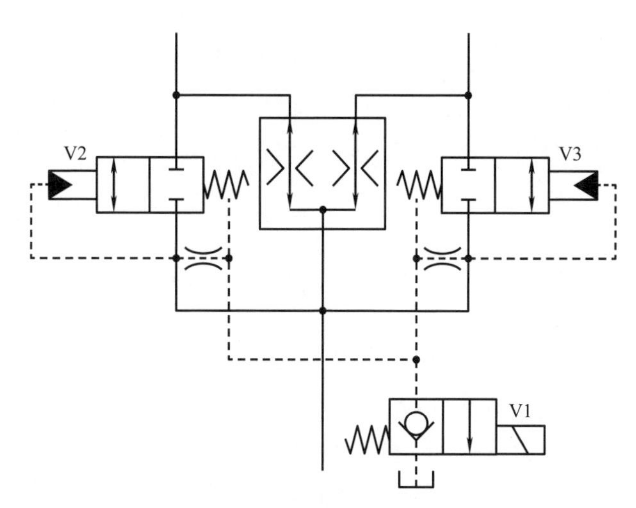

图 7-178　可旁路的分流集流回路

如果V1失电，则V2、V3的阀芯两端压力相同，旁路通道处于关闭状态，分流集流阀起作用。

如果V1得电，则V2、V3因为弹簧腔卸荷而自动切换到开通状态，开启旁路通道，直接连接分流集流阀的进出口，减少了通过分流集流阀的压力损失。

4. 稳态性能

（1）分流集流性能

1）分流（集流）准确度。

理想的分流阀的两个出口（对集流模式——进口，下简略）的流量应该是相同的或成固定比例的，但实际上两个出口的流量常不完全相同。

原因一，为了平衡两侧不同的负载压力，阀芯必须偏向一边，因此，作用于阀芯两侧的弹簧力不同。

原因二，开口不同，液动力的影响也不同，结果基本上是：在分流模式时，负载压力高的一端输出的流量大；在集流模式时，负载压力高的一端输入的流量小。

在制造中，固定节流孔的孔径也总有偏差。油液受污染或含有空气时，更会增加偏差。

分别以两个出口的流量为纵横坐标（见图7-179），根据实测标注工况点，可以直接反映分流的偏差状况。实测的工作点就散布在图中绿色所示的区域里。由该图可见，在小流量时，相对偏差较大。如果简单地用某一个百分数（见图7-179中黄色区域）来概括分流偏差，就很牵强。因此，很多生产厂在产品说明书中会给出一个最佳工作流量范围。低于最佳工作流量，其实也能工作，只是相对误差会大些。

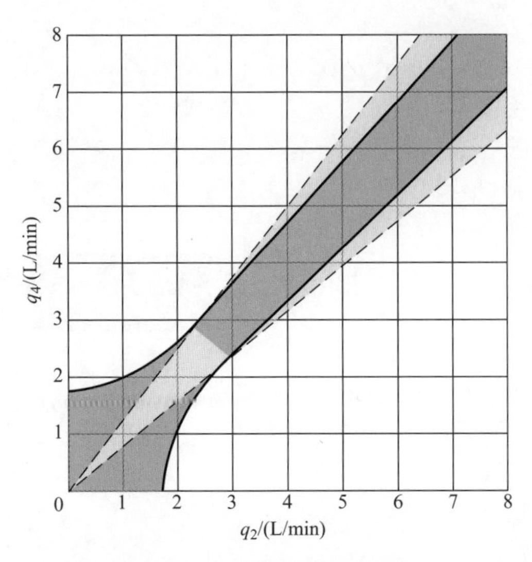

图7-179　某分流阀的分流准确度

黄色区域—相对偏差 ±20%　绿色区域—实测点分布

2）出口之间的压差 - 分流性能。分流性能除了用分流准确度表述外，还可以用出口之间的压差 - 分流性能来表述，如图 7-180 所示。图中，横坐标是两个出口压力之间的差，纵坐标是两个出口的流量，同时测量记录，能准确反映出分流阀在两个出口压力不同时保持准确分流的能力。

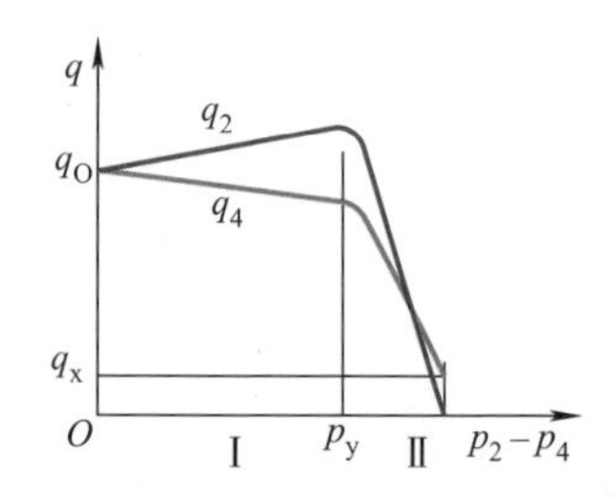

图 7-180　分流阀出口之间的压差 - 分流性能示意

p_y—泵口溢流阀的开启压力　q_x—阀芯移到极限后的流量　q_O—在两个出口压力相同时的流量

图中，区域Ⅰ是正常分流区。在出口压力相同时，两个输出流量也基本相同：q_O 等于一半输入流量。当出口压差增加时，输出流量之差也逐渐增大。

区域Ⅱ，泵口压力达到溢流阀开启压力 p_y，泵输出的部分流量开始通过溢流阀流出，从分流阀出口流出的流量逐渐减少。

直到某个出口的流量降低为零，分流阀阀芯移到极限位置，关闭另一个出口。但由于是滑阀，还存在少量泄漏 q_x。

对于液压缸终点补偿型分流 / 集流阀，这个流量 q_x 被有意增大，以保证另一个液压缸也能达到终点。

（2）压差 - 流量性能　有些产品说明书给出分流阀进出口之间的压差 - 流量性能，如图 7-181 所示，这可以反映出通过一定流量造成的进出口压降。

要注意的是，对于分流 / 集流阀，在集流模式时，流量越大，两个阀芯之间的拉力越大。为避免挂钩或销轴损坏，工况点不应该进入图 7-182 所示红色区域。

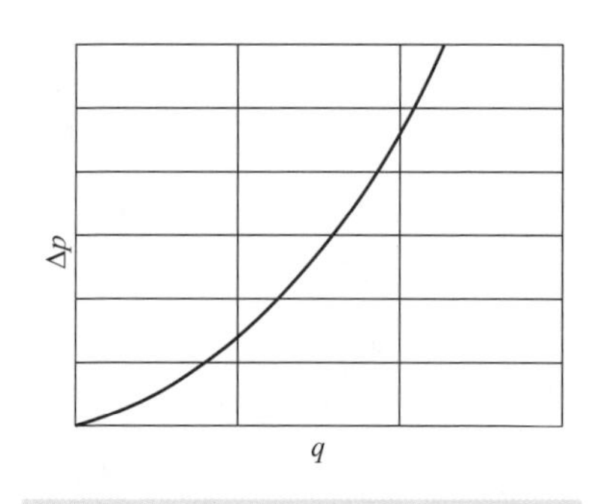

图 7-181　进出口之间的压差 - 流量性能

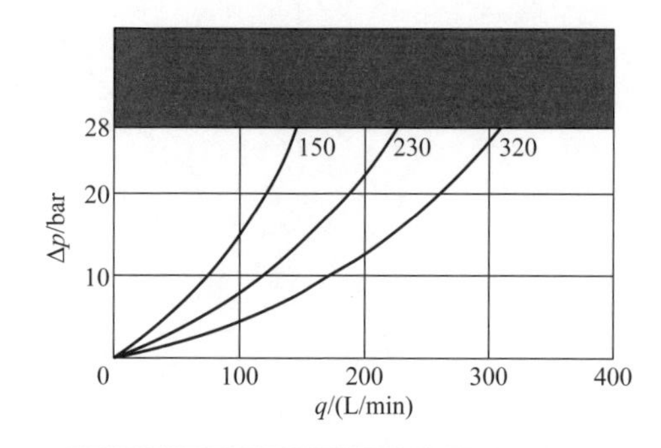

图 7-182　L1A300 型分流 / 集流阀的进出口压差 - 流量性能

7.13 容积调速——耗能可降，液压阀还不可缺

如前已提及，液压技术能做和要做的事，就是让液压缸带动负载，克服负载力，实现希望的运动；或是，对负载施加希望的力（转矩），当然，这也要通过液压缸的运动来实现。

要调控液压缸的运动速度，就必须要调控进出液压缸的流量，总体来说，可分两条途径：液阻调速和容积调速。

液阻调速指的是，使用节流口来调控进出液压缸的流量，包括了从7.8 ~ 7.12节所剖析的各类流量阀，也包括大量使用而本书未直接剖析的换向节流阀。

液阻调速由于结构简单，可靠性较高，一次性投资较低，因此，在迄今为止的实际系统中获得广泛应用。

但如已提及，液阻调速有相当一部分能量消耗在节流口上。为了节能，尤其是在行走机械改为电动后，要想从根本上减少这个浪费，就要考虑采用“容积调速”。为此，有几个概念需要先梳理一下。

1. 闭式回路

根据执行器出口与泵进口的连接状况，液压回路可以分为开式和闭式。

所谓开式回路，指的是执行器的出口和泵的进口都与油箱联通（见图7-183），靠油箱来补偿平衡管路系统及执行器（差动缸）中油液的体积变化，帮助散热。这是目前绝大多数液压系统所采用的。

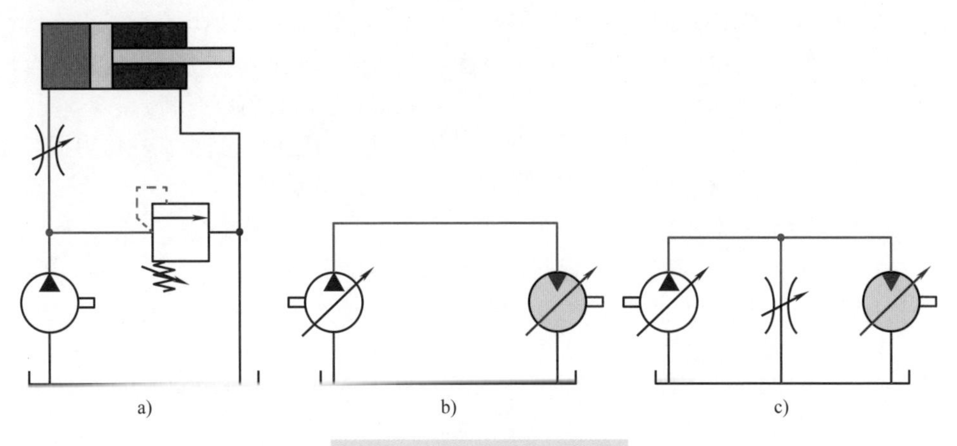

图7-183 不同形式的开式回路

a）执行器为液压缸 b）执行器为马达 c）执行器为马达，带旁路液阻

所谓闭式回路，指的是执行器的出口不接油箱，而是与泵的进口联通（见图7-184）。这样，泵排出的油液经过执行器后，又回到泵的进口，由泵吸入并再次排出，形成一个闭循环。

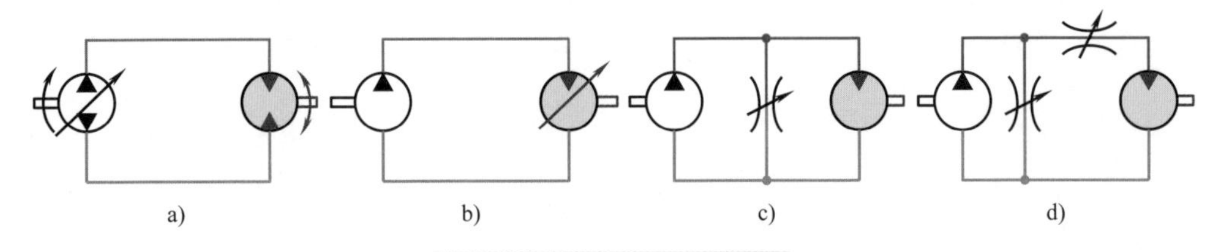

图 7-184　不同形式的闭式回路

a）变量泵 - 定量马达　b）定量泵 - 变量马达

c）定量泵 - 定量马达带旁路液阻　d）定量泵 - 定量马达带旁路、进口液阻回路

（1）闭式回路的长处　相对开式回路，闭式回路具有以下一些长处：

1）便于双向运动。不用换向阀，也可实现双向运动（见图 7-184a），只要泵能双向输出油液，例如

－泵能通过变排量机构，实现单向旋转，双向出油，或是

－原动机和泵都能双向旋转工作。

2）可以承受相当的负负载（作用方向与运动方向相同的负载）。此时，马达成为泵，输出压力油；泵成为马达，旋转轴成为能量输出轴，能量就可回收，如

－带动同轴的其他泵，减少对发动机的转矩需求。

－原动机如果是电机的话，还可以切换成发电机模式，把能量反输出去。

3）泵的吸油区可以有压力，有利于泵的工况。

例如，斜盘柱塞泵的柱塞，在开式回路中，在吸油区，有脱离斜盘的倾向。这样，在离开吸油区进入排油区的瞬间，就会撞击斜盘，使滑靴边缘变形、磨损、过早失效。而在闭式回路中，因为在吸油区也有压力，会把柱塞持续地压在斜盘上，就可避免撞击。因此，泵的转速可以比在开式系统中高很多。这样，就可以使用排量较小、体积较小的泵，输出同样多的油液。这个特点对移动机械特别有利。

4）回油路可以加压。这样，首先，空气不易进入回路中；其次，在压力下，油液的弹性模量较高，这有利于提高系统的响应速度和控制性能。

（2）闭式回路的局限处

1）因为油液从执行器背压腔返回，进入泵，排出后又进入执行器驱动腔，所以，如果执行器两腔进出的油液体积不等的话，比如差动缸，就不能简单采用闭式回路，最多只能半闭（见本小节 3.“差动缸容积调速”）。

2）由于执行器出口直接与泵的进口相连，不连通油箱，参与循环的油液较少，热容量较小。所以，类似图 7-184c、d 所示的液阻调速，如果持续工作，发热较多，温升就会很快。所以，闭式回路一般不宜采用液阻调速，即回路中最好没有阀，而需要采用发热较少的容积调速。

3）热排油，也被称为“冲洗”。

闭式回路中，即使没有液阻，但由于循环过程中泵和马达都有摩擦引起的能耗，特别是因为泵马达总有内泄漏，也是能耗，所以，油液还是会发热。因此，实际应用

的闭式回路需要考虑应对措施：用冷的油液来替代回路中变热了的油液。这习惯称为“排热油”（参见 7.3 节中 1.“低压通”）。

图 7-185 示意了其工作原理：补油泵 3 从油箱吸入冷的油液 q_B，通过补油阀 5 压入循环回路中低压的一侧；同时，排热油阀 6 使低压的一侧始终与背压阀 7 相连，排出热油 q_B（详见参考文献 [12] 第 11 章）。

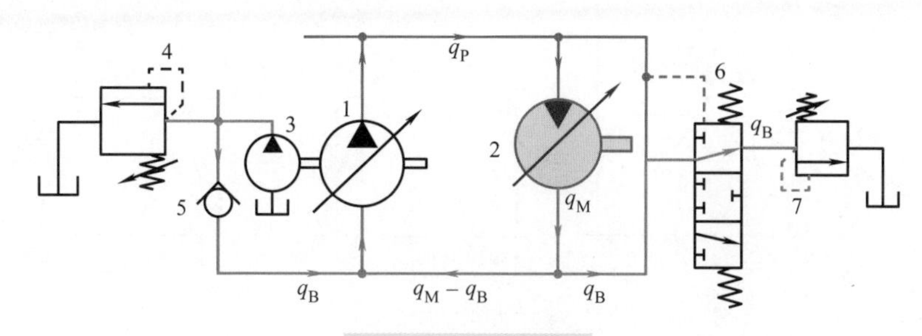

图 7-185　排热油原理

1—泵　2—马达　3—补油泵　4—补油安全阀　5—补油阀　6—排热油阀　7—背压阀
q_P—从泵排出的流量　q_M—从马达排出的流量　q_B—补油泵提供的流量

背压阀 7 为普通溢流阀，其设定压力低于补油安全阀 4，因此确定了循环回路低压侧的压力 p_O。

一些设计手册上推荐，补油泵的流量取主流量的四分之一左右。实际上，最终应该根据实际回路的发热量和散热量而定。因为，回路的发热量主要取决于泵和马达的效率，而散热量则由散热表面积及环境温度决定。这些因素在不同的系统不同的工作环境是不同的。补油泵的流量定得过高，则浪费能量；定得不够，则回路中的油温过高。

2. 马达容积调速

如前已提及，液阻调速在调控流量的同时也消耗了相当多的能量。所以，节能的重要途径就是减少乃至不使用液阻调速——流量阀。“容积调速”也被称为“泵控”，初意就是想绕开“液阻调速”——阀控：泵输出的油液，不经过液阻，完全直接进入执行器。

最初，容积调速指的是，通过调控泵（调排量或调转速）输出的油液体积，来调控执行器的运动速度。之后，此含义扩大，也包含了调控执行器，即，马达的排量（见图 7-186b、c）。理论上，还可以调控液压缸的有效作用面积。但因为有效作用面积可调的液压缸结构复杂，制造成本高，实际应用极少，此处就不引入讨论了。

原动机如果是内燃机的话，因为内燃机的可工作转速范围很窄，所以，调转速不被列入选项。现代的伺服电机可调速范围很广，因此，调转速也成为热门的选项了。

因为是泵控，不附带液阻，一台泵只能根据一个（组）执行器的需要来调控流量。所以，如果需要多个（组）执行器同时工作，就需要多台泵。对移动设备而言，要配多台内燃机的代价很大，不实用。但对各台泵分别配电动机，成本增加不多，就可以考虑了。

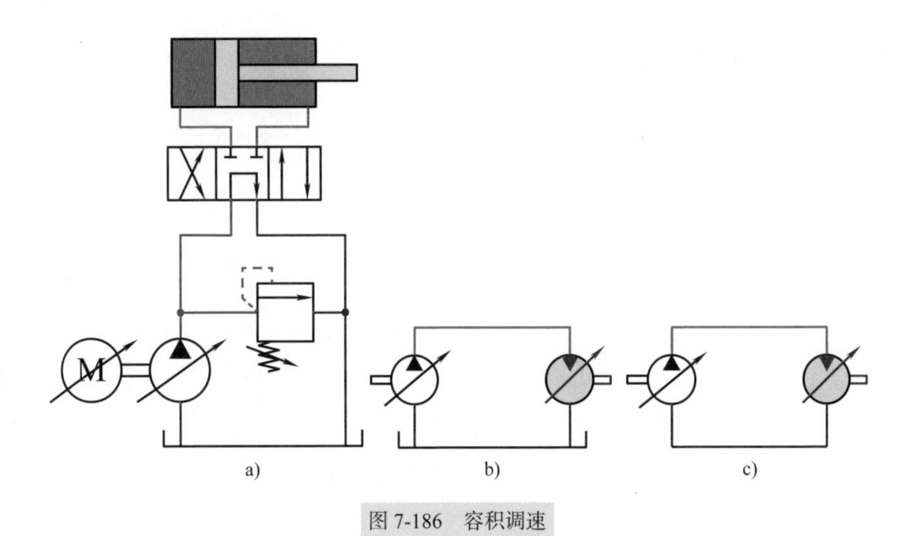

图 7-186　容积调速

a）开式液压缸回路　b）开式马达回路　c）闭式马达回路

实际应用回路还应考虑附加防过载、防吸空等措施（详见参考文献 [12] 第 11.2 节）。

马达容积调速的原理，100 年前就发明了，但当时的目的主要不是为了节能，而是为了组成液压无级变速器（HST，详见参考文献 [12] 第 11.3 节）。

容积调速回路可开可闭，但因为闭式回路中不宜采用液阻调速，主要采用容积调速，且主要用于控制马达，因此形成了错误的观念：把容积调速回路与闭式回路混为一谈，甚至把容积调速回路与闭式马达回路混为一谈。理清这些概念（见表 7-3），有利于技术的创新。

表 7-3　液阻调速与容积调速对比

执行器	马达（双出杆缸）		差动缸	
回路	开式	闭式	开式	半闭式
液阻调速	工程机械行走	一般不用	普遍	瞬态响应快
容积调速	可以	液压变速器	可以	电液作动器

3. 差动缸容积调速

液压执行器中，绝大多数（有说 85%）是差动缸。因此，差动缸不节能，液压节能就是儿戏。现在，节能被日益看重，差动缸容积调速就以电液作动器的形式被推到了前台。

电液作动器，如在 1.5 节中已提及，高度集成化：从电机到泵、阀、油箱、液压缸全都集成在一起。只要接上电源，给入位置或速度指令就可工作了。因为要集成，油箱就不能大。因为油箱不大，就不易散热，就不希望发热多，所以也需要节能，就需要尽量减少消耗在液阻上的能量。所以，要尽可能采用容积调速。

（1）基本回路　差动缸的两腔油液体积不同，因此不能简单采用闭式回路。

1）采用液控单向阀。图7-187所示方案早就有了，属于半闭式。

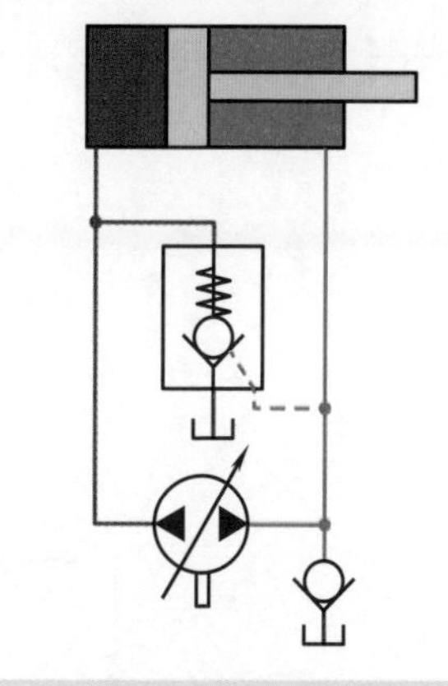

图7-187　使用液控单向阀控制的差动缸容积调速回路

在活塞杆收回时，无杆腔排出的多余流量通过液控单向阀回到油箱。

在活塞杆伸出时，泵通过单向阀从油箱补入油液，也从有杆腔吸油，有杆腔会出现负压，所以不能承受负负载。

因为不断有油液进出，所以不需要额外的排热油措施。

由于一般液控单向阀不能停留在中间位置，开则全开，所以，在活塞杆收回时，如有负负载，很容易出现振动。但如改用平衡阀，则因为要靠平衡阀的可变液阻来维持速度稳定，所以，这种控制的能效不如纯容积调速。

2）采用特制的叶片泵。为实现电液作动器的集成化，又发明了一些采用蓄能器作为压力油箱，储存多余油液的方案。

图7-188所示方案利用了双作用叶片泵的结构特点，把此泵的一组相对的吸排油腔分别引出作为B口和T口，以解决差动缸两腔面积不等的问题。

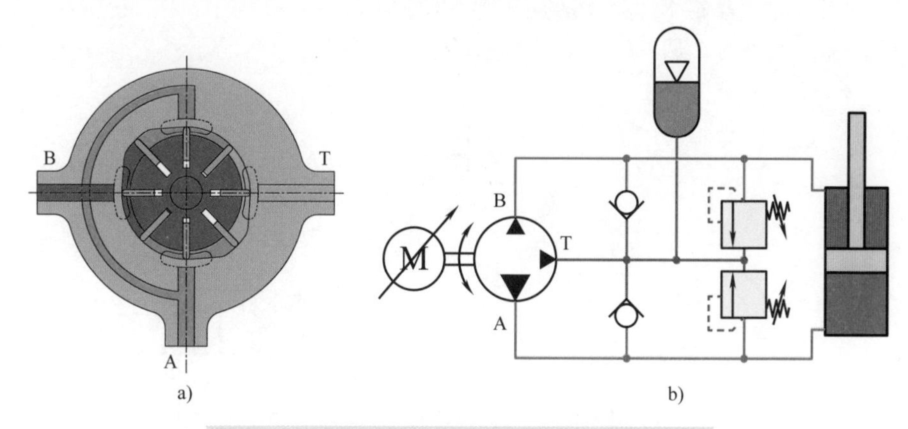

图7-188　使用特制叶片泵控制差动缸的容积调速回路

a）泵结构示意　b）回路

通过电机和泵的正反转来实现差动缸的正反运动。

在需要活塞杆伸出时，泵通过A口排出油液到无杆腔；从有杆腔回来的较少的油液到B口，同时油液也从压力油箱流入T口来补充。

在需要活塞杆收回时，从无杆腔排出的油液，全部通过A口进入泵；泵从B口排出的油液进入有杆腔，从 T 口排出的进入压力油箱。

此方案有以下一些局限之处。

- 只能用于两腔面积比为 2∶1 的液压缸。
- 工作时，叶片泵转子径向受力不平衡。

3）采用双联泵。因为双联泵，如齿轮泵或叶片泵，有很多种排量规格可选，因此，可以比较灵活地适应不同差动缸的面积比（见图 7-189）。

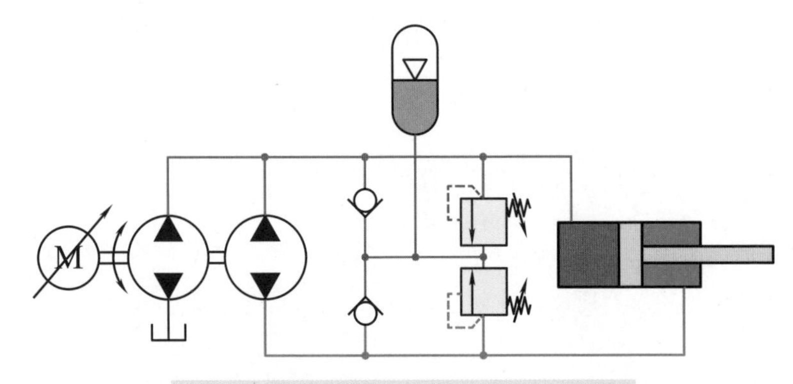

图 7-189　使用双联泵控制差动缸的容积调速回路

4）采用外控二位三通阀。图 7-190 所示的方案，使用可双向排油的定量泵作为变流量液压源，可双向旋转的电机调控泵的转速。使用二位三通阀，与电机转向同步动作，来补偿流量差：下位用于活塞杆伸出时，让泵的吸入口与压力油箱相通；上位用于在活塞杆收回时，从无杆腔排出的一部分流量到压力油箱。

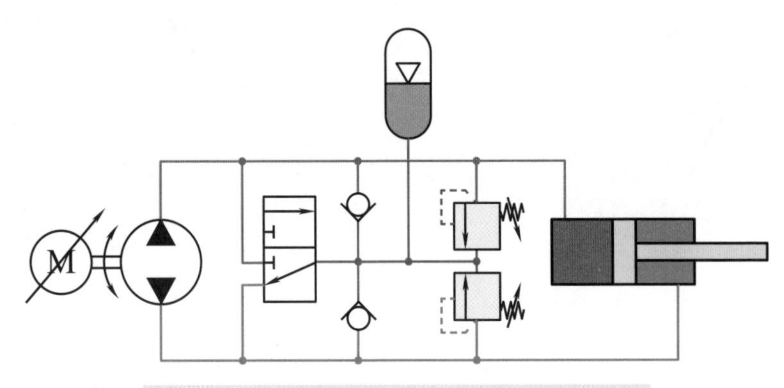

图 7-190　使用与泵同步动作的二位三通阀控制差动缸

（2）瞬态性能　众所周知，液压系统不会一直停留在某一个稳态。因为，液压技术的任务，就是要使负载从不动变为动，从动变为不动，从慢动变为快动，从快动变为慢动。由此，瞬态性能对高性能的液压元件与系统很重要。液压技术的难点其实更在瞬态性能。

现在的难点是，既要马儿少吃草，还要马儿跑：在减少能耗的同时，还要满足应用需求的瞬态性能。这里还是有一些措施待发明试验改进的。

例如，图 7-191 所示的系统，用（电比例）换向节流阀调控液压缸的运动方向和速度。这是液阻调速，耗能很多。

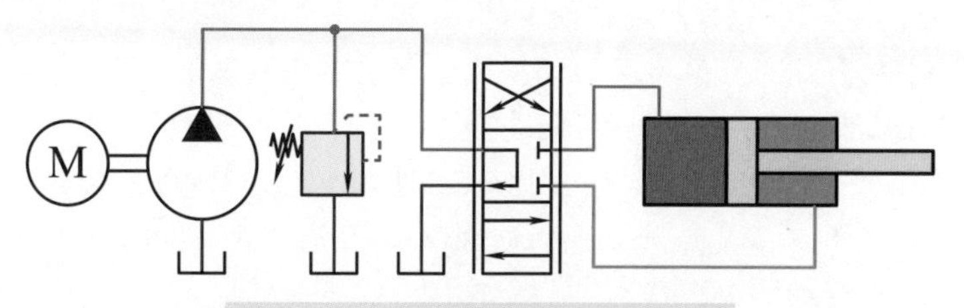

图 7-191　电比例换向节流阀调控液压缸

如果想直接改为半闭式容积调速回路，如图 7-190 所示，由电机调控转速，从而调控流量，液压缸速度，那由于电机转子惯量远远大于阀芯，起动时间（图 7-192 曲线 2）就会比阀控（图 7-192 曲线 1）长得多。

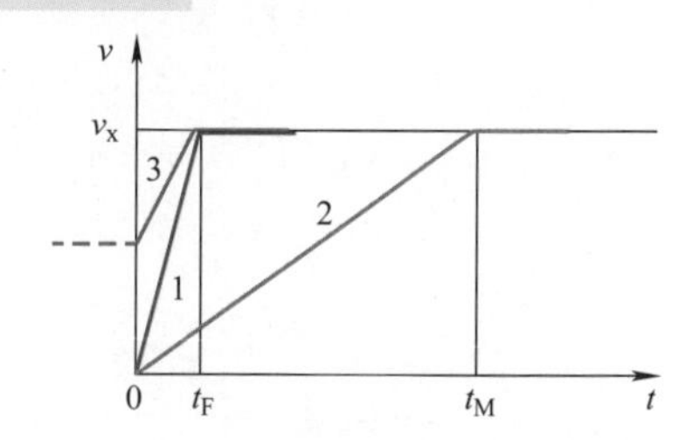

图 7-192　达到需要速度的起动时间对比

1—阀控　2—纯动机转速控
3—电机转速控 + 泵排量控 + 阀控
v—速度　v_x—希望速度
t_F—阀控起动时间
t_M—纯动机控起动时间

采用容积调速的根本目的是为了减少能耗，而非淘汰液压阀。所以，如果希望缩短起动时间，也可以考虑采用比如说图 7-193 所示回路。

采用变量泵，因为变排量需要的时间虽然比阀的切换时间长，但比电机的变转速时间要短，因为斜盘惯量远低于电机转子。现代的斜盘柱塞泵已可在几百 ms 内完成变排量。

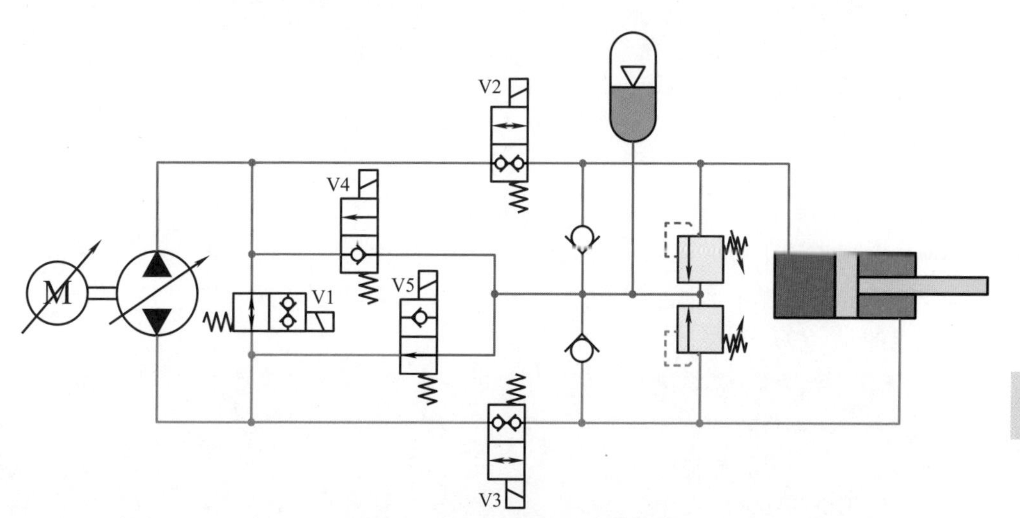

图 7-193　缩短起动时间的一种方案

采用二通阀代替三通阀，因为二通阀的切换时间一般可以较三通阀为短，而且液阻小。

起动调控过程可以如下安排：

- 提前使电机进入中速待机状态，泵排量调到接近零，泵排出的极少流量通过二通阀 V1 旁路回泵进口，这样耗能就很少。

- 在接收到液压缸伸出指令后，切换二通阀 V2、V3、V1，同时电机提速，增大泵排量（图 7-192 曲线 3）。这样就可能缩短起动时间。

当要液压缸停止运动时，如果立刻切换二通阀 V2、V3，可能会有过大冲击。为此，可以在收到停止指令后，先切换二通阀 V1，开通旁路，同时减小泵排量与电机转速，然后再切换二通阀 V2、V3，就会柔和些。

需要活塞杆收回时，电机反转，增大泵排量，再先后切换阀 V2、V3、V1、V4、V5。

实际应用系统需要兼顾节能和瞬态性能。如果把 V1 换成电比例节流阀，延长开启关闭时间，可减少起动与停止时的冲击。

在液压缸进出口安装压力传感器，让电控参考压力状况切换各阀，也有助于改善瞬态性能。

不同应用的需求是不同的，妖怪躲在细节里，这要实际去做，才会遇到，才能见招拆招！

7.14 认识和选用液压阀的途径

至此已介绍了 12 类阀和元件。从功能来说，这些是最基本的，几乎所有的液压阀都可以归于这几类，或是从这几类转化，或者由这几类组合而来。

这里再小结一下，认识和选用阀的途径。

1. 认识阀的途径

认识了解液压阀的捷径：

- 根据阀的结构了解其工作原理，即功能。

- 借助曲线认识其性能。

（1）通过结构了解功能

1）靠名称很难了解阀的功能。要想真正了解液压阀，就决不能被那些阀的名称，特别是中文名称所迷惑。因为中文的液压技术术语大多是舶来货，多人各自翻译，很不统一。有些翻译者并非液压专业的，不懂液压，根据原文的直译未能抓住液压的特性，似是而非，容易引起误解。而且大多数名称是翻译在先，标准出现在后，因此那些先前翻译不恰当的名称会继续流传使用。另一方面，液压技术被很多行业应用，各个行业都习惯了本行业的称呼，以至约定成俗，很难再统一。

- 节流阀不一定能节制流量。

- 减压阀也不一定能降低压力。

- 调速阀不一定就用于调速。
- 平衡阀也不是用来保持平衡的。
- 压力补偿阀并不能补偿压力，而是消耗压力。
- “压力切断”其实是限压，等等。

很多名称只是表象或一个美好的愿望，甚至一个翻译错误而已。愿望不一定就能实现。翻译错误要靠独立思考来识别。

另一方面，液压阀发展至今，品种极多，功能交叉，相互间已没有截然的分界了。例如：

- 节流阀通常被归为流量阀，而单向节流阀的功能则是流量阀 + 单向阀。
- 顺序阀与溢流阀的功能结构差别不大，与液控换向阀也无本质上的差别。
- 单向阀被归入截止阀，但也可被用作为低压不可调的溢流阀。

有些阀同时具有几个功能。例如：

- 许多减压阀都同时含有溢流功能。
- 目前在液驱电控中常用，被誉为液压阀中顶级高端的电比例换向阀，其实是换向 + 节流阀，说它顶级高端，在于响应快。
- 平衡阀，常含有单向阀、溢流阀和液控节流阀的功能。

因此，无论是三大类，还是四大类，都不能清晰地将液压阀分类。图 7-194 在一定程度上反映了液压阀在功能上的“剪不断，理还乱”的关系。

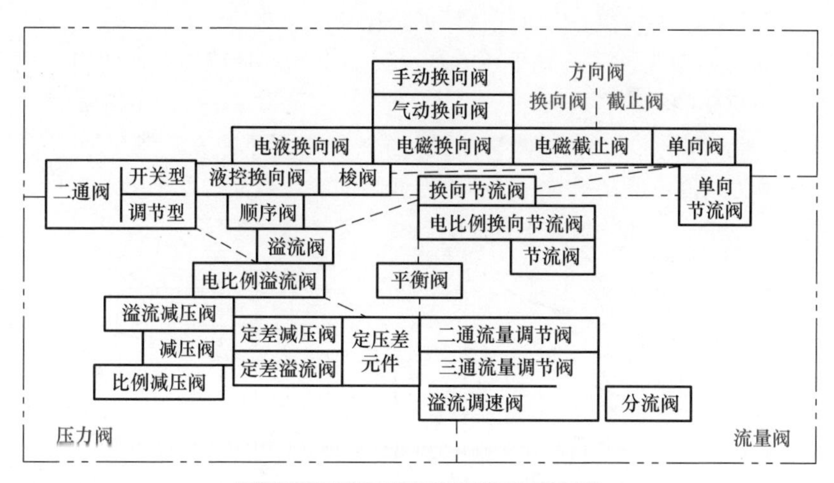

图 7-194　一些阀在功能上的相近关系

所以，仅从名称学不了液压阀。

2）图形符号可以帮助了解阀的功能。大多数图形符号简明扼要地反映了阀的功能，比名称要准确得多，值得认真学习。但也必须看到：

- 有很多阀是制造厂研发在先，收入国际标准 ISO 1219 在后，一些图形符号即使不符合国际标准，研发厂也就懒得去改了。

－有些产品说明书上提供的图形符号是简化了的，从中看不清阀的功能。

－也有些，根本就是画错了的。

另外，图形符号并不能反映阀的动作细节。靠图形符号也不能看出阀可能的出错部位。

3）研究阀的结构，才能真正了解阀的功能。

液压阀的功能是由其结构决定的！

要真正理解一个液压阀的功能，就应仔细研读（产品说明书提供的）阀的剖视图，了解它的结构，了解各种力是怎么作用于阀芯的。如在第3章已提到：液压阀，从本质上来说，只是一个可以改变流道、开口的机械装置；阀芯，是个只认力的家伙，在操控力和阻力的共同作用下移动，停留在力平衡的位置；所导致的流道开口，和系统中其他元件的状态一起，共同决定液流的方向、流量、系统的压力，从而决定执行器的运动和停止。只有这样，才能理解它的工作原理，及其对压力和流量的限制功能，了解其局限性。

（2）通过曲线认识其性能　如前已提及，液压阀的性能常很复杂，光靠几个参数不能全面描述阀的性能！

要比较全面深入地认识阀的性能，就要研读它的性能曲线。另一方面，也不是所有产品说明书都提供阀的剖视图。这时，也只能把这个阀当作“黑盒”，从性能曲线来了解其功能。

产品说明书上提供的性能曲线一般（应该）是生产厂根据实测曲线处理得来。因为生产厂对其准确性要承担一定责任，所以是比较可信的。

但是，看曲线时要注意，几乎所有产品说明书里的性能曲线都印得很小，一些对实际应用很重要的细节有时被略去了，合理“美化”了。例如溢流阀的滞回，流量阀的起调压力等。其实，真实的测试曲线，虽然不光滑不漂亮，但却是很有价值的。图7-195所示为某溢流阀的流量-控制压力性能曲线。产品说明书上所提供的曲线与实测曲线哪一个更有实用价值，不言而喻。

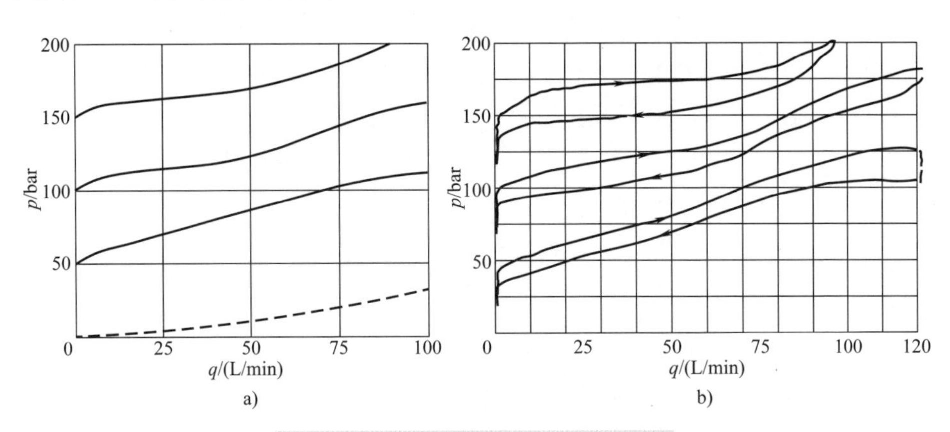

图7-195　某溢流阀的流量-控制压力性能

a）产品说明书上提供的曲线　b）实测曲线

某些性能数据，生产厂不愿意或很难确定而没有在产品说明书中给出，但若它对应用是关键的，在设计阶段就应该向供货方索取，或自己通过测试获取。

2. 选用

现在有些企业标榜："我使用的是进口阀"。须知，外国企业，也有先进落后之分，它们生产的液压阀也有优劣之别。再说，即使是世界一流企业的一流阀，用错了，也还不如用对了的中国生产的阀。只有用对了的阀，没有到处皆优的阀！所以，选用时不应该以进口或中国生产作为判据。正确的选用方法是：

- 根据应用的需求选择适当的阀。
- 根据样机测试结果来了解所选的阀的适用性。

（1）选择液压阀的方法　液压阀必须服从液压系统的需求，液压系统必须满足主机的需求，而主机又必须符合应用的需求。所以，在选用阀之前，先要把（领导）顾客、市场、主机、应用环境、液压系统等这些外部因素的需求（边界条件）搞清楚。例如，可以从如下方面深入。

1）总体情况。

- 顾客（群）是外部还是内部的？是显形的还是隐形的？顾客提出了什么需求？经常发生的是，顾客自己都说不清他的需求，尤其是在研发新的设备时。设计师的噩梦是：整台设备造好了，顾客说，他想要的不是这样的！所以，要保持经常交流，一些需求会在研发过程中逐步清晰。
- 是否有样机？国际上先进水平怎么样？是否已有专利或实用新型？有什么要改进的？

2）对稳态性能的要求。

- 负载力的大小？方向？变化幅度？有无负负载？
- 持续工作压力？最高工作压力？短时峰值压力？
- 工作流量？变化范围？

3）对瞬态性能的要求。

- 需要的动作频率？或完成时间？变化范围，或速度曲线？
- 定位精度？
- 速度平稳性的要求？

4）阀的工作环境。

- 室内，抑或露天？露天，但有保护罩，不直接受日晒雨淋？
- 温度、湿度变化范围？
- 是否会接触到雨水、海水，或其他腐蚀性液体？
- 杂物及灰尘状况如何？
- 可能受到冲击、振动吗？多强？
- 电源电压的波动范围？

5）对安全性的要求。

– 是否有阻燃、防爆要求？
– 有何潜在危险？机械性的？烫伤？辐射？噪声？发生概率多高？
– 如果一个部件出故障的话，有何危险？
– 操作者的素质、受培训程度如何？
– 如果无意或有意地不遵守操作规程，是否会出事故？
– 出事故的后果如何？致伤？可痊愈？致残？致死？单人？或多人？
– 已有的防护措施？能否通过标识降低危险？
– 相应的安全标准或规范的规定？

6）对工作可靠性的要求。
– 期望的工作年限？
– 工作周期？ 8 小时 / 天，抑或不间断？
– 故障停工的后果如何？
– 现场维修能力如何？重新恢复工作所需的时间？代价？对策？

7）对外形的限制。维修者接近的位置？

8）对重量的限制。

9）对能耗的要求。
– 能量来源，电动机或内燃机？是否可变速？其经济转速多高？
– 是否采用混合动力，回收制动动能、下降势能？
– 是否需要及允许装冷却器、加热器？

10）对经济性方面的要求。
– 目前制造成本多高？对新产品的要求？
– 订货量多大？生产批量多大？
– 同行（竞争对手）的价格？

11）对系统及元件交货期的要求。
– 什么时候必须完成设计？必须交货？
– 什么时候必须（可以）完成采购与制造？完成组装？完成系统联调？进行优化？进行空载试车？满载试车？进行超载试车？

12）第一位的要求是什么？

交货期、成本、性能，什么是最重要的？什么是次重要的？几乎所有人都希望“马儿能跑但不吃草”，对此德国工程师也有一个专用名词——“既能下蛋又能产奶又出羊毛的肉用猪”。这并非是个别领导个人所好，而是外部环境的压力所致。作为设计师必须和应该尽力去满足这些需求，但也应该理智现实地搞清楚，在“熊掌与鱼不可兼得”时，先保证什么。

例如，要拿到展会上去做展品的，那交货期是第一位的。对样品、重要工程，则性能是第一位的。对系列产品，则成本是要放在第一位考虑的。

在开始设计选用阀之前，就应尽可能地搞清楚这些需求。根据这些需求选择恰当的阀，可以减少返工引起的时间和财力物力人力的损失。

（2）阀选用性能清单　详细明确地了解了需求后，才能开始具体确定对所需要阀的性能参数的要求，如

1）许用压力。

2）需要设定的压力。

3）可以接受的复位压力。

4）最大工作流量。

5）可以接受的压力损失。

6）可以接受的内泄漏，选用座阀还是滑阀。

7）响应时间（切换时间）：选用直动式还是先导式。

8）复位时间。

9）使用油液的种类，从而确定所需的密封材料。

10）安装位置，液流方向。

11）工作电压，消耗电流。

然后，再根据这些具体的性能要求来选用或请供货商协助选用液压阀。

（3）根据测试而非价格了解适用性　通过前面几步，对液压阀有了较全面的了解，对系统的需求也搞清楚了，按理说可以选出合适的阀了。但是，实际上往往没有那么顺利。智者千虑，总有一失。而轻率地把新选的阀立即用于系列产品，就可能把错误，从而把损失，放大百倍千倍！要避免这种情况的发生，唯一的途径就是试验：把选出的阀装在样机上，在各种应用环境下实测其效果，才能了解它的适用性。

参 考 文 献

[1] 路甬祥，胡大纮 . 电液比例控制技术 [M]. 北京：机械工业出版社，1988.

[2] LU Y X. Entwicklung Vorgesteuerter Proportionalventile Mit 2-Wege-Einbauventil Als Stellglied Und Mit Geräteinterner Rückführung[D]. Aachen：TH Aachen，1981：69-74.

[3] KATHARINA S，Murrenhoff. Grundlagen der Ölhydraulik[M]. [S. l.]：Auflage 2018. IFAS，RWTH Aachen. Aachen：Shanker Verlag，2018.

[4] MURRENHOFF. Grundlagen der Ölhydraulik[M]. [S. l.]：6. Auflage. IFAS，RWTH Aachen. Aachen：Shanker Verlag，2011.

[5] BACKÉ W，MURRENHOFF. Steuerungs- und Schaltungstechnik II[M]. 4 th ed. Aachen：Fotodruck J. Mainz GmbH，1993.

[6] WOLFGANG B，Aus der Entwicklungsgeschichte der Fluidtechnik 1955-2009[M]. [S. l.]：Shaker Verlag，2009.

[7] DIETER W，NORBERT G. Hydraulik[M]. Heidelberg：Springer，2011.

[8] 张婷婷 . 中国流体动力行业概况 [J]. 液压气动与密封，2022（1）：98-101.

[9] DIETMAR F. Ölhydraulik[M]. 5th ed. Berlin：Springer. 2005.

[10] JOHN J P. Hydraulic Cartridge Valve Technology[M]. Oklahoma：Amalgam Publishing Company，1990.

[11] 张海平 . 液压螺纹插装阀 [M]. 北京：机械工业出版社，2012.

[12] 张海平 . 液压速度控制技术 [M]. 北京：机械工业出版社，2014.

[13] 张海平，等 . 实用液压测试技术 [M]. 北京：机械工业出版社，2015.

[14] 张海平 . 液压平衡阀应用技术 [M]. 北京：机械工业出版社，2017.

[15] 张海平 . 白话液压 [M]. 北京：机械工业出版社，2018.

[16] 绪方胜彦 . 现代控制工程 [M]. 北京：科学出版社，1976.

[17] 吴根茂，邱敏秀，王庆丰 . 新编实用电液比例技术 [M]. 杭州：浙江大学出版社，2006.

[18] 盛敬超 . 液压流体力学 [M]. 北京：机械工业出版社，1980.

[19] 张海平 . 2013 汉诺威工业博览会见闻 [J]. 液压气动与密封，2013（10）：1-4.

[20] 张海平 . 2015 汉诺威工业博览会见闻 [J]. 液压气动与密封，2015（9）：1-3.

[21] 张海平 . 2017 汉诺威工业博览会见闻 [J]. 液压气动与密封，2017（9）：1-4.

[22] 张海平 . 流体技术的过去和将来 [J]. 液压气动与密封，2010（5）：1-2.

[23] 张海平 . 介绍一种新阀“软溢流阀”[J]. 流体传动与控制，2005（5）：36-39.

[24] 张海平 . 测试是液压的灵魂 [J]. 液压气动与密封，2010（6）：1-5.

[25] 张海平 . 中国大学液压教材必须作重大改进 [J]. 液压气动与密封，2009（6）：8-11.

[26] 张海平 . 纠正一些关于稳态液动力的错误认识 [J]. 液压气动与密封，2010（9）：10-15.

[27] 张海平 . 关于“第四次工业革命”的探讨 [J]. 流体传动与控制，2014（2）：1-3.

[28] 张海平 .“数字液压”之我思 [J]. 液压气动与密封，2017（11）：1-5.

[29] ZÄHE B，ZIEL. Senkung des Energieverbrauch[J]. O+P，2012（10）：18-23.

[30] 王建中 . 500 米口径球面射电望远镜用液压促动器的研制 [J]. 液压气动与密封，2017(2)：1-3.

[31] 王益群，高殿荣 . 液压工程师技术手册 [M]. 北京：化学工业出版社，2010.

[32] 章宏甲，周邦俊 . 金属切削机床液压传动 [M]. 南京：江苏科学技术出版社，1980.

[33] 梅里特 . 液压控制系统 [M]. 陈燕庆，译 . 北京：科学出版社，1976.

[34] EATON Corporation. Catalog：Screw-in Cartridge Valves，E-VLSC-MC001-E[Z]. December 2009.

[35] 黄兆华 . 柳工出海 [M]. 北京：人民邮电出版社，2017.

[36] HAWE HYDRAULIK SE. Produkt Übersicht[Z]. 2009.

[37] Hydra Force，Inc. Catalog[Z]. 2008.

[38] Parker Hannifin Corporation. Hydraulic Cartridge Systems. Catalog HY15-3501-US[Z]. 2008.

[39] Sterling Hydraulics Ltd. Catalog：Hydraulic Cartridge Valves and Manifold Systems [Z]. 2003.

[40] SUN Hydraulics Corporation[Z]. Int’l Shortcut Catalogue #999-901-312[Z]. 2009.

[41] ZERRES M. Simulationsprogramm zur Stabilitätsanalyse und Betriebspunktbestimmung von Senkbremsventilen [J]. O+P，2017（1-2）：36-41.

[42] BR-Oil Control. Cartridges_0106 RE 00162-2[Z]. REV0905. 2008.

[43] STAMM T. Trends in der Bau- und Baustoffmaschinenindustrie[J]. O+P，2010（7-8）：304-308.

关于附赠的估算软件“液压阀估算 2023”的说明

为便于深入了解液压系统和液压阀的状况，进一步选用或设计液压阀，本书特附赠一个估算软件“液压阀估算 2023”。该估算软件由以下若干个估算表格组成，各表格名前数字对应本书章节号，各表格内均附有相应的使用说明。

0. 液压缸估算

0. 泵马达估算

3.1 缝隙泄漏

3.1 薄刃口

3.1 管道压降

3.2 滑阀开口流量

3.2 锥阀开口流量

4.2 滑阀稳态液动力

4.3 滑阀移动摩擦力

4.4 弹簧刚度

4.9 阀芯惯量

4.9 容腔液容

4.9 弹簧 - 惯量固有频率

4.9 流量脉动对压力速度的影响

4.9 简谐运动的加速度与惯性力

4.9 单作用缸负载固有频率

4.9 转动惯量

7.2 液控单向阀工作点

7.2 同向型平衡阀工作点

通过扫描下面的二微码或根据下面的百度网址下载。

链接 : https://pan.baidu.com/s/12V3cmBg8-tAU8p7upuoLvw?pwd=bq2p

提取码 : bq2p